水资源水环境水生态统筹治理：理论与实践

王 东　赵 越　马乐宽　徐 敏　等 著

中国环境出版集团・北京

图书在版编目（CIP）数据

水资源水环境水生态统筹治理 ：理论与实践 / 王东等著. -- 北京 ：中国环境出版集团，2025. 6. -- ISBN 978-7-5111-6047-8

Ⅰ. X143

中国国家版本馆CIP数据核字第2024LZ9651号

责任编辑 孔 锦
封面设计 岳 帅

出版发行 中国环境出版集团
（100062 北京市东城区广渠门内大街 16 号）
网 址：http://www.cesp.com.cn
电子邮箱：bjgl@cesp.com.cn
联系电话：010-67112765（编辑管理部）
发行热线：010-67125803，010-67113405（传真）
印 刷 北京建宏印刷有限公司
经 销 各地新华书店
版 次 2025 年 6 月第 1 版
印 次 2025 年 6 月第 1 次印刷
开 本 787×960 1/16
印 张 22.75
字 数 380 千字
定 价 179.00 元

序

水是实现可持续发展和推动生态文明建设的重要物质基础，水资源、水环境、水生态是水的核心功能属性。水资源、水环境、水生态的统筹治理（简称“三水统筹”）是“十四五”期间水生态环境保护发展的核心要义，也是“十五五”乃至更长一段时期水环境保护工作的指引方向。随着水生态环境保护的基础理论逐步完善，多学科交融衍生的新方法不断丰富，多元多维度系统保护、统筹推进的思想正在逐渐形成共识，“三水统筹”系统治理实践也在不断深化，逐渐形成了一批富有成效的好经验好做法。在迈向美丽中国建设宏伟蓝图新征程中，我特别希望有研究机构和专家能够把这几十年来水资源、水环境、水生态协同治理的理论与实践进行总结整理，讲清“三水统筹”系统治理的“来龙去脉”，分享“三水统筹”的经验做法，为构建新时代水生态环境治理体系留下一份参考。令人高兴的是，这一想法得到了生态环境部环境规划院同仁的支持，他们历经两年完成了《水资源水环境水生态统筹治理：理论与实践》专著。

作为一名生态环境保护科技工作者，我有幸见证了几十年来我国水生态环境的变化历程。从启动“三河三湖”流域治理，到“十一五”“十二五”期间主要污染物总量减排，至“水十条”“碧水保卫战”的实施，再到如今“十四五”期间“三水统筹”格局的初步形成，我国治水理念不断迭代升级，治水工作不断深化拓展。当前，我国约有九成的地表水国控断面水质达到优良，与发达国家的距离不断缩小；但是，单一维度的传统治理路径对水生态环境质量提升的边际效应正在递减，如何从生态系统整体性和流域系统性出发进一步改善水生态环境，特别是注重提升水生态环境系统质量而非局限于水环境理化指标，求得水资源保障、水环境治理、水生态保护的最优解，是未来水环境改善需要着力解决的问题之一。

从国际实践看，欧美等国家普遍经历了先污染后治理的发展历程，水生态环境保护在水质提升之后普遍进入了生态修复阶段；从国内实践看，各地也已有统筹水资源、水环境、水生态等要素开展综合治理、改善流域生态环境的局部探索。特别是党的十八大以来，以习近平生态文明思想为指引，我国生态文明建设从理论到实践都发生了历史性、转折性、全局性变化，美丽中国建设全面推进，人民群众对优质生态产品的需求也越来越迫切。我理解“三水统筹”就是在这样一个大的背景下，准确把握我国水生态环境保护新发展阶段特点做出的科学决策，符合我国水生态环境保护工作发展的现实需要，也是解决人民群众反映强烈的突出水生态环境问题、大力推进美丽河湖保护与建设的重要举措之一。通过建立“三水统筹”制度体系，在各级政府和有关部门的密切配合和全社会的共同努力下，“清水绿岸、鱼翔浅底”美丽生态河湖景象正在呈现。

非常感谢生态环境部环境规划院王东、赵越、马乐宽和徐敏等同事对“三水统筹”的探索和实践，同时也希望本书的出版，能让更多人了解“三水统筹”的理论内涵、实践经验及其发展趋势，期待更多学者在他们研究的基础上，围绕气候变化背景下水资源水环境水生态交互影响的内在规律变化，延伸水经济、水安全、水文化属性，探索和建立四水或五水乃至六水统筹制度，为建设美丽河湖和美丽中国作出新的贡献。

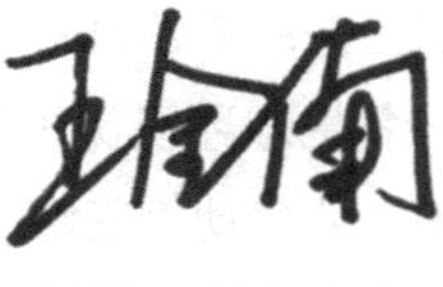

中国工程院院士

生态环境部环境规划院名誉院长

中国环境科学学会理事长

2024 年 12 月 24 日

前　言

在工业化和城市化进程中，人类曾一度忽视了生态环境保护和生态平衡维护的重要性，导致过度开发资源和无节制排放污染物，对生态环境造成了深远的影响。随着经济社会的不断发展，人类活动对水循环的影响日益显著。大量淡水资源被用于生产和生活，而产生的污水和废水则被排入各类水体中。随着人口向城市的转移，加剧了局部水资源的利用和污水处理的压力，使得原本小规模、低负荷的生活污染转变为大规模、高负荷的生活与工业复合污染。此外，水库、堤坝和河网等建设以及地下水的过量抽取等行为，破坏了农业文明时期的水循环模式，而新的可持续平衡尚未建立。这一系列因素导致水资源短缺、污染物排放量超出环境承载能力、生物多样性急剧下降等问题。同时，随着经济社会发展对资源环境需求的不断增长，流域生态环境问题也日益严重。

面对日趋严峻的水生态环境问题，国际社会和各国政府积极寻求解决方案。19 世纪 80 年代，美国便开始尝试实施水环境综合管理，重点关注资源利用、洪水控制、农业灌溉、居民饮用水供应和交通航行等方面。20 世纪 40 年代，受工业污染引发的环境事件影响，美国国会于 1948 年通过了《联邦水污染控制法》，并在 1976 年进行了修订，更名为《清洁水法》，为美国地表水质保护奠定了法律基础。随着点源污染得到有效控制，《清洁水法》在过去的几十年中逐渐转变为以流域为基础的综合性、系统性管理法律。欧盟的水环境管理政策起源于 1972 年欧洲共同体成员国国家和政府首脑高峰会议，该会议首次提出了在欧洲共同体内建立共同保护环境的政策框架。此后，欧盟逐步在水环境领域以公共卫生、污染源头控制、城市废水和农业径流污染为重点，制定了统一的目标和要求。2002 年

12 月，欧盟在整合原有分散的水环境法规基础上，发布了《水框架指令》，该指令涵盖了水资源利用、水环境保护、栖息地保护等方面，将水体的数量、质量、生物质量要素、生态目标等多个指标综合起来，对水生态环境进行评价，并特别强调对人类健康的保护，确立了流域综合管理的政策框架。

中国在经济高速发展的同时，水资源高效利用和污染治理的步伐从未停止。1972 年，北京官厅水库的污染治理标志着中国流域水生态环境保护工作的开始。1983 年 12 月，国务院举办了第二次全国环境保护会议，将环境保护定位为一项基本国策，并确立了中国环境保护事业的战略方针。1989 年，在第三次全国环境保护会议上，进一步明确了“三大环境政策”和“八项管理制度”。1995 年 8 月，国务院颁布了我国历史上第一部流域性法规——《淮河流域水污染防治暂行条例》，并在 1996 年批准实施淮河流域“九五”计划。在“九五”和“十五”期间，通过实施重点流域水污染防治规划，全国地表水水质得到了改善，地表水环境质量恶化的趋势开始得到遏制。进入“十一五”时期，污染物总量控制被提升至国家环境保护战略的高度，环境保护规划也实现了从“软约束”向“硬约束”的转变，到了“十二五”期间，对控制污染物的指标进一步拓展和优化。“十三五”时期以来，“史上最严”的《中华人民共和国环境保护法》和《中华人民共和国水污染防治法》完成修订，《水污染防治行动计划》出台实施，水环境质量持续向好的局面逐渐形成。2022 年，党的二十大明确提出了“统筹水资源、水环境与水生态治理”的要求，这标志着我国水生态环境保护工作全面迈入了水资源、水环境、水生态等流域要素的“三水统筹”新阶段。

回顾水生态环境保护历程，“三水统筹”的理念源远流长。中国传统文化中的“天人合一”“道法自然”是人与自然和谐共生、人水和谐理念的重要源泉。进入生态文明新时期，习近平总书记在党的十八届三中全会上作关于《中共中央关于全面深化改革若干重大问题的决定》的说明，明确提出，“山水林田湖是一个生命共同体”，并在 2014 年 3 月中央财经领导小组第五次会议上提出，“坚持山水林田湖是一个生命共同体的系统思想”“治水也要统筹自然生态的各要素，不能就水论水”“要用系统论的思想方法看问题”等系列要求。从“山水林田生命共同体”“山水林田湖草生命共同体”到“山水林田湖草沙一体化保护和系统治理”，自然生命共同体所包含的要素不断丰富，山水林田湖草河生命共同体理念成为习近平生态文明思想的重要组成部分。党的二十大报告提出，“必须坚持系统观念”“为前瞻性思考、全局性谋划、整体性推进党和国家各项事业提供科学思想方法”。坚持系统观念，是习近平新时代中国特色社会主义思想世界观和方法论的重要内容。2023年7月，习近平总书记在全国生态环境保护大会上强调：“要坚持系统观念，抓住主要矛盾和矛盾的主要方面，对突出生态环境问题采取有力措施。”

“十四五”时期，水生态环境保护工作正逐步从单一的污染防治转向对水资源、水环境、水生态等流域要素的系统治理和统筹推进。生态环境部组织制定了《2020年重点流域水生态状况调查监测方案》，在长江、黄河、淮河等七大重点流域干流、主要支流和重点湖泊水库，全面启动了水生态状况的调查监测试点工作，监测内容包括水生生物、水质理化指标和物理生境等方面。2022年，生态环境部发布了《长江流域水生态监测方案（试行）》，对水生生物、水生境、水环境和水资源等指标进行监测。2023年，生态环境部与国家发展和改革委员会、水利部、农业农村部联合发布了《长江流域水生态考核指标评分细则（试行）》，明确在长江流域的17个省（区、市）开展水生态考核试点，聚焦长江流域的突出问题，构建了一个以水生态系统健康为核心，以水资源保障、水环境保护、水生态恢复为支撑的考核指标体系。为了系统推进水生态环境保护工作，浙江、山东等地开展了“五水共治”、流域“治用保”治污等体制机制的创新探索，将水污染治理、水资源保障、水生态保护有机地结合起来。2023年3月，生态环境部等5部门联合印发了《重点流域水生态环境保护规划》，规划名称由“水污染防治”拓展为“水生态环境保护”，并在规划目标中明确提出，到2025年，主要水污染物排放总量要持续减少，水生态环境要持续改善，在面源污染防治、水生态恢复等方面取得显著进展，水生态环境保护体系将更加完善，水资源、水环境、水生态等要素的系统治理和统筹推进的格局将基本形成。

“三水统筹”是一个新提法、新思路、新方向，需要系统全面、多领域、跨学科的研究探索和实践。在王金南院士的指导下，生态环境部环境规划院组织技术骨干进行集体讨论与总结，对“三水统筹”的研究加以梳理和提炼，编写了《水资源水环境水生态统筹治理：理论与实践》。这是一部思考和探索习近平生态文明思想，致力于将“山水林田湖草沙一体化保护和系统治理”“良好生态环境是最普惠的民生福祉”“绿水青山就是金山银山”等理念应用于水生态环境保护实践的书籍。全书由王东、赵越、马乐宽和徐敏统稿，共分为9章，其中，第1章由刘锦华、张涛撰写；第2章由吴波、陈岩撰写；第3章由魏明海、马乐宽撰写；第4章由韦大明、张涛撰写；第5章由文宇立、孙宏亮撰写；第6章由文宇立、张鹏撰写；第7章由韩旭、张文静、徐敏撰写；第8章由杨晶晶、赵越撰写；第9章由魏明海、巨文慧撰写。书稿经数次召集讨论，研讨修改，完善定稿。在“三水统筹”理论与实践的探索过程中，我们得到了来自学术界、政府和有关部门的鼓励与支持，特别是得到了生态环境部水生态环境司李婧、曲超、李妍等同志的大力支持，中国环境出版集团孔锦编辑为保障出版质量付出了艰辛和努力，在此表示衷心的感谢！

水资源、水环境、水生态等流域要素的系统治理和统筹推进，是新时代水生态环境保护工作的新要求、新目标和新任务。我们坚信，“三水统筹”的系统治理是实现水资源节约与高效利用、水环境质量持续改善、水生态保护修复提升的关键途径，也是实现“清水绿岸、鱼翔浅底”人水和谐愿景，让群众拥有更高的生态环境获得感和幸福感的重要路径。我们期望，更多的相关部门和专家学者能够参与到“三水统筹”和系统治理的探索与实践中，共同为实现美丽河湖保护与建设目标贡献新的力量。

著　者

2024年6月12日

目　录

第 1 章

绪 论

生态兴则文明兴。自第一次工业革命起，科学技术取得了众多突破性的成就，极大地提升了生产力，将自然资源转化为物质财富，推动了全球的工业化和现代化进程。然而，全球性和区域性生态危机的频繁爆发，揭示了人与自然生态关系的紧张状态，如水环境污染、生态系统破坏、水资源短缺、水生生物多样性下降等一系列综合性、复合性的水生态环境问题不断显现。生态文明的兴起是现代社会生产力发展和变革的必然趋势。在新时期，生态文明建设实现由重点整治到系统治理的重大转变，促进水生态环境质量的保护改善是生态文明建设的重要内容。本章从回顾人水关系的演进历程出发，结合新时期人水关系的转变和生态文明建设的要求，探讨“三水统筹”提出的背景。

1.1 人水关系的演进历程

人类社会发展史，归根结底是人与自然关系的发展史。从原始文明时期人类完全受制于自然，到农业文明时期开始认识和利用自然，再到工业文明时期开始改造和消耗自然，直至今日，我们已经步入了追求和谐、可持续的生态文明新阶段。人类对水生态系统的认知不断深化和完善，人与水生态系统关系的历史演变经历了从相融到相争，再到新的融合协同发展（图 1-1）。水资源支撑着人类生产生活，其在经济社会发展中的价值随着人们认知的丰富而不断变化。水环境质量因污染和过度排放而持续恶化，水资源因过度开发和不合理利用从曾经的丰富变得日益稀缺，水生态也因无节制的开发和利用遭受了长期和短期的损害，这些都成为了制约现代经济社会发展的关键因素。因此，探索人与水关系的和谐，是水生态环境保护发展的基础。

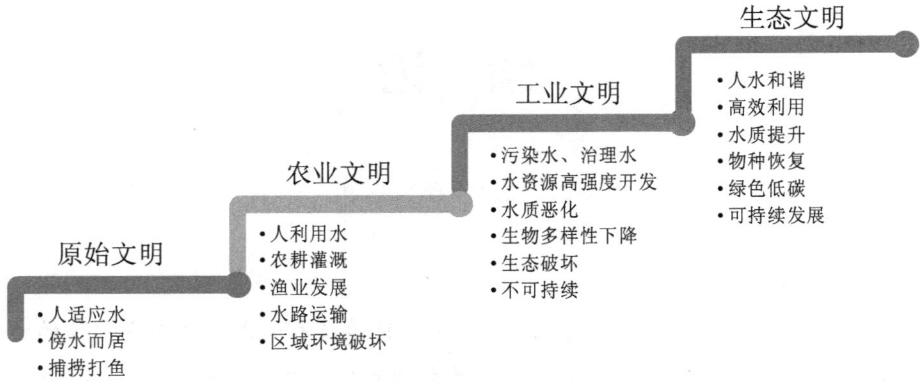

图 1-1　人水关系演进历程

1.1.1　原始文明时期

原始文明是人类文明的第一个阶段。这一时期，由于生产力水平较低，采集和狩猎成为人类主要的生产和生活方式。水是人类和动植物生存的必要条件，在原始文明时期，人类的实践活动完全依赖于自然资源和生态系统。人类适应水资源的分布，主要表现为逐水而居。由于当时人类认识自然和改造自然的能力有限，面对水文水环境条件的改变和水对生存空间的侵袭，人类只能被动适应，人类活动对水生态环境的影响微乎其微，只能顺应自然界中的水资源状况。水资源的丰沛与否以及渔业资源的丰富程度，是影响人类生存的决定性因素。无条件的顺应和依赖是这一时期人与自然关系的显著特点。

1.1.2　农业文明时期

约一万年前，人类开始尝试使用农具种植作物并驯化野生动物，社会逐渐步入农业文明时期。水是农业文明时期社会发展和进步的重要影响因素，万物因水而生、因水而兴。在农业文明时期，充足的水源为粮食生产提供了基本保障，人口数量随之大幅增长，人类开始选择定居生活并逐步对自然环境进行改造。自大禹治水以来，合理利用水就逐渐成为人水关系的核心。

“九州攸同，四隩既宅，九山刊旅，九川涤源，九泽既陂，四海会同”。《尚书》中寥寥数语就点出，在发展中要重视水资源的合理利用，进行河流疏导、筑堤防洪，以治理好人民的生存环境。汉代《盐铁论》中也有“今夫越之具区，楚之云梦，宋之钜野，齐之孟诸，有国之富而霸王之资也”，认为水资源是国家富强继而称霸的重要资源。农耕是这一时期的主旋律，在种植业方面，水资源为生产提供了保障，人们以水定田。例如，湖南省常德市澧县的鸡叫城遗址，形成了由城址本体、城外聚落遗址、三重环壕，以及平行水渠和稻田片区所组成的城壕聚落集群。在生产方面，制陶、青铜器铸造、冶铸钱币等手工业需要大量用水，例如，汉长安城·兆伦铸钱遗址中发现的多口密集分布的水井，被认为与陶质钱范制坯工艺有关。在生活方面，考古发现许多古代城址内部筑有复杂精妙的水网系统，古人选择利用地势高差，通过地上明沟和地下暗渠来实现给水、排水的功能。在交通运输方面，随着社会的发展，人类逐渐学会了利用水能，并开发了水运。在管理机构设置方面，根据《周礼》，先秦时代已经延续五帝时期的“虞”和“衡”，并细分设置了“山虞”“林衡”“泽虞”“川衡”4 个官职，其中，“泽虞”和“川衡”分别负责管理河流和湖泊。秦朝时期，设立了“都水长”“都水丞”等专职官职，负责掌管国家水政。唐代的《水部式》作为水资源管理的专门行政法规，其中通过水利设施管理、农田灌溉、用水量和用水时间、节约用水等对水资源的使用作了较为具体的规定，如“堰南白渠水一尺以上、二尺以下，入中白渠及偶南渠。若水雨过多，放还本渠”，是对生态基流的保障；“诸渠长及斗门长，至浇田之时，专知节水多少。其州、县每年各差一官检校。长官及都水官司时加巡察”，这强调了官员在灌溉季节要监督民众节约用水，防止水资源的浪费。

周文王颁布的《伐崇令》中规定“毋坏室，毋填井，毋伐树木，毋动六畜。有不如令者，死无赦。”“毋填井”体现了对水源的保护意识。秦朝时期，为了满足军事、经济、社会发展的需要，十分重视水资源的保护。作为较早依法治国的朝代，秦朝建立了一套较为完整的制度体系，《秦律十八种·田律》中就有“春二月，毋敢伐材木山林及雍（壅）堤水。……到七月而纵之”的规定，即在春天二月，禁止砍伐山林木材和堵塞河道，直到七月才解除禁令。对河流水质的保护也在农业文明时期不断发展，唐代陆羽在《茶经》中指出："其水，用山水上，江水中，井水下"，水质的优劣已经进入人们的视线。《唐律疏议》中规定"其穿垣出秽污者，杖六十"，以禁止居民在自家的院墙上挖小洞排放污水。《宋刑统》中也有类似的规定，即"其有穿穴垣墙以出秽污之物于街巷，杖六十"。但这一时期，由于人口数量较少，污水的来源主要是生活用水，水量小且污染结构单一，水体自净能力较强，故而《宋刑统》中还有"直出水者无罪，主司不禁与同罪"的规定，即居民生活污水直排入河是被允许的。

《逸周书・大聚解》中记载"夏三月，川泽不入网罟，以成鱼鳖之长"，大禹曾下禁令，在炎热的夏天禁止用渔网捕鱼，以保护鱼鳖的生长。农业文明时期对水生生物的保护主要是基于对渔业资源的保护。《周礼》中明确规定捕鱼的季节为"一月之孟春，三月之春季，九、十月之秋季和十二月之冬季"，避开4—8月鱼类繁殖季节。《国语・鲁语上》的《里革断罟匡君》篇中，里革劝谏鲁宣公"今鱼方别孕，不教鱼长，又行网罟，贪无艺也"；《孟子・梁惠王上》中也有"数罟不入洿池，鱼鳖不可胜食也"，即不过度捕捞，鱼鳖之类的水产品就永远不会匮乏的劝谏。《吕氏春秋・义赏》中有"竭泽而渔，岂不获得？而明年无鱼"的说法。秦汉到唐、宋、元、明、清各朝代，均有相关政策要求保护鱼类资源，其中，西汉《淮南子・主术训》中规定的"鱼不长尺不得取"，与捕大留小的增产保护措施相符；《元史》的《志第四十二・食货一》中有"近水之家许凿池养鱼"，也是鼓励民间养鱼，以减少对自然水域鱼类资源的直接捕捞[1]。

"堤成，植芙蓉、杨柳其上，望之如画图，杭人名为苏公堤"，这是苏轼在《苏轼治西湖》中记录的西湖经过引水、疏浚、清淤、修亭、补种等治理后的情景。苏轼在文中记录，他在杭州任知府期间，发现湖中茭白根积成田，加之湖内淤泥较多，水面不断被压缩，同时钱塘江的水流入杭州城，影响了西湖的水质。在勘察了河流水系与生态环境后，苏轼开始对西湖进行治理，疏浚了周围的茅山、盐桥两条河流，建造了坝堰闸门以调蓄水资源，防止钱塘江的潮水流入城市，改善了西湖的水质，并挖出湖底淤泥，修复了水井，修筑了桥堤和亭阁，在堤上补种了木芙蓉、杨柳等，打造了一个既方便两岸沟通交流又风景宜人的西湖，既促进了经济的发展，也营造了美丽的生态景观[2]。

"岷江遥从天际来，神功凿破古离堆。恩波浩渺连三楚，惠泽膏流润九垓"。

都江堰，作为我国古代四大水利工程之一，也是水资源可持续利用的典范，于2000年被联合国教科文组织列入世界文化遗产名录，至今仍在灌溉着数百万公顷的农田。都江堰水利枢纽可分为渠首和灌溉水网两大系统，其中，渠首包括分水工程“鱼嘴”、溢洪排沙工程“飞沙堰”、引水工程“宝瓶口”三大主体工程。“鱼嘴”是保障河流生态流量的关键，它将岷江分为内外两江，外江沿河道自然流淌，内江通过“宝瓶口”灌溉成都平原。在枯水期，“鱼嘴”将六成江水分给内江，以保证灌溉和生产生活用水；在丰水期，则将六成水量分配给外江，用于泄洪。都江堰渠首及以下各级渠道均为无坝引水，集灌溉、防洪、水运和城市供水等功能于一体，与天然河道相似。都江堰巧妙地利用了岷江独特地形，以最少的工程设施实现了引水、水量调节、排沙的综合治水目标[3]。都江堰的修筑，在防洪灌溉的基础上，为成都平原带来了稳定而充足的水源，也形成了良好的生态空间，为流域的水生动植物生存提供了稳定的生态环境，促进了生物多样性发展。

“渠就，用注填淤之水，溉泽卤之地四万余顷，收皆亩一钟，于是关中为沃野，无凶年，秦以富强，卒并诸侯”。这是《史记•河渠书》中对郑国渠修成后的评价。郑国渠西引泾水东注洛水，利用富有肥力的泾河泥水灌溉田地，淤田压碱，把关中的沼泽盐碱之地改造为肥美良田，极大地提高了灌溉效率和粮食产量，加速了秦国一统天下的进程。灵渠是为了有效支持秦军对百越地区的征战而修建的工事，由铧嘴、大小天平、南渠、北渠、泄水天平和陡门组成，将海洋河河水三七分流，三分入漓江，七分入湘江，从而沟通了长江和珠江两大水系。通渠后，秦国的援兵和补给得以源源不断地运往前线，为秦国收复岭南地区提供了极大的支持。自此，岭南地区正式划入秦王朝的版图，促进了社会交流与发展[4]。

1.1.3 工业文明时期

自第一次工业革命以来，人类社会逐渐步入工业文明时期，在不到300年的时间中，社会生产力经历了翻天覆地的变化，人水关系也随之发生了巨变。

水作为动力转换的载体，为工业革命的兴起提供了支持。随着工业文明的发展，人类在开发和利用水资源方面取得了突破性进展，使得跨流域的长距离调水技术成为可能，从而扩展了人类生产和生活的范围。同时，人类在控制水患方面的能力也得到了提升。通过建造防洪堤坝和完善排水系统，许多位于大江大河沿岸的城市避免了洪涝灾害的侵袭。

然而，水资源的过度开发和不合理利用引发了新的环境问题。掠夺式的开发利用活动干扰了自然生态甚至对其造成了破坏，影响了水资源的循环和利用；筑坝取水隔断水流的纵向连续性，导致河流断流破坏了下游生态系统。未经处理的污染物随意排放增加了水体的自净压力，使得水质急剧下降；而化工产业的快速发展带来的新型复杂污染物，难以在水中降解。滩涂湿地的开垦和城市扩张不断侵蚀沿岸水生生物的栖息地，导致生态环境的碎片化；过度捕捞不仅减少了水生生物数量，也对生态系统的良性循环造成了负面影响，使人水关系越发紧张。

“先污染后治理”是一些发达国家和地区在工业化早期所采取的发展模式。珍妮纺纱机作为工业革命的标志性发明，主要依赖水力作为动力来源，这使得许多工厂沿河流而建，生产和生活废水直接排放到河流中。随着科技的发展，各行各业迎来了快速发展，尤其是制革、造纸、食品加工、钢铁冶炼等水污染严重的行业和化工行业迅速崛起，产生的工业废水日益复杂，污染物的浓度也在不断增加。这种无序排放导致工厂附近的河流和水渠迅速受到污染，变成了黑色，对水生生物的生存环境造成了严重影响。环境的恶化也对人类健康构成了威胁。在人口密集的城市地区，由于排水系统不完善、垃圾处理不当等，饮用水安全面临严峻挑战。自 19 世纪以来，不洁水源和河流污染导致欧洲国家，尤其是英国，出现了霍乱等传染病疫情。进入 20 世纪，随着工业文明的进一步发展，水生态环境的破坏问题变得更加严重，水资源短缺和生物多样性的损失也日益凸显。

在水生态环境不断恶化的同时，保护环境的思想也在悄然发展，环境保护组织应运而生。19 世纪后叶，公众关注的重点逐渐转向从源头减轻或解决污染问题[5]。1962 年美国海洋生物专家蕾切尔·卡逊的《寂静的春天》出版，书中阐述了杀虫剂对环境的污染，将近代污染对生态环境的影响清晰地展示在读者面前，引发了美国各界对如何与自然和谐相处的反思，推动了美国乃至世界范围内生态环境保护思潮和环保运动的发展[6]。1970 年 4 月 22 日，美国发起了“地球日”活动，更加广泛地唤起了群众对生态环境的保护意识，加快了西方国家环境法规的出台。1972 年 6 月，联合国人类环境会议在斯德哥尔摩召开，会议通过了《人类环境宣言》，推动了世界范围的环境保护事业。从 20 世纪 60 年代开始，欧美等国家和地区逐渐从对流域的使用开发转向水环境治理，从污染的初期治理、污染源控制与治理逐步转向水体的生态修复和流域尺度的系统治理修复。欧盟颁发了《水框架指令》，统筹考虑流域规划与实现生态目标和水资源的可持续利用；美国经过《联邦水污染控制法》《清洁水法》等的实践应用和多次修订，形成了以国家污染物消除制度为核心的水污染物排放控制体系；日本建立了多部门协同治理的水资源管理模式，以《河川法》《工业用水法》《水道法》《特定多功能水库法》《水资源开发促进法》《水污染防治法》等一系列相对完善的相关法律保障水的统筹保护与利用。

在我国，因经济社会发展起步晚于发达国家，水资源的开发利用和水环境保护工作也相对滞后。20 世纪 40—70 年代，我国生态环境遭受了严重破坏，水环境污染问题逐步凸显，1972 年，大连湾黑水黑臭事件和北京官厅水库的污染事故，为我国水环境保护敲响了警钟。此后，我国水污染防治工作正式起步。由于当时缺乏正确处理经济建设和环境保护关系的经验，在国家层面对城镇生活污染和流域、区域水环境问题的重视不足，加之环境监管能力有限、工矿企业污染物排放达标情况不理想，导致流域水质从局部河段的恶化逐渐演变为全流域性的问题。

为应对日益恶化的水生态环境质量，加快水污染治理，国家将污染排放控制和点源治理作为水污染防治的重点，发布了以《中华人民共和国水污染防治法》和《污水综合排放标准》（GB 8978）为代表的一系列涉水环境保护法律法规、标准和政策制度等管理性文件[7]。1996 年，国务院批准实施了淮河流域“九五”计划，是我国最早的流域水污染防治计划，水污染防治工作也从点源治理逐渐转向流域整体治理。“十二五”期间，面对国家和广大人民群众对环境保护日益增长的要求和需求，2012 年全国污染防治工作会议提出了“从粗放型管理向精细化管理转变、从以总量控制为主向全面改善环境质量转变”的新思路，推动了水污染治理在精细化管理方向取得突破，使得日益紧张的人水关系开始逐渐缓和。

文明的发展会经历萌芽、兴起、繁荣，随后可能会遇到瓶颈期，最终可能融入新的文明形态或走向衰败。资源短缺、生态破坏、环境污染等问题使工业文明面临新的挑战，联合国发布的《2022 年可持续发展目标报告》显示，全球性危机交织叠加使 2030 年实现可持续发展目标出现了极大的不确定性。西方发达国家较早地认识到并开始解决工业发展带来的环境破坏问题，而我国在这方面的起步相对较晚，因此在生态环境保护技术和理念上仍有差距。但西方国家在面临发展瓶颈时，常通过工业污染转移到其他国家，并利用其科技优势来维护国内的生态环境。由于缺少直接的威胁，他们推动变革的内在动力不足。此外，他们还能利用经济和科技上的优势来应对外部压力。然而，这种依赖外部转移和优势维持的发展模式是不可持续的。鉴于工业文明发展的全球性，许多发展中国家正面临严重的生态破坏和环境污染问题。全球环境容量已使得工业文明的发展进入了瓶颈期。在不转移污染和环境容量日趋饱和的内外压力下，中国必须加快现代化进程，谋求一条可持续、高质量的人与自然和谐共生的发展道路，即开展生态文明建设[8]。

1.1.4 生态文明时期

生态文明是人类与自然和谐共生的一种文明形态，是人与自然和谐、发展与环境“双赢”、可持续发展的文明，强调人与自然环境的相互依存、相互促进、共处共融，强调人类在改造自然的同时必须尊重和爱护自然。随着中国生态文明的建设发展，人与水在新时代也逐渐走向人水和谐发展的道路。

生态文明建设初期，人水和谐发展开始不断探索。2007 年，党的十七大首次将“生态文明”写入党代会报告，其中提出将“建设生态文明”作为中国实现全面建设小康社会奋斗目标的新要求之一。2012 年 11 月，党的十八大报告中进一步提高了生态文明建设的战略定位，把生态文明建设纳入中国特色社会主义事业总体布局，形成“五位一体”总体布局，生态文明建设成为新的时代主题[9]。

生态文明一系列文件的出台加快了建设的步伐，也为水生态环境保护、人水和谐发展提供了更高层的指引。2015 年 4 月，中共中央、国务院通过了《关于加快推进生态文明建设的意见》，同年 9 月审议通过了《生态文明体制改革总体方案》，进一步完善了生态文明建设的顶层设计，在水生态环境保护上，提出完善最严格的水资源管理制度、完善生态补偿机制、完善生态保护修复资金使用机制、完善污染物排放许可制、建立污染防治区域联动机制、严格实行生态环境损害赔偿制度、推行排污权交易制度、推行水权交易制度、完善生态文明绩效评价考核和责任追究制度等系列制度建设要求。《生态文明体制改革总体方案》中还细化提出按照“节水优先、空间均衡、系统治理、两手发力”的方针，健全用水总量控制制度；开展按流域设置环境监管和行政执法机构试点，构建各流域内相关省级涉水部门参加、多形式的流域水环境保护协作机制和风险预警防控体系；加强水产品产地保护和环境修复，控制水产养殖，构建水生动植物保护机制；鼓励各地区开展生态补偿试点，在长江流域水环境敏感地区探索开展流域生态补偿试点等具体要求[10, 11]。

在生态文明建设相关文件精神的指导下，水生态环境保护相关政策规划陆续出台，相关要求逐步落地实施，“人水和谐”这一目标，也进一步细化分解到水资源、水环境、水生态等方面建设上。在水资源方面，2011 年中央一号文件《中共中央 国务院关于加快水利改革发展的决定》中明确了要坚持“人水和谐”的基本原则，明确了“节水优先、空间均衡、系统治理、两手发力”的工作方针，水资源利用进一步向节水、高效利用水发展。同时期，最严格水资源管理制度初步建立。在水环境治理方面，2015 年国务院印发实施《水污染防治行动计划》（以下简称“水十条”），使水污染治理向系统推进水环境的保护变化，通过统筹控制排污、促进转型、节约资源等任务，力争污染总量减排与增加水量、生态扩容并重；强调水质、水量、水生态一体化综合管理，协同推进水污染防治、水资源管理和水生态保护，实施系统治理。“十三五”时期，《重点流域水污染防治规划（2016—2020 年）》深化、细化了“水十条”相关要求，并与 31 个省级人民政府签订水污染防治目标责任书；进一步细化的流域分区管理体系，也使得任务措施更精准、目标任务更可达，促使水环境的治理与保护更加切实落地。在水生态保护方面，国家以长江流域为重点，不断推进水生生物多样性保护工作，并开展水生态状况摸底调查；以贵州赤水河流域为试点，自 2017 年 1 月起率先实施全面禁捕。

党的十九大报告指出，中国特色社会主义进入新时代，社会主要矛盾已经转化为人民日益增长的美好生活需要和不平衡不充分的发展之间的矛盾。2018 年，习近平总书记出席全国生态环境保护大会并发表重要讲话，指出生态文明建设正处于压力叠加、负重前行的关键期，已进入提供更多优质生态产品以满足人民日益增长的优美生态环境需要的攻坚期，也到了有条件有能力解决生态环境突出问题的窗口期。

随着生态文明建设深入推进，人水和谐发展也从单一因素的治理提升逐步向多元并进、综合提升的方向转变。2018 年，中共中央、国务院印发《关于全面加强生态环境保护 坚决打好污染防治攻坚战的意见》，这是首次以中共中央、国务院的名义印发加强生态环境保护的重要政策性文件。其中，在提出水资源保护与水环境质量改善等相关要求外，还提出了“推进长江岸线生态修复”“实施好长江流域重点水域十年禁渔，有效恢复长江水生生物多样性。建立健全长江流域水生态环境考核评价制度并抓好组织实施”“加快推进生物多样性保护优先区域和国家重大战略区域调查、观测、评估”“加大珍稀濒危野生动植物保护拯救力度。加强生物遗传资源保护和管理，严格外来入侵物种防控”等一系列生态保护要求。

自“十四五”以来，统筹推进水资源、水环境、水生态治理的措施不断落地实施。2020 年 10 月，党的十九届五中全会审议通过《中共中央关于制定国民经济和社会发展第十四个五年规划和二〇三五年远景目标的建议》，在促进人与自然和谐共生方面作出一系列重大战略部署，明确提出“全面提高资源利用效率”“增强全社会生态环保意识，深入打好污染防治攻坚战”“实施生物多样性保护重大工程”“坚持山水林田湖草系统治理”等总体要求。2022 年 10 月，党的二十大报告中提出要“统筹水资源、水环境、水生态治理，推动重要江河湖库生态保护治理，基本消除城市黑臭水体”。2023 年 12 月，《中共中央　国务院关于全面推进美丽中国建设的意见》中提出“严格河湖水域岸线空间管控”的空间管控要求以及“实施全面节约战略，推进节能、节水”“强化用水总量和强度双控，提升重点用水行业、产品用水效率，积极推动污水资源化利用，加强非常规水源配置利用”等系列节约、高效利用水资源等要求；“持续深入打好碧水保卫战”的水环境治理总体要求及“统筹水资源、水环境、水生态治理”“基本完成入河入海排污口排查整治，全面建成排污口监测监管体系”“加快补齐城镇污水收集和处理设施短板”“因地制宜开展内源污染治理和生态修复，基本消除城乡黑臭水体并形成长效机制”等具体水环境治理要求；“建立水生态考核机制，加强水源涵养区和生态缓冲带保护修复，强化水资源统一调度，保障河湖生态流量”“积极应对蓝藻水华、赤潮绿潮等生态灾害”等水生态修复要求，并提出到 2027 年全国地表水水质优良比例达到 90%左右，美丽河湖、美丽海湾建成率达到 40%左右；到 2035 年，“人水和谐”美丽河湖、美丽海湾基本建成的要求。

1.2　人水和谐的基本内涵

生态文明是人类文明发展的历史趋势，是社会发展的新阶段。在第一个百年奋斗目标已经实现，向着全面建成社会主义现代化强国的第二个百年奋斗目标迈进的新背景下，人水关系也到了人水和谐发展的新阶段。人与水既是伙伴型的生命共同体，也是可持续发展共同体。人类的生存实践活动离不开水资源的馈赠，同时水也承受着人类的生态足迹及其生态后果。实现人水和谐，重建人水平衡的可持续共生关系是呈现美丽河湖景象、实现绿色高质量发展、推进“绿水青山”向“金山银山”转化、建设美丽中国的重要抓手，也是解决21世纪水危机的重要方法之一。

1.2.1 呈现“清水绿岸、鱼翔浅底”景象

“还给老百姓清水绿岸、鱼翔浅底的景象”是习近平总书记在2018年5月全国生态环境保护大会上重要讲话时所提出的殷殷期盼。党的十九届五中全会、党的二十大报告、《中共中央 国务院关于全面推进美丽中国建设的意见》等提出的生态环境根本好转，美丽中国目标基本实现是未来十年水生态环境保护修复工作的奋斗目标，而“清水绿岸、鱼翔浅底”的人水和谐美景绘就了美丽中国的生态底色。

实现“有河有水、有鱼有草、人水和谐”的优良水生态系统，是“十四五”《重点流域水生态环境保护规划》中提出的总体目标[12]。其中，“有河有水”是优良水生态系统的基础，是满足河湖生态流量（水位）并进一步恢复河湖生态健康的基础。“有鱼有草”是优美生态画卷的添彩，“河畅、水清、岸绿、鱼跃、景美、人和”是最直观的展现，其背后是从河湖水质的提升、生态缓冲带的复绿、水生动植物种群和群落的恢复与重新构建，至水生态系统的修复而达到水生态系统功能恢复。

以“有河有水、有鱼有草”来实现“清水绿岸、鱼翔浅底”的人水和谐景象，在水资源方面，这意味着河湖应有稳定的补给水源（含再生水），水体应有较好的流动性（或水文过程与当地自然条件契合度高），以及河湖生态用水得到有效保障。在水资源时空分布不均、水资源总量一定的情况下，优化水资源配置是实现上述目标的关键措施，即以有效、公平和可持续的原则，对有限的、不同形式的水资源，通过工程与非工程措施在各用水户之间进行科学分配，实现水资源的可持续利用，让断流、干涸的河流恢复有水，解决“有没有”问题，让缺水的河湖变成

丰水解决“够不够”问题，达到“河畅”的情景。在水环境方面，目标是流域内各类污染物排放得到有效控制，河湖水质实现根本好转或水质稳定达到优良，公众的景观、休闲等亲水需求得到较好满足，人民群众反映的生态环境问题得到妥善解决。控源截污和治理修复是实现上述目标的重要手段，包括减少源头污染、拦截污染物进入水体、修复受损水生态环境等，以实现水环境质量的持续提升，达到“水清”“岸绿”的景象。在水生态方面，目标是河湖水域及其缓冲带生态环境功能得到维持或恢复，生物多样性得到有效保护，有代表性的土著物种得以重现，稳定呈现“有鱼有草”的景象，实现水生态环境的持续改善与水生态系统功能的逐步恢复，达到“鱼跃”的情景。水资源的丰沛、水环境的清洁、水生态的恢复，共同构成了“景美、人和”的人水和谐基本景象。

1.2.2 绿色高质量发展与高水平保护协同并进

工业文明以来，西方现代化走的是“先污染后治理”的道路，是以牺牲环境为代价的现代化，随即引起了自然环境的反击，承受的不仅是生态环境的恶化、污染带来的疾病，还有恶化的环境对发展造成的制约。党的十九大报告指出，发展是解决我国一切问题的基础和关键，发展必须是科学发展，必须坚定不移贯彻创新、协调、绿色、开放、共享的发展理念；党的二十大报告指出，“推动绿色发展，促进人与自然和谐共生”“尊重自然、顺应自然、保护自然”，是全面建设社会主义现代化国家的内在要求。习近平总书记在 2023 年全国生态环境保护大会上强调：“以高品质生态环境支撑高质量发展，加快推进人与自然和谐共生的现代化。”

高质量发展就是经济发展从“多不多”转向“好不好”，是从简单追求数量和增速的发展，转向以质量和效益为首要目标的发展，也是经济社会发展方式由注重速度转向注重质量和效益的发展[13]。高质量发展是实现经济持续健康发展、解决我国社会主要矛盾、遵循经济规律的必然道路[14]，其基本要求是生产要素投入少、资源配置效率高、资源环境成本低、经济社会效益好[13]。2020 年，在全面推动长江经济带发展座谈会上，习近平总书记强调：“只有把绿色发展的底色铺好，才会有今后发展的高歌猛进”。绿色发展是高质量发展的底色，新质生产力本身就是绿色生产力，发展方式的绿色转型有利于破解资源环境约束、实现可持续发展、推动经济结构转型升级。高水平保护是以保护生态环境为核心，通过采取一系列科学、系统、综合的措施，力求实现生态保护与经济发展的协调。现阶段高水平的生态环境保护，首先要实现高水平的污染防治，就是要突出精准治污、科学治污、依法治污，以及强化生态环境技术服务体系建设。前者是对环境污染治理从研究、决策、部署到实施全过程的要求，后者是提升各级政府环境治理能力，支撑环境污染治理需求的基础[15]。中国式现代化的高水平保护与绿色高质量发展是相辅相成、协同共进的。高水平保护是绿色高质量发展的重要支撑，良好的生态环境也是衡量高质量发展的重要标准。“绿水青山就是金山银山”，随着资源环境对经济社会发展的制约日益增强并成为刚性约束，生态环境转变为稀缺资源和高价值的自然资本，成为影响经济社会高质量发展的关键内生变量[15]。高质量发展为高水平保护提供了物质基础，通过增加财政投入、发展绿色金融、建立生态补偿机制等政策工具，高质量发展的成果可推动生态环保工程和环保产业的发展，从而支持高水平保护[16]。人水和谐是高品质生态环境在水生态环境领域的具体体现，也是绿色高质量发展的重要支撑。绿色发展旨在解决人与自然和谐共生问题，与创新发展、协调发展、开放发展、共享发展相辅相成，是构建高质量现代化经济体系的必然要求，是改变传统的“大量生产、大量消耗、大量排放”的生产模式和消费模式，资源、生产、消费等要素相匹配和适应，实现经济社会发展和生态环境保护协调统一、人与自然和谐共生的发展道路。绿色高质量发展的道路是水资源开发与水生态环境保护的平衡协调，是人与良好水生态环境的双向循环，也是人与水生态环境内各物种间和谐共生、互利共赢的现代化进程。

1.2.3 实现“绿水青山就是金山银山”愿景

2005 年 8 月 15 日，时任浙江省委书记的习近平同志在浙江安吉县余村调研时，首次提出“绿水青山就是金山银山”的重要理念和科学论断。习近平同志强调：“我们既要绿水青山，也要金山银山。宁要绿水青山，不要金山银山，而且绿水青山就是金山银山”。绿水青山和金山银山，是对生态环境保护和经济发展的形象化表达，这两者不是对立的而是辩证统一的。

人水和谐是“绿水青山就是金山银山”在水生态环境保护的理想状态。水资源是实现可持续利用和保障人类福祉的关键要素，充足、清洁、健康的水资源是人类富裕生活和福祉的重要保障。丰沛而稳定的水资源、良好的水环境承载力、多样的水生生物、强大的水生产力及清洁的河湖生态环境，都是绿水青山的组成部分。这些要素能转化为经济价值，成为生产生活用水、农业渔业资源、旅游资源以及运输资源等经济价值的来源。人们对事关生态民生福祉的美好环境有着极大的期待，人水和谐的生态环境是在满足人民群众对水生态环境美好向往的同时，通过生态产品价值实现的路径，因地制宜地将绿水青山转变为金山银山，不断增强人民群众的生态环境获得感、安全感和幸福感。

生态产品价值实现是将绿水青山转变为金山银山的重要路径。所谓生态产品，是指在不损害生态系统稳定性和完整性的前提下，生态系统为人类生产生活所提供的物质和服务，主要包括物质产品供给、生态调节服务、生态文化服务等。在水生态环境领域，流域生态保护补偿是生态产品价值实现中的先行者，早在2012年，财政部、环境保护部、安徽省人民政府、浙江省人民政府正式签订《新安江流域水环境补偿协议》，新安江启动全国首个跨省流域生态保护补偿改革试点。十多年来，黄山市以牺牲了部分经济发展为代价为下游杭州市提供了优良且充足的水源，同时将获得的补偿资金用以保护生态环境，在人水和谐发展的情况下，将绿水青山转化为金山银山。

1.3 “统筹水资源、水环境、水生态治理”的提出

习近平生态文明思想是习近平新时代中国特色社会主义思想的重要组成部分，为加强生态环境保护、推进生态文明和美丽中国建设，提供了方向指引与根本遵循。“坚持山水林田湖草沙一体化保护和系统治理”是习近平生态文明思想的重要内容。习近平总书记在党的第二十次全国代表大会上作报告时，就指出要“统筹水资源、水环境、水生态治理，推动重要江河湖库生态保护治理”，这也是系统治理理念在水生态环境保护中的具体体现。

统筹水资源、水环境、水生态治理在研究层面，历经单一因子管理的研究到两两融合协同推进再到三元统筹区域探索。2015年4月国务院印发的“水十条”明确提出要系统推进水污染防治、水生态保护和水资源管理，这是“三水统筹”在国家文件中的初显和雏形。2018年5月，习近平总书记在全国生态环境保护大会上提出要“治理好水污染、保护好水环境，就需要全面统筹左右岸、上下游、

陆上水上、地表地下、河流海洋、水生态水资源、污染防治与生态保护，达到系统治理的最佳效果”等，进一步深化了“三水统筹”系统治理的治理目标和理念。2023 年 4 月，生态环境部联合国家发展改革委、财政部、水利部、国家林业和草原局等部门印发《重点流域水生态环境保护规划》，为“三水统筹”系统治理格局的形成和落地实施提供了实践基础，为基本实现美丽中国水生态环境目标奠定了良好基础。

1.3.1 “三水”概念

水是自然界的基本组成部分，是人类赖以生存和发展最重要的自然资源和生态环境要素。水既表现为单纯的水本身，包括人类在内所有生命生存的重要资源和生物体最重要的组成部分，更多时候也表现为水环境介质和水生态载体，是资源特征、环境特征、生态特征的综合体。历史上，水环境、水资源和水生态等流域要素的治理与保护源远流长，随着社会经济的快速发展，水生态环境问题由单一要素问题逐渐变得交错复杂，保护与治理也走向各有侧重的多元并举。水资源、水环境、水生态（以下简称“三水”）是水的核心功能属性，水资源代表“量”，需要充足的保障；水环境代表“质”，需要优良的基础；水生态代表“活”，需要丰富的组成。水安全、水灾害、水产业、水文化、水景观等是在“三水”的基础上，融合延伸出来的代表人水关系不同方面的水领域外延概念。“三水统筹”是融合水资源、水环境、水生态保护的理念，设计各有侧重的综合保护治理措施，当单一要素的改善遇到“瓶颈”时，通过其他两个要素的保护治理来打破僵局，以实现“三水”治理最优解的系统性和综合性的方法。具体而言，“三水统筹”的水生态环境治理体系主要包括水资源保障、水环境治理、水生态保护与修复等方面。

（1）水资源是指可利用或有可能被利用的水源，且具有足够的数量和适宜的质量，以满足特定地区在一定时期内的用水需求。除河川径流、地下水、积雪和冰川、湖泊水、沼泽水、海水等天然水资源以外，随着科学技术的发展，人类能够利用的水资源种类也在不断增加，如海水淡化、再生水循环利用等。水资源是可再生资源，但其时空分布受到气候和地质条件的影响，导致分布不均。天然水资源的总量并不等同于实际可利用的水量，往往需要工程建设进行资源调蓄，以提高其可利用性。农业、工业、生活、发电、运输等各类水资源利用过程中，部分是消耗型用水、部分则消耗量较少，对水量要求不同，且各用水过程对水资源质量的要求也不尽相同。

“三水统筹”的水资源保障，更侧重于水资源节约利用、优化水资源配置格局、保障河湖生态流量和加强水土保持，旨在提升水资源量、提供更多水环境容量，并保障良好的水生态环境。水资源保障应优先满足城乡居民生活用水需求，保障基本生态用水，并统筹农业、工业等用水需要。在水资源配置中，人们要统筹考虑“三生（生产、生活、生态）”用水的需求。生态流量属于生态用水的范畴，以前通常针对水生生物需求，从水资源配置的角度来考虑生态流量，较少从保障水质的角度来研究。实际上，生态系统在净化污染物方面发挥着重要作用，确保生态流量以提供必要的环境容量，是维持和改善水生态环境系统的基本条件。通过强化水资源的刚性约束，推动农业、工业、生活节水；科学建设引调水工程、提高非常规水源的利用率；分区分类确定河湖生态流量保障目标并结合水资源条件和生态保护需求，综合确定河流生态基流、分时期分阶段的生态流量（水量）保障目标；加强水土流失的预防和保护，加强重点地区水土流失治理等一系列措施，实现河湖水量水质的双重保障，为进一步改善河湖水生态环境、实现高水平生活和高质量发展提供支撑。

（2）水环境是由地球表层的水圈所构成的环境，包括在一定的时间内水的含量、分布、运动、化学成分，生物、水体所占的空间以及水体的物理性质。水环境质量是水环境对生物的生存和繁衍以及社会经济发展的适宜程度的评价。水环境质量受到自然因素和人为因素的影响，其中自然因素对水环境造成的影响主要来源于地质和气候条件，例如，地质结构导致水体中氟、盐分含量较高，增加了河湖及地下水中污染物的天然背景值；极端气候和全球变暖引发的干旱减少了水环境的容量，而洪涝灾害则可能导致各种污染物和致病微生物被冲刷进入水体，这些自然现象均对水环境质量产生影响。

“三水统筹”的水环境治理，是在源头清洁生产、减少污染产生，在过程中通过截污控源降低污染进入水体，在水体中通过综合治理消除污染存量，从而为水资源的利用提供良好的水质，并为水生态系统的健康提供基础保障。水环境治理是通过保护饮用水水源，控制水资源使用循环过程中的工业污染、城镇生活污染，防治农业面源污染，推进治理工程等手段，实现预防、控制和减少水环境污染的目的。目前，我国区域型、复合型水污染问题日益凸显，饮用水安全未得到有效保障，同时污染排放负荷持续加大，治理任务不断增重，通过水污染防治改善水的环境属性显得愈加重要。

（3）生态环境系统是指水生生物群落与水环境相互作用而形成的动态平衡系统。它包括水生生物及其栖息环境，强调了生物与环境之间的相互关系和动态平衡。“三水统筹”的水生态保护与修复，以防治水土流失、强化水源涵养、维护生物多样性、湿地保护、生态空间用途管制、管控水生态系统损害行为等工作为侧重点，是更好地涵养留存水资源、改善水环境质量、维持水生态系统健康的保障。良好的水生态系统能够最优地表现水的生态属性，只有健康的水生态系统才能持续地提供可利用的水资源，满足水环境质量的要求。通过水生态保护与修复，能够保持水生态系统结构、功能的稳定，从而避免水生态空间被压缩、保证水资源的可持续性、提高水生态系统自净能力、遏制水生态环境的恶化，推动水量-水质-水生态 3 个方面的良性循环发展。因此可以说，水生态保护与修复能够促进水质、水量、水生态的协同增效，是促使水资源、水环境和水生态系统可持续发展的重要手段。

1.3.2 思想引领

习近平生态文明思想是新时代我国生态文明建设的根本遵循和行动指南。党的十八大以来，以习近平同志为核心的党中央以前所未有的力度紧抓生态文明建设，全国推动绿色发展的自觉性和主动性显著增强，美丽中国建设迈出重大步伐[17]。习近平总书记站在中华民族永续发展的高度，大力推动生态文明理论创新、实践创新、制度创新，创造性地提出了一系列富有中国特色、体现时代精神、引领人类文明发展进步的新理念、新思想、新战略。2018 年 5 月召开的全国生态环境保护大会，标志着习近平生态文明思想的正式提出，它是新时代马克思主义中国化的新成果，是习近平新时代中国特色社会主义思想的重要组成部分，更是中国共产党在生态文明建设问题上的正确经验总结。

习近平生态文明思想基于历史、立足当下、面向全球、着眼未来，系统阐释了人与自然、保护与发展、环境与民生、国内与国际等关系，深刻回答了新时代生态文明建设的一系列重大理论和实践问题，是一个系统完整、逻辑严密、内涵丰富、博大精深的科学体系。其核心要义体现为“十个坚持”：坚持党对生态文明建设的全面领导，坚持生态兴则文明兴，坚持人与自然和谐共生，坚持绿水青山就是金山银山，坚持良好生态环境是最普惠的民生福祉，坚持绿色发展是发展观的深刻革命，坚持统筹山水林田湖草沙系统治理，坚持用最严格制度最严密法治保护生态环境，坚持把建设美丽中国转化为全体人民自觉行动，坚持共谋全球生态文明建设之路。

统筹水资源、水环境、水生态治理是习近平生态文明思想指引下，水生态环境保护工作的必然走向和客观规律。在党的十八届三中全会上，习近平总书记阐释了“山水林田湖是一个生命共同体，人的命脉在田，田的命脉在水，水的命脉在山，山的命脉在土，土的命脉在树”。[18]此处，山水林田湖指代广泛的自然，是对自然生命体价值的肯定，深刻阐述了生态环境各要素之间的普遍联系和相互影响[19]，科学地界定了人与自然的内在联系和内生关系，蕴含着重要的生态哲学思想[20]，为推动建设人与自然和谐共生的现代化提供了科学方法。[21]“统筹水资源、水环境、水生态治理”正是基于习近平生态文明思想的研究和实践，特别是基于“山水林田湖草是生命共同体”理念提出的，是在水生态环境保护领域践行习近平生态文明思想的聚焦和深化。

进入新时代，我国经济社会发展长期积累的矛盾凸显；同时，走向社会主义生态文明新时代，既要求我们推进生态文明领域国家治理体系和治理能力的现代化，也要求我们推进国家治理体系和治理能力的绿色化，大力推进生态治理现代化。提升我国水生态环境保护与治理水平，是保障我国生态文明建设的重要任务。在习近平生态文明思想的引领下，我国水生态环境保护事业呈递进式发展：一是解决突出水环境问题，体现在“水十条”及碧水保卫战的实施；二是关注“三水”保护治理进程不平衡、不充分问题，体现在长江大保护、黄河流域生态保护和高质量发展，以及水生态考核、生态流量保障等方面；三是聚焦美丽中国建设目标，树立“三水统筹”治理的管理路径，实现水生态环境质量根本好转，实现人水和谐的绿色发展。其中，“三水统筹”是水污染防治进阶到水生态环境系统保护的重要体现，代表着水生态环境治理的现代化水平。

专栏 1-1 习近平总书记的江河情怀——长江流域

2016 年 1 月 4—6 日，中共中央总书记、国家主席、中央军委主席习近平深入重庆港口、企业考察调研。总书记指出，保护好三峡库区和长江母亲河，事关重庆长远发展，事关国家发展全局。要深入实施“蓝天、碧水、宁静、绿地、田园”环保行动，建设长江上游重要生态屏障，推动城乡自然资本加快增值，使重庆成为山清水秀美丽之地。

2016 年 8 月 22—24 日，中共中央总书记、国家主席、中央军委主席习近平在青海调研考察。总书记强调，青海最大的价值在生态、最大的责任在生态、最大的潜力也在生态，必须把生态文明建设放在突出位置来抓，尊重自然、顺应自然、保护自然，筑牢国家生态安全屏障，实现经济效益、社会效益、生态效益相统一。总书记还强调，青海生态地位重要而特殊，必须担负起保护三江源、保护“中华水塔”的重大责任。要坚持保护优先，坚持自然恢复和人工恢复相结合，从实际出发，全面落实主体功能区规划要求，使保障国家生态安全的主体功能全面得到加强。要统筹推进生态工程、节能减排、环境整治、美丽城乡建设，加强自然保护区建设，搞好三江源国家公园体制试点，加强环青海湖地区生态保护，加强沙漠化防治、高寒草原建设，加强退牧还草、退耕还林还草、三北防护林建设，加强节能减排和环境综合治理，确保“一江清水向东流”。

2018 年 4 月 24 日，中共中央总书记、国家主席、中央军委主席习近平步行到沿江码头坡道，实地察看沿江设施拆除、码头复绿、排污口整治情况。他强调指出，长江是中华民族的母亲河，一定要保护好。企业是长江生态环境保护建设的主体和重要力量，要强化企业责任，加快技术改造，淘汰落后产能，发展清洁生产，提升企业生态环境保护建设能力。要下决心把长江沿岸有污染的企业都搬出去，企业搬迁要做到人清、设备清、垃圾清、土地清，彻底根除长江污染隐患。要坚持把修复长江生态环境摆在推动长江经济带发展工作的重要位置，共抓大保护，不搞大开发。不搞大开发不是不要开发，而是不搞破坏性开发，要走生态优先、绿色发展之路。

2018 年 4 月 25 日，中共中央总书记、国家主席、中央军委主席习近平走进东洞庭湖国家级自然保护区巡护监测站，察看实时监测系统。他说，修复长江生态环境，是新时代赋予我们的艰巨任务，也是人民群众的热切期盼。当务之急是刹住无序开发，限制排污总量，依法从严从快打击非法排污、非法采砂等破坏沿岸生态行为。绝不容许长江生态环境在我们这一代人手上继续恶化下去，一定要给子孙后代留下一条清洁美丽的万里长江！

2018 年 4 月 26 日，中共中央总书记、国家主席、中央军委主席习近平主持召开深入推动长江经济带发展座谈会。他强调，总体上看，实施长江经济带发展战略要加大力度。必须从中华民族长远利益考虑，把修复长江生态环境摆在压倒性位置，共抓大保护、不搞大开发，努力把长江经济带建设成为生态更优美、交通更顺畅、经济更协调、市场更统一、机制更科学的黄金经济带，探索出一条生态优先、绿色发展的新路子。

2019 年 11 月 2 日，习近平总书记在考察上海杨浦滨江公共空间杨树浦水厂滨江段时指出，人民城市人民建，人民城市为人民。在城市建设中，一定要贯彻以人民为中心的发展思想，合理安排生产、生活、生态空间，努力扩大公共空间，让老百姓有休闲、健身、娱乐的地方，让城市成为老百姓宜业宜居的乐园。

2020 年 1 月 20 日，中共中央总书记、国家主席、中央军委主席习近平前往昆明考察调研，在滇池星海半岛生态湿地，详细地询问了滇池保护治理和水质改善情况。他强调，我们要避免走先污染再治理的老路，一定要摒弃过去那种以生态环境为代价换取一时经济发展的做法。我们提出新发展理念、建设生态文明，是符合客观规律的。从当前看，老百姓现在吃饱穿暖了，最关心的就是环境。从长远来讲，我们不能吃子孙饭，要造福人类。要继续抓下去，锲而不舍、久久为功，把绿水青山真正变成金山银山。习近平指出，滇池是镶嵌在昆明的一颗宝石，要拿出咬定青山不放松的劲头，按照山水林田湖草是一个生命共同体的理念，加强综合治理、系统治理、源头治理，再接再厉，把滇池治理工作做得更好。

2020 年 8 月 18—21 日，中共中央总书记、国家主席、中央军委主席习近平在安徽省考察。19 日上午，习近平前往马鞍山市考察调研，详细了解马鞍山市长江岸线综合整治和生态环境保护修复、长江十年禁渔等工作落实情况，并走到江边察看长江水势和岸线生态环境。他强调，生态环境保护和经济发展不是矛盾对立的关系，而是辩证统一的关系。把生态保护好，把生态优势发挥出来，才能实现高质量发展。实施长江十年禁渔计划，要把相关工作做到位，让广大渔民愿意上岸、上得了岸，上岸后能够稳得住、能致富。长江经济带建设，要共抓大保护、不搞大开发。

要增强爱护长江、保护长江的意识，实现“人民保护长江、长江造福人民”的良性循环，早日重现“一江碧水向东流”的胜景。19 日下午，习近平来到合肥市肥东县十八联圩生态湿地蓄洪区巢湖大堤罗家疃段考察。习近平仔细察看巢湖水势水情，听取环巢湖主要圩口分洪及周边湿地蓄洪、巢湖综合治理情况汇报，了解防汛物资和大堤加固情况。他强调，要坚持湿地蓄洪区的定位和规划，尽快恢复生态湿地蓄洪区的行蓄洪功能和生态保护功能。他指出，当前，南方有关地方要继续抓好防汛救灾工作，同时要严防次生灾害。北方有关地方要对可能发生的汛情加强警戒和防范，全面落实防汛救灾各项工作，确保安全度汛，确保人民群众生命财产安全。

2020 年 9 月 16—18 日，中共中央总书记、国家主席、中央军委主席习近平在湖南考察。18 日上午，习近平听取了湖南省委和省政府工作汇报，他强调，要牢固树立绿水青山就是金山银山的理念，在生态文明建设上展现新作为。要坚持共抓大保护、不搞大开发，做好洞庭湖生态保护修复，统筹推进长江干支流沿线治污治岸治渔，做好渔民转产安置和民生保障工作。要持续改善生态环境质量，落实生态环境保护责任制，坚决打好蓝天、碧水、净土保卫战。要统筹推进山水林田湖草系统治理，推动生态系统功能整体性提升。要加强农业面源污染治理，推进农村人居环境整治。

2020 年 11 月 12—13 日，中共中央总书记、国家主席、中央军委主席习近平在江苏考察。12 日下午，习近平沿江边步行察看滨江生态环境，详细了解当地推进长江下游岸线环境综合治理情况。习近平强调，生态环境投入不是无谓投入、无效投入，而是关系经济社会高质量发展、可持续发展的基础性、战略性投入。要坚决贯彻新发展理念，转变发展方式，优化发展思路，实现生态效益和经济社会效益相统一，走出一条生态优先、绿色发展的新路子，为长江经济带高质量发展、可持续发展提供有力支撑。习近平指出，城市是现代化的重要载体，也是人口最密集、污染排放最集中的地方。建设人与自然和谐共生的现代化，必须把保护城市生态环境摆在更加突出的位置，科学合理规划城市的生产空间、生活空间、生态空间，处理好城市生产生活和生态环境保护的关系，既提高经济发展质量，又提高人民生活品质。13 日，习近平来到扬州考察调研，在运河三湾生态文化公园，他听取大运河沿线环境整治、生态修复及现代航运示范区建设等情况介绍。他指出，希望大家共同保护好大运河，使运河永远造福人民。生态文明建设关系经济社会发展，关系人民生活幸福，关系青少年健康成长。加强生态文明建设，是推动经济社会高质量发展的必然要求，也是广大群众的共识和呼声。要把大运河文化遗产保护同生态环境保护提升、沿线名城名镇保护修复、文化旅游融合发展、运河航运转型提升统一起来，为大运河沿线区域经济社会发展、人民生活改善创造有利条件。13 日，在江都水利枢纽展览馆，习近平边走边看，详细了解水利枢纽发展建设历程和发挥调水、排涝、泄洪、通航、改善生态环境等功能情况。习近平指出，“北缺南丰”是我国水资源分布的显著特点。党和国家实施南水北调工程建设，就是要对水资源进行科学调剂，促进南北方均衡发展、可持续发展。要继续推动南水北调东线工程建设，完善规划和建设方案，确保南水北调东线工程成为优化水资源配置、保障群众饮水安全、复苏河湖生态环境、畅通南北经济循环的生命线。要把实施南水北调工程同北方地区节约用水统筹起来，坚持调水、节水两手都要硬，一方面要提高向北调水能力，另一方面北方地区要从实际出发，坚持以水定城、以水定业，节约用水，不能随意扩大用水量。习近平强调，南水北调东线工程取得的重大成就，离不开数十万建设者长期的辛勤劳动，离不开沿线 40 万移民的巨大奉献。要依托大型水利枢纽设施和江都水利枢纽展览馆，积极开展国情和水情教育，引导干部群众特别是青少年增强节约水资源、保护水生态的思想意识和行动自觉，加快推动生产生活方式绿色转型。

2021 年 5 月 13 日，中共中央总书记、国家主席、中央军委主席习近平来到陶岔渠首枢纽工程，实地察看引水闸运行情况，随后乘船考察丹江口水库，听取有关情况汇报，并察看现场取水水样。习近平强调，南水北调工程是重大战略性基础设施，功在当代，利在千秋。要从守护生命线的政治高度，切实维护南水北调工程安全、供水安全、水质安全。吃水不忘挖井人，要继续加大对库区的支持帮扶。要建立水资源刚性约束制度，严格用水总量控制，统筹生产、生活、生态用水，大力推进农业、工业、城镇等领域节水。要把水源区的生态环境保护工作作为重中之重，划出硬杠杠，坚定不移做好各项工作，守好这一库碧水。

2022 年 6 月 8 日，中共中央总书记、国家主席、中央军委主席习近平来到宜宾市考察。习近平来到三江口，眺望三江交汇处，听取当地推进长江流域生态修复保护、实施长江水域禁捕退捕等情况介绍。习近平指出，保护好长江流域生态环境，是推动长江经济带高质量发展的前提，也是守护好中华文明摇篮的必然要求。四川地处长江上游，要增强大局意识，牢固树立上游意识，坚定不移贯彻共抓大保护、不搞大开发方针，筑牢长江上游生态屏障，守护好这一江清水。

2023 年 3 月 5 日，中共中央总书记、国家主席、中央军委主席习近平参加十四届全国人大一次会议江苏代表团审议。“太湖好一点了吗？”“没有蓝藻了吧？”在许昆林代表发言时，习近平总书记插话问。“我一直要求，在生态上一定要把握住。歌里唱‘太湖美’，多美啊！但一想起蓝藻，就起腻了。工业和生活排放一度对太湖污染很大，治理花了很大力气。我们讲绿水青山就是金山银山，生态搞不好就不是‘金山银山’，反而成了亏钱买卖。”总书记的嘱托语重心长。

专栏 1-2 习近平总书记的江河情怀——黄河流域

2016 年 7 月 19—20 日，中共中央总书记、国家主席、中央军委主席习近平在宁夏调研考察。习近平指出，宁夏是西北地区重要的生态安全屏障，要大力加强绿色屏障建设。要强化源头保护，下功夫推进水污染防治，保护重点湖泊湿地生态环境。要加强黄河保护，坚决杜绝污染黄河行为，让母亲河永远健康。

2017 年 6 月 21—23 日，中共中央总书记、国家主席、中央军委主席习近平在山西考察。他指出，一定要高度重视汾河的生态环境保护，让这条山西的母亲河水量丰起来、水质好起来、风光美起来。

2019 年 8 月 19—22 日，中共中央总书记、国家主席、中央军委主席习近平在甘肃考察。21 日下午，习近平来到兰州，前往黄河治理兰铁泵站项目点，听取甘肃省和兰州市开展黄河治理和保护情况介绍。习近平登上观景平台，俯瞰堤坝加固防洪工程，沿步道察看黄河两岸生态修复和景观建设情况。习近平指出，黄河、长江都是中华民族的母亲河。保护母亲河是事关中华民族伟大复兴和永续发展的千秋大计。甘肃是黄河流域重要的水源涵养区和补给区，要首先担负起黄河上游生态修复、水土保持和污染防治的重任，兰州要在保持黄河水体健康方面先发力、带好头。22 日下午，习近平听取甘肃省委和省政府工作汇报。他强调，要加强生态环境保护，正确处理开发和保护的关系，加快发展生态产业，构筑国家西部生态安全屏障。治理黄河，重在保护，要在治理。要坚持山水林田湖草综合治理、系统治理、源头治理，统筹推进各项工作，加强协同配合，共同抓好大保护，协同推进大治理，推动黄河流域高质量发展，让黄河成为造福人民的幸福河。

2020 年 6 月 8—10 日，中共中央总书记、国家主席、中央军委主席习近平在宁夏考察。8 日下午，他来到黄河吴忠滨河大道古城湾砌护段沿岸边步道，察看黄河生态治理保护状况，听取黄河宁夏段生态保护治理和水利工程建设情况汇报。习近平指出，宁夏要有大局观念和责任担当，更加珍惜黄河，精心呵护黄河，坚持综合治理、系统治理、源头治理，明确黄河保护红线底线，统筹推进堤防建设、河道整治、滩区治理、生态修复等重大工程，守好改善生态环境生命线。9 日下午，习近平来到银川市贺兰县稻渔空间乡村生态观光园，听取宁夏现代农业发展、农业合作社带动农民增收致富运营模式等情况汇报，观看宁夏特色农产品展示，了解稻渔种养业融合发展的创新做法。他强调，要注意解决好稻水矛盾，采用节水技术，积极发展节水型、高附加值的种养业，保护好黄河水资源。10 日上午，习近平听取了宁夏回族自治区党委和政府工作汇报。他指出，把保障黄河长治久安作为重中之重，实施河道和滩区综合治理工程，统筹推进两岸堤防、河道控导、滩区治理，推进水资源节约集约利用，统筹推进生态保护修复和环境治理，努力建设黄河流域生态保护和高质量发展先行区。

2020 年 5 月 11—12 日，中共中央总书记、国家主席、中央军委主席习近平在山西考察。12 日中午，习近平专程来到汾河太原城区晋阳桥段，听取太原市汾河及“九河”综合治理、流域生态修复等情况汇报，沿河岸边步行察看汾河水治理及两岸生态保护、城市环境建设等情况。他指出，治理汾河，不仅关系山西生态环境保护和经济发展，也关系太原乃至山西历史文化传承。要坚持山水林田湖草一体化保护和修复，把加强流域生态环境保护与推进能源革命、推行绿色生产生活方式、推动经济转型发展统筹起来，坚持治山、治水、治气、治城一体推进，持续用力，再现“锦绣太原城”的盛景，不断增强太原的吸引力、影响力，增强太原人民的获得感、幸福感、安全感。12 日下午，习近平听取了山西省委和省政府工作汇报，对山西各项工作予以肯定。他指出，要牢固树立绿水青山就是金山银山的理念，发扬“右玉精神”，统筹推进山水林田湖草系统治理，抓好“两山七河一流域”生态修复治理，扎实实施黄河流域生态保护和高质量发展国家战略，加快制度创新，强化制度执行，引导形成绿色生产生活方式，坚决打赢污染防治攻坚战，推动山西沿黄地区在保护中开发、在开发中保护。

2018 年 3 月 5 日，中共中央总书记、国家主席、中央军委主席习近平参加十三届全国人大一次会议内蒙古代表团的审议。他强调，要加快呼伦湖、乌梁素海、岱海等水生态综合治理，加强荒漠化治理和湿地保护，加强大气、水、土壤污染防治，在祖国北疆构筑起万里绿色长城。

2019 年 3 月 5 日，中共中央总书记、国家主席、中央军委主席习近平参加十三届全国人大二次会议内蒙古代表团的审议。他指出，要抓好内蒙古呼伦湖、乌梁素海、岱海的生态综合治理，对症下药，切实抓好落实。他强调，要保持加强生态文明建设的战略定力，探索以生态优先、绿色发展为导向的高质量发展新路子，加大生态系统保护力度，打好污染防治攻坚战，守护好祖国北疆这道亮丽风景线。

2020 年 4 月 20—23 日，中共中央总书记、国家主席、中央军委主席习近平在陕西考察。他强调，要坚持不懈开展退耕还林还草，推进荒漠化、水土流失综合治理，推动黄河流域从过度干预、过度利用向自然修复、休养生息转变，改善流域生态环境质量。

2021 年 6 月 9 日，中共中央总书记、国家主席、中央军委主席习近平听取了青海省委和省政府工作汇报。他强调，保护好青海生态环境，是“国之大者”。要牢固树立绿水青山就是金山银山理念，切实保护好地球第三极生态。要把三江源保护作为青海生态文明建设的重中之重，承担好维护生态安全、保护三江源、保护“中华水塔”的重大使命。要继续推进国家公园建设，理顺管理体制，创新运行机制，加强监督管理，强化政策支持，探索更多可复制、可推广经验。要加强雪山冰川、江源流域、湖泊湿地、草原草甸、沙地荒漠等生态治理修复，全力推动青藏高原生物多样性保护。要积极推进黄河流域生态保护和高质量发展，综合整治水土流失，稳固提升水源涵养能力，促进水资源节约集约高效利用。

专栏 1-3　习近平总书记的江河情怀——其他流域

珠江流域：

2017 年 4 月 20 日，中共中央总书记、国家主席、中央军委主席习近平在南宁考察了那考河生态综合整治项目和南宁·中关村创新示范基地。在那考河湿地公园，习近平听取南宁市内河水系分布、“海绵城市”建设等情况介绍，实地察看整治成效。他对南宁市整治城市内河河道，形成水畅水清、岸绿景美的休闲滨水景观带的做法表示肯定，希望他们探索更多经验。习近平指出，广西生态优势金不换，要坚持把节约优先、保护优先、自然恢复作为基本方针，把人与自然和谐相处作为基本目标，使八桂大地青山常在、清水长流、空气常新，让良好生态环境成为人民生活质量的增长点、成为展现美丽形象的发力点。

2021 年 4 月 26 日，中共中央总书记、国家主席、中央军委主席习近平来到桂林市象鼻山公园考察调研。他指出，桂林山水甲天下，天生丽质，绿水青山，是大自然赐予中华民族的一块宝地，一定要呵护好。

松花江流域：

2016 年 5 月 24 日，习近平总书记来到地处我国东北端中俄边界的黑瞎子岛，实地察看这里的保护与开放开发总体规划。习近平强调，黑瞎子岛不要建成开发区、工程区、游乐场。岛上建的基础设施都应是对生态起保护作用的。保护生态，留一张白纸。

2018 年 9 月 26 日，中共中央总书记、国家主席、中央军委主席习近平乘船察看查干湖南湖生态保护情况。他希望乡亲们守护好查干湖这块“金字招牌”，让生活“年年有鱼”。他强调，良好生态环境是东北地区经济社会发展的宝贵资源，也是振兴东北的一个优势。要把保护生态环境摆在优先位置，坚持绿色发展。查干湖保护生态和发展旅游相得益彰，要坚持走下去。

2020 年 5 月 22 日，中共中央总书记、国家主席、中央军委主席习近平参加十三届全国人大三次会议内蒙古代表团的审议。习近平强调，要保持加强生态文明建设的战略定力，牢固树立生态优先、绿色发展的导向，持续打好蓝天、碧水、净土保卫战，把祖国北疆这道万里绿色长城构筑得更加牢固。

2021 年 3 月 5 日，中共中央总书记、国家主席、中央军委主席习近平参加十三届全国人大四次会议内蒙古代表团的审议。习近平强调，要保护好内蒙古生态环境，筑牢祖国北方生态安全屏障。要坚持绿水青山就是金山银山的理念，坚定不移走生态优先、绿色发展之路。要继续打好污染防治攻坚战，加强大气、水、土壤污染综合治理，持续改善城乡环境。要强化源头治理，推动资源高效利用，加大重点行业、重要领域绿色化改造力度，发展清洁生产，加快实现绿色低碳发展。要统筹山水林田湖草沙系统治理，实施好生态保护修复工程，加大生态系统保护力度，提升生态系统稳定性和可持续性。

2015 年 7 月 16—18 日，中共中央总书记、国家主席、中央军委主席习近平在吉林调研，并听取了吉林省委和省政府工作汇报。他强调，要大力推进生态文明建设，强化综合治理措施，落实目标责任，推进清洁生产，扩大绿色植被，让天更蓝、山更绿、水更清、生态环境更美好。

2020 年 7 月 24 日，中共中央总书记、国家主席、中央军委主席习近平在吉林省考察，听取了吉林省委和省政府工作汇报。习近平指出，要牢固树立绿水青山就是金山银山的理念，实施好重大生态工程。

淮河流域：

2017 年 12 月 12 日，中共中央总书记、国家主席、中央军委主席习近平前往徐州市贾汪区潘安采煤塌陷区整治工程神农码头考察。他表示，资源枯竭地区经济转型发展是一篇大文章，实践证明这篇文章完全可以做好，关键是要贯彻新发展理念，坚定不移走生产发展、生活富裕、生态良好的文明发展道路。

2020 年 8 月 18 日，中共中央总书记、国家主席、中央军委主席习近平来到阜阳市阜南县王家坝闸，听取安徽省防汛工作及王家坝开闸分洪情况介绍。他强调，淮河是新中国成立后第一条全面系统治理的大河。70 年来，淮河治理取得显著成效，防洪体系越来越完善，防汛抗洪、防灾减灾能力不断提高。要把治理淮河的经验总结好，认真谋划“十四五”时期淮河治理方案。

海河流域：

2017 年 2 月 23 日，习近平总书记在实地考察雄安新区建设规划时专程前往白洋淀。他在考察中强调，建设雄安新区，一定要把白洋淀修复好、保护好。将来城市距离白洋淀这么近，应该留有保护地带。要有严格的管理办法，绝对不允许往里面排污水，绝对不允许人为破坏。

2019 年 1 月 16 日，在河北雄安新区规划展示中心，谈到雄安新区下大气力处理城和淀的关系，习近平总书记讲起选址的考虑：“当时选址在这，就是考虑要保护白洋淀，而非损害白洋淀。城与淀应该是相互辉映、相得益彰。”

2017年2月24日，习近平总书记在北京考察时强调，保护大运河是运河沿线所有地区的共同责任，北京要积极发挥示范作用。

辽河流域：

2018年9月28日，习近平在沈阳主持召开深入推进东北振兴座谈会。他强调，东北地区是我国重要的工业和农业基地，维护国家国防安全、粮食安全、生态安全、能源安全、产业安全的战略地位十分重要，关乎国家发展大局。习近平就深入推进东北振兴提出要更好支持生态建设和粮食生产，巩固提升绿色发展优势。要贯彻绿水青山就是金山银山、冰天雪地也是金山银山的理念，落实和深化国有自然资源资产管理、生态环境监管、国家公园、生态补偿等生态文明改革举措，加快统筹山水林田湖草治理，使东北地区天更蓝、山更绿、水更清。

2022年8月16日，习近平来到锦州东湖森林公园，考察当地加强生态环境修复情况。习近平察看小凌河沿岸生态环境。他强调，良好生态环境是东北地区经济社会发展的宝贵资源，也是振兴东北的一个优势。要把绿色发展理念贯穿到生态保护、环境建设、生产制造、城市发展、人民生活等各个方面，加快建设美丽中国。生态文明建设能够明显提升老百姓获得感，老百姓体会也最深刻。要坚持治山、治水、治城一体推进，科学合理规划城市的生产空间、生活空间、生态空间，多为老百姓建设休闲、健身、娱乐的公共场所。

东南诸河：

2020年3月31日，中共中央总书记、国家主席、中央军委主席习近平来到杭州西溪国家湿地公园，沿着绿堤、福堤，察看湿地保护利用情况。习近平指出，湿地贵在原生态，原生态是旅游的资本，发展旅游不能牺牲生态环境，不能搞过度商业化开发，不能搞一些影响生态环境的建筑，更不能搞私人会所，让公园成为人民群众共享的绿色空间。习近平强调，水是湿地的灵魂，自然生态之美是西溪湿地最内在、最重要的美。要坚定不移把保护摆在第一位，尽最大努力保持湿地生态和水环境。要把保护好西湖和西溪湿地作为杭州城市发展和治理的鲜明导向，统筹好生产、生活、生态三大空间布局，在建设人与自然和谐相处、共生共荣的宜居城市方面创造更多经验。

2021年3月24日，习近平总书记乘坐电瓶车实地了解郊野福道风貌，他登上观景平台，远眺福州新貌，听取城市生态公园规划建设、城市水系综合治理情况汇报。习近平指出，建设好管理好一座城市，要把菜篮子、人居环境、城市空间等工作放到重要位置切实抓好。福州是有福之州，生态条件得天独厚，希望继续把这座海滨城市、山水城市建设得更加美好，更好造福人民群众。

2019年3月10日，中共中央总书记、国家主席、中央军委主席习近平参加十三届全国人大二次会议福建代表团的审议。他指出要加快老区苏区发展，要有长远眼光，多做经济发展和生态保护相协调、相促进的文章，打好污染防治攻坚战，突出打好蓝天、碧水、净土三大保卫战。

西北诸河：

2016年8月22日，中共中央总书记、国家主席、中央军委主席习近平在青海调研考察。他强调，生态环境保护和生态文明建设，是我国持续发展最为重要的基础。青海最大的价值在生态、最大的责任在生态、最大的潜力也在生态，必须把生态文明建设放在突出位置来抓，尊重自然、顺应自然、保护自然，筑牢国家生态安全屏障，实现经济效益、社会效益、生态效益相统一。

2021年6月7—9日，中共中央总书记、国家主席、中央军委主席习近平在青海考察。8日，习近平到海北藏族自治州刚察县考察调研。他首先来到青海湖仙女湾，听取青海省加强祁连山地区和青海湖生态环境保护情况介绍。随后，沿木栈道步行察看。湖面开阔，水质清澈，飞鸟翱翔。习近平强调，青海湖生态保护和环境治理取得的成效来之不易，要倍加珍惜，不断巩固拓展。生态是我们的宝贵资源和财富。要落实好国家生态战略，总结三江源等国家公园体制试点经验，加快构建起以国家公园为主体、自然保护区为基础、各类自然公园为补充的自然保护地体系，守护好自然生态，保育好自然资源，维护好生物多样性。9日上午，习近平听取了青海省委和省政府工作汇报，他强调，保护好青海生态环境，是“国之大者”。要牢固树立绿水青山就是金山银山理念，切实保护好地球第三极生态。要把三江源保护作为青海生态文明建设的重中之重，承担好维护生态安全、保护三江源、保护“中华水塔”的重大使命。

西南诸河：

2015 年 1 月 19—21 日，中共中央总书记、国家主席、中央军委主席习近平来到云南昭通、大理、昆明等地，看望鲁甸地震灾区干部群众，深入企业、工地、乡村考察，就灾后恢复重建和经济社会发展情况进行调研。20 日上午，他来到大理白族自治州大理市湾桥镇古生村。他强调，生态环境保护是一个长期任务，要久久为功。一定要把洱海保护好，让“苍山不墨千秋画，洱海无弦万古琴”的自然美景永驻人间。考察期间，习近平听取了云南省委、省政府工作汇报，他指出，要把生态环境保护放在更加突出位置，像保护眼睛一样保护生态环境，像对待生命一样对待生态环境，在生态环境保护上一定要算大账、算长远账、算整体账、算综合账，不能因小失大、顾此失彼、寅吃卯粮、急功近利。

1.3.3 研究探索

“三水”在研究层面上，都是从单一要素的研究开始，然后相互交叉融合，形成了新的交互研究方向，并最终实现了三个要素在水生态环境保护方面统筹推进。水资源的相关研究开展较早，主要集中在自然禀赋调查，灌溉、工业利用等开发，水资源调度，工程调配优化、高效利用等方面；水环境的相关研究则集中在重金属、有机物污染调查，各类污染物治理，环境容量及承载力预测，分区管控，监测检测技术提升等方面；水生态的相关研究主要是生态系统循环研究与渔业资源调查利用，各物质在水生态系统循环中的变化及产生的影响等方面，而后逐步扩展到水生物种和生境等多样性调查及保护和修复等。

随着经济社会发展，“三水”等相关研究领域开始出现交叉。左其亭[22]等将“三水统筹”纳入模型，定量研究陆面水资源系统水量变化、水质变化、生态系统变化以及它们之间的相互关系。但其相关研究是为可持续水资源管理提供技术支持，在水环境改善与水生态提升方面涉及较浅。

因局部水生态环境问题凸显，单一要素的研究难以有效解决现状问题，双要素协同研究等逐渐流行。阎战友[23]、丛黎明[24]等，因海河流域水生态环境问题日益严重，开始在流域内通过对水资源在时空上合理配置的分析，探索提出合理利用水资源改善和恢复流域下游水生态环境的对策。在水资源与水生态方面，相关研究主要集中在水资源利用对水生态尤其是水生生物和生境的影响，并统筹兼顾水资源保障与水生生物和生境保护。例如，冯顺田等[25]在贵州北盘江研究了梯级开发对鱼类资源的影响预测与对策；闫业庆等[26]以白龙江流域为研究范围，计算并分析了研究区生态环境质量指数及景观空间格局，探索白龙江水电梯级开发对生态环境的影响。

韩孟等[27]强调了国民经济运行、经济增长需要“三水”的支持，呼吁加强水生态环境与经济增长的协调可持续发展，提倡要提升水资源高效利用、降低水环境污染负荷以及促进水生态系统恢复，从“三水”角度，提出了水生态环境保护的要求。在2007年水利学会学术年会上，王毅在“中国的水问题、治理转型与体制创新”特邀报告中提出“建立统一的水管理体制，统筹水资源、水环境、水生态等项涉水事务”的倡议[28]。之后，各区域结合自身特点，开展了局部的“三水”问题的研判分析，并探索性提出了对应的保护修复措施，其解决的问题有各自侧重点。例如，2011年，罗小勇等[29]以长江流域为核心，开展了一系列的水生态环境现状调查及保护修复对策研究，其中分析了长江流域水生态环境保护存在生物多样性下降、水环境恶化、湿地萎缩和生境退化、水资源开发产生的影响凸显等主要问题，以保护长江流域水生生物为核心，提出了物种保护与生物资源养护等水生态保护修复措施，保证生态需水、江河连通性、改善水质等水资源与水环境保护和修复措施，成为区域水生态环境保护修复的研究探索之一。韩龙喜等[30]以太湖流域平原河网地区为例，从河流开发与保护的流域水生态安全概念出发，基于水资源、水生态环境特征，根据水利工程的开发建设及运行状况，及其对水生态环境产生的不同影响，对水利工程进行分类，分别辨析不同水利工程对水文水动力、水环境质量、水生生物、底栖生物的影响，提出水利工程水生态环境影响评价的主要评价指标，构建平原河网地区水利工程水生态环境效应评估指标体系。

“三水统筹”系统推进水生态环境保护修复方兴未艾。吴舜泽等[31]提出统筹推进长江“三水”保护的治理思路。秦昌波等[32]研究提出坚持系统治理，形成用水安全、环境安全、生态安全的国家综合水环境安全保障体系的战略思路。龚道孝等[33]从“三水”和水安全4个维度，研究提出了“四水统筹、人水和谐”的新型城市水系统建设标准（控制指标）。至此，“三水统筹”系统推进水生态环境保护的思路逐渐在全国各区域流域应用。缪萍萍等[34]在海河流域选取了涵盖“三水”3 个维度的 6 项指标进行量化评估，从流域系统性整体性出发，探讨水生态环境问题诊断和对策研究；谢阳村等[35]在京津冀地区立足“三水”现状，提出了京津冀地区“十四五”水生态环境保护总体思路和重点政策措施建议；朱延忠等[36]在长江流域分析存在的生态环境问题，统筹提出了流域生态环境保护建议。

1.3.4 实践探索

近年来，我国水生态环境保护事业发展迅猛，逐渐从“以污染防治为主”转变为“三水统筹”系统治理，这一过程也借鉴了发达国家的经验。1972 年，美国《清洁水法》提出要恢复和维持国家水域的化学、物理和生物的完整性的目标要求，在保护水环境、水资源基础上，对生物保护提出了要求；2000 年欧盟颁布的《水框架指令》提出了保护生态良好水体的要求，并将保护与恢复水生生态系统的结构和功能作为流域管理的核心目标[37]。

我国系统治理的观念源远流长，但在国家层面提出并付诸实践的水生态环境统筹保护和系统治理相对较晚。2014 年 3 月 14 日，中央财经领导小组第五次会议强调要把水生态、水资源、水环境和水灾害防治作为一个系统来考虑。会议指出，当前水生态环境保护面临多重挑战：水资源短缺与用水浪费并存，生态脆弱性与过度开发并存，污染治理与超标排放并存。特别是由于缺乏节水意识和过度依赖工程调水，水安全形势十分严峻。这些挑战表明，传统的治水理念和方法已不再适应当前的发展需求。

在此之后，各部委也在“十三五”时期制定的规划中，将“三水”的内容纳入计划，“三水统筹”系统治理成了新时期水生态环境保护指导方法。环境保护部 2015 年 4 月 16 日发布并实施的“水十条”中明确提出“系统推进水污染防治、水生态保护和水资源管理”的要求，这是水环境质量改善、水资源管理与水生态保护修复系统推进在国家重大政策文件要求中的首次正式出现。该行动计划的具体任务中，提出了“禁止侵占自然湿地等水源涵养空间”“开展湿地保护与修复，加大退耕还林、还草、还湿力度”等水生生物栖息地保护的要求，以及“加大水生野生动植物类自然保护区和水产种质资源保护区保护力度，开展珍稀濒危水生生物和重要水产种质资源的就地和迁地保护，提高水生生物多样性”等要求。2016年，水利部印发的《水利改革发展“十三五”规划》中，明确提出“水资源短缺、水生态损害、水环境污染等问题更加凸显，新老水问题相互交织，已成为我国经济社会可持续发展的重要制约因素和面临的突出安全问题”的现状，提出“协调解决水灾害、水资源、水环境、水生态等问题”的基本原则，并在具体任务中除水资源保障和水质保护以外，还提出要加强重点河湖水生态修复与治理，加强对水底河道、岸线等水生生物栖息地的管控和保护。2018年，生态环境部会同农业农村部、水利部制订了《重点流域水生生物多样性保护方案》，提出了更为具体的水生生物多样性保护的要求。在生态环境资金支持方面，我国也反映出逐渐向“三水统筹”治理转变的思路，中央水污染防治专项资金支持方向已由污染治理为主逐渐向水生态保护修复倾斜，包括支持河湖生态缓冲带保护修复、河湖水域水生植被恢复等方向；山水林田湖草沙一体化保护和修复工程摒弃了生态保护修复针对单一目标或单一生态要素的传统治理方案，转向实施生态系统整体保护、系统修复和综合质量的方向。

各地方也在水生态环境保护系统治理方面不断探索实践。2013年，浙江省委、省政府作出治污水、防洪水、排涝水、保供水、抓节水的“五水共治”决策部署，以治水为突破口，倒逼产业转型升级，开展了“清三河”、“剿灭劣Ⅴ类水”和“美丽河湖”创建等一系列治污行动，推进浙江全省水环境质量持续改善。2022年，浙江省提出全面推进“五水共治”新“三五七”工作，确立了“三年加压奋进，数字智治补短板；五年变革重塑，人水和谐立标杆；七年成效显著，绘就幸福新画卷”的治水新目标，在水资源保障、水环境治理、水生态保护与修复等方面提出了新的要求。山东省淄博市的马踏湖是鲁中地区一个关键的多功能湖泊湿地系统，但因流域内高强度的工业化和城镇化开发活动，入湖河流遭受严重污染并被截流改道，导致水源补给能力大幅下降。此外，大规模的围湖造田活动使得湖泊的生态功能几乎完全丧失。自2008年起，淄博市根据北方缺水地区的实际情况，坚决实施“治、保、用”流域治污策略，持续改善马踏湖的水生态环境。深入“治”，即实施全流域综合治理，通过逐步加严水污染物排放标准，倒逼“小散乱”企业逐步自动退出市场，逐渐提升企业水污染治理能力，并在直排企业和污水处理厂排污口均设置“生物指示池”，确保出水达到“常见鱼类稳定生长”标准；完善“保”，通过建设人工湿地水质净化工程、河道两侧生态廊道，实施马踏湖湿地生态修复蓄水工程，并逐步恢复 3 条入湖河流的历史走向，保障马踏湖水源补给等生态保护与修复措施，提升流域环境承载力；突出“用”，通过加强资源节约和循环利用，打造“三横五纵两湖六湿地”生态水系实现河湖连通循环，建立再生水利用支持政策等长效机制，实现区域再生水循环利用，减少废水排放。经过综合治理，近年来马踏湖流域水环境质量显著改善，以化学需氧量为代表的污染物浓度大幅降低，湖泊蓄水能力提升近 7 倍，地下水位上升近 3 米，湖区野生动植物物种和数量明显增加。马踏湖已成为全国第一批美丽河湖优秀案例，为淄博市的美丽中国建设增添了生态底色[38]。

1.4 发展意义

“三水统筹”是贯彻落实习近平生态文明思想，坚持山水林田湖草沙一体化保护和系统治理，持续推进水资源保护、水环境改善和水生态修复，实现“有河有水、有鱼有草、人水和谐”美好愿景的重要实践路径，是增强人民群众的生态环境获得感、幸福感、安全感，加快美丽中国建设的措施之一。

1.4.1 维护水生态系统完整性的内在需求：可持续发展

水生态系统的稳定性是水生态系统安全和质量的重要体现。水生态系统是由水生生物群落与非生物环境共同构成的具有特定结构和功能的动态平衡系统。水作为水生态系统非生物环境中无机物的重要组成部分，是系统稳定性的重要影响因素，是其他水生生物群落生存的重要载体，水资源水量是一个水生态系统承载力的重要保障因素；水环境水质是水生态系统质量的重要影响因子；水生态水生生物是水生态系统中物质交换、能量循环的重要组成。稳定的水生态系统具有较高的安全弹性，使其对外界扰动的抵抗更加稳固，并且可以快速恢复到原有的平衡状态；也可以保持生态系统的生产力，维持系统内部平衡并可持续地提供各类资源；还可以保护水生态系统的多样性，有助于维护生态系统的健康。因此，良好的水资源水量、水环境水质与物种丰富的水生生物是维持水生态系统的稳定和良好可持续发展的必要条件。

维持水生态系统的完整性必然要求“三水统筹”。生态系统是由生物群落及其无机环境相互作用形成的复合体。“三水”构成了水生态系统有机整体，任何“一水”的巨大变动都会对其他“两水”产生连带影响。从水资源与水环境的关系来看，充足的水量和良好的水动力条件有利于污染物的迁移和降解，从而改善水环境质量；而水环境质量改善，有利于提升水资源的使用价值，为水资源配置提供更大的空间。从“三水”关系来看，结构稳定、物种多样的水生生物群落可增加水环境容量，同时还具有涵养水源、调节径流等功能，从而促进水资源和水环境保护。生态系统作为一个整体，通过其生态过程，为人类提供维持生命和社会经济发展所需的产品与服务，因而生态系统的完整性是生态系统服务和支撑经济社会可持续发展的基础。要维持水域生态系统的完整性，必然要求实施“三水统筹”，对水域生态系统进行整体保护、系统修复、综合治理。

“三水统筹”是实现水生态环境综合管理目标最优效益的根本路径。在实现多目标达成的水生态环境综合管理过程中，其各要素的最优目标大多数是相互冲突的；这些目标的优化条件相互制约，同时还因有外在的约束条件影响，往往难以同时实现最优化，当其中一个目标以最优方式改善后，可能影响其他一个或几个目标达成甚至可能出现结果变差的情况[39]。因而，多个目标的优化需要相互协调达成。“三水”在水生态系统中最主要的表征因素水量、水质与水生生物，三者最优解的目标之间是相互联系又相互制约的。由于“三水”都处在水生态系统中，受系统统一的目标即水生态环境改善的制约，各自目标的优化均服从于整体的总目标。“三水统筹”是从生态系统整体性和流域系统性出发，要求在“三水”方面协同治理、统筹推进，综合考虑各因素，在水生态环境改善的总体目标下，使各要素达到可达的最优状态。因而，推进“三水统筹”实施系统治理，是维护水生态系统完整性和稳定性、实现最优水生态环境管理目标的最佳路径。

1.4.2 推进高品质水生态环境支撑高质量发展：人水和谐

习近平生态文明思想作为习近平新时代中国特色社会主义思想的重要组成部分，是生态价值观、认识论、实践论和方法论的总集成，是指导生态文明建设的总方针、总依据和总要求。要做好水生态环境保护工作，就必须以习近平生态文明思想为根本遵循，坚持绿色发展理念，坚持以人民为中心，从生态系统整体性和流域系统性出发，强化山水林田湖草沙等各种生态要素协同。水生态系统是一个有机生命躯体，推进水生态保护和修复必须遵循自然规律。治水的只管治水、用水的单纯用水，很容易顾此失彼，最终造成水生态的系统性破坏。系统观念是具有基础性的思想和工作方法。唯物辩证法认为，事物是普遍联系的，事物及事物各要素相互影响、相互制约，整个世界是相互联系的整体，也是相互作用的系统，要从客观事物的内在联系去把握事物，去认识问题、处理问题；要从系统论出发，增强全局观念，在多重目标中寻求动态平衡。从系统观念来看，水生态环境保护好比我们在治理一种水生态病。这种病是一种综合征，病源很复杂，有的来自不合理的经济结构，有的来自传统的生产方式，有的来自不良的生活习惯等，其表现形式也多种多样，既有水环境污染带来的“外伤”，又有水生态系统被破坏造成的“神经性症状”，还有资源过度开发带来的“体力透支”。总之，它是一种疑难杂症，这种病一天两天不能治愈，一两副药也不能治愈，它需要多管齐下，综合治理，长期努力，精心调养。要从系统工程和全局角度寻求新的治理之道，不能再是头痛医头、脚痛医脚，各管一摊、相互掣肘，而必须统筹兼顾、整体施策、多措并举，全方位、全地域、全过程开展水生态环境保护。

党的十八大以来，以习近平同志为核心的党中央把水生态环境保护摆在生态文明建设的重要位置，把解决突出水生态环境问题作为民生优先领域，碧水保卫战是污染防治攻坚战的重要组成部分，谋划开展了一系列根本性、开创性、长远性工作，将推动长江经济带发展、黄河流域生态保护和高质量发展上升为重大国家战略。为推动“江河战略”实施，习近平总书记先后四次主持召开推动长江经济带发展座谈会，两次主持召开推动黄河流域生态保护和高质量发展座谈会，多次对重点流域水生态环境保护作出一系列重大决策部署。习近平总书记关于水生态环境保护考察调研的足迹行至大江南北、大河上下，每到一个地方，察看水生态环境保护情况都是一项重要内容。习近平总书记一系列重要指示批示，一句句殷殷嘱托，都充分体现了总书记对水生态环境保护一以贯之的关心重视，对保护好、治理好水生态环境的诚挚情怀和历史担当，为我们深入打好碧水保卫战提供了方向指引和根本遵循。

党的二十大报告明确提出“三水统筹”治理。水资源是生命的载体，对维系河流、湖泊等水生态系统的结构和功能起着至关重要的作用；水环境是保障水资源可利用、水生态可维持的基础；水生态既是水环境、水资源可持续发展的保障，又是最终实现“人水和谐”美好愿景的展现。流域水生态环境保护不仅需要有效控制工业、农业、城乡各类污染物排放，而且需要针对流域的水源涵养区、河湖水域及其缓冲带等重要空间大力开展生态保护修复，落实生态流量要求，不断提高生物多样性，提升河湖自净能力，从而有效扩大流域的生态环境容量。只有坚持减排、扩容两手发力，“三水”协同推进，流域生态环境质量才会持续改善。习近平总书记在2023年全国生态环境保护大会上强调“碧水保卫战要促进人水和谐”“加快补齐城镇污水收集和处理设施短板，因地制宜开展内源污染治理和生态修复，基本消除城乡黑臭水体并形成长效；建立水生态考核机制，加强水源涵养区和生态缓冲带保护修复，保障河湖生态流量，维护水生态系统健康”，以往单纯的“水污染防治”已不足以支撑完成新时期水生态环境保护工作的目标和任务，因此，由“水污染防治”向“三水统筹”的水生态环境保护转变是贯彻习近平生态文明思想的必然要求。

1.4.3 符合我国水生态环境保护发展的现实规律：流域系统治理

水生态环境保护是一项具有历史性、现实性和前瞻性的工作。自“九五”时期以来，我国共编制实施了五期重点流域水污染防治规划，流域水环境质量持续改善、水资源利用效率不断提高、水生态保护日趋完善，传统的单一因素的治理方法对生态环境的改善已逐渐进入“瓶颈”。与发达国家相比，我国在水环境方面的差距越来越小，理化指标提升空间有限并将逐步趋于稳定，部分水体已具备水生态保护修复的基本条件。

当前我国生态文明建设从理论到实践都发生了历史性、转折性、全局性变化，水生态环境保护工作正处在由“水污染防治”向“水生态系统健康保护”转变的“十字路口”。从国际实践经验来看，欧美等发达国家和地区经历了“先污染，后治理”的历程，水生态环境保护在经历水环境质量提升之后普遍进入了生态修复阶段，其中美国、欧盟从20世纪80年代开始就强调水生态保护修复并不断完善相关监测评价和管理的法规，逐渐进入以水生态状况为核心的评价管理阶段。我国水生态环境保护工作可分为两个发展阶段："九五"到"十三五"的污染防治阶段和"十四五"的"三水统筹"系统治理阶段。其中，"九五""十五"以点源控制为主，遏制水污染恶化趋势；"十一五"实行水环境保护目标责任制、水环境质量开始改善；"十二五"以分区防控、污染减排、风险防范为主线，"十三五"坚持污染减排与生态扩容并重，进一步强化地方政府的环境质量目标要求；"十四五"则从"三水"角度提出了"有河有水、有鱼有草、人水和谐"的治水目标要求，水生态环境保护工作重点已经来到了过渡转变的时期。同时，在浙江、四川[40]等地方已有通过"三水统筹"开展综合治理改善流域生态环境的局部实践。

党的二十大报告提出，到 2035 年，生态环境根本好转，美丽中国建设目标基本实现；在 2023 年全国生态环境保护大会上习近平总书记强调今后 5 年是美丽中国建设的重要时期。对比国际，我国水环境理化指标已与中等发达国家相当，但生态用水保障、水生态保护修复等基础相对薄弱，仍然处于刚起步阶段。新时期，我国水生态环境保护亟须加快推进水污染防治向"三水统筹"保护转变，在巩固理化指标成绩的基础上，力争在水生态保护修复等难点和关键环节上实现突破。

与此同时，经过试点研究，长江、松花江、太湖、辽河等流域已具备相关的水生态监测及评价工作基础；北京、辽宁、江苏、浙江等地也在积极探索开展水生态监测与评价工作。2021 年，生态环境部印发《关于印发〈"十四五"生态环境监测规划〉的通知》，明确推动"三水统筹"，增强水生态环境监测，组织开展全国重点流域及青藏高原地区水生态调查监测。2022 年，生态环境部印发《长江流域水生态考核试点工作方案（2022—2024 年）》和《长江流域水生态监测方案（试行）》，在长江流域开展水生态考核试点，聚焦长江流域突出水生态问题，以水生境保护、水环境保护、水资源保障三大指标为核心进行考核。以上工作为统筹推进水生态保护工作奠定了良好基础。因此，由水污染防治向"三水统筹"系统治理的水生态环境保护转变是在准确把握我国水生态环境保护工作新发展阶段基础上做出的科学判断，构建统筹推进"三水"等要素的新格局符合我国水生态环境保护工作发展的现实需要[37]。

1.4.4 满足人民群众对美好水生态环境的向往：美丽河湖

“十三五”期间，碧水保卫战成效显著，我国水生态环境质量改善明显，人民群众的水生态环境获得感、幸福感、安全感显著增强，全面建成小康社会的水环境目标如期实现。然而，我国水生态环境保护结构性、根源性、趋势性压力尚未根本缓解，水环境质量改善不平衡、不协调问题突出，城乡环境基础设施欠账仍然较多，城市黑臭水体尚未实现长治久清，松花江、黄河、海河等流域仍存在劣Ⅴ类水体。高耗水发展方式尚未得到根本转变，海河、黄河、辽河等流域水资源开发利用率远超40%的生态警戒线，京津冀地区全年约70%的河流出现断流现象。水生态破坏现象十分普遍，长江上游受威胁鱼类种类占全国总数的40%，白鱀豚已功能性灭绝，江豚面临极危态势；黄河流域水生生物资源量减少，北方铜鱼、黄河雅罗鱼等常见经济鱼类分布范围急剧缩小，甚至成为濒危物种；太湖、巢湖、滇池等湖库蓝藻水华发生面积及频次居高不下。

2013 年 4 月 10 日，习近平总书记在海南考察时讲到，对人的生存来说，金山银山固然重要，但绿水青山是人民幸福生活的重要内容，是金钱不能替代的。改革开放以来，我国经济发展取得历史性成就，也积累了大量生态环境问题，一段时间内成为民生之患、民心之痛。随着我国社会主要矛盾转化为人民日益增长的美好生活需要和不平衡、不充分的发展之间的矛盾，人民群众对优美生态环境的需要已经成为这一矛盾的重要方面，从“盼温饱”到“盼环保”，从“求生存”到“求生态”，人民群众对清新空气、清澈水质、清洁环境等生态产品的需求越来越迫切，热切期盼加快提升生态环境质量。

随着水生态环境在群众生活幸福指数中的地位不断提升，水环境问题越来越容易引起群众关注。如果经济得到发展，但水生态遭到破坏、水环境恶化，那么这样的现代化并不是人民所期望的。解决人民群众反映强烈的突出水环境问题，既是改善环境和民生的迫切需求，也是加强生态文明建设的当务之急，必须积极回应人民群众的所想、所盼、所急，大力推进水生态环境保护建设，弥补民生的短板。虽然许多河湖现在已变清，但鱼虾数量却减少了，甚至已经消失，人民群众“记忆中的河湖”不复存在，单纯的水质改善与人民群众对美好生活的期盼之间仍存在较大的差距。因此，在新时期，推进内涵更丰富的水生态环境保护工作势在必行。

美丽河湖是美丽中国在水生态环境领域的集中体现和重要载体。美丽河湖是指符合“清水绿岸、鱼翔浅底”的愿景，“三水”等流域要素系统保护取得了良好成效，人民群众的生态环境获得感、幸福感、安全感显著增强，实现人水和谐的河湖。有针对性地实施水环境治理、生态缓冲带建设、水土流失综合治理、湿地恢复与建设、生物多样性保护等措施推进“三水统筹”治理，提升河湖生态环境品质，实现“有河有水、有鱼有草、人水和谐”的美丽河湖景象，是美丽中国建设不可或缺的重要组成部分。

参考文献

[1] 乐佩琦．中国古代鱼类资源的保护[J]．动物学杂志，1995，30（2）：4.

[2] 生态海南．苏东坡治水[EB/OL].（2017-07-03）．https://mp.weixin.qq.com/s?_biz=MzAwNTY3MDUwNg==&mid=2651421934&idx=3&sn=bb9ef84f2dffd50ccd5ecf09cb8f72eb&chksm=80e4cfebb79346fdd122b7ad4c2f573cf10bbf1589fbc97701ceba52331897e7bc8f50a3b732&scene=27.

[3] 新华网．都江堰：可持续水利工程的典范[DB/OL]. http://www.xinhuanet.com/science/20230717/30c5ffcdaa2e4a919a9a667960e0d54b/c.html.

[4] 梅州市兴宁市水务局．水利科普|我国古代四大水利工程[DB/OL]. https://www.xingning.gov.cn/mzxnswj/gkmlpt/content/2/2588/post_2588376.html#7427.

[5] 赵思安，刘景华．19 世纪英国贵族与环境保护[J]．经济社会史评论，2022（4）：11-25，126.

[6] 新华网．随笔：《寂静的春天》与美国现代环保运动的兴起[EB/OL].（2012-06-04）[2023-12-07]. http://www.xinhuanet.com/world/2012-06/04/c_112108496.htm.

[7] 徐敏，张涛，王东，等．中国水污染防治 40 年回顾与展望[J]．中国环境管理，2019，11（3）：65-71.

[8] 贾卫列．中国式现代化突破工业文明瓶颈．环球时报[DB/OL]. https://opinion.huanqiu.com/article/4AEXJRnBmtR.

[9] 中国共产党第十八次全国代表大会文件汇编[G]．北京：人民出版社，2012：8.

[10] 中共中央文献研究室．十八大以来重要文献选编（中）[G]．北京：中央文献出版社，2016.

[11] 王洛忠，李建呈．生态文明“中国之治”：历史脉络与演进逻辑——基于新中国成立以来历届党代会报告的文本分析[J]．山东社会科学，2020（10）：66-72.

[12] 马乐宽，谢阳村，文宇立，等. 重点流域水生态环境保护“十四五”规划编制思路与重点[J]. 中国环境管理，2020，12（4）：40-44.
[13] 杨蔚. 怎样理解高质量发展？[EB/OL]. https://baijiahao.baidu.com/s?id=1759671289826882334&wfr=spider&for=pc.
[14] 中华人民共和国国家发展和改革委员会规划司. “十四五”规划《纲要》名词解释之 3|高质量发展[EB/OL]. https://www.ndrc.gov.cn/fggz/fzzlgh/gjfzgh/202112/t20211224_1309252.html?state=123&state=123&state=123&state=123&state=123&state=123.
[15] 任勇. 用高水平生态环境保护推动经济社会高质量发展[EB/OL]. https://m.gmw.cn/baijia/2020-12/11/34453240.html.
[16] 每日经济新闻. 生态环境部：高水平保护是高质量发展的重要支撑，离开绿色环保的发展，既不符合新发展理念，更谈不上高质量[EB/OL]. https://baijiahao.baidu.com/s?id=1772552638147914354&wfr=spider&for=pc.
[17] 新华社. 建设天蓝地绿水清的美丽家园——党的十八大以来推进生态文明建设述评. 2022-09-22.
[18] 习近平. 中共中央关于全面深化改革若干重大问题的决定[DB/OL]. 新华网，2013-11-15.
[19] 成金华，尤喆. “山水林田湖草是生命共同体”原则的科学内涵与实践路径[J]. 中国人口·资源与环境，2019，29（2）：1-6.
[20] 石岳，赵霞，朱江玲，等. “山水林田湖草沙”的形成、功能及保护[J]. 自然杂志，2022，44（1）：1-18.
[21] 习近平生态文明思想研究中心. “2022 年深入学习贯彻习近平生态文明思想研讨会”发言摘登[J]. 求是，2023（2）：1.
[22] 左其亭，夏军. 陆面水量-水质-生态耦合系统模型研究[J]. 水利学报，2002（2）：61-65.
[23] 阎战友. 浅谈水资源合理配置对海河流域水生态环境改善的作用[J]. 海河水利，2002（5）：11-12.
[24] 从黎明. 科学调配水资源　改善滦河下游水生态环境[J]. 海河水利，2003（2）：13-15.
[25] 冯顺田，杨昌齐，詹飞. 北盘江水电梯级开发对鱼类资源的影响预测与对策[J]. 贵州水力发电，2011，25（1）：54-56.
[26] 闫业庆，胡雅杰，孙继成，等. 水电梯级开发对流域生态环境影响的评价——以白龙江干流（沙川坝-苗家坝河段）为例[J]. 兰州大学学报：自然科学版，2010（S1）：7.
[27] 韩孟，程福祜. 高度重视水资源水生态水环境禀赋保障[C]//国家环境保护总局，中华环保联合会. 第三届环境与发展中国论坛论文集[C]. 北京：红旗出版社，2007：4.
[28] 王毅. 中国的水问题、治理转型与体制创新[J]. 中国水利，2007（22）：6.

[29] 罗小勇，李斐，张季，等．长江流域水生态环境现状及保护修复对策[J]．人民长江，2011，42（2）：45-47.
[30] 韩龙喜，贾更华，杨钟凯，等．平原河网地区水利工程水生态环境效应评估指标构建[J]．水资源保护，2011，27（5）：65-69.
[31] 吴舜泽，王东，姚瑞华．统筹推进长江水资源水环境水生态保护治理[J]．环境保护，2016，44（15）：16-20.
[32] 秦昌波，李新，容冰，等．我国水环境安全形势与战略对策研究[J]．环境保护，2019，47（8）：20-23.
[33] 龚道孝，莫罹，刘曦，等．“四水统筹，人水和谐”的雄安新区城市水系统建设标准研究[J]．给水排水，2021，47（11）：8.
[34] 缪萍萍，张浩，孔凡青．海河流域水生态环境问题诊断和对策研究[C]//中国水利学会，黄河水利委员会．中国水利学会 2020 学术年会论文集（第一分册）[C]．北京：中国水利水电出版社，2020：4.
[35] 谢阳村，张文静，王东．“十四五”京津冀地区水生态环境保护对策研究[C]//中国环境科学学会（Chinese Society for Environmental Sciences）．中国环境科学学会 2021 年科学技术年会论文集（二）[C]．《中国学术期刊（光盘版）》电子杂志社有限公司，2021：2.
[36] 朱延忠，周娟，赵艳民，等．长江流域生态环境保护的成效与建议[J]．环境保护，2022，50（17）：24-26.
[37] 徐敏，秦顺兴，马乐宽，等．水生态环境保护回顾与展望：从污染防治到三水统筹[J]．中国环境管理，2021，13（5）：69-78.
[38] 中华人民共和国生态环境部水生态环境司．第一批美丽河湖优秀案例 马踏湖. [2011-01-24]. https://www.mee.gov.cn/home/ztbd/2023/mlhh2/yxal1/yxal/202310/t20231027_1044193.shtml.
[39] 沈景明．系统分析在方案最优化中的应用[J]．吉林工业大学学报，1981（3）：107-119.
[40] 王维，刘骞，康宇，等．“三水统筹”锦江流域治理成功案例剖析：对四川省小流域治理的启示[C]//中国环境科学学会环境工程分会．中国环境科学学会 2022 年科学技术年会——环境工程技术创新与应用分会场论文集（三）[C].《工业建筑》杂志社有限公司，2022：6.

第 2 章

理论基础

“三水统筹”作为我国新时期开展水生态环境保护重要的方法论，需要有坚实的理论基础和依据作为支撑。“三水统筹”的理论基础主要来自环境学、水资源学、生态学、系统科学、可持续发展理论和环境规划学，这些理论为环境问题研究提供了重要的理论指导和具体措施。本章根据国内外的研究成果，概述了环境学、水资源学、生态学、系统科学、可持续发展理论和环境规划学六门科学的理论内涵、关注重点，以及对未来水生态环境保护的指导方向，以期为“三水统筹”工作提供参考。

2.1 环境学：水环境保护

2.1.1 理论内涵

《中华人民共和国环境保护法》明确指出，环境是指影响人类生存和发展的各种天然的和经过人工改造的自然因素的总体，包括大气、水、海洋、土地、矿藏、森林、草原、湿地、野生生物、自然遗迹、人文遗迹、自然保护区、风景名胜区、城市和乡村等。这里指的是作用于人类这一客体的所有外界事物，即对人类来说，环境就是人类的生存环境。按照不同的原则，环境可划分为不同类型，一般分为自然环境和人工环境（图 2-1）[1-2]。其中，自然环境是指一切直接或间接影响人类的、自然形成的物质、能量和现象的总体。可以把自然环境理解为一个由近及远和由小到大的有层次的系统。自然环境包括水环境、大气环境、土壤环境、生物环境、地质环境和物理环境；人工环境是指在自然物质的基础上，通过人类长期有意识的社会劳动，加工和改造自然物质，创造物质生产体系，积累物质文化等所形成的环境体系（如聚落环境、工业环境、农业环境、文化环境、医疗休养环境）。

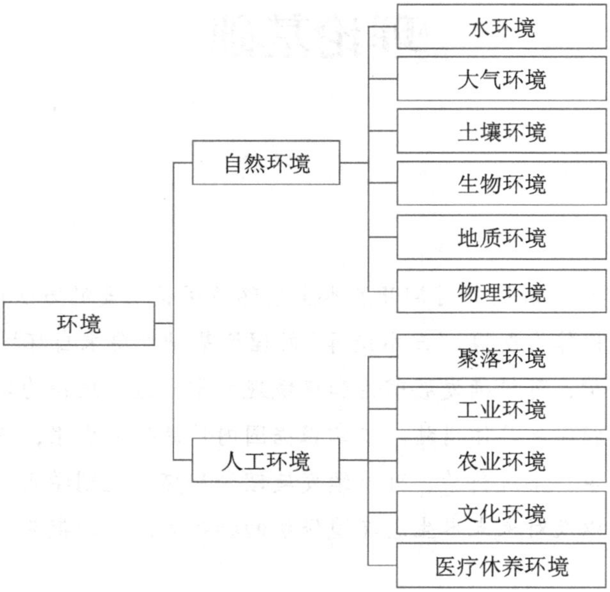

图 2-1 环境类型

环境科学研究的环境，是以人类为主体的外部世界，即人类赖以生存和发展的物质条件的综合体[3]。环境科学知识的积累由来已久，到 20 世纪中期，环境科学迅速发展；这门科学是以“人类-环境”系统为其特定研究对象的综合性新兴学科，研究人类社会发展活动与环境演化规律之间的相互作用关系，寻求人类社会与环境协同演化、持续发展的途径与方法，即研究“人类-环境”系统的发生、发展和调控的科学。在宏观上，环境科学要研究人与环境之间的相互作用、相互制约的关系，要力图发现社会经济发展和环境保护之间协调的规律；在微观上，要研究环境中的物质在有机体内迁移、转化、蓄积的过程及其运动规律，对生命的影响和作用机理，尤其是人类活动排放出来的污染物质。“人类-环境”系统，即人类与环境所构成的对立统一体，是一个以人类为中心的生态系统。人类与环境的关系主要通过人类的生产和消费活动得以体现。这些活动构成了人类与环境之间的物质、能量和信息的交换，人类通过生产活动从环境中以资源的形式获得物质、能量和信息，然后通过消费活动再以固体废物、废气和废水（“三废”）的形式排向环境。因此，无论是人类的生产活动，还是消费活动无不受环境的影响，也无不影响环境，其影响的性质、深度和规模随着环境条件的不同而不同，随着人类社会的发展而发展。

环境科学是介于社会科学、技术科学及自然科学之间的边际科学，是一个从多学科到跨学科的庞大科学体系（图 2-2）。它的核心和基础理论是环境学，由此而外形成一系列过渡性学科。环境科学的任务在于揭示环境规律，研究人类与环境相互作用的规律，调控人类与环境之间的物质、能量和信息的交换过程，使之处于最佳运行状态[4]。

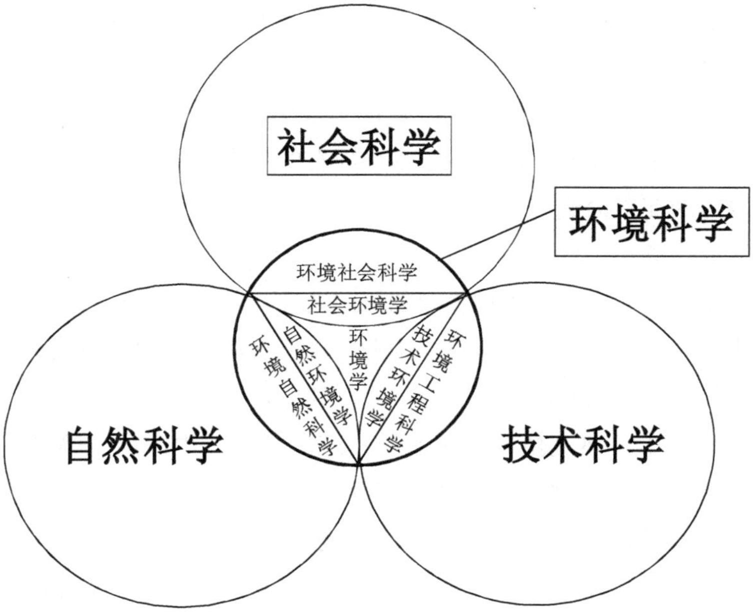

图 2-2　环境科学与相邻学科的关系示意图

水环境学是环境科学的一个分支，是人类在认识和解决水环境问题过程中逐渐形成和发展起来的一门新兴分支学科，是环境科学在特定领域的应用和发展，主要研究水体的物理、化学、生物等特征，以及水体和周围环境相互作用规律的科学。水环境学综合运用环境科学、水利科学、地理学、生态学、化学等相关学科的知识，探索水环境的演变规律，研究人类活动对水环境的影响，并寻求经济社会发展与资源、环境系统协调的较优模式[5]。

2.1.2 关注重点

水环境学致力于解决水污染问题，为水环境保护和水污染防治提供科学依据。《中华人民共和国水污染防治法》中，水污染是指“水体因某种物质的介入，而导致其化学、物理、生物或者放射性等方面特性的改变，从而影响水的有效利用，危害人体健康或者破坏生态环境，造成水质恶化的现象”。水污染主要由人类活动产生的污染物引起，它包括工业污染、农业污染和生活污染三大部分。污染物主要有：未经处理而排放的工业废水，未经处理而排放的生活污水，大量施用化肥、农药、除草剂的农田污水，堆放在河边的工业废弃物和生活垃圾，森林砍伐和水土流失，因过度开采产生的矿山污水等。污染物通过排放废水、固体废物等途径进入水体，超出了水体的自净能力，导致水体及其底泥的物理性质、化学性质和生物群落组成发生不良变化，破坏了水中固有的生态系统，影响水体的功能，从而降低了水体的使用价值。

（1）工业污染

工业废水是引起水体污染最重要的原因之一，具有量大、面广、成分复杂、毒性大、不易净化、难处理等特点。工业废水所含的污染物因企业种类不同而千差万别，即使是同类企业，生产过程不同，其所含污染物的质与量也不一样。

在工业生产中，热交换、产品输送、产品清洗、生产反应等过程均会产生大量废水。产生工业废水的主要企业有食品加工、纺织、造纸、冶炼、化学工业等。工业废水排放的主要污染物有酚、氰、重金属、石油类、酸碱盐类等。工业企业除排出的废水直接注入水体引起水污染以外，其排出的固体废物与废气也会污染水体。

（2）农业污染

农业污染是由于耕作或开荒使土地表面疏松，在土壤与地形还未稳定时降水导致大量泥沙流入水体中，增加了水中的悬浮物而产生。还有一个重要原因是农药、化肥的使用量日益增多，而使用的农药与化肥只有少量附着或被吸收，其余绝大部分残留在土壤里或飘浮在大气中，通过降水，经过地表径流的冲刷进入地表水或渗入地下水形成污染。

此外，还有农村生活垃圾污染、人畜粪便污染、病死禽畜污染、生产废品的污染等。由于有些农村尚未建设垃圾处理场，大量垃圾（如农膜、塑料编织袋、农药瓶以及包装盒等）均通过河流水体排至下游，这些废品不仅对水体造成污染，而且长期对土壤造成污染。

（3）生活污染

生活污水是来自家庭、机关、商业和城市公用设施及城市径流的污水，其包括厨房、洗涤房、浴室与厕所排出的污水。大部分生活污水都直接进入河流、湖泊，污水中的主要污染物（COD 和氮、磷等）富营养物质含量较高，导致地表水呈现不同程度的富营养化。生活污水的成分中 99%为水，另外还有少数无机盐（氰化物、硫酸盐、磷酸盐、铵盐、亚硝酸盐、硝酸盐和重碳酸盐等）、有机物质（纤维素、淀粉、糖类、脂肪、蛋白质和尿素等）、各种微量金属（锌、铜、铬、锰、镍和铅等）和大量的杂菌（主要为大肠菌群）。

2.1.3　指导作用

水环境学在解决水污染问题上建立了具体方法。首先，通过对水环境进行监测，及时掌握水体的污染情况，包括污染物的种类、浓度、分布，以及水生生物的生态状况等。建立水污染模型，综合考虑气象、地形、水文等多种因素，对水体中的污染物进行模拟，预测水体的污染状况和趋势，根据监测和建模结果，制订针对性的治理方案。包括对工业废水、生活污水等进行处理和净化，控制污染源的排放；对已经受到污染的水体进行修复和治理，包括物理治理、化学治理、生态治理等；同时，建立健全的水环境管理制度和法律法规，积极推广清洁生产技术，从源头上减少污染的产生。

水环境保护主要是指采取措施，防止或减少水污染，保护和改善水环境，以保障人体健康和生态系统平衡。水环境保护的对象包括地表水和地下水的水量与水质。在水量方面，应全面规划、统筹兼顾、综合利用、讲求效益，发挥水资源的多种功能。在水质方面，应采取行政、法律、技术、经济等手段，合理开发、管理和利用水资源，保护水资源的质量和供应，防止水污染、水源枯竭、水流阻塞和水土流失。

运用水环境学开展水环境保护，采取的主要措施包括：对工业废水进行无害化处理，减少废水中的有害物质；对生活污水进行收集和处理，防止污水直接排放到水体中；通过推广生态农业、减少农药和化肥的使用，减少农业面源污染；通过植树造林、退耕还林等措施，防止水土流失；通过合理规划和管理水资源，保证水资源的可持续利用。

2.2 水资源学：水资源保障

2.2.1 理论内涵

水资源名词最早出现于正式的机构名称，是 1894 年美国地质调查局（USGS）内设立的水资源处（WRD），这个水资源是和其他自然资源一道作为陆面地表水和地下水的总称[6]；《不列颠百科全书》中苏联加里宁撰写的条目把“水资源”定义为“水资源是自然界一切形态（液态、固态和气态）的水”；联合国教科文组织（UNESCO）和世界气象组织（WMO）在 1988 年定义水资源是“可供利用或有可能被利用，具有足够数量和可用质量，并可适合某地对水的需求而能长期供应的水源”；《中国大百科全书　水利》定义水资源为自然界各种形态（气态、固态或液态）的天然水，并将可供人类利用的水资源作为供评价的水资源；《中国大百科全书　水文科学》定义水资源是地球表层可供人类利用的水，包括水量、水域和水能资源。刘昌明院士从自然资源的观点出发，将水资源定义为与人类生产和生活有关的天然水源。综上所述，水资源是作为维持人类社会存在并发展的重要自然资源之一，它具有可以按照社会的需求提供或有可能提供的水量，这个水量有可靠的来源，可以通过自然界水文循环不断得到更新或补充，可以由人工加以控制，其水量及水质能够适应人类用水的需求。

水资源学从 20 世纪中期开始发展，在工农业高速发展和人类物质文明不断提高的影响下，水资源问题日益突出，人们从不断出现的水资源问题中逐渐认识到需要从资源的观点重新认识自然界的水。自然界的水资源并不是取之不尽、用之不竭的无限资源，需要认真进行研究并采取合理步骤开发利用，并在使用中保护资源，以达到对自然界水资源可持续开发利用的长远目的。此后开展了水资源的系统调查和评价活动，专门以水资源为对象的研究和实践在很大范围内有了发展和提高，逐渐形成自成体系的水资源学。水资源学的研究对象可归纳为三部分：第一是作为自然资源一员的水资源，其形成、演化、运动的机理及其在地球上的空间分布及时程变化的规律，以及在不同区域上的数量；第二是研究在人类社会及其经济发展中为适应用水的需求而要开发利用水资源的科学途径；第三是研究在人类开发利用水资源过程中引起的环境变化，以及这种变化对水资源自然规律的影响，探求在变化的环境中如何保持水资源的可持续开发利用的科学途径等。水资源学的研究核心是人类社会发展和人类生产在环境演化中水供需问题的合理解决途径及可持续开发利用水资源的途径。因此，水资源学是一门研究水资源的分布、循环、利用、保护和管理的科学，涉及水文学、水力学、环境科学、经济学等多个领域。

2.2.2　关注重点

水资源学致力于解决水资源短缺问题，为水资源利用和管理提供科学依据。水资源短缺是指可利用的水资源量不足，无法满足人类生活和生产的需求。这通常是由于自然条件、气候变化、人口增长、城市化进程等多种因素导致的。在一些地区，由于水资源短缺，人们无法获得足够的生活用水，农业生产受到严重影响，工业发展也受到限制。

我国水资源总量为 2.81 万亿 m^3，居世界第六位，人均水资源不及世界人均占有量的 1/4，是世界公认的 13 个水资源匮乏国家之一。降水量从东南沿海向西北内陆递减，简单概括为“五多五少”，即总量多、人均少；南方多、北方少；东部多，西部少；夏秋多、冬春少；山区多，平原少，造成全国水资源不平衡的现象。如长江流域和长江以南耕地只占全国的 36%，水资源量却占全国的 80%；黄、淮、海三大流域，水资源量只占全国的 8%，而耕地却占全国的 40%，地区水资源相差悬殊。同时，年内年际分配不均，旱涝灾害频繁。大部分地区年内连续 4 个月降水量占全年的 70%以上，连续丰水年或连续枯水年较为常见。我国经济处于高速增长期，工业、农业用水增长幅度大，随着城市的发展，城市供需水的矛盾凸显，缺水问题越来越严重。我国地下水占国内水资源总量的 1/3，但近 20 年来，开采的地下水平均以 25 亿 m^3/a 的速度增加。在全国 400 多个城市中，地下水的用量在城市用水总量中占 30%。由于可利用的淡水资源有限，加上水资源浪费、污染及气候变暖、降水减少等原因，加剧了我国的水资源短缺危机。

我国水资源短缺分为资源性缺水、工程性缺水、水质性缺水和管理性缺水 4 种类型。

（1）资源性缺水，是指当地水资源总量少，不能适应经济发展的需要，造成水资源供需矛盾加剧，如京津冀华北、西北、辽河流域等地区属于资源性缺水。

（2）工程性缺水，是指特殊的地理和地质环境等原因缺乏水利设施建设，不能储存天然降水，导致水资源供需失衡，需求大于供给，主要分布在长江、珠江、松花江流域、西南诸河流域以及南方沿海等地区。

（3）水质性缺水，是指由于排放污水等原因造成水资源污染而导致优质水资源供不应求的现象。主要分布在水资源本应丰富，但由于水质恶化，实际可利用的水资源却相对不足的地区。

（4）管理性缺水，是指由于管理的原因导致水资源不能满足人类需求的现象。水资源管理制度体系尚不健全、执法保障体系有待加强是导致用水方式粗放、效率不高、用水浪费现象的根本原因。

2.2.3 指导作用

水资源学在解决水资源短缺问题上建立了具体方法。第一，开展水资源评估。包括对气象、生态流量、水资源利用量、水质和水生态等方面的评估，了解河湖生态系统的状况和变化情况，以及水资源的现状和未来发展趋势，为生态流量保障、水资源优化利用提供科学依据。第二，制定合理的水资源规划。根据资源评估结果，充分考虑补水、修复、节水、环保等原则，并结合当地的自然条件、经济特点和社会需求等因素，制定可持续发展、合理利用水资源的规划，规划中需建立生态补水和修复的技术措施，包括补水水源选择、补水方案制订、补水设施建设、生态系统结构调整、生态系统功能恢复等。第三，保障生态流量。根据流域水资源条件和生态保护需求，利用水文学、水力学和生态学等相关学科的知识，通过数学模型、物理模型和数值模拟等方法，科学合理确定生态流量目标；利用现代传感器、通信和信息技术等手段，对河湖生态流量进行实时监测，获取生态流量数据；开展监测站点建设、数据采集、传输和处理；根据河湖生态流量的需求和供给情况，制订合理的生态流量调度方案。包括水资源配置、水库调度、闸门调度等。第四，建立信息化、现代化、科技化水资源管理系统，提高水资源的管理效率。包括智能调度、精准预测、分析决策等技术手段，提高水资源的管理效率，增强管理者对水资源动态管理的能力。第五，加强水资源监管。建立健全的法律体系和监管制度，并进行严格监管和执法，同时，加强公众的参与和监督，提升监管的透明度和公信力。第六，推进水资源利用的可持续性。建立循环利用、保护水环境等管理机制。加大节约用水力度，提高水资源利用效率，推进水资源的可持续利用。

水资源学在实施水资源保障上采取的主要措施为加强水资源管理。通过制定和完善相关法律法规，建立水资源使用权和准入制度，提高水资源的管理效率和公平性。同时，加强对水资源的监测和评估，及时掌握水资源的动态变化，并采取相应的应对措施；推进节水工作。采取更加经济、高效的用水方式，推广和普及节水设备和技术。加强水资源的循环利用，如通过雨水收集、灰水回收等手段实现废水的再利用，减少浪费；保护水源地。加强水源地的保护，避免因人类活动导致的水源地污染和破坏。制定保护规划和措施，限制对水源地的开发和利用，确保水源地的生态环境良好，水质清洁；实行严格用水管理。依法推行用水总量控制和定额管理制度。对建设项目取水、用水实行水资源论证制度，强化取水许可审批，从源头上抑制不合理的用水需求。

2.3　生态学：水生态系统保护

2.3.1　理论内涵

地球是一个充满生命的行星，恩格斯在《自然辩证法》中指出：“生态是蛋白体的存在方式，这个存在方式的基本因素在于它和周围外部自然界的不断新陈代谢。”随着生命科学的进展，逐步认识到生命是高度组织化的物质结构，其分子基础是具有自我复制和具附在遗传信息功能的核算等生物大分子，通过生物膜实现内部及内外的分隔，形成形形色色的细胞、组织与生物体，并借助外界能量的输入，通过一系列相互关联的生物化学过程而实现内外物质交换和自身的复制。

“生态学”一词首先是由德国博物学家 Ernst Haeckel 于 1866 年在其所著《普通生物形态学》一书中提出的，他认为生态学是研究生物在其生活过程中与环境的关系，尤指动物有机体与其他动、植物之间的互惠或敌对关系。我国著名生态学家马世骏把生态学定义为“研究生物与环境之间相互关系及其作用机理的科学”，生物包括植物、动物和微生物，环境是指各种生物特定的生存环境，包括非生物环境和生物环境。非生物环境由光、热、空气、水分和各种无机元素组成，生物环境由作为主体生物以外的其他一切生物组成。由此可见，生态学不是孤立地研究生物和环境，而是研究生物与其生存环境之间的相互关系。生态学的基本原则不仅被看作环境科学重要的理论基础，也被看作社会经济持续发展的理论基础。在生态学中，环境是指生物的栖息地，以及直接影响或间接影响生物生存和发展的各种因素。

生态系统的概念首先是由英国植物群落学家 A.G.Tansley 在 20 世纪 30 年代提出的，由于生态系统的研究内容与人类的关系十分密切，对人类活动具有直接的指导意义，60 年代以后逐渐成为生态学研究的中心。生态系统是指在自然界的一定空间内，生物与环境构成的统一整体，在这个统一整体中，生物与环境之间相互影响、相互制约、不断演变，并在一定时期内处于相对稳定的动态平衡状态。生态系统具有一定的组成、结构和功能，是自然界的基本结构单元，也可以简单概括为：生态系统是生物群落与其生存环境组成的综合体。马世骏教授提出“生态系统是生命系统与环境系统在特定空间的组合”，对自然生态系统而言生命系统就是生物群落，对社会生态系统、城市生态系统、工业生态系统而言，生命系统就是人类。

自然界中的生态系统是多种多样的，为研究方便，人们从不同角度，把生态系统分成若干个类型，按照环境状况，可把地球上的生态系统分为水域生态系统和陆域生态系统两大类群。其中，水域生态系统又可分为淡水生态系统和海洋生态系统。淡水生态系统包括流动水生态系统和静水生态系统；海洋生态系统包括滨海生态系统和大洋生态系统等。陆域生态系统分为荒漠生态系统、草原生态系统和森林生态系统（图 2-3）[4]。

在水域生态系统中，淡水生态系统指地表水域，主要包括河流和湖泊两种水体，还有冰川及沼泽湿地。冰川是“天然固体水库”，也是河流的重要补给水源。沼泽湿地是重要的生物资源的栖息地，包括淡水湿地和滨海湿地。

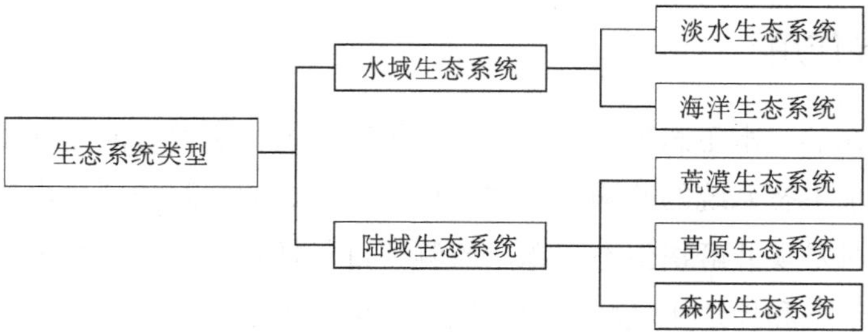

图 2-3　生态系统的类型

2.3.2　关注重点

生态学致力于解决水生态失衡问题，为水生态系统保护提供科学依据。在水域生态系统中，水对生物群落的作用与影响至关重要。它是所有营养物质的介质，与营养物质的循环紧密联系在一起。水是物质良好溶剂，在生态系统中起着能量传递和利用的作用[7]。如果水域生态系统各组成成分在较长时间内保持相对协调，物质和水的输入输出接近平衡，结构与功能长期处于稳定状态，并且在外来干扰下，能通过自我调节恢复到最初的稳定状态，则这种状态可称为水生态平衡。水生态平衡是相对的平衡状态。水域生态系统不是孤立的，它与外界发生直接联系，并经常受到外界的冲击。水域生态系统的某一部分或某一环节，经常在允许的限度内有所变化。正是由于生物对环境的适应性，以及整个系统的自我调节机制，才使系统保持相对稳定状态。

破坏水生态平衡的因素包括自然因素和人为因素。自然因素是指自然界发生的异常变化，如水灾、旱灾、海啸等都可能破坏一个地区的水生态平衡，这类原因称为第一环境因素。人为因素是引起水生态平衡失调的主要原因，由人为因素引起的水生态平衡破坏，称为第二环境问题。主要体现在以下两个方面：一是人为活动使水环境因素发生改变，向水环境中排放大量的污染物质，使水环境质量恶化，产生近期效应或远期效应，导致水生态平衡失调或破坏；二是人为活动改变了生物种类的组成，在一个生态系统中增加或减少一个物种，如非法捕鱼、增加外来物种破坏本地生物生存环境，都会导致物种数量的大量减少，进而破坏水生态平衡。

2.3.3 指导作用

生态学在解决水生态失衡问题、维持生态系统稳定性方面建立了具体方法。第一，开展水生态系统的监测与评估工作。通过定期监测和评估水生态系统的状况，可以及时发现并解决生态问题。监测项目包括水生生物的种类和数量、水质指标、河流形态和周边生境状况等，监测指标涵盖了着生藻类、大型底栖无脊椎动物、鱼类、浮游植物、浮游动物、大型水生植物等。评估则主要关注生物完整性状况、水生态系统的健康状况和恢复效果。第二，制定恢复水生态系统状况的措施。在水生生物恢复方面，包括鱼类、水生植物和无脊椎动物等水生生物的恢复。通过引入当地特有的鱼类或无脊椎动物，促进水生生物多样性的提升。在水生境恢复方面，通过恢复河流、湖库的物理形态、植被和土壤等自然要素，使水生境恢复健康。这包括建立河岸植被缓冲带、恢复湿地、提高河道的自然化程度等。第三，建设生态工程，如建设生态沟渠、人工湿地等工程措施，可以提高水生态系统的自然净化能力。这些工程设施可以模拟自然环境的生态系统结构，利用植物、微生物和动物的协同作用，实现对水体的净化处理。第四，保护生物多样性，采取积极行动限制生态破坏，构建具有局部保护性质的多种生态系统，在整个生态环境中形成一个互补的生态特征。具体措施包括建立自然保护区、保护森林植被、植树种草、限制乱砍滥伐和大规模挖掘矿物等。

2.4 系统科学：系统保护策略

2.4.1 理论内涵

系统（system）一词来源于古代希腊文（σύστημα），意为部分组成的整体。系统论借鉴了这一概念，将研究和处理的对象视为一个整体系统。系统普遍存在于自然界和社会中，无论是原子、分子，还是一个国家、地球、整个太阳系，都可以被视为一个系统。但对系统概念的科学定义，目前认识还不统一。归纳起来，可以这样理解：系统是由相互联系、相互依赖、相互制约、相互作用的事物和过程组成的具有整体功能和综合行为的统一体。为了实现系统自身的稳定和功能，系统需要以一定方式取得、使用、保持和传递能量、物质和信息，也需要对系统的各个构成部分进行组织。系统的内部组织是协同的、有序的。生物系统的组织是一种自组织，一切非自然系统的组织都是人为的组织，而工程中的自动控制系统，能够根据环境的某些变化重新组织自己的运动。一般而言，构成系统必须具备 3 个要点：①由两个以上的要素组成，单一要素不能构成系统。②具有各要素在孤立状态下所不具有的新的整体性功能。③系统的各要素具有严密的结构性和不可分离的相关性[8]。

系统论的产生与 20 世纪 30 年代前后生物学中的机体概念以及对活的有机体研究有关。一般认为，美籍奥地利理论生物学家和哲学家路德维希·冯·贝塔朗菲（Ludwig Von Bertalanffy）是系统论的创始人。Bertalanffy 于 1932 年和 1934 年接连发表了《理论生物学》与《现代发展理论》，提出用数学模型来研究生物的方法和有机体系统论概念，这是现代系统论的萌芽[9]。1937 年，Bertalanffy 在芝加哥大学的哲学讨论会上，第一次提出了一般系统论概念。1945 年，他发表了《关于一般系统论》，1947—1948 年，他详细阐述了系统论思想，于是系统论作为一个新学科初露头角。1968 年，Bertalanffy 发表了系统论的代表性著作《一般系统理论——基础、发展与应用》[10]。目前，系统论已在世界各个领域得到越来越广泛的应用。

我国于 1980 年成立了系统工程研究会，并创办了《系统工程理论与实践》杂志。著名科学家钱学森发表了《论系统工程》等著作，受到学术界的普遍重视。现在，我国社会科学界也开始运用系统论的方法，研究哲学、经济、历史、法学、文学等方面的问题，并取得了显著效果。

系统论以系统为研究对象，即以自然界和社会中所有事物的系统性质及其系统联系为研究对象。它与其他具体学科不同，不是以客观世界的某种事物的物质结构及其运动形式为研究对象，而是以所有事物的共同属性（系统性质）及普遍联系的共同方面（系统联系）为研究对象。系统论的主要任务是用逻辑和数学的手段来研究适用于一切系统的原则和规律，从整体出发来分析系统整体和组成系统整体各要素的相互关系，从本质上说明其结构、功能、行为和动态，以把握系统整体，达到最优的目标。其科学方法，原则上适用于一切科学领域，具有跨学科性质。系统论是自然科学、社会科学和技术科学相结合、相渗透的产物，是一门横断学科。系统论的研究内容包括系统基本理论（包括范畴、定律和原则、原理等）和系统方法两大部分。系统基本理论集中体现了系统的一般思想原则，即系统思想；系统方法是将这些原则运用到实际领域的具体方法论。

系统科学是研究系统的一般性质、运动规律、系统方法及其应用的学科，系统科学被认为是20世纪最伟大的科学革命之一。在系统科学出现之前，由于人们的认识能力有限，仅凭直觉和经验定性地认识事物之间的相互联系，不可能从整体上定量地描述事物之间的联系，只能将复杂系统分解成各个子系统，甚至分解成最基本的要素开展研究。这样的研究虽然对推动科学发展起到了巨大作用，但是却忽视了事物之间的联系，对其认识不够全面，阻碍了科学的进一步发展，科研成果也不能满足并解决复杂问题的需要，因此客观上要求发展一门处理复杂系统的科学。系统科学就是在这种背景下产生的，它是研究系统的结构与功能关系、演化和调控规律的科学，是一门新兴的综合性、交叉性学科。系统科学以不同领域的复杂系统为研究对象，从系统和整体的角度，探讨复杂系统的性质和演化规律，目的是揭示各种系统的共性以及演化过程中所遵循的共同规律，发展优化和调控系统的方法，并进而为系统科学在科学技术、社会、经济、军事、生物等领域的应用提供理论依据。系统科学是在数学、物理、生物、化学等学科基础上，结合运筹、控制、信息科学等技术科学发展起来的，并在工程、社会、经济、军事、生命、生态、管理等领域得到发展与应用。系统是由相互联系、相互作用的要素（部分）组成的具有一定结构和功能的有机整体。系统科学给了人们一种认识和处理复杂系统的理论与方法，为水资源、水环境与经济学的交叉融合提供了学科基础和方法论，使水循环系统与经济系统作为一个整体研究成为可能。从系统的组成角度来看，系统是由两个或两个以上相互联系的要素组成的、具有整体功能和综合行为的集合。该定义规定了组成任何系统的3个条件：①组成系统的要素必须两个或两个以上，它反映了系统的多样性和差异性，是系统不断演化的重要机制；②各要素之间必须具有关联性，系统中不存在与其他要素无关的孤立要素，它反映了系统各要素相互作用、相互激励、相互依存、相互制约、相互补充、相互转化的内在相关性，也是系统不断演化的重要机制；③系统的整体功能和综合行为必须不是系统各单个要素所具有的，而是由各要素通过相互作用而体现出来的[11]。

环境系统科学主要研究人类社会发展活动与环境演化规律之间的相互作用关系，采用系统科学中的系统论观点和方法，研究人类与环境之间的相互影响和协同演化，寻求人类社会与环境的持续发展途径和方法[12]。例如，研究环境系统中各要素之间的相互作用关系，以及环境系统的整体结构和功能；研究环境系统的历史演变过程和未来发展趋势，以及影响环境系统演变的因素和规律；研究如何保护和修复受损的环境系统，提高环境质量，保障生态系统的平衡和稳定；研究如何合理利用和改造环境系统，为人类社会提供必要的资源和能源，同时减少对环境系统的负面影响。

2.4.2　关注重点

环境系统科学借助系统科学理论，从基于整体过程的方法论角度进行处理环境经济系统问题研究，致力于解决社会发展与环境之间的不协调问题，为研究人类活动与自然环境之间的相互作用和影响，探索协调优化方式提供科学依据。从环境规划的整体优化和整体协调出发，按照系统本身所特有的性质与功能，研究环境系统与经济系统之间、环境系统与各子系统之间、各子系统与子系统之间、子系统与各要素之间、各要素之间的相互作用、相互依赖和相互协调的关系，建立相应的数学模型，并应用多目标系统优化方法、建模方法、预测方法、模拟方法、评价方法、决策分析方法，以及其他从定性到定量综合集成方法等，定量或半定量地研究确定环境经济系统运行规律、目标指标与环境保护方案。例如，如何合理利用自然资源，避免过度开发和破坏生态环境，同时保护生态环境免受人类活动的干扰和破坏；如何在经济发展过程中实现环境保护，避免经济发展对环境的负面影响，促进经济与环境的协调发展；城市化进程中如何保护生态环境，避免城市扩张对自然环境的破坏，同时提高城市的环境质量和居民的生活质量；全球气候变化对生态环境的影响，以及如何应对气候变化带来的环境问题（包括海平面上升、极端天气事件等）。

2.4.3　指导作用

环境系统科学在解决发展与环境之间不协调问题时，建立了具体方法。第一，环境影响评估，这是一种系统的方法，用于预测和评估特定项目或政策对环境的影响，可以及时发现可能对环境造成不良影响的因素，并采取相应的措施进行预防或减轻。第二，建立生态补偿机制，平衡经济发展和环境保护的关系，旨在鼓励那些对环境产生正面影响的行为或活动，同时对那些可能产生负面影响的行为进行经济或其他形式的补偿。第三，实施循环经济，强调资源的循环利用，以减少对自然资源的依赖和废物的产生。这种方法不仅可以减少环境污染，还可以促进经济的可持续发展。第四，应用绿色技术，通过推广和应用绿色技术，可以减少生产和服务过程中对环境的负面影响。例如，使用可再生能源、发展低碳交通、推行清洁生产等。

2.5 可持续发展：资源利用与生态环境保护

2.5.1 理论内涵

“持续”一词来自拉丁语 sustenere，意思是“维持下去”或“保持继续提高”。针对资源与环境，则应该理解为保持或延长资源的生产使用性和资源基础的完整性，意味着使自然资源能够永远为人类所利用，不至于因其耗竭而影响后代人的生产与生活。传统狭义的“发展”是指经济领域的活动，其目标是产值和利润的增长、物质财富的增加。随着认识的提高，“发展”一词首先或至少都应含有人类社会物质财富的增长和人群生活条件的提高这些多方面的含义。可持续发展的概念来源于生态学，最初应用于林业和渔业，是指对于资源的一种管理战略：如何仅将全部资源中的合理的一部分加以收获，使得资源不受破坏，而新成长的资源数量足以弥补所收获的数量。

在世界环境和发展委员会（WECD）于 1987 年发表的《我们共同的未来》报告中，对可持续发展的定义为：“既满足当代人的需求又不危及后代人满足其需求的发展”，这个定义鲜明地表达了两个基本观点：一是人类要发展，尤其是穷人要发展；二是发展有限度，不能危及后代人的发展。可持续发展是从环境和自然资源角度提出的关乎人类长期发展的战略和模式，它不是一般意义上所指的一个发展进程要在时间上连续运行、不被中断，而是特别指出环境和自然资源的承载能力对发展进程的重要性，以及发展对改善生活质量的重要性。可持续发展的概念从理论上结束了长期以来把发展经济同保护环境与资源相互对立起来的错误观点，并明确指出了它们应当是相互联系和互为因果的[13]。

可持续发展是一个涉及经济、社会、文化、技术及自然环境的综合概念，主要包括自然资源与生态环境的可持续发展、经济的可持续发展和社会的可持续发展3个方面。一是以自然资源的可持续利用和良好的生态环境为基础；二是以经济的可持续发展为前提；三是以谋求社会的全面进步为目标。只要社会在每一个时间段都能保持资源、经济、社会同环境的协调，那么，这个社会的发展就符合可持续发展的要求。

可持续发展观强调的是经济、社会和环境的协调发展，其核心思想是经济发展应当建立在社会公正和环境、生态可持续的前提下，既满足当代人的需要，又不对后代人满足其需要的能力构成危害。可持续发展观包含以下内容：①可持续发展肯定需要发展，只有发展才能摆脱贫困，提高生活水平。只有发展才能为解决生态危机提供必要的物质基础，才能最终打破贫困加剧和环境破坏的恶性循环。②可持续发展显示了环境与发展的辩证关系，环境与发展两者密不可分，相辅相成。环境保护需要经济发展所能够提供的资金和技术，环境保护的好坏也是衡量发展质量的指标之一，经济发展离不开环境和资源的支持，发展的可持续性取决于环境和资源的可持续性。③可持续发展从伦理角度提出了代际公平的概念。保护和维持地球生态系统的生产力是当代人应尽的责任。④可持续发展包括代内公平，发达国家应对全球环境问题承担主要责任，理应从技术和资金方面帮助发展中国家提高环境保护能力。⑤可持续发展要求人们改变“高投入、高消耗、高污染”的生产和消费模式，提高资源利用效率，从思想到行动要有改变。

1992年6月3—14日，在巴西里约热内卢召开的联合国环境与发展大会上，李鹏总理代表中国政府作出了履行《21世纪议程》等文件的庄严承诺。中国根据《21世纪议程》制定了《中国21世纪议程》，该议程又称为《中国21世纪人口、环境与发展白皮书》，以此作为中国可持续发展的总体战略、计划和对策方案，这是中国政府制订国民经济和社会发展中长期计划的指导性文件。1992年7月由国务院环境与资源保护委员会组织编制，于1994年3月25日在国务院第十六次常务会议上讨论通过。

《中国 21 世纪议程》共 20 章，78 个方案领域，主要内容包括可持续发展总体战略与政策、社会可持续发展、经济可持续发展和资源的合理利用与环境保护 4 个部分。第四部分中包括水、土等自然资源保护与可持续利用，还包括生物多样性保护；防治土地荒漠化，防灾减灾；保护大气层，如控制大气污染和防治酸雨；固体废物无害化管理等。

可持续发展是从环境和自然资源角度提出的关于人类长期发展的战略和模式。钱易院士一直致力于可持续发展战略及政策研究，以促进中国的清洁生产、循环经济和水资源的可持续管理。她提到，水资源短缺制约工业发展并严重影响人民生活；水污染对饮用水、食品和环境有害，并因此危及人体健康甚至生命；如果发生了洪水和涝灾，必然会影响人民的正常生活和安全。我国水资源可持续管理的目标：为人民的生活、生产提供充足的水资源，保护清洁的水环境，保障安全的饮用水，以及防治城市洪涝灾害。在水资源可持续管理方面，建议制定 3 个主要策略。①控制需求，节水优先。必须在源头上控制污染，控制路线包括 3 个方面：在工厂推行清洁生产，减少污染的产生；建设生态工业园区，通过工业共生代谢减少资源消耗，减少污染排放；建设生态农业，减少化肥、农药用量。②源头削减，治污为本。开发利用高效、低耗、符合中国国情的技术，加强城市废水处理。污水（废水）是宝贵资源。再生水资源可广泛用于农业、工业和城市，作为一种能源，作为提取化肥的肥源等。③多渠道开源，特别重视非传统水资源的利用。完善雨水收集和利用系统既可防治城市洪涝灾害，又可缓解水资源短缺。屋顶收集的雨水用于厕所冲洗，小区收集雨水用于小区绿化带灌溉或清洗。

2.5.2 关注重点

可持续发展致力于解决水资源匮乏和水生态环境破坏的问题，为水资源可持续使用和水生态环境保护提供科学依据。在水资源的开发、利用、保护和管理过程中，要遵循“人水和谐”的原则，以可持续的方式满足当代和后代对水资源的需求，同时维护水资源的可持续性、生态平衡和环境健康。水资源可持续利用的目标是在保持水资源的可持续性和生态系统整体性的条件下，支持人口、资源、环境和经济的协调发展，并满足代内和代际人类用水的需求。为实现这一目标，必须把人类利用水资源的行为看作一个连续的过程，并在这个过程的任何时期内，使水资源的开发利用都在水环境容量和水资源承载能力的限度内。同时，要实现经济效益、环境效益和社会效益的统一和协调，以实现人类社会与自然环境的协调发展。水资源可持续利用包括合理配置水资源、提高用水效率、保护水源地、促进水资源循环利用、生态修复、生态治理、生态保护、加强国际合作、完善法律法规和政策体系、加强宣传教育、推进科技创新、建立水资源管理协调机制和促进经济结构调整等方面。

2.5.3　指导作用

可持续发展在解决水资源匮乏和生态环境破坏问题上建立了具体方法。第一，节约用水，在农林业灌溉中，改变传统的大水漫灌方法，积极推行滴灌、喷灌等先进的灌溉技术；在城市生活中，推行阶梯水价，进行供水系统的升级，减少供水中的水浪费；同时提升水资源管理配置人员的专业素质，做到供水、配水方面的优化。第二，优化资源配置，建立健全供水配置的机制，做好水资源利用配套设施的建设，提升供水设备的硬件条件，实现水资源的最大效率利用。第三，提高水资源利用效率，通过采用先进的灌溉技术、推广节水型设备等方式，提高水资源的利用效率，减少浪费。第四，发展水资源再生利用技术，通过城市污水处理与回用、海水淡化等方式，将废水转化为可再利用的水资源，减轻对自然水资源的压力。第五，加强水资源管理，通过科学的水资源管理，合理分配和利用水资源，实现资源的最大化利用。政府可以出台相关政策和法规，推动节水意识的普及和水资源管理的落实。第六，发展绿化，增加森林面积涵养水源，森林有涵养水源、减少无效蒸发及调节小气候的作用，具有节流意义。林区和林区边缘有可能增加降水量，具有开源意义。

2.6　环境规划学：水环境规划

2.6.1　理论内涵

环境规划是国民经济与社会发展规划的有机组成部分，是指为使环境与社会经济协调发展，把“社会经济环境”作为一个复合生态系统，根据社会经济发展规律、生态学原理和地学原理，对其发展变化趋势进行控制而对人类自身活动和环境所作出的时间和空间上的合理安排。环境规划的目的在于调控人类自身的活动，减少污染，防治资源破坏，从而保护人类生存、经济和社会持续稳定发展所依赖的基础——环境。环境规划实质上是一种克服人类经济社会活动和环境保护活动盲目性和主观随意性的科学决策活动，因而规划必须是科学的、合理的，必须符合一定历史时期的技术和经济发展水平与支持能力。

环境规划的任务是解决和协调国民经济发展与环境保护之间的矛盾，以期科学地规划（或调整）经济发展的规模和结构，恢复和协调各个生态系统的动态平衡，促使人类生态系统向更高级、更科学、更合理的方向发展。按照要素划分，环境规划的类型如图 2-4 所示。

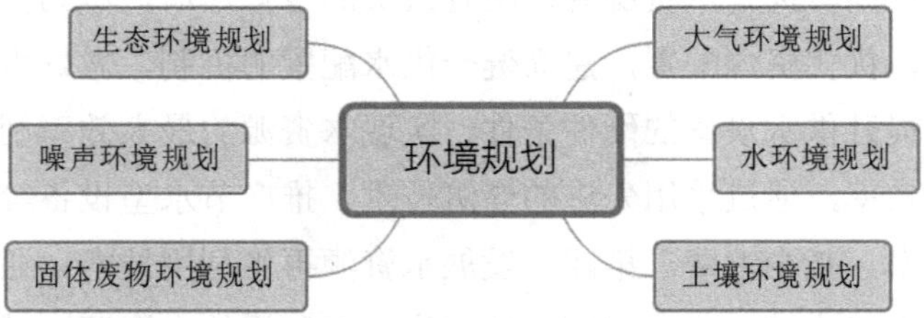

图 2-4　环境规划的类型

水环境规划，是在水资源危机日益严重的背景下产生和发展起来的。特别是自 20 世纪 90 年代以来，人口激增和经济高速发展，对水量、水质的需求越来越高，而水资源却日益枯竭，水污染日趋严重，水环境问题越来越尖锐。水环境规划作为解决这一问题的有效手段受到普遍的重视。

水环境规划是指在水环境系统分析的基础上，摸清水质和供需情况，合理确定水体功能，进而对水的开采、供给、使用、处理、排放等各个环节进行统筹安排和决策。水环境规划主要包括以下内容：

（1）明确水环境的主要问题。通过调查和综合分析，找出水环境的主要问题，包括水量、水质、水资源利用等方面的问题，并分析问题的根本原因。

（2）确定水环境规划目标。根据国民经济和社会发展要求，同时考虑客观条件，从水质和水量两个方面拟定水环境规划目标。规划目标的提出需要经过多方案比较和反复论证后才能确定。

（3）选定规划方法。最优化法和模拟优选法是水环境规划中最为常用的两类规划方法，采用何种规划方法，应根据具体水环境规划的内容而定，这也是水环境规划的核心。

（4）拟定规划措施。可供考虑的措施有：调整产业结构与布局，提高水资源利用率，加大污水治理的投入，增加污水处理措施等。

（5）方案比选。将各种措施综合起来，提出可供选择的实施方案。在评价、优化的基础上，提出供决策选用的方案。

（6）规划实施。只有规划方案最终被采纳与执行，才能体现出其自身的价值与作用，因此，水环境规划的实施也是制定规划的一个重要内容[14]。

根据研究对象的不同，水环境规划大体分为水污染控制、水资源利用、水生态保护等方面的规划。水污染控制规划是水环境规划的基础，以实现水体功能要求为目标；水资源利用规划是水环境规划的归宿，以满足国民经济和社会发展的需要为宗旨；水生态保护规划是水环境规划的目标，为了保护和改善水生态环境，维护水生态平衡，促进水资源的可持续利用和生态系统的健康发展。

（1）水污染控制规划

水污染控制规划是由污染物的产生、排出、输送、处理及其在水体中迁移转化等各种过程和影响因素所组成的系统。水污染控制规划是以国家的法规、标准为基本依据，以环境保护科学技术和地区经济发展规划为指导，以水污染控制系统的最佳综合效益为总目标，以最佳适用防治技术为实施对策，统筹考虑污染发生—防治—排污体制—污水处理—水体质量及其与经济发展、技术改进和加强管理之间的关系，进行系统的调查、监测、评价、预测、模拟和优化决策，寻求整体最优化的近期、远期污染控制规划方案。根据水污染控制系统的不同特点，水污染控制规划又可以分为流域水污染控制规划、区域（城市）水污染控制规划和水污染控制设施规划 3 个层次。

（2）水资源利用规划

水资源系统是以水为主体构成的一种特定的系统，是一个相互联系、相互制约及相互作用的若干水资源工程单元和管理技术单元所组成的有机体。水资源利用规划是指应用系统分析的方法和原理，在某区域内为水资源的开发利用和水患的防治所制订的总体措施、计划和安排。根据规划的对象和要求，通常包括流域水资源规划、跨流域水资源规划、地区水资源规划、专项水资源规划和水资源综合规划[15]。

（3）水生态保护规划

水生态保护规划是针对水域生态系统进行全面、系统、科学的评估，通过制定和实施一系列保护措施，确保水生生物多样性、维护水域生态功能、改善水环境质量，促进人类与自然和谐共生的可持续发展。

2.6.2 关注重点

水环境规划致力于解决水资源短缺和水危机、水污染和水环境恶化、水资源管理与保护等方面的问题，研究制定水资源的合理配置、水生态系统的保护和恢复、水环境的改善，以及水环境风险的防范等一系列措施，以实现水资源的可持续利用和水生态系统的健康、稳定发展，为人类提供一个安全、健康和美丽的水生态环境。

2.6.3 指导作用

水环境规划在制定措施上建立了具体方法。第一，整体规划和布局。从全局出发，综合考虑水资源、水环境、水生态等多个方面，制定整体性的规划和布局。避免单一措施或局部治理的局限性，提高水资源管理和水环境保护的效果。第二，制订科学方案和目标。水环境规划基于科学的研究和分析，能够提供准确的数据和信息，针对水环境问题制订科学合理的解决方案和最优的水环境目标，为决策者提供科学依据。第三，协调各方利益。水环境规划涉及财政、水利、生态环境、住建等多个部门和政府—企业—社会等利益相关者，通过规划能够协调各方的利益，形成共同的目标和行动方案。减少不同部门或利益相关者之间的矛盾和冲突，促进水资源管理和水环境保护工作的顺利开展。第四，推动技术进步。水环境规划能够推动技术创新和科技进步，引导研发和应用先进水质监测、污染治理、生态修复、节水和污水资源化利用等技术。

参考文献

[1] 钱易．环境保护与可持续发展[M]．北京：高等教育出版社，2000.

[2] 刘超臣，蒋辉．环境学基础[M]．北京：科学出版社，2010.

[3] 胡乔木，姜椿芳，梅益．中国大百科全书[M]．北京：中国大百科全书出版社，1993.

[4] 林肇信，刘天齐，刘逸农．环境保护概论[M]．北京：高等教育出版社，2004.

[5] 杨志峰，刘静玲．环境科学概论[M]．北京：高等教育出版社，2008.

[6] 陈家琦，王浩，杨小柳．水资源学[M]．北京：科学出版社，2019.

[7] 李博．生态学[M]．北京：高等教育出版社，2005.

[8] 赵建华，郭琦．系统资源约束理论与实践[M]．北京：中国时代经济出版社，2007.

[9] Bertalanffy L V. Theoretische biologie[M]. Vienna：University of Vienna，1942.

[10] 杨昌明．人口资源环境经济学[M]．武汉：中国地质大学出版社，2002.

[11] 王金南，蒋洪强．环境规划学[M]．北京：中国环境出版社，2013.

[12] 郭雷．系统科学进展[M]．北京：科学出版社，2019.

[13] 张坤民．可持续发展论[M]．北京：中国环境科学出版社，1997.

[14] 刘立忠．环境规划与管理[M]．北京：中国建材工业出版社，2015.

[15] 尚金城．环境规划与管理[M]．北京：科学出版社，2009.

第3章

实践基础

“三水统筹”是我国水污染防治、水环境管理和生态文明实践中产生和发展的必然要求。“十四五”时期是我国开始由污染治理为主向水资源、水生态、水环境协同治理、统筹推进转变的过渡时期。目前处于国际领先水平的水生态环境管理体系主要是美国和欧洲两大体系，尽管当前我国“三水统筹”还没有形成完整的理论方法体系，但在国内外都有一定的实践基础。本章主要介绍欧洲、美国的水生态环境管理实践及其典型实践案例，梳理了我国在水资源管理、水环境治理、水生态保护、治理体制机制创新等方面的探索实践。这些实践为我国进一步深入推进“三水统筹”提供了早期的经验。

3.1 国际实践

3.1.1 欧洲

3.1.1.1 管理实践

欧洲水污染治理始于 20 世纪 50—60 年代，欧洲各国以实施“末端治理”为主，一些国家出台了水治理的相关法律，如 1956 年英国的《清洁河流法》、1964 年法国的《水法》、1969 年荷兰的《地表水污染法》等。60 年代，为避免不同的环境标准导致贸易壁垒，欧洲经济共同体意识到需要协调各国环境政策。1975—1980 年，欧洲经济共同体开展了第一批有关水的立法工作[1]，相继颁布了《饮用水源地地表水指令》(75/440/EEC)、《洗浴用水指令》(76/160/EEC)、《鱼类淡水养殖水质指令》(78/659/EEC)、《贝类养殖区海水水质指令》(79/923/EEC)等文件，主要从目标水体水质保护的角度明确了不同用途水体的水质标准。

自 20 世纪 80 年代，欧洲共同体（欧盟前身）开始注重源头防控，出台了针对汞、镉、DDT、五氯苯酚等污染物的排放限值指令，并在 1991 年针对城市废水、农业面源发布了城市污水处理指令和硝酸盐指令。在这一阶段，欧洲各国就控制废水达标排放达成一致，对城市废水和含有危险成分的工业废水排放作出了统一的规定，但是由于这些法规本身的不完善性，各个单独的条例并没有达到预期效果。

2000 年 10 月 23 日，欧盟议会和理事会正式批准通过《水框架指令》(Directive 2000/60/EC，以下简称《指令》)，《指令》在流域尺度上对水环境管理进行了重新定位和聚焦，强调水管理要综合所有水资源、水利用方式及价值、不同学科及专家意见、涉水立法、生态因素、治理措施、利益相关者意见和建议及不同层次决策等诸多因素，要加强政策、措施制定及实施的透明度，鼓励公众参与，并给出了流域水管理的基本步骤和程序[2]。《指令》将水的环境保护和生态保护目标作为水环境综合管理的核心，其实施促成了传统的用水驱动方法向一个更为综合和一体化的环境管理方法转变[3]。

《指令》保护对象包括河流、湖泊、过渡水体、海岸水体、湿地、地下水体和人工（或高度改造）水体等，要求确保这些水体在《指令》生效的 15 年内（到 2015 年）最终达到“良好状态”。全文由正文和附录两部分组成，正文部分由 26 个部分组成，主要介绍其编制依据、指导思想、主要内容、生效日期等。附录部分包括 11 个部分，主要是正文部分所提及的一些内容、工作的细化和具体化。《指令》将环境管理、环境规划、环境标准和环境监测纳入一个体系，实现了广义环境管理的有机统一，从《指令》中可以概括出欧盟水环境管理的主要特点，即“三个统一”、“九个统筹”、“四个强调”和“两大特色”。

1. 三个统一：注重各类法律法规要求的一致性

(1) 各类水体保护的统一。以前水体保护一般是针对单一水体类型，没有形成一体化的保护河流、湖泊、海岸水体、过渡水体和人工或高度改造水体的战略。这个“统一”贯穿《指令》有关注册登记、环境监测、环境标准、影响评价、结果表述、环境管理的行政协调等各个部分。

（2）定义和行动的统一。《指令》的第二部分统一了有关水体的定义、水体用途，第四部分统一了保护目标，正文部分统一了行动步骤、行动时间、行动的措施等。

（3）各种法律法规的统一。《指令》是对以前欧盟各种环境保护法规进行了总结与整合，强调在欧盟内实施一体化的保护、管理、监测，并在政策层面给予一体化支持，第二十二部分明确规定了哪些指令必须废止、哪些需要过渡、哪些必须执行。《指令》与法律在性质上存在差异。《指令》对成员国具有约束力，但允许成员国在实施指令时选择具体的方法和途径，因此指令本身通常不会直接在成员国法律体系中生效，而是需要成员国通过相应的国内立法程序将其内容转化为国内法律。在《指令》的各个部分，通常会强调与现有欧盟法律的一致性，确保《指令》的要求不会与欧盟的法律框架发生冲突，并且与国际标准保持协调。具体来说，有些条款会明确指出《指令》的要求，有些则会强调不得违背相关的欧盟法律，还有一些会着重于与国际标准相协调。这样的设计旨在确保《指令》的实施既符合欧盟的整体法律框架，又能够适应各成员国的具体情况。

2. 九个统筹：注重流域综合管理、系统治理

（1）统筹考虑水质和水量。在编制原因和措施规划中都要求以水质为优先目标，但水量控制保护措施应与之匹配。

（2）统筹考虑地表水体和地下水体。在编制原因和目标等部分强调：考虑到地表水与地下水的补给联系，地表水体和陆生生态系统对地下水体的依赖关系，尤其考虑到地下水形成与更新等时间上的延滞，强调地下水体保护的及早行动。

（3）统筹考虑污染预防与污染治理。在编制原因中指出，应基于预防的原则，采取预防性的措施维护好、保护好，并慎重合理地利用好资源，因此，环境损害应优先在源头上加以修正。第十七部分的地下水保护和附录等中都强调应在源头上预防和控制污染。

（4）统筹考虑成员国与成员国、成员国与非成员国之间行动的协调。在行政管理协调和措施规划等部分中强调：特别是跨国界的流域问题的解决，对于划定流域范围、采取保护措施时，强调信息的沟通、行动的协商。

（5）统筹考虑整体污染防治与重点的控制。在编制原因、保护目标和措施规划等部分中说明应重点控制优先物质，即毒理学特征明显、污染风险大的物质，强调优先物质及优先有害物质的最终淘汰。在地表水防治战略中指出，将质量标准转换为可行的优先物质在地表水、沉积物或生物体内的浓度标准，实现优先物质源头—排放—迁移的全过程跟踪和水上、水下浓度标准的立体化。第七部分专门列一章，重点介绍保护饮用水水源地的方法；对地下水中任何显著的、持续的污染物浓度上升趋势进行识别。

（6）统筹考虑稳定、延续与更新。《指令》的实施时间跨度大，统辖地域范围宽，涉及流域国家多，囊括法律指令众多，水环境管理必须保持足够的稳定基础。但为了不断适应新情况、解决新问题、增加新内容，《指令》在措施规划、流域管理计划、优先物质列表的确定，以及附录的环境监测系统中对更新的内容和更新时限都作了详细的、明确的规定，从而在保证水环境管理的稳定性、连贯性和有效性的基础上，进行了有效的更新。

（7）统筹考虑整体性与灵活性。《指令》的最大目的就是统一，但是又强调区域的适用性。在编制原因、措施规划、保护目标和水体保护部分以及附录中指出：应对区域性问题时，强调区域措施要符合当地的条件，满足当地的需求。同时在具体的环境目标的设定上，根据当地自然条件的特殊性，可以适当降低。具体概括可分为 5 种情况：①必须防止地表水和地下水水质的持续恶化，并进行保护、改善、维护，大幅减少优先物质污染和禁绝优先有害物质或分阶段控制优先有害物质的排放、排泄及其损失以致最终淘汰，同时遏制由人类活动导致的地下任何污染物浓度明显的、持续的上升趋势，最终实现 2015 年达到良好状态的目标。②对于保护区，可以有条件地指定人工或者高度改造的水体，基于更好的环境考虑，可以为此类水体设定获益的目标。③由于可用技术、保护成本和自然条件等原因，允许延长实现目标的时限；因水体受到人类活动的强烈影响，或者自然条件的原因使得达到这些目标是不可行的或者花费很高，可以降低目标。④当遭遇自然因素和不可抗力（那些超常的和不可合理预见的自然现象，特别是大洪灾和长时间的旱灾）的影响，或者是由不可预见的突发事故的状况，可以允许水质暂时恶化，但是成员国必须确保其不会长期恶化或者违反《指令》设定的同一河流区内的其他水体必须达到的目标。⑤规定了不达标的情况，包括经济技术可行性差而不能维持水体最好状态等。

（8）统筹考虑可操作性和前瞻性。《指令》的正文部分对工作步骤、工作时间、信息沟通、任务协调作了详细的、明确的规定；正文部分和附录部分，对《指令》接纳的标准、法律指令和增加的标准、条款作了非常具体的说明，对措施规划的类型（必需的或补充的）、内容、时限及其采用依据等进行了明确的规定；对经济分析、水服务成本估算和预测等都提供了导则；对环境指标体系和环境监测作了具体而系统的规定，这些大幅增强了水环境管理、环境规划的可操作性。《指令》水环境指标体系的建立本身就具有前瞻性，同时第十九部分提出了制定应对未来新问题的战略要求，在委员会和成员国的报告责任中都作了中期调整和报告的安排及其时间要求。

（9）统筹考虑环境目标和经济成本。在目标部分强调必须达到环境目标，如果不能达到环境目标必须做充分的论证和调研并作出合理的解释；强调必须进行经济分析，对实施成本过高的环境目标，可以有条件地降低或适当地延长时限，并进行执行与不执行的收益和成本分析；但是环境本身就具有很大价值，有时尽管违背了公众利益，或者没有可行的技术，或者执行成本过高，但是出于环境方面的考虑，可以认为实施的措施还是能够获益。因此，对环境与经济成本的权衡比较是非常重要的。《指令》第四部分、第五部分、第九部分及附录部分涉及经济分析的问题，其中涉及目标的可达性以及“不保护”和“过保护”的问题。

3. 四个强调：强调公众参与、可操作性

（1）强调公众参与。《指令》颁布的重要驱动因素就是公众，因此特别设立第十四部分，即公众信息和咨询部分，确保公众的参与涉及咨询、起草、方案确定、组织实施、实施进度报告的全过程。

（2）强调紧跟技术进步。在附录 5 的环境监测部分及其环境标准中就有相关要求，如确定检出限时应采用当时最先进的监测技术的检出限。包括水体状态的表示方法，如在附录中的执行机构信息和生态质量比分级结果中要求地图的格式采用 GIS 的格式，以便于对监测结果等的理解和这些信息的处理与汇总。

（3）强调可持续性。包括水保护和水利用的可持续性。在编制原因中就强调水不是一种商品，而应该当成一种资源来保护、防护和对待。在保护目的、目标中也指出必须在水资源长期保护的基础上，提高其使用的可持续性。

（4）强调保护工作的阶梯性和层次性。例如，在附录的监测中就要求必须在监督性监测和超标风险识别的基础上展开操作性监测，在措施规划的编制、状态条件分级标准的确定上强调已有资料、历史资料的收集等，这样就能加速工作进度，大幅降低实施成本。

4. 两大特色：明确以水生态保护为导向的流域管理要求

（1）建立了综合的水生态环境评价体系。《指令》将水体作为一个整体，将水体的水文、生物、化学等多个指标组合在一起对水环境进行评价，并注重对人体健康和水产养殖的保护，形成了水体可持续利用和保护的最低措施保障。评价指标如下：①水文指标，包括流量和水流动力学、河流深度和宽度变化、河床结构和底质等；②生物指标，针对不同地表水体的类别，主要指存在不同水体中生物的组成、丰度、生物量；③化学指标，包括物理化学指标和化学污染物。

水生态环境评价体系见图 3-1。

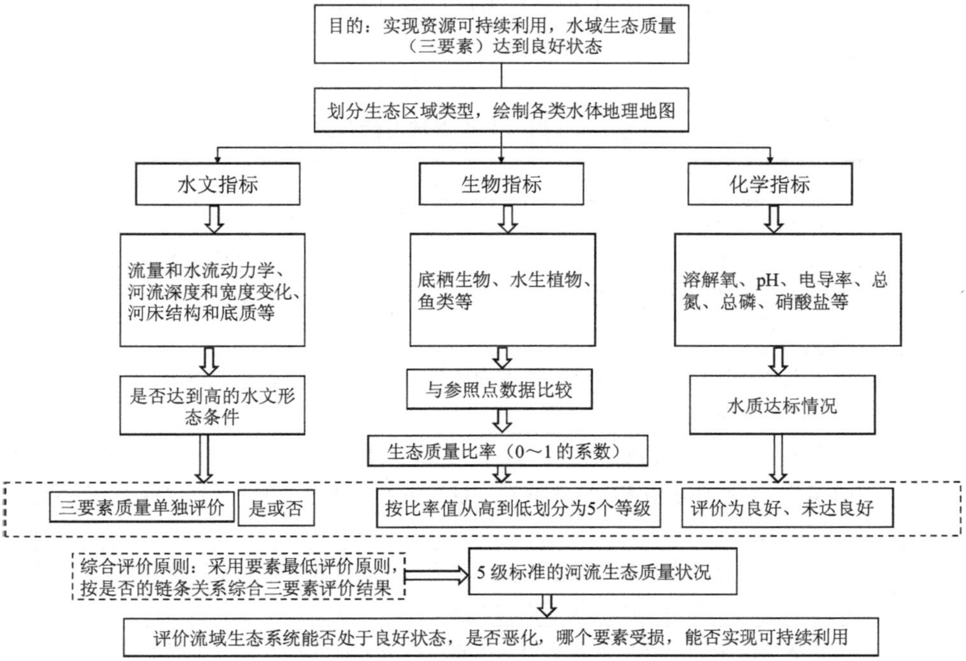

图 3-1　水生态环境评价体系

《指令》明确将生物要素的质量作为能否实现水生态质量总体目标的最关键

内容，更注重影响生态系统的评价指标，《指令》要求成员国评价水体的生态状况，以各种环境和生物特征（如水化学、水形态、藻类、大型植物、浮游植物、底栖无脊椎动物和鱼类等质量要素）为依据，对生态系统状态采用与参照状态进行比较的方法进行评价。通过比较点位监测数据与参照状态，得出数值为 0～1 的生态质量比，高状态用接近 1 的值表示，低状态用接近 0 的值表示。

参照状态是贯穿水生态完整性评价方法发展的核心要素，《指令》将参照状态定义为“无显著或最小人类活动干扰的状态”，即水文要素、一般物理化学元素和生物质量元素等完全或几乎不受人为干扰。在评价过程中，参照状态的确定方法往往有多种（如参照位点法），是以相关河流类型的近自然或最少人类活动干扰的参照位点进行现场监测评价其生态状况；还有对于大多数大型河流水文发生较大变化几乎没有了天然的参照位点，要根据历史数据（地图和记录等）选取某一时间段作为参照状态。根据与参照状态的比较，进行生态状况的分级评价（表 3-1），分别为极好、良好、中等、差、极差。

表 3-1 《指令》生态状况的分级

状态类别	总体情况
极好	人类活动没有或极轻微地改变地表水体类型的物理化学与水文形态质量要素值，使其基本符合未受干扰条件下的水体类型质量；地表水体生物要素值基本反映了未受干扰条件下的水体类型状况，并且没有或极少出现偏离迹象，都是与类型相对应的条件和群落
良好	由于人类活动，地表水体类型的生物质量要素值显示出较轻的偏离，但基本符合未受干扰条件下的水体类型质量
中等	地表水体类型的生物要素值与未受干扰条件下的水体类型标准相比，存在中等程度的偏差。这些要素值表明人类活动导致了中等程度的改变，并且比良好状况受到的干扰更大
差	地表水体类型的生物质量要素值发生显著改变，且其中相关生物群落与未受干扰的正常地表水体类型相比出现了重大偏离
极差	地表水体类型的生物质量要素值发生重大改变，且大部分相关生物群落与不受干扰的正常地表水体类型相比缺失

（2）明确了编制流域管理计划。欧盟的流域管理计划是在马斯河流域和跨国

界河流莱茵河等基础上，总结防治经验和考虑未来挑战而形成的。使得环境管理不是建立在人为划分的行政区、功能区的基础上，而是对同一河流区内的属于同一水文圈内的自然径流和同一生态、水文、水地质系统的地表水体和地下水体的措施加以协调，在对水体自然结构和功能科学认识的基础上开展环境保护工作。流域管理计划必须包括以下内容：河流区的各种类型水体和保护区的位置与边界信息；它们所遭受的重要压力和人类活动影响的概述；各种类型水体的监测网和分级状态地图；经济分析和措施规划。此外还必须在审查、更新后提供有关的更新和调整信息。

自《指令》实施 20 年以来，有效推动了欧盟水生态环境质量提升，截至 2018 年，欧盟约有 40%的地表水体呈水生态良好状态。相较而言，地下水状况更好，约有 74%的地下水呈水化学良好状态，约有 89%的地下水呈水量良好状态。根据《指令》中期实施报告，实施存在问题包括：一是农业、工业和生活水污染问题仍有待解决，农业是面源污染的首要来源；对于生活源污染治理而言，早期欧盟 15 国主要挑战在于维护及更新污水收集处理系统，而新成员仍需继续加强污水收集处理基础设施建设；各国主管部门应确保工业企业排放许可证中的排放限值符合“最佳可用技术”，并考虑相应的水目标。二是过度取水显著影响欧盟约 10%的地表水体和 20%的地下水体，各成员国方案中也未能充分重视生态用水的需求。三是水文过程和水体物理形态改变成为水体达标压力因素，各国流域管理措施方案中应对这一问题的举措不足，“水形态”的改变包括陆地排水渠灌溉、水力发电大坝、防洪堤坝阻碍等。

3.1.1.2　案例实践（莱茵河）

莱茵河是西欧第一大河，流经瑞士、法国、德国等多个国家，是欧洲经济发展和生态系统的重要组成部分。随着工业的高速发展，莱茵河曾遭受严重的环境污染，一度被称为“欧洲最大的下水道”，导致了一系列环境问题。为了解决这些问题，1950 年，瑞士、法国、卢森堡、德国和荷兰 5 个国家共同成立了保护莱茵河国际委员会（ICPR），致力于莱茵河流域的综合管理和生态修复。在过去的 70 多年中，莱茵河治理策略从治理流域污染、关注防洪效果、提高航道保证程度，逐步拓展到重视生态环境保护和修复、加强湿地保护、运用蓄滞洪区时兼顾考虑动植物适应期等[4]。经过长期的治理保护，莱茵河的水生态环境质量显著改善，生物多样性明显提高，一些曾消失的物种（如欧洲鲟鱼、斜齿鳊鱼等）再次在河中被发现。本节以莱茵河的治理历程为案例，介绍其流域综合治理的经验。

1. **水生态环境问题**

莱茵河全长 1 232 km，平均径流量为 2 300 m^3/s，流域面积为 185 260 km^2，流域人口为 5 800 万人，其中有 3 000 万人以莱茵河作为饮用水水源地。莱茵河源头位于瑞士格劳宾登州的阿尔卑斯山区，经过列支敦士登、奥地利、德国和法国，最终从荷兰鹿特丹流入北海，特殊的地理位置再加上欧洲工业革命的驱动，使得莱茵河成为世界上内河航运最发达的水系，是欧洲最重要的河流之一。

第二次世界大战后，随着工业复苏和城市重建，莱茵河流域工业化再度加速，莱茵河周边建起密集的工业区，以化学工业和冶金工业为主。德国现代化工业区鲁尔区就在其支流鲁尔河和利珀河之间，约 300 家工厂把大量的酸、漂液、染料、铜、镉、汞、去污剂、杀虫剂等上千种污染物倾入河中。此外，轮船排出的废油，两岸居民排放的污水，以及农场的化肥、农药，使莱茵河流域的水质遭到严重污染。据估算，水中各种有害物质达 1 000 种以上，致使大量水生生物面临威胁。20 世纪 60 年代末，莱茵河已成为名副其实的“欧洲下水道”，所有水生生物几乎在德荷边界河段绝迹[5]。

1986 年，瑞士莱茵河畔 Sandoz 公司化学品仓库发生火灾，大量剧毒化学品物质直接排入莱茵河，沿线河水变成了红色。同时，由于水利工程实施，莱茵河的鲑鱼从 1940 年开始正式绝迹。“Sandoz”事件和“鲑鱼消逝”事件成了德国和莱茵河沿岸国家决定对莱茵河开展治理的标志性事件。

2. **治理目标**

自 1987 年起，以恢复生态系统为目标，欧洲各国开始分阶段编制并联合实施莱茵河流域治理规划。

（1）莱茵河行动计划（1987—2000 年）。保护莱茵河国际委员会于 1987 年制定《莱茵河 2000 计划》，该计划致力于合作改善水质并将整个莱茵河生态系统恢复作为终期目标。其主要目标是让珍贵鱼类鲑鱼重返莱茵河，保障莱茵河可作为饮用水水源供水，持续减少沉积物污染，按照海域保护要求改善北海的生态状况。

（2）莱茵河行动计划（2001—2020 年）。2000 年《莱茵河 2020 计划》发布，其在《莱茵河 2000 计划》基础上提出不仅要解决水污染问题，还要解决更广泛的生态问题。《莱茵河 2020 计划》的主要目标是恢复生态系统、减少洪水风险、提高环境质量、保护地下水以及流域综合监测。其中，《莱茵河 2020 计划》最重要的目标是重建鲑鱼的自然栖息地，包括希望鲑鱼数量增加至上万条、鲑鱼可自由洄游至上游的巴塞尔地区、野生鲑鱼可从北海重返莱茵河等目标。

（3）莱茵河行动计划（2021—2040 年）。鉴于《联合国 2030 年议程》可持续发展目标要求，《莱茵河 2040 计划》提出在适应气候变化的前提下，创建一个可持续管理的莱茵河流域。主要内容包括连通栖息地、保障水质安全、减少洪水风险、高效枯水管理，并继续实施《莱茵河 2020 计划》中尚未实现的目标，具体如表 3-2 所示。

表 3-2 《莱茵河 2040 计划》目标

序号	类别	总目标	具体目标
1	生态目标	栖息地连通：大幅提高莱茵河生态系统功能，恢复生态连通性并增加生物多样性	1．实现洄游鱼类的生态连通性，如拆除影响洄游障碍物等
			2．莱茵河典型栖息地得到保护和修复，如拆除堤岸结构，生态化改造增加结构多样性
			3．改善泥沙平衡
			4．保持不受人为热排放的温度和氧气条件
2	水质安全	水质良好，河水经简单处理即可饮用	1．进一步减少进入地表水和地下水的营养盐（磷和氮）
			2．进一步减少微污染物进入市政污水收集和处理系统
			3．水体中其他污染物的含量遵守欧盟和 ICPR 的法规
			4．进一步改善沉积物质量
			5．保持莱茵河国际预警和警报计划的先进性
			6．显著减少流入水中的废物，特别是塑料
3	高效枯水管理	完善枯水监测和联合评估方法，对枯水时期的不利影响进行有效管理	1．保证 ICPR 枯水监测顺利进行，必要时进行优化
			2．制定共同的评估和解决办法，为枯水做准备

3. 治理思路与措施

（1）成立跨国协调合作机构。由于莱茵河是跨国河流，上下游涉及多个国家，为了加强合作、联防联控，1950 年 7 月，由荷兰提议成立莱茵河国际保护委员会，经过 60 多年不断改进，该组织不仅设有政府组织和非政府组织参加的监督各国计划实施的观察员小组，还设有许多技术和专业协调工作组，包括水质、生态、排放、防洪、可持续发展规划等工作小组，集治理、环保、防洪和发展于一体，形成了统筹兼顾、综合治理的科学理念和整体战略。

（2）水质改善措施。改善水质是莱茵河治理的首要目标，其中污水处理、富营养化治理及水质监测是莱茵河水质恢复过程中最重要的 3 个方面，而各种生态恢复措施是完成莱茵河综合治理最终目标的重要保障。

一是污水处理。以德国为例，在 1976 年德国制定了《污水收费法》，向排污者征收污水费，对排污企业征收生态保护税，然后进行污水处理工程的建设。杜伊斯堡拥有 53 万常住人口，每年产生的各类生活污水就有几千万吨，再加上那些工业厂区排放的废水，数量巨大，需要强大的污水处理系统。政府鼓励企业联合兴建污水处理系统，实行有偿使用和处理。市民在缴纳水费的同时，还需根据使用量额外缴纳 50%的污水处理费。另外，处理干净的水还可循环利用，出售给园林绿化部门，或者作为工业和农业用水出售给企业与庄园，这些都可以带来比较可观的收入。因此，很多德国企业在政府政策的支持下都非常乐意去兴建污水处理厂。

除了兴建污水处理厂，杜绝污水的产生更为重要。1963 年，莱茵河沿岸国家签订了《关于莱茵河防止污染国际委员会的伯尔尼协定（修正本）》，据此协定成立了莱茵河防治污染国际委员会。1976 年，签署《保护莱茵河免受化学污染的波恩公约》和《保护莱茵河免受氯化物污染公约》，要求缔约国减少氯化物排放和采取措施削减氯化物污染[6]。此外，在瑞士巴塞尔的制药和化工行业除投入资金处理废水以外，还清理关停高污染的生产企业，转而在研发与管理领域加大投入：如开发对环境危害较低的产品、采用环保型生产工艺和清洁生产技术、无害环境的原材料、材料回收再利用等。另外，为了防止意外事故造成污染，ICPR 对沿岸国家所有工厂进行摸排检查，定期核查工厂设备安全标准和安装情况。为此，还专门发布《防止事故污染和工厂安全》的综合报告，详细介绍了工业安全的方方面面。自 1992 年以来，ICPR 对防止事故污染和工厂安全的关键方面提出了建议，如防止填装时溢出的安全锁定装置、防火意识、有害物质倾覆、管道安全等，这些措施对莱茵河治理起了重要作用。

二是富营养化治理。由于使用含磷洗涤剂和过量施用化肥，莱茵河水质出现严重的富营养化问题。废水处理以及营养物质的转移是降低水体富营养化的重要方法。早在 1975 年，德国就发布了《洗涤剂和清洁剂法规》，设定了能够允许的最大磷酸盐含量，从 1990 年开始禁止生产使用含磷洗涤剂，避免了氮磷等的过量使用，遏制了莱茵河的富营养化趋势。磷的入河排放量由 1975 年的 42 000 t 减少到 1990 年的 5 000 t 以下。荷兰采用了多种技术对富营养化的湖泊进行修复，包括水文学（主要是引入其他地方的贫营养水进行稀释）、化学（添加一些化学物质）及生物调控（利用食物链原理通过下行效应控制）的方法。另外，荷兰还开发了矿物计算系统用来记录氮磷的准确排放值，并将这一计算系统与税收系统联合起来，通过经济调控的手段使农场的排放量降低到最小。这一措施的优点是，农场主有了更多的选择权和更弹性的手段去采取最经济的措施来满足环境要求。

三是水质监测。为确保水体保护与治理的有效性，ICPR 在莱茵河及其支流建立了水质监测站，从瑞士至荷兰共设有 57 个监测站点，通过最先进的方法和技术手段对莱茵河进行监控，形成监测网络。最初的监测着重于水体的水量监测，后来监测对象逐渐扩展到悬浮颗粒物、底泥、微型污染物以及生物体中的化学物质，超过 100 种成分被监测。另外，还增添了鱼类、无脊椎动物和浮游动物等生物监测。每个监测站设有水质预警系统，通过连续生物监测和水质实时在线监测，能够及时地对短期和突发性的环境污染事故进行预警。

（3）生态恢复措施。生态系统的恢复是莱茵河综合治理的最终目标，除了提高水质，栖息地修复也是生态恢复的重要措施。生境结构异质性是维持河流水生生物群落平衡的重要因素，异质性丧失通常会导致干流区生物群落的恶化。莱茵河流域在生境多样性方面还存在较大不足，部分河段和支流（如摩泽尔河、美因河以及内卡尔河等）已成为分蓄洪区，河流的水文和地质条件发生改变，导致生境异质性丧失。各种水利设施的建设等人类活动切断了莱茵河与洪泛平原的相互联系，各类生物原先适宜的栖息地遭受破坏，造成一些莱茵河特有动植物种类的消失。因此，在《莱茵河 2020 计划》中明确了实施莱茵河生态恢复总体规划：恢复干流在整个流域生态系统中的主导作用；恢复主要支流作为莱茵河洄游鱼类栖息地的功能；保护、改善和扩大具有重要生态功能的区域，为莱茵河流域动植物物种提供合适的栖息地。此外，制定合理的生态规划，并且与《栖息地法令》《鸟类法令》要求相结合，确定不同河段的开发目标和实施方案，最终恢复莱茵河干流从上游康斯坦茨湖至下游北海，以及一些具有鱼类洄游的支流的生态功能。

《莱茵河 2020 计划》实施后，截至 2020 年，完成了 124 个河湖清淤和水系连通，实现了 222 km 岸线生态化改造，新增 28%以上与莱茵河相连的鲑鱼栖息地（总面积超过 1 300 hm^2），为鱼类提供了更多的生存和繁衍场所。近年来，莱茵河流域每年可以检测到数百尾鲑鱼从北海洄游至莱茵河并自然繁殖。

（4）综合治理措施。一是调整产业结构。以北威州鲁尔区为例，州政府通过提供优惠政策和财政补贴，对鲁尔区传统的煤炭、钢铁、化学、机械制造等重化工业进行清理改造。二是发展可再生环保新能源，各级政府都积极推动环保新能源的利用，通过税收优惠、补贴等政策鼓励民间参与新能源创新，设立专门的政策性银行为新能源发展提供优惠贷款。三是从流域层面实施综合治理。从点源上来说，工业企业采取最先进的处理工艺，执行最严格的排放标准，降低对水环境的影响；从城市面源上来说，德国 60%仍是合流制体系，建立处理规模远超过生活污水排放量的污水处理厂，确保所有生活污水均能有效处理。同时建立有效的排水管网和雨水池，对雨水进行收集和利用；从农业面源上来看，为防治河流近岸污染，规定沿岸 5 m 范围内或者斜度超过 20°的岸坡不得作为农田。冬季休耕期、雨天均不得开展施肥作业，防止化肥尚未被农作物吸收就流失到周边河湖水体中。

（5）高效的管理模式。莱茵河流域水环境管理主要依托水联合会，在水环境质量较差和需要治理的河流建立水联合会，会员由流域范围内的地方政府、企业等组成，联合会是非盈利性的公益组织，会费由各会员按照污染防治贡献大小分摊。水联合会负责从源头管控到末端治理的全过程管理，包括规划、建设和运营流域内污水处理厂，实施防洪防涝及水资源管理，开展水体生态修复等。

4. 治理效果

通过对污水的集中处理、推行清洁生产以及对某些有毒有害物质实行禁排或限排等多项治理措施，莱茵河流域的污水排放量显著减少，水中氧气含量逐渐增加，无机污染物也有所减少，莱茵河水质显著提高。例如，重金属污染的净化取得重大成功，砷、镉、汞的含量减少了90%以上；水体中总磷也逐渐下降，削减率达到78.8%。

随着莱茵河水质的提升，很多对环境敏感的已经消失或者显著减少的物种开始回归，鱼类、无脊椎动物、水生植物、硅藻以及浮游动物等生物种类数逐渐增加。2012—2013年监测到44种水生植物，306种底栖硅藻，500多种大型底栖动物，64种鱼类物种。鲑鱼因对水质要求非常高而被当作生态恢复的重要指标物种，在一度绝迹后，也开始慢慢返回到莱茵河中。到2008年，已有5 000条以上的鲑鱼被监测到返回莱茵河产卵，鲑鱼数量的逐渐恢复说明重返计划是成功的。目前，正在实施的行动目标是引导莱茵河发展成为一个生物多样性丰富、灾害较少、更加贴近自然的河流生态系统。

3.1.2　美国

3.1.2.1　管理实践

美国在早期的工业化和城市化过程中就遇到了城市人口急剧膨胀、工业和生活用水增多、水环境恶化等难题。经过多年实践，已经在管理机制、技术手段及法律保障等方面建立了成功的命令控制型治理模式[7]。联邦政府于1948年通过了《水污染控制法案》，首次表明国家在保护水资源、减轻水质污染方面的责任，在此之前，主要由各州和地方负责其管辖范围内的水环境管理。1970年，美国国家环境保护署（EPA）的成立标志着环境保护开始进行全面的联邦管理阶段。1972年国会通过《联邦水污染控制法》修订案（CWA-1972），其被称为原始《清洁水法》的法律文件，在水环境管理领域产生了巨大影响，该法案的目的致力于规范向水体中的污染物排放，恢复和保持国家水体化学的、物理学的和生物学的完善性质，该立法目的明确将生态目标放在第一位。经过多次的修订，美国的《清洁水法》逐渐趋于完善，现行《清洁水法》全文达10万多字，共六章93条。该法案通过各种措施和计划来实现《清洁水法》的立法目的，其防治污染的措施和计划主要包括以下9个部分，主要内容结构见图3-2。

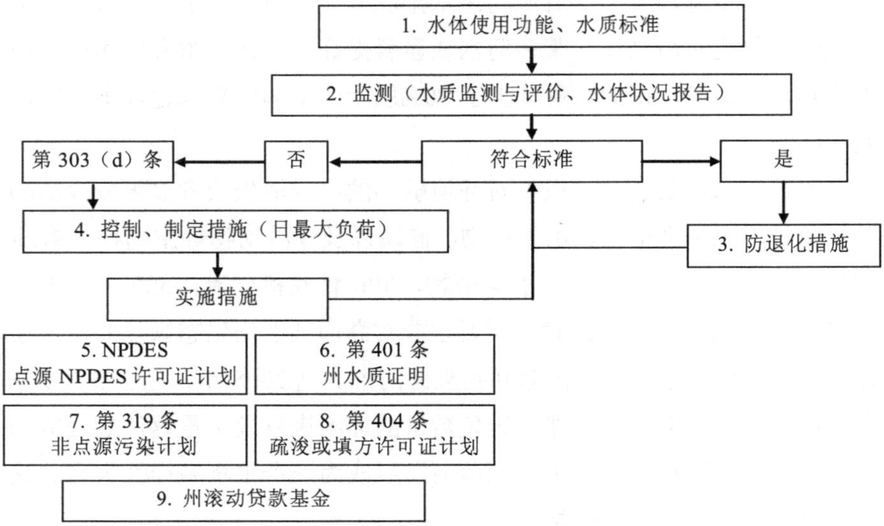

图 3-2　美国水污染防治法主要内容结构

美国建立了以国家污染物排放消除系统许可证制度（National Pollutant Discharge Elimination System，NPDES）和每日最大负荷总量（Total Maximum Daily Load，TMDL）相互配合管制的水质管理体系。根据《清洁水法》第 305（b）条和第 303（d）条规定，地方政府（州、保留地、海外领地）环保部门负责每两年对本州河流、湖泊、海湾、湿地等水体进行水质和功能评价，向国会报告本地区水质情况，形成国家水质清单报告；同时要求地方政府在监测、评估水质达标情况后，建立水质不达标的受损水体清单，并对清单上的水体建立 TMDL 控制规划，鉴别出流域河段、锁定污染源、评估现有污染负荷、并确定污染消除能力，从而实现一体化流域控制。

美国通过 NPDES 排污许可和 TMDL 制度相互配合的水质管理体系，从点源和面源综合治理推进水质达标管理工作。TMDL 计划是在点源已经被严格控制，并且执行了 NPDES 排污许可证各项要求的基础之上建立起来的，旨在帮助受损水体达到水质标准的污染物削减计划。TMDL 计划考虑了水体自然背景值和适当的安全临界值，在评估不同污染负荷削减组合的分配方案的基础上，选择成本有效的分配方案来确定点源和非点源的配额[8]，在一定程度上保证了科学性和公平性。

1. **国家污染物排放消除系统许可证制度**

国家污染物排放消除系统许可证制度（NPDES）是美国水污染防治法律的基础和核心，凭借这项制度控制全国点源水污染物排放活动。1972 年《联邦水污染控制法》第 402 条创立，明确规定“禁止任何点源排放任何污染物进入美国水域，除非获得 NPDES 许可证”。要求从一个点源每次排放污染物到美国水域都要获得许可证。1977 年，NPDES 管制范围从常规污染物扩大到有毒污染物。1987 年《水质法》对水体增加了监测和评估要求，确保水质标准有效执行；各州应鉴别出在采用技术控制后仍然不能满足水质标准的水体，各州需制定单独的控制战略来降低点源和非点源排放的有毒污染物。

NPDES 许可证由 EPA 发布，或得到 EPA 授权的州发布，给予被许可人从指定排放口排放特定污染物的权利。许可证的目的旨在确保许可证持有者的排放活动遵守《水污染法》规定的各类出水限度、执行标准、有毒污染物出水标准、预处理标准和关系水质的出水限度。许可证提供 2 个层次的控制：以技术为基础的排放限制（Technology-Based Effluent Limitations，TBELs）和以水质为基础的限制（Water Quality-Based Effluent Limitations，WQBELs），如果技术限制不足以对水体提供保护，则提供以水质为基础的限制。其中以技术为基础的排放限制包括对公有污水处理厂的排放限制（二级和等同于二级的处理标准）；对工业点源的排放限制（不同于水质标准，EPA 颁布了可在全国范围内使用的不同种类的工业点源排放指南，建立了该种类工业中所有设施都适用的执行标准）。

NPDES 许可证中的排放限制是由 EPA 或州规定的对从点源排入通航水体、毗连区域或海洋的化学的、物理学的、生物学的或其他成分的任何数量、速度和浓度限制，包括达标计划。其中针对技术为基础的排放限制而言，美国的水污染物直排排放标准也是以技术为依据制订，但是制定限值根据不同工业行业的工艺技术、污染物产生量水平、处理技术等因素确定各种污染物排放限值。根据美国《清洁水法》的规定，一般采用的技术包括最佳实用技术、最佳常规污染物控制技术、最佳可行技术；对新建企业，则一般会应用经证实了的最佳可行控制技术所能达到的最大排放削减确定标准，制定新源排放标准；不同技术手段结合标准的控制对象以及控制的不同时间阶段，较为合理地体现美国排污单位的污染治理能力。

2. **每日最大负荷总量**

每日最大负荷总量是《清洁水法》第 303（d）条规定的一项水质控制制度，指就某种污染物而言，在确保一个水体始终保持法定的水质标准的前提下可接受的最大该种污染物排放量。它目标之一就是将可分配的污染负荷分配到各个污染源，包括点源和非点源。针对一个特定的目标水体，制订每日最大负荷总量计划通常包括 5 个步骤：①主要污染物的筛选；②目标水体同化容量的估算；③通过各种途径排入目标水体的污染物的总量的估算；④水体污染的预测性分析，确定水体允许的污染负荷总量；⑤在保证水体达到水质标准的前提下，同时考虑安全临界值，将水体允许的污染负荷分配到各个污染源。

3. **基于流域生态健康的水质管理**

流域生态健康评价是美国整个水质管理体系的重要组成部分，在 EPA 制定的联邦法规中明确规定了将生物监测评价作为水质监测的组成部分，并要求污染排放对水生生态系统①不能存在明显不利影响[9]。基于流域生态健康的水质管理的流程可分为：①通过全面开展动态监测，充分了解整个流域系统的物理、化学及生物完整性等信息。②基于水体的主要生态和社会功能（如水生生态、人类健康、经济用水、水利、娱乐休闲等），采用综合评价模型，分析流域生态系统存在的主要问题。③应用生态健康模型进行压力源识别，进而分析造成生态环境问题的主要物理、化学及生物影响因子。④针对流域范围内的主要环境影响因子，通过定量生态模型进一步分析，确定流域生态功能的各项物理、化学及生物指标的基准值。⑤利用水质模型核算流域生态环境容量，计算最大污染负荷量。⑥应用流域模型分析整个流域范围内点源和非点源的污染负荷，通过利益相关方的协商，建立污染负荷总量控制方案，确定各个污染源的负荷削减规划。⑦在整个流域范围内，协调利益相关各方共同实施规划管理和综合治理方案，改善流域生态健康状况。

在几十年专注于恢复受损水域后，EPA 意识到，为了真正实现《清洁水法》“恢复和维持国家水域的化学、物理和生物完整性”的目标，他们需要将重点放在主动保护高质量水域上。因此，EPA 实施了健康流域计划，通过非监管性的合作

① 美国注重的是水生生物为基底的水生生物系统。

方法支持 EPA 及其合作伙伴识别、评估和保护流域健康，维护清洁水域。健康流域计划采用了这种合作性的方法来应对未来的威胁，如新出现的水质问题、水生栖息地的丧失和破碎化、入侵物种及气候变化等。该计划的目标是：①支持各州和部落识别、保护和维持美国各地的健康流域；②进一步将健康流域的保护纳入《清洁水法》计划；③与其他政府、非政府和私人实体合作，促进景观保护中的水生生物保护；④提高对保护健康流域的价值认识，并更好地了解避免不利影响所需的一系列管理行动。EPA 与多个州和流域组织合作，于 2017 年初步开展了 48 个全州范围和 85 个生态区域的健康流域评估对美国本土的流域健康和脆弱性进行评分，该评估基于健康流域评估框架，重点关注流域健康的 6 个关键属性：景观条件、地貌、栖息地、水质、水文和生物条件。除了描述流域健康状况，健康流域评估还包括流域脆弱性的评估（流域过程和水生态系统健康未来退化的可能性）。EPA 于 2021 年发布了健康流域评估的更新[10]，其 6 个基本生态属性见表 3-3。

表 3-3　健康流域综合评估的 6 个基本生态属性

序号	属性名称	属性内容
1	景观条件	景观中自然土地覆盖的状况和配置。自然植被覆盖可以固定土壤，调节流域水文并为陆地和河岸物种提供栖息地。流域内自然植被的类型、数量和结构对水生栖息地有重要影响。自然土地覆盖提供了河岸栖息地之间以及陆地和水生生态系统之间的连通性。许多水生生物依赖于能够通过连接的系统移动到栖息地以响应可变的环境条件。森林河岸区通常是连接景观中栖息地的最佳廊道之一。植被景观有助于促进养分循环，保留沉积物，并调节地表和地下水水文
2	地貌	流域输入（水、沉积物和有机物）和流域特征（流域坡度和宽度、基岩和表层地质、土壤和植被）决定了河道的形式（模式、剖面和尺寸）。虽然流域输入和河道形式随时间而变化，但在自然系统中它们是平衡的。这种自然平衡被称为“动态平衡”，是指沉积物的大小和体积与河流坡度和流量保持平衡。当这些变量中的任何一个发生变化时，其他变量也会作出反应，使河流恢复动态平衡。洪水或森林火灾等干扰是自然发生的偶发性事件，导致河流失衡。在这些干扰之后，河流会通过调整其他组成部分来“寻求”平衡条件，直到河流再次处于一种能够有效发挥其排水和沉积物排放功能的形态。 这些自然强度和频率的周期性干扰，可通过为某些物种创造机会并减少其他物种的流行来增加水生生物多样性。当干扰达到极端强度或频率时，正如许多人为干扰一样，溪流通道将调整为新的形式。这可能会导致栖息地退化以及对公共安全和基础设施的威胁

序号	属性名称	属性内容
3	栖息地	淡水栖息地由流动（溪流和河流）和静止（湖泊、池塘和湿地）水域组成。栖息地的范围和质量与景观条件、水文和地貌过程直接相关。栖息地的质量也受到水的物理和化学特征（如水温）的影响。不同栖息地类型的数量和分布及其连通性影响物种种群健康
4	水质	水生态系统在很大程度上受到水质的影响，但也受到空气、周围流域土壤和通过水生态系统输送的沉积物的化学和物理特性的影响。EPA 和各州针对重要的生态成分制定了淡水生态系统的水质标准。化学和物理成分包括有机和无机成分的浓度，如营养物、微量金属和溶解的有机物；指示栖息地适宜性的其他化学参数，如 pH 和溶解氧，以及物理参数（包括水温和浊度）
5	水文	流域水文是由气候过程驱动的。水生生态系统依赖于地表和/或地下水文，例如，依赖地下水的生态系统依赖渗透到地下水的水，这些水排入附近的溪流或补给含水层，然后排入泉水、渗流、湿地、溪流和湖泊。水文状况（河流流量和湖泊及湿地水位）创造了栖息地，对水生生物的生活史至关重要（例如，在一年中的不同时间提供产卵和迁徙的线索）。自然流态由季节性变化的环境流量组成，包括高流量、基流、脉冲和洪水，可以根据其大小、频率、持续时间、时间和变化率进行表征。自然湖泊水位将根据降水、蒸发和/或地下水和地表水水文情况而变化
6	生物条件	淡水水生生物多样性是指丰富的本地物种（如鱼类、无脊椎动物和植物）、遗传多样性以及多种栖息地和生态系统类型（如湖泊、池塘和水库、河流和溪流、地下水和湿地）。水生生态系统的生物条件通常被认为是流域健康的最终指标，因为水生生物和群落反映了所有其他流域组成部分的累积影响

3.1.2.2 案例实践（密西西比河）

密西西比河发源于美国西部偏北的落基山，河流长度为 6 021 km，流域面积为 322 万 km^2，多年平均径流量为 5 800 亿 m^3，途经美国东部和中部的大部分地区[11]。随着大量新型工业的兴起，流域内人口飞速增加，大量的生活废弃物和工业污水排入河中，加重了河水污染，河水含氧量几乎为零，致使大量生物死亡，给当地的数百万群众的生活和身体健康带来严重威胁。美国针对密西西比河流域的污染状况，采取了高度集中的全流域污染治理模式，治理成效显著。本节介绍密西西比河流域的综合治理经验。

1. 水生态环境问题

历史上，密西西比河流域曾经历了因过度开发而导致生态环境恶化的阶段，其生态环境问题主要表现在以下几个方面：

一是水质不断恶化，富营养化严重。流域内各州过量的农药、肥料、动物饲养、工业废水、市政污水排入密西西比河，导致河流水质严重恶化。同时，大量建设的水利工程直接影响了河水的流动和分配，破坏了营养物和有毒物质在水和沉积物中的扩散和降解，水体自净能力下降。到 20 世纪后期，密西西比河的水污染问题已非常严峻[12]。

二是湿地退化迅速，流域水生态系统破坏严重。湿地不断退化是密西西比河的主要水生态问题，从 20 世纪 30—90 年代，密西西比河河口湿地面积萎缩了近 4 000 km^2[13]。造成湿地消失的主要原因包括三角洲沉积循环、水利工程修建导致的泥沙沉积不均、大规模城市扩张、农业扩张开发活动等。

三是政出多门，流域治理缺乏系统性。涉水的管理权限分散在航运、农业、渔业、水利、环保等不同的部门，管理政策分散重复，不能形成合力；由于没有在流域尺度上对上下游进行系统规划治理，治理效果不能达到预期。

2. 治理目标

（1）密西西比河上游恢复计划。密西西比河上游恢复计划从 1986 年开始实施，旨在努力利用或模仿河流的自然过程来增强和保护重要的鱼类与野生动物栖息地，恢复河流的洪泛区结构和功能，并抵消导致河流退化的因素。主要包括长期资源监测计划和生境重建与改进项目两个方面。长期资源监测计划目标：①更好地了解密西西比河上游系统的生态状况及资源问题；②监测资源发生的变化；③开发替代方案以更好地管理密西西比河上游系统；④对监测信息进行适当的管理。生境重建与改进项目目标是通过改变洪泛区结构、水文特征等来修复改善生境[14]。

（2）2001 行动计划。2001 年，密西西比河/墨西哥湾流域营养物质工作组（以下简称富营养化工作组）发布了 2001 行动计划，制定了 2015 年将墨西哥湾缺氧区域减少到 5 000 km^2 以下的目标。2015 年，又将 2001 行动计划中的 2015 年目标推迟到了 2035 年，并设立了到 2025 年降低氮和磷负荷 20%的过渡目标（以 1980—1996 年平均负荷为基准）。

（3）2006 河流修复计划。密西西比河修复计划始于 2006 年，其目的是改善密西西比河下游生境并修复洪泛区的水文情况，尤其是其连通性。

3. 治理思路与措施

自 20 世纪中后期，密西西比河的水生态环境问题引起了各方的高度关注，特别是自 80 年代以来，联邦和流域各州开始优化管理政策，加强合作，完善流域一体化监测和评价体系，制定减排战略，形成了联邦统一协调、各州落实为主、多方参与的流域共治体系，有效地促进了流域水质的改善。

1）实施排污许可证制度

密西西比河干流沿岸 10 个州的污水处理厂数量占到全美的 29%[16]。加之沿岸大量的工业企业、畜禽养殖企业等尾水的排放，是导致密西西河水质污染问题的主要原因。为此，自《清洁水法》颁布以来，通过实施 NPDES 许可证项目，美国建立了以基于最佳可行技术的排放标准为基础的排污许可证制度。实施这一制度也成为密西西比河流域点源污染控制的最主要手段，使密西西比河流域的工业和市政等点源污染得到有效控制。密西西比河沿岸各州的污染控制局、自然资源局或 EPA 负责各州排污许可和水质项目，并对密西西比河沿岸的市政污水系统和一般工业点源进行管理。通过建设污水处理厂并实施排污许可制度，有效降低了废水的生化需氧量（BOD_5）浓度，促进了流域水质的改善。

2）建立流域协调机制

20 世纪 80—90 年代，EPA 开始以流域为基本单元在流域内协调各利益相关方以解决最突出的环境问题。1996 年，EPA 颁布了《流域保护方法框架》，通过跨学科、跨部门联合，加强社区之间、流域之间的合作来治理水污染。在框架实施过程中，结合排污许可证发放管理、水源地保护和财政资金优先资助项目筛选，有效地提高了管理效能[15]。为加强联邦部门及密西西比河流域各州之间的协调合作，1997 年，EPA 牵头成立了富营养化工作组，参与部门包括 EPA、农业部、内政部、商务部、陆军工程兵团和 12 个州的环保、农业部门，下设协调委员会、跨部门的战略评价小组、科学评估和支持委员会，以及生态系统/流域管理委员会等工作机构。协调委员会的职责是促进各分委会和工作小组的沟通与协作，并为富营养化工作组提供建议。由于农业面源污染对富营养化的重要影响，在富营养化工作组和协调委员会中，农业面源控制主管部门美国农业部的代表人数最多。此外，相关协调机构还包括密西西比河上游流域协会、密西西比河下游保护委员会等。

3）制订实施专项国家行动计划

随着点源污染排放的控制，密西西比河水质逐步改善，同时流域内水生态环境保护的问题和重点也逐步由流域内河湖水质污染问题，转变为由于氮磷超负荷导致的水体富营养化及海湾缺氧等生态问题。对此，2001 年，富营养化工作组发布了 2001 行动计划，主要是控制流域的氮排放。截至 2015 年 1 月，12 个州已全部完成减排战略的起草或制定。各州减排战略的控制措施主要包括制订和实施 TMDL 计划、制定标准、加强非点源和点源污染控制等。明尼苏达州的营养物质减排战略提出到 2025 年营养物质污染负荷降低 20%，到 2040 年降低 40%的目标。

4）建立流域监测评价体系

为支持开展系统和协同一致的水质监测，美国地质调查局、EPA、国家水质监测委员会和农业部合作建立了水质门户网站，整合了联邦、州、部落和地方 400 多个管理部门的公开数据，为长期监测流域水质和富营养化情况提供了有力保障。在密西西比河流域，水质监测网络进一步细化和完善，在手动监测的同时加强了自动监测设施的建设，水质监测覆盖了污水、废水、供应水以及未出现污染的各大水系。2012 年，富营养化工作组设立密西西比河流域监测协作项目，由美国地质调查局牵头，通过各州和联邦部门协作，利用长期监测数据评估氮磷减排情况[15]。在水生态方面，美国国会于 1986 年批准的上密西西比河生态系统环境管理计划（Upper Mississippi River System-Environmental Management Program，UMRS-EMP）中，其核心内容之一就是开展鱼类资源长期资源监测计划（Long Term Resource Monitoring Program，LTRMP），范围覆盖上密西西比河六大区域，并制定了一系列标准化采样规范。此外，根据《清洁水法》第 101 条“要恢复和维持国家水体的化学、物理和生物完整性”的规定，EPA 先后制定了系列水生生物监测方法，组织建立了水环境生物监测体系，水生态的监测保障了密西西比河流域在水质改善后的生态管理。

4. 治理成效

自 20 世纪 80 年代以来，联邦和流域各州通过优化管理政策、加强合作，完善流域一体化监测和评价体系，制定减排战略，形成了联邦统一协调、各州落实为主、多方参与的流域共治体系，有效地促进了流域水质的改善。2011—2014 年，流域氮平均负荷（5 年滑动平均值）相对 1980—1996 年的基准下降了 18%，密西西比河流域的工业和市政等点源污染已得到了有效的控制。通过实施 NPDES 许可证，明尼苏达州丕平湖流域的 588 个废水排放源的磷排放负荷已从 2000 年的

1 591 t 降低到 2013 年的 353 t[15]。

从历年变化趋势来看，自 1980 年以来，密西西比河干流 COD 浓度整体趋于稳定基本在 30 mg/L 左右（图 3-3），BOD 浓度基本稳定在 2 mg/L 左右（图 3-4），氨氮浓度总体维持在 0.1 mg/L 左右（图 3-5），虽然相关污染物指标的浓度变化不大，但在 2022 年美国地质调查局与美国内政部合作发布《密西西比河上游和伊利诺伊河生态状况和趋势》报告中指出，大部分河流系统中，主河道的水变得更加清澈；在部分河流系统中，水生植物更加丰富，改善了一些鱼类和野生动物的栖息地，河流系统继续支持多样化和丰富的鱼类。

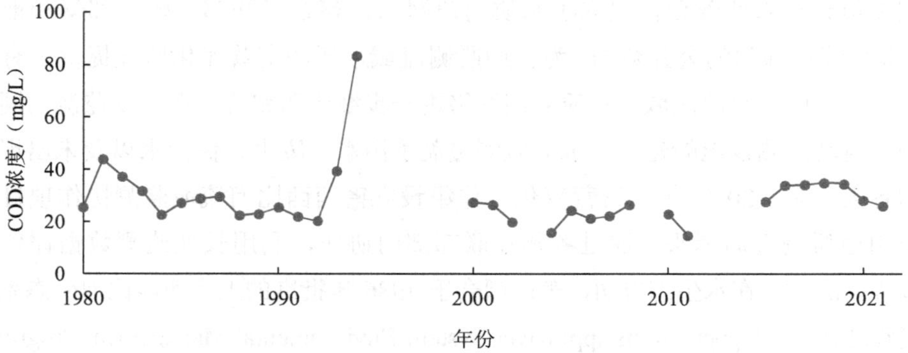

图 3-3　1980—2021 年密西西比河干流地表水 COD 浓度变化情况

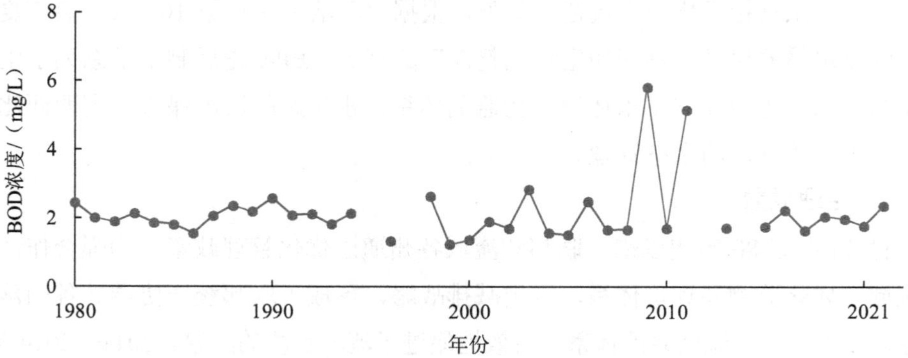

图 3-4　1980—2021 年密西西比河干流地表水 BOD 浓度变化情况

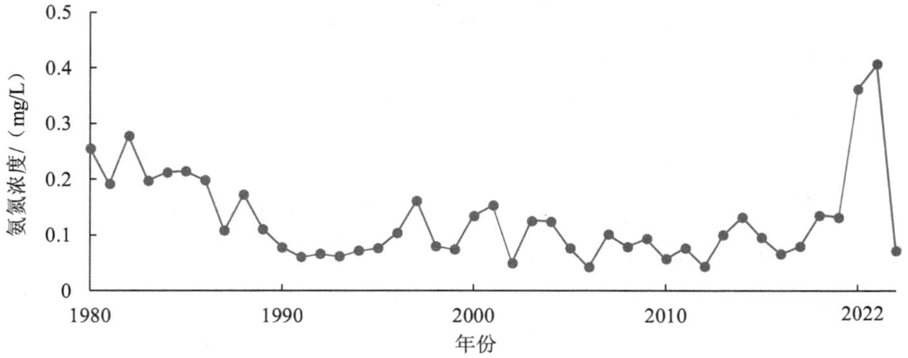

图 3-5 1980—2022 年密西西比河干流地表水氨氮浓度变化情况

在水生态保护成效方面，通过实施水生态修复，密西西比河冲积河谷地区恢复了 30 多万 hm^2 的森林湿地，修复后湿地生态系统在供给、调节和支持等方面的生态系统服务水平提升了 36%。其中，生物多样性的恢复和生态系统恢复呈正相关，表明湿地生态修复获得了人与自然“双赢”的良好结果[17]。根据密西西比河上游恢复计划的监测结果，在区域尺度上，上密西西比河保持了较丰富和稳定的鱼类多样性；在局域尺度上，六大监测区域的鱼类物种丰度同样具有上升趋势[18]。

3.2 中国实践

3.2.1 水资源管理

我国高度重视防洪和灌溉，成立管水机构，并为灌溉和水利修史编志，是始自大禹的一项传统，历代王朝也都承袭[19]。根据不同时代的特点，考虑水利工作的主导目标和水资源保护与管理思路，我国水资源保护与管理大体可划分为建设—开发—综合利用—生态治水 4 个阶段，体现了我国水资源管理由无节制地开发利用向注重节约保护的发展历程。

3.2.1.1 建设为主阶段（1949—1978 年）

中华人民共和国成立初期，中央政府规定水资源为国家资源，确立了水资源公有的基本原则，初步形成了以确保防洪安全为主要目标的治水方针和策略[20]。在治水方针和策略上，根据我国水灾特点和基本国情，水利部提出“防止水患，兴修水利，以达到大量发展生产”的目标，并提出了“各项水利事业必须统筹规划，相互配合，统一领导，统一水政，在一个水系上，上下游，本与支，尤应统筹兼顾，照顾全局”的原则，在治淮实践过程中，周恩来总理提出“蓄泄兼筹、标本兼治”的治水思想，由此，我国大江大河治理的工作思路基本成型。“一五”计划时期，治理黄河计划被列入“一五”计划，三门峡水利枢纽建设完成，黄河流域开展了大面积的水土保持工作。1954 年 5 月，第一届全国人民代表大会第一次会议的政府工作报告中提出，今后必须积极从流域规划入手，采取治标治本结合、防洪排涝并重的方针，继续治理危害严重的河流，同时积极兴办农田水利，以逐渐减免各种水旱灾害，保证农业生产的增长。全国各地兴起了修建水库的热潮，有半数以上水库始建于大跃进时期，这些水库多数发挥着供水、防洪、发电、养殖等功能，但由于当时科技水平和认识水平有限，一些工程质量较差，留下许多后遗症[21]。

从 1949—1978 年年底，我国共整修、新修了 16.5 万 km 的堤防、圩垸，开挖了许多排洪、排涝河道，建成了水库 8.45 万座，修建万亩（1 亩≈667 m^2）以上的灌区 5 200 多处，全国水电装机由解放初期的 16.3 万 kW 发展到 1 648 万 kW[23]。这一阶段，我国以整修加固江河堤防、大规模建设水利工程为主。

3.2.1.2 开发为主阶段（1978—2000 年）

1978 年党的十一届三中全会召开，提出了改革开放、以经济建设为中心的战略部署，在改革开放的前 10 年，国家的工作重心主要在经济建设上，水资源开发利用工程建设速度则相对滞后；在改革开放的第二个 10 年，我国积累了一定的大规模开发经验，经济建设进一步提速，水资源开始了大规模的开发利用。1991 年第七届全国人民代表大会第四次会议批准的《国民经济和社会发展十年规划和第八个五年计划纲要》正式提出：“要把水利作为国民经济的基础产业，放在重要战略地位。”长江三峡水利枢纽工程于 1994 年年底正式开工建设，黄河小浪底水利枢纽工程于 1994 年开工建设。随着用水逐年增加，水资源短缺、水土流失、生态恶化等问题也开始显现，但由于水利部作为水行政主管机构缺乏水资源管理的职能和依据，各省（市）之间的用水矛盾由国务院直接出面协调解决，一些流域或供水工程的分水方案在此时初步建立。

20 世纪 80 年代，第一次全国水资源评价和规划工作完成，水资源科学利用问题开始进入人们的视野。1988 年《中华人民共和国水法》颁布，这是我国第一部水的基本法律，对规范水资源开发、利用、防治水害，促进水利事业的改革与发展发挥了重要作用，标志着我国治水开始走上依法治水的道路，也标志着我国的水资源管理进入了一个崭新的阶段[22]。《中华人民共和国水法》明确规定了取水应取得许可，此后在 1993 年，国务院颁布《取水许可和水资源费征收管理条例》，使水资源管理取得了独立于工程管理的地位，并有了具体法律依据，各地区也开始进行水权交易的试点。总体而言，这一阶段基本以经济建设为主，水资源被大规模开发利用，水资源的保护没有放到应有的重要位置上。

3.2.1.3 综合利用阶段（2000—2012 年）

1998 年，我国长江和嫩江—松花江发生了巨大的洪水灾害，给我国的水资源管理与保护带来了沉痛的警醒和思考，传统的认识由此发生了质的转变，从政府到学术界乃至民众，都开始认识到水资源并不是取之不尽、用之不竭的资源，对于水资源的开发利用不能超过其承载能力。党中央、国务院发布《中共中央 国务院关于灾后重建、整治江湖、兴修水利的若干意见》（中发〔1998〕15 号），提出“封山育林、退耕还林，平垸行洪、退田还湖，以工代赈、移民建镇、加固干堤、疏浚河道”方针。2000 年党的十五届五中全会通过的《中共中央关于制定国民经济和社会发展第十个五年计划的建议》提出了“全面规划，统筹兼顾，标本兼治，综合治理。坚持兴利除害结合，开源节流并重，防洪抗旱并举，下大力气解决洪涝灾害、水资源不足和水污染问题”新的治水方针。2001 年，人水和谐思想被正式纳入现代治水思想中，成为我国治水思路的核心内容。2002 年，《中华人民共和国水法》修订，进一步明确以水资源可持续利用为主线，确立了水资源论证制度，为规划、项目的水资源管理的时间提前和科学论证提供了制度保障，全国水资源综合规划工作也在这一年启动。

向环境脆弱地区生态补水的工作也从这一阶段开始实施，大西海子水库 2000 年启动向塔里木河下游生态补水，嫩江 2001 年向扎龙湿地首次生态补水，长江 2002 年启动向南四湖应急生态补水，石羊河流域 2006 年开始向民勤县沙漠调水[23]。2007 年《水量分配暂行办法》（水利部令 第 32 号）实施，把原来笼统由国家拥有的水资源的使用权逐级明确分配到省、市、县等各级行政区域和终端用户。

2011 年中央一号文件和中央水利工作会议明确要求实行最严格水资源管理制度，确立水资源开发利用控制、用水效率控制和水功能区限制纳污“三条红线”，从制度上推动经济社会发展与水资源水环境承载能力相适应。

这一阶段在人水和谐思想的指引下，我国的水资源管理思路从重视和开发利用水资源向把水资源看作一种自然资源，更加重视水资源的保护转变，开始从用水总量控制、用水效率控制、排污总量控制全过程对水资源进行开发利用与保护。

3.2.1.4 生态治水阶段（2012 年至今）

党的十八大以来，党中央高度重视水资源问题，明确提出“节水优先、空间均衡、系统治理、两手发力”的治水新思路，推动水资源管理工作不断完善，进入以保护水生态、建设生态文明为目标的生态治水阶段。

2012 年，针对中央关于水资源管理的战略决策，国务院发布《国务院关于实行最严格水资源管理制度的意见》（国发〔2012〕3 号），对实行最严格水资源管理制度工作进行全面部署和具体安排，进一步明确水资源管理“三条红线”的主要目标，提出具体管理措施，全面部署工作任务，落实有关责任，标志着最严格水资源管理制度的全面建立。

2016 年，中共中央办公厅、国务院办公厅发布《关于全面推行河长制的意见》，2017 年，中共中央办公厅、国务院办公厅印发《关于在湖泊实施湖长制的指导意见》，河湖长制的建立是我国水治理体制的重要创新，也是我国政治制度的优势在治水方面得以充分体现。河湖长制全面建立了省、市、县、乡四级河湖长体系，各级河湖长由党委或政府主要负责同志担任，通过把党委或政府的主体责任落到实处，各级领导成员按照各自的分工，自觉地把环境保护、治水任务和各自分工有机结合起来，形成了系统治水的工作格局。

2019 年，《国家节水行动方案》发布，水利部牵头 20 多个部门组成了国家节约用水工作部际协调机制，共同推动国家节水行动的各项目标任务，用水总量和用水强度双控行动、农业节水增效行动、工业节水减排行动、城镇节水降损行动、重点地区节水开源行动、科技创新引领行动“六大重点行动”得到稳步实施。

2023 年，中共中央、国务院印发《国家水网建设规划纲要》，明确以大江大河大湖自然水系、重大引调水工程和骨干输配水通道为“纲”，以区域河湖水系连通和供水渠道为“目”，以重点水资源调蓄工程为“结”，来构建“系统完备、安全可靠、集约高效、绿色智能、循环通畅、调控有序”的国家水网，全面增强我国水资源统筹调配能力、洪水保障能力和战略储备能力，为全面建设社会主义现代化国家提供水安全保障。同年，《关于加强非常规水源配置利用的指导意见》发布，明确以强化配置管理、促进配置利用、加强能力建设、健全体制机制为抓手，着力扩大非常规水源利用领域和规模，对进一步加强非常规水源配置利用提出了明确要求。

这一阶段，我国治水理念从粗放用水向节约用水转变，从供水管理向需水管理转变，从局部治理向系统治理转变，我国江河湖泊面貌实现根本性改善，水利体制机制法治管理不断强化，水资源配置格局实现全局性优化，生态治水的理念得以不断优化发展。

3.2.2　水环境治理

我国水污染防治事业起步于 20 世纪 70 年代。自改革开放以来，我国水污染防治事业经历了艰难曲折却不断向前的发展历程，水环境治理思路、目标和路线等不断发生变化，大体上经历了污染治理萌芽、污染治理为主、系统治理 3 个阶段。

3.2.2.1　污染治理萌芽阶段（1996 年前）

随着经济社会的发展，工业生产力逐步提高，到民国时期我国就有部分地区开始出现水环境污染，但受限于当时的政治和经济条件，直到中华人民共和国成立后，国家才不断根据需求出台相关的政策防治水环境污染。20 世纪 70 年代初，我国从工业化的过度追求向经济社会全面发展转变，开始关注水环境问题。1972 年北京市官厅水库环境污染综合治理行动是我国在国家层面实施最早的流域水污染防治的标志性事件，自此我国开始探索具有中国特色的水环境保护道路[24]。

1973 年我国召开了第一次全国环境保护会议，审议通过了我国环境保护工作方针，拟定了国家第一个环境保护文件《关于保护和改善环境的若干规定（试行草案）》，并成立国家环境保护领导小组。20 世纪 70 年代初全国各地陆续建立了“三废治理”和“环境保护”机构，80 年代初全国开始环境统计和环境监测工作。涉水的环境保护法律法规、标准和政策制度等管理性文件在八九十年代相继出台[25]，《中华人民共和国水污染防治法》、《水污染防治法实施细则》、《地面水环境质量标准》（GB 3838—83）、《污水综合排放标准》（GB 8978—88）、《农田灌溉水质标准》（GB 5084—85）、《渔业水质标准》（GB 11607—89）、《地下水质量标准》（GB/T 14848—93）、《景观娱乐用水标准》（GB 12941—91）等法律法规文件的颁布实施，有效地促进了我国水污染防治进程。70—80 年代初，虽然我国政府意识到不能走发达国家“先污染、后治理”的道路，明确了环境保护在社会经济发展中的地位和作用，但还没有从宏观上理顺经济建设和环境保护的关系，全国水环境质量总体上由基本清洁发展为局部恶化、全面恶化，“有河皆污，有水皆脏”是这个历史时期的真实写照。

20 世纪 90 年代，中国掀起了新一轮的大规模经济建设，重化工项目沿河沿江布局和发展对水环境造成的压力不断加大，1994 年淮河流域暴发污染事故，流域水质已经从局部河段变差向全流域恶化发展[24]，点源治理、浓度控制、末端治理等措施，在水污染严重地区已无法遏制水环境质量的恶化。1996 年我国对《中华人民共和国水污染防治法》进行了修订，重点流域水污染防治专项规划制度的法律地位得以确定，标志着我国进入了流域层面开展大规模治水的历史阶段。

3.2.2.2 污染治理为主阶段（1996—2012 年）

“九五”时期：重点流域水污染防治专项规划制度在 1996 年《中华人民共和国水污染防治法》的法律地位明确后，“三河”“三湖”在《国民经济和社会发展“九五”计划和 2010 年远景目标纲要》中被确定为国家重点流域，也就是当时的“33211”重点防治工程，至此大规模的流域治污工作全面展开。同时提出环境质量管理目标责任制和推进“一控双达标”，即污染物排放总量控制、工业污染源达标排放、空气和地表水环境质量按功能区达标。“九五”计划制定了近期 2000 年和远期 2010 年的分期目标。以化学需氧量、总氮总磷（“三湖”）作为污染物总量控制指标，总量控制目标值的确定采用具有超前于当时历史阶段的容量总量思路，依据流域水质目标，反推区域最大允许排污总量后，再确定总量控制目标值并将其分解到各省和各控制单元。但是，由于“九五”目标偏乐观、可达性论证不足且“九五”计划实施时间仅 2～3 年，“九五”目标在 2000 年未能如期实现。

"十五"时期："三河三湖"、三峡库区及其上游等重点流域"十五"计划总体上延续"九五"计划的规划思路和体系，仅在规划范围、规划目标和规划项目等具体内容上略有调整，同时弱化容量总量、采用目标总量控制方法，确定污染物入河总量控制目标，并优先实施"九五"项目，同时根据当时流域区域水环境状况补充了部分项目纳入"十五"计划，并继续执行"九五"计划的目标。"十五"规划项目立足水环境保护、以问题为导向而设置，涉及面广，项目种类较多。工业类项目包括产业结构调整、清洁生产、废水治理等，城镇生活类项目主要包括污水处理厂和垃圾填埋场建设等项目；此外，还包括饮用水水源保障（打井）、能力建设、面源治理、水利工程（闸坝、堤岸、水土保持等）、河湖清淤、船舶污染防治、流域综合整治等项目。

"十一五"时期：经过"九五""十五"计划的实施，尽管我国地表水污染加重的趋势得到遏制，"三河三湖"水质改善较为明显，但当时的黄河、松花江等非重点流域的水质开始恶化，水环境保护形势仍然不容乐观。为此，黄河中上游、松花江等流域纳入重点流域范围。根据"九五"和"十五"计划的实施情况评估发现两期计划的水质目标过于超前、对水污染状况的治理难度评估不足。为此，重点流域"十一五"规划强调了规划目标指标的可达性。在技术路线上，以水环境质量改善为目标，分析流域水环境容量，核实现状排污量数据，预测规划目标年排污增量，论证达到水质目标所需的社会经济成本，依据流域的发展水平和技术经济可达性，提出阶段性水质改善目标，合理确定"十一五"期间可实现的污染治理任务，加大污染治理投资力度和环境监管力度。"十一五"提出了"基于区域经济发展水平和自身环境需求确定 5 年内的水污染物削减目标和重点河流（重要水体）的水质改善目标"，力争在有限的时间里完成有限目标，基于技术经济可行性，优先解决集中式饮用水水源地水质保护、跨省界水体水质恢复、城市重点水体水质改善等突出问题。与前两期规划不同的是，"十一五"规划首次明确了"五到省"原则，即"规划到省、任务到省、目标到省、项目到省、责任到省"，根据《中华人民共和国水污染防治法》规定的"地方政府对当地水环境质量负责"要求，突出水污染防治地方政府责任，中央政府仅进行宏观指导。

"十二五"时期：进入 21 世纪以后，在科学发展观的指导下，环境保护在国家战略层面上逐步上升到与经济发展并重的地位。2008 年，胡锦涛总书记从推进生态文明建设的高度出发，提出了“让江河湖泊休养生息、恢复生机”的指导思想，在水污染防治的内涵中增加了水生态恢复的内容。2011 年第七次全国环境保护大会提出了“着力解决影响科学发展和损害群众健康的突出环境问题”等要求，2012 年 4 月全国污染防治工作会议提出了“由以常规污染物为主向常规污染物与高毒性、难降解污染物并重转变、由单一控制向综合协同控制转变、由粗放型向精细化管理模式转变、由总量控制为主向全面改善环境质量转变”4 个转变，对水污染防治工作作出了更加明确和细化的要求。相较于以往三期规划（计划），“十二五”我国水污染防治总体上采用了总量控制约束性、质量改善指导性模式，建立污染物总量控制和环境质量改善并重的目标指标体系，规划目标包括 4 个方面的要求：一是污染物排放总量持续削减；二是水环境质量继续改善；三是水生态得以逐步恢复；四是水环境安全得到保障。围绕“十二五”时期水污染防治工作重点细化落实了 6 项任务：保障人们饮水安全、工业污染防治、城镇生活污染防治、环境综合整治、生态恢复和风险防范。根据“十二五”规划目标，确定了重点流域规划骨干工程项目 6 007 个，估算投资 3 460 亿元。

3.2.2.3 系统治理阶段（2012 年至今）

“水十条”是党的十八大之后，根据全面深化改革、全面依法治国的重要战略部署和落实环境保护法要求，于 2015 年 4 月国务院印发实施。该文件使水污染治理实现了历史性和转折性变化，其最大亮点是系统推进水污染防治、水生态保护和水资源管理，即“三水统筹”的水生态环境管理体系，为健全污染防治新机制做了有亮点、有突破的探索。“水十条”尊重客观规律，以质量改善为核心，统筹控制排污、促进转型、节约资源等任务，坚持节水即减污，污染总量减排与增加水量、生态扩容并重，污染物排放总量是分子，水量是分母，“分子、分母”两手都要发力；统筹地表与地下、陆地与海洋、大江大河与小沟小叉，强调水质、水量、水生态一体化综合管理，协同推进水污染防治、水资源管理和水生态保护，实施系统治理。

“水十条”设置了 10 条 35 款 76 段，每项工作都明确了责任单位和部门。“水十条”前 3 条分别为控制排放、推动转型升级和节约水资源，坚持污染减排和生态扩容“两手抓”，体现系统治水；第四条至第六条分别为科技支撑、市场驱动、严格执法三方面的举措，提升防治能力；第七条至第八条以环境质量目标管理、排污许可、总量控制等强化水环境管理制度建设，全力保障水生态环境安全，以饮用水安全保障、“好水”保护、黑臭水体治理、海洋环境保护、水和湿地生态系统等为重点，着力提升民众生活质量；最后两条分别落实政府、企业和社会等三大主体的责任义务。

重点流域水污染防治“十三五”规划的背景与以往任何一期规划相比有较大的差别，在规划定位上，《重点流域水污染防治“十三五”规划》是落实“水十条”的施工图，具有以下特点：一是规划范围首次覆盖全国，将全国十大流域划分为 1 784 个控制单元，在深入分析各流域、控制区、控制单元突出生态环境问题的基础上，确定各层级的保护目标和重点任务为各地细化开展水污染防治工作提供了空间基础。二是按照水资源、水生态、水环境系统保护的思想，对“水十条”中工业、城镇生活、农业农村等污染防治，流域水资源和水生态保护，饮用水水源安全保障等任务进行了细化分解，并明确了 580 个优先控制单元的主要防治任务，为各地精准治污提供了方向。三是规划中不列具体项目清单，而采取动态管理的方式，衔接水污染防治行动项目储备库建设等工作，建设中央和省级重点流域水污染防治规划项目储备库，规划项目由各地自主推进实施。

2023 年 3 月，经国务院同意，生态环境部等五部门联合印发了《重点流域水生态环境保护规划》，规划名称由“水污染防治”拓展为“水生态环境保护”，充分体现了新征程上深入贯彻山水林田湖草沙一体化保护和系统治理理念、奋力建设美丽中国的时代要求[26]。规划目标明确提出，到 2025 年，主要水污染物排放总量持续减少，水生态环境持续改善，在面源污染防治、水生态恢复等方面取得突破，水生态环境保护体系更加完善，水资源、水环境、水生态等要素系统治理、统筹推进格局基本形成。水环境治理方面，在深化工业、城镇生活、农业农村、船舶港口污染防治的基础上，加强入河入海排污口排查整治，着力打通岸上和水里；水生态保护方面，强化重要水源涵养区保护和监督管理，开展河湖生态缓冲带保护与修复试点，同时在湖泊开放水域开展水生植被恢复试点，因地制宜通过就地保护、迁地保护、栖息地恢复等措施保护水生生物多样性，从陆域到水域全方位保护生态系统完整性；河湖基本生态用水保障方面，推动制定生态流量管理重点河湖名录和生态用水保障实施方案，推进生态流量管理全覆盖，并通过加强生态流量监测、江河湖库水资源配置与调度管理等措施予以保障。

3.2.3 水生态保护

我国水生态保护与管理处于刚起步阶段，水生态系统性调查底数仍然不清，物种多样性丧失的恶化趋势尚未得到有效遏制。以往水生态有关的各项工作也分散于各个部门，基本处于各管一摊的分散管理状态。

3.2.3.1 资源利用为主阶段

中华人民共和国成立前，我国水生态保护工作主要是开展资源的调查，尤其是水生生物资源的调查，如王家缉等开展的对南京、南海等地的各类原生动物的调查和鉴定工作；伍献文等鱼类学家则对渤海、南海、漓江等鱼类生态、形态学和水产渔业资源等进行了较多的调查；饶钦止等针对各地的藻类资源分布开展了大量的调查工作。受战争和经费的影响，这一时期水生生物的保护工作进展相对缓慢[27]。

中华人民共和国成立初期，我国水生动植物资源还比较丰富，这一时期的水生生物的保护研究多以如何更高效利用淡水生物资源为主，保护意识不强。而后随着过度的资源利用和人类活动对水生生物栖息环境的损伤与挤占，许多水生生物资源出现严重衰退，部分物种甚至面临灭绝的边缘。1979 年，国家设立禁渔期、禁渔区制度，是我国水生动物保护工作实现重大突破的转折。1981 年《国务院关于在国民经济调整时期加强环境保护工作的决定》中，阐明了环境保护工作在国民经济调整中的基础地位，其中“制止对自然环境的破坏”部分是生态保护内容。在《国民经济和社会发展第七个五年计划（1986—1990 年）》中，明确了“自然资源的开发利用要和增殖保护并重”的基本方针[28]。1986 年，《中华人民共和国渔业法》颁布实施，提出要对珍稀、濒危的水生野生动物实行重点保护；1989 年《中华人民共和国野生动物保护法》颁布实施，提出要全面加强我国野生动物保护工作；同年发布国家重点保护野生动物名录，将超过 70 种水生野生动物列入名录实行严格保护，水生动物保护工作得到不断加强。除了加强制度建设，我国还积极支持开展水生动物保护科学研究，许多物种的生物学习性和生理特性被摸清，特别是大鲵、鲟鳇鱼、淡水龟鳖等一系列珍稀、濒危物种的全人工繁育技术陆续得到突破，并已形成相当规模。通过发展人工繁育，极大地缓解了水生动物野外种群压力，同时人工繁育个体还能通过放归野外等方式修复野外资源，反哺水生动物保护[27]。

3.2.3.2 以质量改善为目标的水生态治理修复阶段

随着水环境治理工作的持续推进，部分区域的河湖水体水环境质量已逐步呈现优良状态，为进一步稳定水体水质，以水生态修复治理为质量改善手段的方法开始应用。

2012年5月发布的《重点流域水污染防治规划（2011—2015年）》对水生态保护修复提出具体要求。在“积极推进环境综合整治与生态建设”中，对松花江流域阿什河、辽河流域辽河干流等河流型水体，提出要加强生态修复，在不影响行洪的前提下，在河道内、河堤上、湖泊周围有选择地种植水生、陆生植物，取消或改造硬质岸线，修复河道生态系统；在水资源方面要求调整用水结构，大力推广集工程节水、农艺节水、结构节水、管理节水于一体的综合节水技术；要求优化实施多功能目标水库调度方案，保障河道生态需水量。对于巢湖、滇池、太湖、洪泽湖、南四湖、白洋淀、乌梁素海等湖泊型水体，要强化湖泊生态建设和保护，科学实施退田还湖，扩大湖泊湿地空间，增强湖泊自净功能，有效保护和改善水生动物及迁徙性鸟类的生境，维护湖泊湿地系统生态结构的完整性。

2017年10月发布的《重点流域水污染防治规划（2016—2020年）》规定，依据主体功能区规划和行政区划，划定陆域控制单元，实施流域、水生态控制区、水环境控制单元三级分区管理。其中，在水生态控制区主导功能层级，将全国水生态控制区共分为水源涵养与水文调节、生境维持、水生珍稀特有物种栖息地与洄游通道、重要生态资产保护、土壤保持、农业生产支撑、城市生活支撑7种主导功能类型，开展生态健康评价，实施生态空间管控，推进重点生态功能保护与修复，维护区域生态格局安全。在“规划重点任务”的“四、流域水生态保护”中提出要保护河湖湿地和防治富营养化。在保护河湖湿地中，共提出划定并严守生态保护红线、积极保护生态空间和提升生态系统整体功能三项具体要求，且大多是以改善水环境质量为核心的水生态修复手段。在划定并严守生态保护红线中，提出要实施最严格的生态保护，统筹江河湖库岸线资源，严格水域岸线用途管制；在要求积极保护生态空间中，提出要加快构建水生态廊道，因地制宜进行河岸带水生态保护与修复和有害生物防控，实施湿地综合治理恢复湿地生态功能；在提升生态系统整体功能中，要求因地制宜扩大河湖浅滩湿地面积，减少污染物入河（湖），保护水生生物资源和水生态环境，维护与修复重要区域的水生态功能，建立湿地保护制度。在“防治富营养化”中，则是要求以太湖等16个轻度富营养湖库，以及滇池、杞麓湖、星云湖、异龙湖、呼伦湖5个中度富营养湖泊为重点，开展河湖滩涂底泥污染调查，大幅削减入湖（库）河流污染负荷，实施入湖（库）河流总氮排放控制，加强内源污染控制，加大湖滨带保护与修复力度，确保湖库水质污染程度减轻，综合营养状态指数有所降低。

3.2.3.3 以水生态保护为目标的阶段

长江是我国第一大河流，也是世界上水生生物最为丰富的河流之一，千百年来哺育着两岸居民生生不息，承载着沉重的发展、人口与污染的压力。2018年4月，习近平总书记在深入推动长江经济带发展座谈会上指出：“长江生物完整性指数到了最差的‘无鱼’等级”。按照“共抓大保护、不搞大开发”要求，以生态保护为转型方向的长江流域生态环境保护工作，迅速开启了加速模式，生态环境、农业农村、水利等各部门高度重视，以水生态保护为目标的工作如火如荼。

1. 农业农村部：侧重渔业资源保护

农业农村部关于水生态方面的工作以保护渔业资源为主，其目的主要是科学确定和保障渔业资源总可捕捞量，实现渔业资源管理可持续。截至2017年，我国对各个水域均进行了渔业环境监测，但是由于早期项目监测的组织单位不一致，监测数据缺乏统一的汇总分析平台[29]。

为加大水生生物资源养护力度，农业农村部自2003年起在长江流域实施禁渔制度，2011年珠江禁渔制度首次实施，2018年黄河流域开始实行禁渔制度，2019年在海河、辽河、松花江等流域实施禁渔制度。2017年，农业部发布《关于启动农业基础性长期性科技工作的通知》，中国水产科学院牵头对我国渔业状况进行全面摸底和汇总，为我国渔业健康发展与开发提供科学的参考依据。为了落实长江大保护，农业农村部统筹部署长江渔业资源与环境调查（2017—2021年）工作，由中国水产科学研究院总牵头、中国水产科学研究院长江水产研究所技术总协调，联合流域内外24家科研院所和高校，对长江流域重点水域的鱼类种类组成及分布、鱼类资源量、濒危鱼类、长江江豚、渔业生态环境、消落区、捕捞渔业和休闲渔业7个专题开展了系统调查[30]，摸清长江水生生物资源及其栖息环境的本底数据，每年发布《长江流域水生生物资源及生境状况公报》，通报长江流域水生生物资源及生境状况。此外，农业农村部于2021年12月印发《长江流域水生生物完整性指数评价办法（试行）》，以科学性与实践性相结合、普适性与特殊性相结合、原则性与可操作性相结合为基本原则，从适用范围、水域划分、评价周期、评价指标、评价步骤 5 个方面规定了长江流域水生生物完整性指数评价方法（表 3-4）。

表 3-4　长江流域水生生物完整性指数评价指标[31]

指数	编号	指标	适用区域	类型
鱼类状况	1	种类数*	通用	必选
	2	资源量	通用	必选
	3	优势科	通用	必选
鱼类状况	4	营养结构	通用	必选
	5	成鱼比例	通用	必选
	6	外来入侵物种	通用	必选
	7	河游性物种	长江口	必选
	8	杂食性鱼类	通用	可选
	9	畸形/疾病鱼类	通用	可选
	10	产漂流性卵鱼类	通用	可选
	11	产黏性卵鱼类	通用	可选
重要物种状况	12	重点保护物种*	通用	必选
	13	区域代表物种	通用	必选
	14	特有鱼类	长江上游干支流	必选
生境状况	15	水体连通性*	通用	必选
	16	岸线硬化度	通用	必选
	17	渔业水质	通用	必选
	18	营养状态	湖泊和水库	必选
	19	流水江段	支流	可选
	20	湖泊湿地植被	湖泊	可选
	21	水温	干流	可选
	22	水质	通用	可选
	23	湿地面积	湖泊	可选
浮游生物状况	24	浮游植物密度	通用	可选
	25	浮游动物生物量	通用	可选
	26	浮游植物多样性	通用	可选
	27	浮游动物多样性	通用	可选
底栖动物状况	28	软体动物种类数	湖泊	可选
	29	底栖动物优势种	湖泊	可选
水生高等植物状况	30	水生高等植物覆盖度	通用	可选

注：*表示关键性指标。

2. 水利部：侧重河湖健康评价

水利部关于水生态方面的工作主要以生态流量保障和水生态修复为主，侧重于河湖健康评价。自 2010 年起，水利部根据《中共中央 国务院关于加快水利改革发展的决定》中提出的“到 2020 年基本建成水资源保护和河湖健康保障体系”目标要求，组织开展了全国重要河湖健康评估试点工作。2020 年，水利部编制并印发了《河湖健康评价指南（试行）》，从“盆”、“水”、生物、社会服务功能 4 个准则对河湖健康状态进行评价。评价等级分为非常健康、健康、亚健康、不健康和劣态。2023 年，水利部全面启动河湖健康评价工作，推进逐步建立全国河湖健康档案库。河湖健康评价指标体系见表 3-5。

表 3-5 河湖健康评价指标体系[32]

目标层	准则层		指标层	指标类型
河流健康	“盆”		河流纵向连通指数	备选指标
			岸线自然状况	必选指标
			河岸带宽度指数	备选指标
			违规开发利用水域岸线程度	必选指标
	“水”	水量	生态流量/水位满足程度	必选指标
			流量过程变异程度	备选指标
		水质	水质优劣程度	必选指标
			底泥污染状况	备选指标
			水体自净能力	必选指标
	生物		大型底栖无脊椎动物生物完整性指数	备选指标
			鱼类保有指数	必选指标
			水鸟状况	备选指标
			水生植物群落状况	备选指标
	社会服务功能		防洪达标率	备选指标
			供水水量保证程度	备选指标
			河流集中式饮用水水源地水质达标率	备选指标
			岸线利用管理指数	备选指标
			通航保证率	备选指标
			公众满意度	必选指标
湖泊健康	“盆”		湖泊连通指数	备选指标
			湖泊面积萎缩比例	必选指标
			岸线自然状况	必选指标
			违规开发利用水域岸线程度	必选指标

目标层	准则层		指标层	指标类型
湖泊健康	“水”	水量	最低生态水位满足程度	必选指标
			入湖流量变异程度	备选指标
		水质	水质优劣程度	必选指标
			湖泊营养状态	必选指标
			底泥污染状况	备选指标
			水体自净能力	必选指标
	生物		大型底栖无脊椎动物生物完整性指数	备选指标
			鱼类保有指数	必选指标
			水鸟状况	备选指标
			浮游植物密度	必选指标
			大型水生植物覆盖度	备选指标
	社会服务功能		防洪达标率	备选指标
			供水水量保证程度	备选指标
			湖泊集中式饮用水水源地水质达标率	备选指标
			岸线利用管理指数	备选指标
			公众满意度	必选指标

2019 年，水利部在全国遴选 18 个河湖，打造示范河湖；2022 年，在全国遴选“6 河 1 湖”，实施幸福河湖项目建设。2023 年，水利部河长办印发《幸福河湖建设成效评估工作方案（试行）》，对中央水利发展资金安排的幸福河湖建设项目开展评估工作（表 3-6）。

水利部接连发布河湖生态流量确定等有关标准，印发《关于做好河湖生态流量确定和保障工作的指导意见》，着眼于科学合理确定生态流量保障目标，切实加强河湖生态流量保障管理，明确到 2025 年，生态流量管理措施全面落实。先后印发四批重点河湖生态流量保障目标，确定了 283 个主要控制断面生态流量保障目标。开展长江流域、黄河流域小水电清理整改工作。发布《母亲河复苏行动方案（2022—2025 年）》，制订并实施母亲河复苏行动“一河（湖）一策”方案，优化配置水资源，恢复河湖良好连通性，恢复和改善河道有水状态，恢复湖泊水面面积，修复受损的河湖生态系统。推进数字孪生水利建设，开展全国取用水平台整合，建设生态流量、水量分配监测预警系统，实现 140 条河湖的 230 个重要断面生态流量监测预警[32]。

表 3-6 幸福河湖建设成效评估指标体系[32]

准则层（分值）	指标层（分值）	指标类型	指标解释	计算方法	计分方式
1. 安澜（15 分）	1. 防洪达标率（10 分）	通用	主要评价河湖防洪达标情况	达到防洪标准的河段（湖岸）长度/河流（湖岸）总长度×100%	防洪达标率达到 100%的，得 10 分；小于等于75%的不得分；其余按线性内插比例得分。病险水库、水闸等水利工程未按要求除险加固的，此项不得分
	2. 排涝达标率（5 分）	差异化	主要评价河流排涝达标情况	达到排涝标准的涝区面积/流域涝区总面积×100%	排涝达标率达到 100%的，得 5 分；小于等于75%的不得分；其余按线性内插比例得分
2. 生态（20 分）	3. 岸线自然状况（8 分）	通用	主要评价岸线自然状况，包括河（湖）岸稳定性和岸带植被覆盖度两个方面	河（湖）岸稳定性赋分×0.4+岸带植被覆盖度赋分×0.6	赋分值乘以 0.08
	4. 生态流量满足程度（8 分）	通用	主要评价生态流量（可用流量、水量、水位、水深、水面面积等指标表示）的满足程度	类型 1：已批复生态流量保障目标的河湖，指标赋分为生态流量达标天数（旬数、月数）比例与 100 的乘积。 类型 2：未批复生态流量保障目标的河湖，按照《河湖生态环境需水计算规范》（SL/T 712）计算生态流量目标值，指标赋分为生态流量达标天数比例与 100 的乘积	赋分值乘以 0.08。评估河流存在脱水河段，此项不得分
	5. 水土保持率（4 分）	通用	主要评价河湖所在流域水土保持综合状况	水土保持率=水土保持状况良好面积（非水土流失面积）/国土面积×100%	水土保持率达到或高于所在省级行政区域平均水平的，得 2 分；完成上级下达的水土保持任务的，得 2 分

准则层（分值）	指标层（分值）	指标类型	指标解释	计算方法	计分方式
3．宜居（15 分）	6．水质状况（10 分）	通用	主要评价河湖水质状况	达标基础分+水质优良程度加分	水质达标的，得 5 分；Ⅰ类水质得 5 分，Ⅱ类水质得 3 分，Ⅲ类水质得 1 分。地表水集中式饮用水水源地不达标的，本项不得分
	7．城乡居民亲水指数（5 分）	通用	主要评价是否具有居民亲水戏水设施，亲水设施的数量是否能够满足居民需求，亲水设施的状况及其质量	达标基础分+亲水设施数量质量加分	河湖水域岸线具有能够便于居民亲水等相关设施的，得 2 分；亲水设施数量较多的，得 1 分；亲水设施具有较好的亲水性、整洁性、安全性的，得 2 分
4．智慧（10 分）	8．河湖智慧管理情况（5 分）	通用	主要评价河湖管理信息化平台建设、河湖智能化管理等情况	统计河湖智能化管理功能（“四预”、巡河管理、智能识别、问题预警、智慧调度等）；统计平台相关数据类别（河湖长体系、河湖划界、涉河建设项目等），信息类别（卫星遥感、视频监控等）及其项数	具有智能化管理功能 2 项及以上的，得 2 分；数据和信息类别，有 1 项得 1 分，满分 3 分
	9．河湖监测感知设施覆盖情况（5 分）	通用	主要评价河湖监测感知设施完善程度	统计在线监测设施类别（水位、流量、水质、视频影像），以及设施设置是否符合技术标准	4 类设施均符合技术标准的，得 5 分，有 1 类不符合标准的，扣 2 分，扣完为止
5．文化（10 分）	10．河湖遗产本体保护状况（2 分）	差异化	主要评价水利及涉水遗产本体保护的重视程度。用平均每 100 km^2 流域面积拥有的世界级遗产（灌溉工程遗产、全球重要农业文化遗产、文化遗产、非物质文化遗产等），国家级遗产（水利遗产、国家文保单位、全国重要农业遗产等）、省（市、县）文保单位与水利遗产的数量表示	遗产数量=（县级+市级×2+省级×3+国家级×4+世界级×5）/（流域面积/100）	遗产数量≥5，得 2 分；≤2，不得分；其他按照线性插值赋分。遗产资格被取消，或者遗产被人为损毁，本项不得分

准则层（分值）	指标层（分值）	指标类型	指标解释	计算方法	计分方式
5．文化（10分）	11．河湖文化载体建设情况（8分）	通用	主要评价河湖文化传承、融合、宣教建设情况。①文化传承情况，用平均每100 km^2 流域面积拥有的各级水利风景区、水情教育基地、水土保持科技示范园、节水示范基地等的数量表示。②文化融合情况，包括在河湖周边或者管理机构、标识系统中蕴含的水文化元素，如历史沿革、治水人物、治水理念、诗词歌赋、成语典故、传说故事、民间歌谣、管理制度等。③文化宣传科普教育，包括出版水文化相关刊物、专著、科普读物；制作水文化主题宣传视频；举办传统水文化主题活动；生产水文化创意产品；举办河湖主题相关会议；在主流媒体对河湖水文化进行宣传报道等	①文化传承情况，数量折算公式：（县级+市级×2+省级×3+国家级×4）/（流域面积/100）。②文化融合程度，计算水文化元素数量。③文化宣教力度，计算出版物、视频、活动、产品、报道等成果的数量	①文化传承情况，数量≥10项，得4分；≤2项，不得分；其他按照线性插值赋分。②文化融合程度，水文化元素数量≥5项，得2分；≤1项，不得分；其他按照线性插值赋分。③文化宣教力度，成果≥5项，得2分；≤1项，不得分；其他按照线性插值赋分

准则层（分值）	指标层（分值）	指标类型	指标解释	计算方法	计分方式
6. 发展（15 分）	12. 用水总量和强度双控情况（5 分）	通用	主要评价用水总量和强度“双控”目标落实情况	①用水总量控制方面，统计河湖所属县级行政区域用水总量、水量分配方案、取用水总量控制指标。②用水强度控制方面，计算河湖所在流域万元国内生产总值用水量，并与同类地区先进值对比	①用水总量控制方面，河湖所属县级行政区域年度用水总量符合用水总量控制指标要求、年度地表水用水量符合水量分配方案明确的区域水量分配份额要求的，得 2 分；完成上级政府下达的非常规水源利用目标的，得 1 分。②用水强度控制方面，达到同类地区市级行政单元先进值的，得 2 分；达到同类地区省级行政单元先进值的，得 1 分；未达到上述先进值，但所在县级行政区域入选水利部节水型社会建设达标县（区）名单的，得 1 分
	13. 主要污染物总量减排情况（5 分）	通用	主要评价按时完成上级政府下达的主要污染物总量减排任务情况	计算河湖所在县级行政区域万元 GDP 污染物排放量等指标	达到考核要求的，得 5 分，否则不得分
	14. 居民人均可支配收入（5 分）	通用	主要评价居民人均可支配收入的相对水平及增长情况		河湖流经的乡镇（街道）居民人均可支配收入高于河湖流经区域共同的上一级行政区域平均水平的，得 3 分；居民人均可支配收入增速高于所在省级行政区平均水平的，得 2 分
7. 公众满意（15 分）	15. 公众满意度（15 分）	通用	主要评价公众对幸福河湖的满意程度	通过问卷调查采用百分制赋分	赋分值乘以 0.15

3. 生态环境部：统筹污染治理与生态保护修复

国家环境保护总局会同财政部于 2007 年联合启动了我国湖泊生态环境保护专项，印发了《湖泊生态环境保护专项工作指导意见》《湖泊生态环境保护工作绩效考核与评价办法》等文件，构建了湖泊水生态健康指标体系，用于建立湖泊生态安全调查评估技术体系，指导开展良好湖泊保护工作。目前，中央财政累计投入 218 亿元，支持全国 77 个湖泊的生态环境保护工作，促进其中 17 个湖泊水质较基准年有所提高，57 个保持不下降。湖泊缓冲带、湿地面积和生态涵养林面积显著增长，湖泊水生生物多样性明显提高。

自 2012 年起，环境保护部组织相关单位探索开展水生态监测工作，在松花江流域开展水生态监测试点工作，在试点基础上，初步建立了河流、湖库水生态监测与评价方法体系。

自 2019 年起，生态环境部启动长江经济带水生态试点监测，制定《长江及重要支流水生态环境质量监测方案（试行）》（环办监测函〔2019〕637 号），在长江流域的太湖、洞庭湖、丹江口库区、浦阳江和巢湖 5 个试点区布设 45 个断面，开展水生态试点监测，监测内容包括水生生物群落、鱼肌肉组织污染监测和生境调查等。

“十四五”时期，水生态环境保护工作开始由污染防治为主向水资源、水环境、水生态等流域要素系统治理、统筹推进转变。自 2020 年起，生态环境部组织制订了《2020 年重点流域水生态状况调查监测方案》（环办监测函〔2020〕238 号），在长江、黄河、淮河等七大重点流域干流、主要支流和重点湖库，共布设 530 个断面，全面组织开展水生态状况调查监测试点工作，调查监测指标包括水生生物、水质理化和物理生境等。

2021 年，生态环境部在长江流域水生态调查监测点位由 180 个增加至 265 个，覆盖干流和主要支流及重点湖库，并组织在 45 个长江中下游重点湖泊点位和 25 个长江格拉丹东源头区点位开展水生态专项监测工作。2022 年，生态环境部印发《长江流域水生态监测方案（试行）》，开展水生生物、水生境、水环境和水资源等指标的监测工作。2023 年，生态环境部、国家发展改革委、水利部、农业农村部联合印发了《长江流域水生态考核指标评分细则（试行）》，明确 2022—2024 年在长江流域 17 省（区、市）开展水生态考核试点，评分细则聚焦长江流域突出短板，坚持水资源、水环境、水生态统筹，构建了以水生态系统健康为核心，以水生境保护、水环境保护、水资源保障为支撑的考核指标体系，具有较强的针对性、科学性、引导性和可行性（表3-7）。力争通过三年试点的积累与完善，让新制度落地生根，确保试点成果在推动构建“三水统筹”治理新格局中发挥积极作用、奠定良好基础。

表3-7 长江流域水生态考核指标[34]

水体类型	一级指标	序号	二级指标	内容	适用情况
河流	水生态系统健康	1	鱼类物种数	指自然恢复的土著鱼类物种数。针对鱼类多样性下降等问题，引导地方开展土著鱼类保护，做好长江十年禁渔工作	所有河流
		2	重点保护水生生物数量	指自然恢复的重点保护水生生物物种数和长江江豚等旗舰物种的个体数。引导地方开展珍稀、濒危水生生物保护	有重点保护水生生物分布的河流
		3	大型底栖动物物种数	指大型底栖无脊椎动物的分类单元数。引导地方保护河湖底质环境	所有河流
	水生境保护	4	自然岸线率	指天然未开发岸线或通过生态修复基本达到岸线生态功能的岸线长度占岸线总长度的比值。引导地方合理利用岸线资源，保障自然岸线比例，恢复岸线生态功能	所有河流
		5	水体连通性	指单位河长闸坝数量（具备有效生态保护措施的闸坝可不计入）。引导地方努力维护水体连通性	所有河流
		6	水生生物栖息地人类活动影响指数	指长江流域涉水自然保护地人类活动面积占保护地总面积的比值。引导地方依法有序退出水生生物栖息地内的人类活动，转变发展方式	有重要涉水自然保护地的河流
		7	水源涵养区生态系统质量	指根据水源涵养区的植被覆盖度等指标计算的综合指数。针对陆域生态破坏问题，引导地方控制过度放牧，因地制宜提高水源涵养能力	根据水源涵养功能评估划定水源涵养区的河流

水体类型	一级指标	序号	二级指标	内容	适用情况
河流	水环境保护	8	综合污染状况	指根据高锰酸盐指数、氨氮、总氮（仅入湖河流和沿海地区河流参加评价）、总磷计算的综合指数。引导地方加强河流污染治理	所有河流
		9	汛期污染强度	指某断面汛期首要污染物浓度与该断面考核目标限值的比值。引导地方加强城乡面源污染防治，遏制汛期污染问题	所有河流
	水资源保障	10	生态流量达标率	指纳入生态流量保障重要河湖名录的河湖控制断面生态基流、最低生态水位、基本生态水量、敏感生态流量等保障目标实现比例。引导地方保障生态用水	所有河流
湖泊	水生态系统健康	1	鱼类物种数	指自然恢复的土著鱼类物种数。针对鱼类多样性下降等问题，引导地方开展土著鱼类保护，做好长江十年禁渔工作	所有湖泊
		2	重点保护水生生物数量	指自然恢复的重点保护水生生物物种数和长江江豚等旗舰物种的个体数。引导地方开展珍稀、濒危水生生物保护	有重点保护水生生物分布的湖泊
		3	大型底栖动物物种数	指大型底栖无脊椎动物的分类单元数。引导地方保护河湖底质环境	所有湖泊
		4	水华面积比例	指年度内单次水华发生的最大面积占监测水体总面积的比值。引导地方开展水华治理	所有湖泊
		5	水生植被覆盖度	指水生植被在湖泊中分布的面积占湖泊总面积的比值。引导地方因地制宜开展水生植被恢复	所有湖泊
		6	浮游动物群落结构	指小型枝角类密度占浮游甲壳动物密度的百分比。针对湖泊生态系统严重失衡，浮游动物生物链条薄弱甚至断裂问题，引导地方开展生态系统恢复	所有湖泊
	水生境保护	7	自然岸线率	指天然未开发岸线或通过生态修复基本达到岸线生态功能的岸线长度占岸线总长度的比值。引导地方合理利用岸线资源，保障自然岸线比例，恢复岸线生态功能	所有湖泊
		8	水生生物栖息地人类活动影响指数	指长江流域涉水自然保护地人类活动面积占保护地总面积的比值。引导地方依法有序退出水生生物栖息地内的人类活动，转变发展方式	有重要涉水自然保护地的湖泊

水体类型	一级指标	序号	二级指标	内容	适用情况
湖泊	水生境保护	9	水源涵养区生态系统质量	指根据水源涵养区的植被覆盖度等指标计算的综合指数。针对陆域生态破坏问题，引导地方控制过度放牧，因地制宜提高水源涵养能力	根据水源涵养功能评估划定水源涵养区的湖泊
	水环境保护	10	综合营养状态	指根据总氮、总磷、高锰酸盐指数、叶绿素a、透明度计算的综合指数。引导地方开展湖泊富营养化治理	所有湖泊
	水资源保障	11	生态流量达标率	指纳入生态流量保障重要河湖名录的河湖控制断面生态基流、最低生态水位、基本生态水量、敏感生态流量等保障目标实现比例。引导地方保障生态用水	所有湖泊
水库	水生态系统健康	1	鱼类物种数	指自然恢复的土著鱼类物种数。针对鱼类多样性下降等问题，引导地方开展土著鱼类保护，做好长江十年禁渔工作	所有水库
		2	重点保护水生生物数量	指自然恢复的重点保护水生生物物种数和长江江豚等旗舰物种的个体数。引导地方开展珍稀濒危水生生物保护	有重点保护水生生物分布的水库
		3	水华面积比例	指年度内单次水华发生的最大面积占监测水体总面积的比值。引导地方开展水华治理	所有水库
	水生境保护	4	水生生物栖息地人类活动影响指数	指长江流域涉水自然保护地人类活动面积占保护地总面积的比值。引导地方依法有序退出水生生物栖息地内的人类活动，转变发展方式	有重要涉水自然保护地的水库
		5	水源涵养区生态系统质量	指根据水源涵养区的植被覆盖度等指标计算的综合指数。针对陆域生态破坏问题，引导地方控制过度放牧，因地制宜提高水源涵养能力	所有水库
	水环境保护	6	综合营养状态	指根据总氮、总磷、高锰酸盐指数、叶绿素a、透明度计算的综合指数。引导地方开展水库富营养化治理	所有水库

此外，生态环境部扎实推进黄河流域生物多样性本底调查评估，建立健全生物多样性观测网络，以全面掌握生物多样性现状和濒危物种种群生存状况，评估生物多样性保护恢复成效；印发呼伦湖水生态环境质量试点考核方案、岱海水生态环境质量试点考核方案，综合考虑可操作性强、代表性好、能有效反映水生态

环境状况和治理成效等因素，从水生生物、生境、富营养化、水质理化状况 4 个方面开展考核。

3.3 地方实践

体制机制是实现水环境、水资源、水生态统筹、系统治理的重要保障，“党政同责、一岗双责”等制度为“三水统筹”机制建设提供了重要机遇。为系统推进水生态环境保护工作，各地在体制机制方面进行了创新探索，取得了良好的成效和经验。

3.3.1 浙江“五水共治”

3.3.1.1 背景情况

浙江省是人口和经济大省，以全国 1%的土地承载了全国 4%的人口，同时产出了全国 6%的生产总值。虽然省域内河流众多、水系发达，但降水量时空分布不均匀、水资源分布不均衡，人均水资源量只有 1 760 m^3，逼近世界公认的 1 700 m^3 的警戒线[35]。随着经济社会的快速发展，浙江省主要河流、湖泊污染严重，钱塘江水污染事件、杭州饮用水安全问题等水污染突发事件的发生引起了全社会的关注[36]。2013 年，浙江省有 27 个省控地表水断面为劣Ⅴ类，32.6%的断面达不到功能区要求，八大水系均存在不同程度的污染[35]。与此同时，水资源开发、利用、节约和水生态环境保护分属不同部门管理，水治理缺乏整体性、系统性，影响治水效果。水环境问题已成为浙江省全面协调可持续发展的制约“瓶颈”。

3.3.1.2 治理举措

为建设美丽浙江，2013 年，浙江省委、省政府作出治污水、防洪水、排涝水、保供水、抓节水“五水共治”决策部署，以治水为突破口，倒逼产业转型升级，开展了“清三河”、“剿灭劣Ⅴ类水”和“美丽河湖”创建等一系列治污行动，在推进浙江全省水环境质量持续改善的同时，有力助推了地方经济高质量发展[35]。为了有序推动决策的实施，浙江省相继制定了“五水共治”总规划和各子规划，明确了治水思路、目标和具体任务。

一是明确了“三五七”时间表要求和“五水共治、治污先行”路线图，即“三年（2014—2016 年）解决突出问题，明显见效；五年（2014—2018 年）要基本解决问题，全面改观；七年（2014—2020年）要基本不出问题，实现质变，绝不把污泥浊水带入全面小康”[37]。

二是建立了相对独立的组织领导机制。成立“五水共治”领导小组，由省委书记、省长任双组长，省委副书记、省人大常委会副主任、副省长、省政协副主席任副组长，成员单位包括31个部门。建立“五水共治”（河长制）办公室，由分管副省长任治水办、河长办主任，环保厅长任常务副主任，负责“五水共治”日常工作。此外，还设置了省委、省政府30个督查组，严格落实治水责任，层层传导压力，市县乡各级也全部建立工作机构。

三是建立了“四个一”督查机制，即省治水办（河长办）、省生态环境厅每月将水质未达到考核要求和劣Ⅴ类反弹断面，向所在设区市的市委书记、市长书面函告提醒；每月组织督查组赴相关县（市、区）进行实地督查，问询超标断面责任河长履职情况，并做记录；每月对水质未达到国家考核要求、水质为劣Ⅴ类、水质类别下降的断面及县级责任河长进行通报；每月将提醒、督查、通报、水质反弹等情况纳入年度考核。

四是形成了全民治水的机制。强化舆论宣传，通过多种媒体平台进行公开曝光，形成舆论攻势。鼓励公众参与，建设治水志愿者队伍，广泛开展多种形式的公益活动，形成各方力量共同治水的良好局面。

五是建立了政府、市场、公众多元化资金投入机制。加大“五水共治”的财政投入力度，推动实施与主要污染物排放总量挂钩的财政收费制度、“绿水青山就是金山银山”财政专项激励政策，探索绿色发展财政奖补机制，拓展生态补偿机制，积极鼓励引导各类社会资本参与治水。

2022年，浙江省提出全面推进“五水共治”新“三五七”工作，确立治水新目标：三年加压奋进，数字智治补短板；五年变革重塑，人水和谐立标杆；七年成效显著，绘就幸福新画卷[38]。同时，新“五水共治”提出了完整的战略设计和措施配套，即“六个聚焦”。一是聚焦查缺补漏，全面开展污水管网建设改造；二是聚焦提质增效，全面推动城镇“污水零直排区”建设；三是聚焦实战实效，深入开展“五水智治”数字化建设；四是聚焦源头重点，持续打好水污染防治攻坚战；五是聚焦保护修复，积极构建健康和谐的水生态系统；六是聚焦风险防控，千方百计守住涉水安全底线。

3.3.1.3 治理成效

通过实施“五水共治”，打破了“分水而治”的格局，破解了浙江多年治水的难题。2013—2023 年，浙江省生产总值年均增速 8.4%，经济总量从 2013 年的 37 757 亿元增至 2023 年的 82 872 亿元，迈入增长中高速、发展中高端的轨道。2023 年，浙江省 158 个“十四五”地表水国控考核断面中，Ⅱ类以上水质断面占比 69.0%，较 2014 年上升 34.0 个百分点；2016 年全面消除劣断面。群众对生态环境的满意度从 2013 年的 57.65%提高到 2023 年的 87.76%[35]。10 年间，在“五水共治”的思路下，浙江省内各类水体水生态环境持续改善，安吉县余村彻底整治村域范围内小微水体约 3 000 m^2，全域范围内河塘沟渠水质稳定在Ⅲ类水以上；永嘉县源头村开启了全省首个“零污染村”建设，村里河道水质达到国家Ⅰ类水标准；婺城区白沙溪仍有 21 座古堰发挥着引水灌溉的功能，于 2020 年 12 月成功入选世界灌溉工程遗产名录；嘉兴南湖水质持续提升，四季常绿的“水下森林”已经展现。

3.3.2 山东“治用保”

3.3.2.1 背景情况

山东省水资源严重短缺，是造纸、采矿、冶炼、化工等高耗水和高污染行业的大户。2002 年，南水北调东线工程启动时，调水沿线污染十分严重，尤其是山东段沿线，分布的造纸企业达上千家，其用水量、废水及 COD 排放量均超过全省工业的 50%，但对 GDP 的贡献率仅为 3%[39]，作为重要调蓄水库和调水通道的南四湖、东平湖均为劣Ⅴ类水。

3.3.2.2 治理举措

2003 年，山东省提出了“治用保”系统治污思路，其内在逻辑就是将水污染治理、水循环利用、水生态保护有机结合在一起。“治”即污染治理，实施全过程污染防治；“用”即循环利用，努力减少废水排放；“保”即生态保护，建设人工湿地和生态河道，努力提升流域环境承载力。

在长期的水污染治理过程中，“治用保”流域治污体系不断完善，在“治”方面，重点针对城镇和农村生活污水、工业废水等进行治理，积极开展污染治理关键共性技术攻关，推动造纸、化工等重点污染行业转型升级。在“用”方面，构建企业和区域再生水循环利用体系，努力减少废水排放，将污水处理再生水纳入区域水资源统一配置。在“保”方面，大力建设人工湿地和生态河道，初步形成了覆盖全省重要排污口下游、支流入干流处、河流入湖口等关键区域的人工湿地建设布局。

在“治用保”具体实践方面，淄博马踏湖“治用保”生态治理成为山东省“治理+修复”典型代表，入选中央组织部《贯彻落实习近平新时代中国特色社会主义思想在改革发展稳定中攻坚克难案例》（表 3-8）[40]。

表 3-8　淄博“治用保”系统治污实践[39]

序号	主要措施	详细内容
1	深入“治”，实施全流域综合治理	实施工业源头治理。大力实施产业结构调整和布局优化，关停各类化工、造纸、印染等涉水企业 265 家，取缔“小散乱污”企业 9 500 多家。优化园区布局，新上项目一律进入工业园区，原有企业逐步实施搬迁升级改造，逐步实现工业污水退城。以水环境质量标准倒逼企业直排标准，直排企业一律执行 COD≤40 mg/L、氨氮≤2 mg/L 标准。率先开展高盐水治理，对 32 家企业开展全盐量综合治理
		加强农业面源污染治理。桓台县严格农业化学投入品监管，全县 98%以上的耕地使用测土配方施肥，推广水肥一体化面积 3 万余亩，滴灌、喷灌面积 10 余万亩，最大限度地减少化肥等对水体的污染
		抓好生活污染点源治理。大力实施污水处理厂新改扩工程及清污、雨污分流改造工程，在建成区、城郊镇办及重点镇办实现污水收集处理全覆盖。按照区域环境容量确定提标标准，加强入河排污口封堵，淄博市水利部门和生态环境部门联合组织对主要河流及其支流的工业、生活及雨污混排口进行全面排查，通过封堵、截污和建设污水处理站等方式实施综合治理，累计封堵入河排污口 876 处
2	突出“用”，实现再生水资源循环利用	以生态治河、还清水质为重点，完善生态水系布局。在生态水系建设上，通过一系列工程项目建设，着力构建全市主要河湖的互联互通，实现上游“两库相连、三河相通”，中游“八河连通、六水共用、清水润城”，下游桓台县河河相连、河湖相连、三横五纵两湖六湿地的生态水系圈。同时，优化配置、高效利用各类水资源，使有限的水资源发挥出最大的经济效益、社会效益和生态效益
		围绕水资源高效利用，将再生水、雨水、微咸水、矿坑水等纳入水资源统一配置。修订《淄博市节约用水办法》，将节约用水的内容纳入城乡规划、区域和行业发展规划。鼓励新建、改建、扩建的污水处理厂配套建设再生水输配管网。对工业集聚区、化工园区统筹规划建设集中式污水处理设施和再生水利用系统。明确高耗水企业生产用水、园林绿化、环境卫生、建筑施工、道路清扫、车辆冲洗等用水情形优先使用再生水，对有条件利用再生水而不利用的，行政主管部门予以核减其他水源用水计划指标

序号	主要措施	详细内容
3	完善“保”，提升流域环境承载力	打造“污水处理厂+湿地”治污综合体。在孝妇河、猪龙河和乌河河道周边适宜区域，以“EPC 总承包”模式合理、迅速建设人工湿地水质净化工程。目前已建设湿地 11 000 余亩，包括潜流湿地 1 290 亩，表流湿地 4 547 亩以及河道湿地。通过湿地净化实现入河水质达到 COD≤20 mg/L、氨氮≤1 mg/L，大幅提高了入河水质，在显著改善生态环境的同时，形成覆盖全市的地下水入渗补源网络，使水资源缺乏的城市呈现城河相伴、水绿交融的新面貌
		着力打造集生态、景观、文化于一体的河流。对淄博的母亲河孝妇河实施全域治理，编制“治用保”水污染综合治理实施方案，实施污染治理、水资源循环利用、生态保护等六大类 46 项重点工程；在其流经的主城区建设了孝妇河湿地公园；对孝妇河、猪龙河、乌河等水系实施河道清淤、管网改造、生态治理和景观塑造。实施马踏湖、五阳湖等湖泊生态修复，实施马踏湖生态蓄水工程和入湖口人工湿地建设
		同步生态修复，搭建亲水休闲宜居高地。桓台县充分挖掘湿地综合效益，加快文化旅游融合发展，加快推进生态旅游度假区项目，将马踏湖打造成为集生态修复、科普教育、湿地体验、人文艺术传播、养生农耕于一体的复合型湿地度假区。同时，结合实施乡村振兴战略，围绕水系景观完善城乡规划，依托水系景观带连片推进美丽乡村建设，高水平推进农村人居环境提升行动

3.3.2.3 治理成效

通过“治用保”系统治污，以治控源，以用减排，以保促净，有效缓解了流域治污压力，南水北调东线一期工程输水沿线水质稳定在Ⅲ类标准，河湖生态环境持续改善，南四湖水质从劣Ⅴ类跃升至Ⅲ类，实现了从“酱油湖”向“生态湖”的转变，“水中大熊猫”桃花水母重现湖中，国家一级保护野生动物、世界极危物种“青头潜鸭”时隔 60 年重返南四湖定居；生态功能丧失殆尽的马踏湖重获新生，并于 2022 年入选全国首批美丽河湖优秀案例。

3.3.3 嘉兴南湖水生态修复

3.3.3.1 背景情况

南湖位于浙江省嘉兴市，湖体南北长，东西窄，水面面积为 0.58 km^2，常水位下平均水深 3.05 m，是海盐塘、平湖塘、嘉善塘等多条河流的起点、终点交会处。随着经济社会发展，南湖沿岸生活源雨污分流不到位，岸边生活污染入湖不断积累；区域内河网密集，航运发达，航行扰动使原本浑浊的水体浊度更高，不利于水生态系统的稳定；南湖四周地势低平，上下游水位落差小，水体流动性极差，易加剧污染物积累。长期以来，南湖水体浑浊、感观差、总磷不达标、生物多样性欠缺等问题，再加上湖区面积小，基本失去了湖泊的生态调节功能。

3.3.3.2　治理举措

为提升南湖水质，全方位构建南湖新生态，2016 年嘉兴市第七届人民代表大会常务委员会通过《嘉兴市南湖保护条例》，2017 年 7 月 1 日正式实施。在全市工业企业污水全入网、城镇污水处理提质增效、养殖业治理等工作的基础上，从 2018 年开始，结合老旧小区搬迁、改造，对南湖周边开展“污水零直排区”建设，实现清污分流，南湖水质逐步提升。除总磷仍为湖库Ⅴ类以外，其他指标能达到Ⅲ类，但水生态仍较为脆弱。2020 年，嘉兴市投资 2.68 亿元开展南湖水生态环境修复工程，探索采用“先水养草，后草养水”的生态修复方式，通过源头削减、生态补水、内源清除、原位净化等多措并举，系统解决水体浑浊、水生态系统脆弱等问题，形成环湖连通绿廊，实现南湖湖区水生态系统的修复和自然良性循环。

一是“先水养草”实现入水降浊提质。充分考虑南湖“水系通、换水时间短、水质浑浊、积淤厚、生态系统弱”现状，构建水动力模型和水质模型，模拟测算南湖换水周期和水质变化趋势。通过测算，在南湖建设 6 处入湖控水设施，通过建设拦河闸坝，对进入南湖主湖区的水进行过滤降浊，全面提高水体透明度。在此基础上，改造南湖水下地形，为水草生长提供有利条件。

二是“后草养水”实现水域自净体系。根据水质特点，陆续在南湖抛投多种水生植物，打造以沉水植物为核心的“水下森林”。例如，狐尾藻、伊乐藻等耐污能力强，为其他沉水植物提供基础条件；刺苦草、马来眼子菜等作为优势种，进一步助力净化水体。同时，考虑到生物多样性，选取了矮生苦草、微齿眼子菜等伴生种，并投放 5.6 t 底栖动物螺、贝、蚌等水生动物，实现水生态系统的良性循环。

三是数字赋能实现水环境长效监管。持续推进水生态治理能力向主动精细、现代高效转变。基于大数据平台、地理空间库、物联网技术，整合南湖水域及汇流水域、水环境质量监测、水文、钢坝实时监控等数据，构建一张图的水务综合信息可视化平台，实现对南湖水质、水文的实时监测，精确跟踪水质数据，预测变化趋势，及时预警防范，确保南湖水质的长期稳定。

南湖通过外源截污、水量调控、内源清污、生态修复等措施，加大湖区水体流速和更新速率，构建稳定的水生态系统，有效破解了水体流动性差、生态系统退化导致的水污染问题，其经验做法为平原水网地区解决流域污染问题提供借鉴。

3.3.3.3 治理成效

目前，南湖水质稳定达到湖库Ⅲ类水平，湖区沉水植物覆盖率达到25%，修复面积已达14.8万m^2，占水域面积的28.5%，透明度达到0.8 m以上，较治理前的20～30 cm实现大幅提升。恢复湖区生态系统多样性，创造水面绿意点缀、水底水草悠悠，“水下—水面—岸边”三者协调的优美景观。

3.3.4 厦门筼筜湖综合治理

3.3.4.1 背景情况

在20世纪70年代以前，10 km^2筼筜湖（港）以厦门八大景之一“筼筜渔火”闻名遐迩。后因修堤围海造田，变成封闭内湖，加之周边大量垃圾、污水直排湖区，水质急剧恶化，变成令人望而生畏的臭水湖。

3.3.4.2 治理举措

近40年来，厦门市历届党委政府始终遵循习近平总书记当年提出的“依法治湖、截污处理、清淤筑岸、搞活水体、美化环境”的20字方针，探索出一条符合厦门市生态文明建设目标的筼筜湖生态修复治理之路。

一是久久为功，强化组织领导。厦门市委、市政府加强组织领导，不断强化“党政同责”的治理保护机制，建立完善湖长制。从1984年至今开展了五期综合整治和正本清源项目，投入资金40多亿元，实现筼筜湖片区“水更清、景更美、魂更强”。

二是综合施策，深化治理方略。创新“源头控制、中间减排、末端治理”的流域治理理念，构建智慧水环境管理平台，先后关停、搬迁125家污染企业，建设16座污水提升泵站、1座海水泵站，分期完成对湖区周边36条排洪沟、27个大型排洪沟口、数十个雨水口的全面截污，实现晴天污水不入湖。开展“正本清源”，对周边855个小区实施雨污分流，逐步实现汛期“污水零排放”。每10

年进行一次大的清淤，五期全湖清淤工程累计清淤约 560 万 m^3，并将淤泥就地利用、堆填造岛，护坡筑岸 47 km，减少环湖周边水土流失。创造性地利用自然潮差纳潮吞吐动力，建设西堤闸门和 6.5 km 的“西水东调”海水输送管，搞活筼筜湖主湖和上游水体，提升水体交换能力。沿湖兴建公园绿地，打通两岸 14 km 环湖步道，形成“四湖六园”的“城市生态会客厅”格局。种植 9 个品种、约 2.6 万 m^2 红树植被，打造闹市区“家门口”的红树林。在高度盐碱化的底泥回填区成功植树绿化，吸引大量鸟类和海洋生物前来栖息繁衍，被誉为国内仅有的城市心脏地带的红树森林。

三是共建共治共享，创新管理机制。率先全国打造“一套法、一规划、一基地”的全面治理体系，率先全国颁布市级层面《厦门经济特区筼筜湖区保护办法》治湖法规，制定筼筜湖保护专项规划，建成“筼筜故事馆”生态文明科普基地。推行“一小组、双湖长、三层级”的组织保障机制，市委成立筼筜湖片区大提升专项工作组，市区党政领导任湖长，构建市—区—街三级管理体系，全国首创“市民湖长”管理模式。

四是筑巢引凤，践行“绿水青山就是金山银山”理念。创新实施“生产转、生态美、生活安”的综合治理提升模式，以“生态+”理念推动生态与产业深度融合，吸引企业区域总部和知名高科技企业落户。打造了一批“税收十亿元楼”，激活了海湾公园休闲娱乐“夜经济”。开发出“筼筜雅游”旅游项目，为西堤、海湾公园一带商户带来了勃勃商机。打造“文化+旅游”“赛事+旅游”融合新样板，实现生态资源与文旅资源有机结合，形成全域生态旅游的“大厦之门 • 幸福思明”新模式。

筼筜湖蝶变是深入贯彻落实习近平生态文明思想和“绿水青山就是金山银山”理念的生动实践。统筹“水”治理，用好“湖”资源，通过持续综合整治，探索出以改善湖区水环境和岸上生态环境为根基，推进生态产业融合发展、生态产品价值实现的机制，妙笔书写“生态安民、产业富民”大诗篇，可为人口密集、经济发达的沿海城市中心城区水生态环境治理提供借鉴。

3.3.4.3　治理成效

筼筜湖整治后，生态环境各项指标持续改善，水体无机氮浓度从 1985 年的 16.90 mg/L 降至 2015 年的 1.937 mg/L，到 2021 年降至 0.457 mg/L。总库容可达

380 万 m^3，极大地提高了水体流动性，雨季行洪功能增强。生物多样性得以恢复，累计发现鸟类 95 种、浮游动植物近 200 种，出现中国鲎、粗皮鲀、栗喉蜂虎、田鸦等珍稀保护动物。建成厦门首座国家重点开放式公园，筼筜湖成为城市核心区的"绿肺"。2021 年筼筜湖周边第三产业实现营收 1 597.6 亿元，成为厦门市标志性的行政、金融、商贸、旅游、居住中心。

参考文献

[1] 郑军，李乐，郑静．欧美水生态环境管理历程和现状研究[J]．中国生态文明，2022（4）：70-75.

[2] 王强，张晓琦．欧洲水管理实践对中国流域水环境管理的启示[J]．环境科学与管理，2014，39（5）：9-12.

[3] 王海燕．欧盟流域水环境管理体系及水质目标[J]．世界环境，2009（2）：61-63.

[4] 彭静，张建立，史源．国际河湖管理经验概述[J]．中国水利，2023（12）：11-14.

[5] 居小秋．莱茵河华丽转身的治理经验[N]．群众（决策咨询版），2020-11-24（22）.

[6] 王楠．国外流域保护法律制度的特点[N]．人民法院报，2021-02-26（8）.

[7] 白永亮，石磊．美国水污染治理的模式选择、政策过程及其对我国的启示[J]．人民珠江，2016，37（4）：84-88.

[8] 李涛，杨喆．美国流域水环境保护规划制度分析与启示[J]．青海社会科学，2018，231（3）：66-72.

[9] 张华，骆永明．美国流域生态健康评价体系的发展和实践[J]．应用生态学报，2013，24（7）：2063-2072.

[10] EPA. Healthy Watersheds Protection[EB/OL]. https://www.epa.gov/hwp.

[11] 王福振．密西西比河流域水污染治理对太子河流域水污染治理的启示[J]．水资源开发与管理，2017（7）：36-38，49.

[12] 张万益，崔敏利，贾德龙．美国密西西比河流域治理的若干启示[N]．中国矿业报，2018-07-03（1）.

[13] 丁喜桂，Irving A Mendelssohn，王吉松．美国密西西比河三角洲湿地流失的原因及修复措施[J]．海洋地质前沿，2011，37（2）：61-65.

[14] 肖春蕾，郭艺璇，薛皓．密西西比河流域监测、修复管理经验对我国流域生态保护修复的启示[J]．中国地质调查，2021，8（6）：87-95.

[15] 杨蔚．怎样理解高质量发展？[EB/OL]. https://baijiahao.baidu.com/s?id=1759671289826882334&wfr=spider&for=pc.
[16] 李瑞娟，徐欣．长江保护可借鉴密西西比河治理经验[N]．中国环境报，2016-08-30（3）.
[17] 袁嘉，袁兴中．湿地生态系统修复设计与实践研究[M]．北京：科学出版社，2022.
[18] 常涛，刘焕章．密西西比河干流大坝建设对鱼类的影响及保护措施[J]．水生生物学报，2020，44（6）：1330-1341.
[19] 国务院发展研究中心，世界银行“中国水治理研究”项目组．中国水治理研究[M]．北京：中国发展出版社，2018.
[20] 谢永刚．新中国 70 年治水的成就、方针、策略演变及未来取向[J]．当代经济研究，2019（9）：14-23.
[21] 左其亭．中国水利发展阶段及未来“水利 4.0”战略构想[J]．水电能源科学，2015，33（4）：1-5.
[22] 张岳．改革开放 30 年水利改革与发展的历史进程[EB/OL]. http://www.chinawater.com.cn/ztgz/xwzt/2008ggkf30/5/200812/t20081229_125803.htm，2008-12-26.
[23] 新华社．建设天蓝地绿水清的美丽家园——党的十八大以来推进生态文明建设述评．2022-09-22.
[24] 徐敏，张涛，王东，等．中国水污染防治 40 年回顾与展望[J]．中国环境管理，2019，11（3）：65-71.
[25] 重点流域水污染防治规划编制组．流域水污染防治规划：方法与实践[M]．北京：中国环境出版社，2021.
[26] 生态环境部．重点流域水生态环境保护规划 • 解读③ | 强化系统观念，推进水生态环境保护迈上新台阶[EB/OL]. https://www.mee.gov.cn/zcwj/zcjd/202305/t20230505_1028995.shtml，2023-05-05.
[27] 殷战．襟江带湖 碧水丹心——纪念中国科学院水生生物研究所成立 90 周年[J]．水生生物学报，2020，44（5）：929-937.
[28] 侯鹏，高吉喜，陈妍，等．中国生态保护政策发展历程及其演进特征[J]．生态学报，2021，41（4）：1656-1667.
[29] 盛银平，饶毅．渔业系统的基础性长期性数据监测意义[J]．渔业致富指南，2017（22）：13.
[30] 杨海乐，沈丽，何勇凤，等．长江水生生物资源与环境本底状况调查（2017—2021）[J]．水产学报，2023，47（2）：3-30.
[31] 农业农村部．长江流域水生生物完整性指数评价办法（试行）[EB/OL]. https://www.gov.cn/

zhengce/zhengceku/2021-12/31/content_5665818.htm，2021-12-20.
[32] 水利部河长办．水利部河长办关于印发《幸福河湖建设成效评估工作方案（试行）》的通知[EB/OL]. http://hhs.mwr.gov.cn/tzgg/202308/t20230815_1679307.html，2023-08-15.
[33] 水利部. 水利信息化工作简报 2023 年第 3 期（总第 207 期）[EB/OL]. http://www.mwr.gov.cn/sj/jbjc/slxxhjb/202303/t20230317_1649729.html，2023-03-17.
[34] 生态环境部．关于印发《长江流域水生态考核指标评分细则（试行）》的通知[EB/OL]. http://www.mee.gov.cn/xxgk2018/xxgk/xxgk05/202308/t20230824_1039240.html，2023-06-06.
[35] 生态环境部．美丽中国先锋榜（9）丨浙江全面推进生态治水[EB/OL]. https://www.mee.gov.cn/xxgk2018/xxgk/xxgk15/201908/t20190826_730047.html，2019-08-26.
[36] 刘鸿志，单保庆，张文强，等．一个水污染严重省的成功治水战略探析——浙江省“五水共治”的成效与今后推进建议[J]．环境保护科学，2015，41（3）：47-52.
[37] 沈林．励精图“治”护好碧水清流[J]．今日浙江，2023（1）：2.
[38] 王雯，徐靖钧，王静．三年加压奋进 五年变革重塑 七年成效显著 浙江治水新“三五七”目标勾勒“人水和谐”新画卷[N]．中国环境报，2023-04-20（T0B）.
[39] 生态环境部．美丽中国先锋榜（7）丨山东淄博市马踏湖流域综合治理的探索[EB/OL]. https://www.mee.gov.cn/xxgk2018/xxgk/xxgk15/201908/t20190821_729536.html，2019-08-21.
[40] 薛瑞婷．“治用保”还一方湖水清如许——淄博马踏湖系统治污的经验与探索[J]．中华环境，2019（11）：55-56.

第 4 章

体系框架

构建水资源、水环境、水生态治理体系框架是建立“三水统筹”制度的前提。作为一个新兴的关系合集，“三水统筹”理论体系与传统污染防治的理论基础有着根本的区别。构建这一理论与发展体系框架也是推进“三水统筹”的重要任务。本章在梳理“三水统筹”基本原理和国内外实践的基础上，提出构建和发展“三水统筹”的初步体系框架，主要包括“三水统筹”的内涵、目标、路径等，为后续章节深入探讨和分析提供方向与参考。

4.1 内涵解析

4.1.1 “三水统筹”定义

水是自然界的基本组成部分，是人类赖以生存和发展最重要的自然资源和生态环境要素。水是水生生物存在的介质，更多时候表现为水环境介质和水生态载体，是资源特征、环境特征、生态特征的综合体[1]。2011 年中央一号文件《中共中央 国务院关于加快水利改革发展的决定》提出：水是生产之要、生命之源、生态之基，是水的内涵特征的高度概括。

由于水资源、水环境、水生态涉及水域与陆域两个系统，其领域和要素日益复杂，在美丽中国、美丽河湖建设目标导引下，“三水统筹”既是宏观战略要求，也是处理流域（区域）具体水生态环境保护事务的基本原则，更是衡量某个水生态环境保护治理工程合理性的标准[2]，试图从某个学科或某个维度用一句话来概括“三水统筹”是不客观的[3]。笔者认为，所谓“三水统筹”是指统一筹划和处理水资源、水环境、水生态的主体、目标、措施等各种关系的集合，是一个涵盖自然地理、社会管理等多层级，水质、水量、水生态、水生境等多要素，治理、减污、降碳、绿色发展等多领域的概念谱系。按照“三水统筹”的空间尺度可划分为国家战略层、流域（区域）规划层、水体治理层 3 个谱系。

基于上述理论基础、“三水统筹”实践、水陆系统的相互关系等，笔者认为，“三水统筹”概念和内涵可以从广义、狭义两个角度去理解。广义的“三水统筹”是一种综合考虑“三水”的相互关系和影响，全面的、系统的、协调的水生态环境保护策略，通过“三水”之间功能的有效利用促进水生态系统完整和可持续发展。狭义的“三水统筹”是为了实现水生态环境保护目标而制定的涵盖“三水”指标的任务措施，包括系统推进工业、农业、生活污染治理，河湖生态流量保障、生态环境保护修复和风险防控等，以及通过政策引导、科技创新、市场机制等保障措施，以推动水资源、水环境和水生态的协同治理。“三水统筹”的实现需要对水资源进行合理开发和保护，确保水资源的可持续利用；同时，加强水生态保护，保护水域生态系统的完整性和稳定性；还需要加强水环境治理，减少污染排放，改善水环境质量。这些工作需要政府、企业和公众共同参与，形成合力，以实现水生态环境的持续改善。

4.1.2 “三水统筹”特征

结合广义和狭义的“三水统筹”定义，从宏观、中观到微观，国家、流域（区域）、水体等不同层级的“三水统筹”的特征和侧重点有所不同。具体如下：

国家战略层“三水统筹”具有以下基本特征：一是战略性思维。重点是以一个全新的战略理念破除长久以来“重治理、轻保护”传统观念的束缚，树立正确的“三水”整体发展战略思维，追求的是“三水”之间的战略平衡协同和国家生态文明建设整体发展。二是全球大视野。基于人与自然是生命共同体的理念，从“三水”视角下将人类生活、自然生长与社会发展统一看待，超越了西方生态中心主义或人类中心主义二元对立的思维窠臼，夯实了我国生态文明建设的价值观基础和本体论依据，奠定了共谋全球生态文明建设中的水生态环境保护理念基础。

三是强调前瞻性。根据全面推进美丽中国建设的大势确定未来 10～20 年“三水统筹”的大思路，重点关注国家水生态环境保护事业发展的战略取向、水生态环境保护科技体系建立、水生态环境战略资源保护与利用方向等问题[4]。

流域（区域）规划层“三水统筹”具有以下基本特征：一是内容上的广泛性。流域（区域）规划层面的“三水统筹”是水资源开发、利用与保护过程中的全方位统筹，内容涉及“三水统筹”的统筹利用、“三水”规划政策一体化调控、“三水”项目的综合管理等多个领域。二是手段上的多样性。流域（区域）规划层面的“三水统筹”可通过制定综合性的发展规划、“三水”各自的专项规划、区域空间规划、水功能区划、地方社会经济发展规划等，以及各种法律、经济和行政调控等手段实现。三是对象上的区域性。我国幅员辽阔，各个流域（区域）之间或流域（区域）内不同地区的资源环境存在明显差异。2019 年，习近平总书记在黄河流域生态保护和高质量发展座谈会上的讲话指出“黄河生态系统是一个有机整体，要充分考虑上中下游的差异”，“三水”条件也相应形成明显的地域性和非地域性差异，“三水”资源统筹利用面临的问题具有特殊的地域性。四是目标上的持续性。“三水统筹”的目的是追求水生态资源和环境的可持续发展，实现流域经济社会与生态环境的全面协调发展。

水体治理层“三水统筹”具有以下基本特征：一是政策指导。“水十条”明确了 3 个时间节点的水生态环境质量目标，描绘了水污染防治的路线图；生态环境部会同有关部门制定了《规划》重点任务措施清单，明确了 3 641 个国控断面（点位）和 1 325 个集中式饮用水水源水质目标，细化了 2 437 项任务措施，在减轻社会经济发展对水生态环境影响等方面发挥积极作用。二是空间微观性。“三水统筹”在工程项目层主要涉及水资源、水环境、水生态工程项目的协调、工程设施的对接、水体功能与陆域开发强度的衔接等十分具体的内容，任何“一水”都需要其他“两水”协同推进，涉及的水域空间尺度相对较小，更多集中在汇水范围空间尺度实施。三是针对性。由于不同类型的水体面临不同的水生态环境问题，应按照系统思维，建立相互协调、相互支撑的“三水”目标，突出“三水”目标制定的针对性和一致性；涉及的治理措施层“三水统筹”内容存在明显差别，“三水统筹”治理措施的制定实施应充分考虑水体类型、地理位置、突出问题，建立技术方法上的关联响应，提出更具有针对性、可操作性的“三水统筹”任务和要点[5]。

4.1.3 “三水统筹”内涵

4.1.3.1 多要素协同

流域性是江河湖泊最根本、最鲜明的特性[6]。流域是降水自然形成的以分水岭为边界、以江河湖泊为纽带的独立空间单元，流域内自然要素、经济要素、社会要素、文化要素紧密关联，共同构成了复合大系统。河湖“三水统筹”的保护治理只有立足于流域的系统性、水流的规律性，正确处理系统与要素、要素与要素、结构与层次、系统与环境之间的关系，才能有效提升流域水生态环境保护水平。

流域各要素是普遍联系的。世界是普遍联系的整体，世界上的任何事物和现象之间都有直接或间接的联系，它们之间相互协调、共同作用。山水林田湖草沙是普遍联系的整体，这是不以人的意志为转移的系统规律。自然界的每一个要素是相对独立的子系统，又组成一个相互联系的、非线性的复杂巨系统，每个子系统相辅相成，有机统一，如果其中一个要素遭到破坏，其他要素也会受到影响，进而发生一系列的连锁反应[7]。将山水林田湖草沙视为一个有机生命共同体，从系统的角度思考生态环境问题，是人类文明认识自然的重大成果。流域“三水统筹”综合治理是一项系统性工程，需要打破传统流域治理中条块分割、多头治理、分段管理、属地管理的单要素单目标治理模式，实施流域统筹的多主体、多要素协同治理模式。

4.1.3.2 多目标平衡

流域“三水统筹”综合治理的对象众多，涵盖大气、水、土壤、矿产、林业、渔业、野生动物、自然保护区等环境要素和自然资源。流域治理需要破解流域作为一个有机整体而存在的协调秩序问题。由于条块相互分割，一些部门或行业在流域内、上下游、左右岸、干支流等方面的权责利益关系上相互影响和制约，容易引发纠纷。

水生态环境保护是多目标平衡决策的过程。应立足流域整体，科学把握流域自然本底特征、经济社会发展需要、生态环境保护要求，正确处理上下游、左右岸、干支流、近远期的关系，在水安全、水资源、水环境、水生态、水景观、水文化等治理目标之间寻求流域最优解，并通过多元主体协调治理，实现流域内人口、资源、环境相均衡，经济效益、社会效益、生态效益相统一。在分部门、分层级的管理体制下，涉水管理部门既要明确职责分工又要协作配合。

建立“短期—中期—长期”相结合的目标体系。当前所面临的流域生态环境问题是在经济社会发展活动中长期积累的一系列问题，同时受限于现有的技术手段、资金力量、人员配备等因素，要避免将流域治理工作演变为暴风式的行动。发达国家流域治理的经验表明，流域生态环境大多需要十几年甚至上百年的时间才能恢复到理想的状态[8]。因此，应根据全国范围内各个流域单元所面临的环境问题的差异性、紧迫性，以流域可持续发展为目的，统筹考虑流域的物理、化学以及生物指标修复的潜力，合理地确定流域统筹治理的目标体系。

4.1.3.3 多层次治理

在体制机制方面，完善生态文明领域行政管理机构。按照党的十九届三中全会提出的国务院机构改革方案，我国组建了生态环境部、自然资源部及国家林草局等[9]，以便统一行使监管城乡各类污染排放和行政执法职责、统一行使所有国土空间用途管制和生态保护修复职责等。同时，生态环境部设立的长江流域生态环境监督管理局、黄河流域生态环境监督管理局等派出机构，为提高流域环境保护整体成效提供了体制支撑。

在政策引导方面，运用流域规划手段推动水生态环境保护。规划是推动生态环境治理现代化的重要政策和工具，也是我国生态环境治理的重要特色[10]。“九五”以来，国家先后将淮河、辽河、海河、太湖、巢湖、滇池、三峡库区及其上游、松花江、黄河中上游、丹江口库区及上游、长江中下游等流域列为水污染防治重点流域，“十三五”规划范围进一步拓展，水污染防治取得显著成效。“十四五”期间，经国务院同意，生态环境部等五部门联合印发了《重点流域水生态环境保护规划》，规划名称由“水污染防治”拓展为“水生态环境保护”，充分体现了新征程上深入贯彻山水林田湖草沙一体化保护和系统治理理念、奋力建设美丽中国的时代要求，为新时期开展水生态环境保护提供了基本依据[11]。

在修复实践方面，最大限度地采用近自然方法和生态化技术。习近平总书记以系统思维把握生态环境治理的整体性和关联性，强调继续推进生态文明建设，必须正确处理几个重要关系。其中包括正确处理自然恢复和人工修复的关系[12]，即综合运用自然恢复和人工修复两种手段，因地因时制宜、分区分类施策，努力找到生态保护修复的最佳解决方案。对于水生态修复而言，要以保护、建设良好的生物生存环境与自然景观为前提，采用生态护岸、自然弯曲河道等修复技术，不是单纯的污染治理和水泥硬化河道。近自然恢复技术从20世纪90年代开始已在欧美等发达国家应用，并取得了良好的生态效益和社会效益[13]。

4.2 目标指标

“三水统筹”是实现人与水生态环境和谐共生的重要方式[14]。建立“三水统筹”目标指标体系是量化水生态环境保护水平的重要手段，是保障美丽河湖建设各领域有效落实和有序推进的重要途径[15]。面对新时期生态环境持续改善、生态文明建设实现新进步、美丽中国建设取得明显进展的目标要求，需要全面系统设计基于“三水统筹”的水生态环境目标指标体系，明确指标应用要求，以期为实现美丽中国建设目标提供支撑[16]。

4.2.1 “三水统筹”目标愿景

习近平总书记强调：“在我们五千多年中华文明史中，一些地方几度繁华、几度衰落。历史上很多兴和衰都是连着发生的。要想国泰民安、岁稔年丰，必须善于治水。”习近平总书记还多次指出要统筹考虑水资源、水环境、水生态等要素开展水生态环境保护与建设（表4-1），让“水量丰起来、水质好起来、风光美起来”。“绿水长流”说明要有稳定的水源，水是流动的或满足一定的水位要求；“清水绿岸”是水环境质量优良、河湖自然岸线维护良好的表现；“鱼翔浅底”则是老百姓能感受到的河湖生物多样性，还原“记忆中的河湖”；“绿水长流、清水绿岸、鱼翔浅底”是老百姓对河湖“颜值”的感官享受，也是提升环境品质的重要体现[17]，要坚持以河湖为统领，聚焦“有河有水、有鱼有草、人水和谐”要求设计“三水统筹”目标指标。

表4-1 习近平总书记关于水生态环境保护讲话摘录

时间	事件	讲话内容
2013年9月7日	在哈萨克斯坦纳扎尔巴耶夫大学回答学生问题	给子孙留下天蓝、地绿、水净的美好家园
2017年6月21—23日	在山西考察时提出	让汾河水量丰起来、水质好起来、风光美起来

时间	事件	讲话内容
2018年5月18—19日	在全国生态环境保护大会上的讲话	让群众望得见山、看得见水、记得住乡愁，让自然生态美景永驻人间，还自然以宁静、和谐、美丽。还给老百姓清水绿岸、鱼翔浅底的景象
2020年3月31日	在浙江杭州西溪国家湿地公园考察时强调	自然生态之美是西溪湿地最内在、最重要的美，要坚定不移把保护摆在第一位，尽最大努力保持湿地生态和水环境
2020年4月3日	在参加首都义务植树活动时强调	要牢固树立“绿水青山就是金山银山”的理念，加强生态保护和修复，扩大城乡绿色空间，为人民群众植树造林努力打造青山常在、绿水长流、空气常新的美丽中国
2020年11月14日	在全面推动长江经济带发展座谈会上的讲话	要把修复长江生态环境摆在压倒性位置，构建综合治理新体系，统筹考虑水环境、水生态、水资源、水安全、水文化和岸线等多方面的有机联系，推进长江上中下游、江河湖库、左右岸、干支流协同治理，改善长江生态环境和水域生态功能，提升生态系统质量和稳定性

（1）有河有水。河流是指由一定区域内地表水和地下水补给，经常或间歇地沿着狭长凹地流动的水流；湖泊是指陆地上洼地积水形成的水域宽阔、水量交换相对缓慢的水体。从概念可知，河湖的基本条件是有水且流动或维持一定水位，因此，“三水统筹”在水资源方面的目标应充分考虑河湖具有稳定的补给水源水的流动性较好或水文状况与当地自然条件契合度高。

（2）有鱼有草。水生态系统是由水生生物群落与水环境共同构成的具有特定结构和功能的动态平衡系统，健康的水生态系统应具有完整的生物链、适宜的生物多样性，以维持水体的自净功能，因此，“三水统筹”在水生态方面的目标应充分考虑河湖具有良好的生物多样性，能够维持或恢复生态环境功能，形成良好的生态系统。

（3）人水和谐。水生态环境保护与建设的最终目的是为人民群众提供优美生态产品，满足“下河能游泳”的亲水需求。优良的水质是亲水的前提，因此，“三水统筹”在水环境质量方面的目标应充分考虑河湖实现根本好转或稳定达到优良，能够持续满足人民群众观景、休闲、垂钓、游泳等亲水需求，使人民群众的生态环境获得感、幸福感、安全感明显提升。

“三水统筹”的目标是要确保水生态环境根本好转，促进资源和环境的可持续发展，助力美丽中国目标实现。既要反映水生态环境保护的进展与成效，又要有效促进各地区各行业各领域的生态环保工作[18]，确保水生态系统健康，同时还要合理引导社会预期。水资源节约和水生态环境保护的空间格局、产业结构、生产方式、生活方式总体形成，水领域的绿色低碳循环水平显著提升，绿色发展方式和生活方式蔚然成风。水资源环境承载能力大幅提升，全国水生态环境质量全面改善，山水林田湖草沙生态系统服务功能稳定恢复，绿水青山成为常态，基本满足人民群众对优美水生态环境的需要。国家水生态环境治理体系和治理能力现代化基本实现。

4.2.2 “三水统筹”目标维度

“三水统筹”具有丰富的目标内涵，可以从时间维度、区域维度、领域维度、要素维度 4 个目标维度进行分析。

（1）从时间维度来看，党的十九大确立了第二个百年奋斗目标，它分为到 2035 年、到 21 世纪中叶两个阶段目标，其中，2035 年生态环境根本好转，美丽中国建设目标基本实现，21 世纪中叶建成富强民主文明和谐美丽的社会主义现代化强国，明确了美丽中国建设的总体目标及战略部署。在此基础上，结合国家五年规划计划要求，水生态环境领域的“三水统筹”目标应进一步细化并分步推进。

（2）从区域维度来看，水生态环境持续改善具有整体性，是全国所有地区实现，而不是部分地区，应涵盖国家、省、市、县、乡、村等各层级。同时，基于人与自然和谐共生的基本要义，“三水统筹”要推动人类的经济社会活动与资源环境承载能力相适应。我国地形地貌、自然生态系统、资源环境禀赋、人口、产业等空间布局差异明显，虽然“三水统筹”的本质内涵一致，但区域间、不同行政单元间“三水”的标志、特征各具特色，“三水统筹”具体要求面临的问题及建设重点也将有所差异。

（3）从领域维度来看，党的十九届五中全会提出的“广泛形成绿色生产生活方式、碳排放达峰后稳中有降生态环境根本好转、美丽中国建设目标基本实现”具有内在的逻辑关系和系统性，是“三水统筹”的关键目标领域。基于这一维度，

“三水统筹”可在绿色发展、污染减排、生态保护修复、水治理体系、“双碳”等领域发挥重要作用。

（4）从要素维度来看，“三水统筹”具有广泛性，即水生态环境质量改善是全国所有要素的改善，而不是部分要素的改善，“三水统筹”涵盖水量、水质、水生态、水生境、风险、制度等多个要素领域协同推动。

4.2.3 “三水统筹”指标建议

国家发展改革委、水利部等有关部门积极开展了河湖水生态环境质量指标研究和实践。《美丽中国建设评估指标体系及实施方案》中水体洁净指标包括地表水水质优良比例、地表水劣Ⅴ类水体比例、地级及以上城市集中式饮用水水源地水质达标率。《生态文明建设示范区（市）建设指标》《生态文明建设示范区（县）建设指标》中水生态环境指标有地表水达到或好于Ⅲ类水体比例、集中式饮用水水源水质达到或优于Ⅲ类比例、城市生活污水集中收集率、较大面积农村黑臭水体整治率、主要污染物排放重点工程减排量、万元地区生产总值用水量下降率、农村生活污水治理（管控）率、河湖岸线保护率等。《水生态监测技术指南　河流水生生物监测与评价（试行）》《水生态监测技术指南　湖泊和水库水生生物监测与评价（试行）》规定了水生生物监测点位布设与监测频次、监测方法、质量保证和质量控制、评价方法等技术内容。《河湖健康评估技术导则》从生态状况和功能状况两个方面评价河湖健康，其中生态状况指标包括生态流量满足程度、河（湖、库）岸带植被覆盖度、水质优劣程度、鱼类保有指数等。《长江流域水生态考核指标评分细则（试行）》结合我国实际情况，从国内外正在应用的与水资源、水环境、水生态相关的指标中筛选出了14项指标，具有较强的针对性、科学性、引导性、可行性。《河湖幸福指数指标体系》是综合反映河流及湖泊保持自身良好状态、满足人类需求或提供服务的能力与水平的指数，从水安全、水资源、水环境、水生态、水文化5个维度进行评价。

根据“三水”特征研究和有关部门的实践探索，我们应用“压力—状态—响应”概念模型[19]（图4-1）构建“三水统筹”指标库，其中压力指标包括对水环境问题起着驱动作用的间接压力和直接压力[20]。这类指标主要描述了自然过程或人类活动给水环境所带来的影响与胁迫，其产生与人类的消费模式有紧密关系，能够反映某一特定时期资源的利用强度及其变化趋势。状态指标主要包括水生态系统与自然环境现状，人类的生活质量与健康状况等。它反映了水环境要素的变化，同时体现了水环境政策的最终目标，指标选择主要考虑水环境或水生态系统的物理、化学和生物特征及生态功能。响应指标反映了政府、企业或公众为了停止、减轻、预防或恢复不利于人类生存与发展的水环境变化而采取的措施[21]。

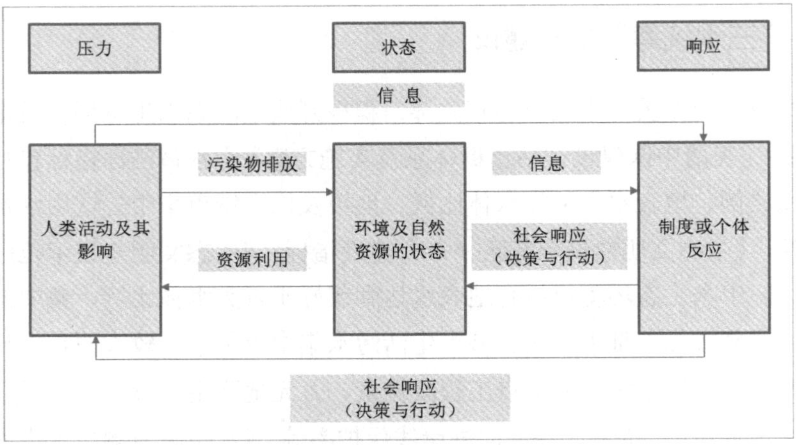

图 4-1 “压力—状态—响应”概念模型框架

指标设计遵循以下原则：一是科学性。坚持山水林田湖草沙一体化保护和系统治理，按照流域生态系统的整体性、系统性及其内在规律，统筹水资源保障、水生态保护、水环境治理等方面，建立科学合理的指标。二是引导性。面向 2035 年“美丽”要求，坚持目标导向、结果导向，引导各地转变以高耗水、高污染和生态破坏为代价的发展方式，系统开展河湖保护修复。三是针对性。聚焦河湖突出问题，兼顾各地特点差异，有针对性地设置指标和目标要求，推动河湖水生态环境持续改善。四是可行性。坚持简便易行，衔接重点流域规划、长江流域水生态考核试点等工作，采用较为成熟的监测评价标准或方法，定量评价与定性评价相结合，在操作层面实现可监测、可统计、可评估。

根据指标库设计思路和原则，将“压力—状态—响应”3 个方面内容进一步细分为“水资源、水环境、水生态”3 个维度，构建形成包含 48 项指标的“三水统筹”指标库（表 4-2）。

表 4-2 “三水统筹”指标库

目标层	准则层	因素层	序号	指标层
水生态环境承载能力	压力指标	水资源	1	单位 GDP 用水量
			2	万元工业增加值用水量
			3	水资源开发利用率
		水环境	4	单位 GDP 主要水污染物排放量
			5	万元工业增加值主要水污染物排放量
		水生态	6	鱼类捕获量
			7	外来水生生物种类数
			8	外来水生生物丰富度
			9	外来水生生物增长率
			10	外来水生生物影响范围
			11	水生生物栖息地人类活动影响指数
	状态指标	水环境	12	地表水达到或好于Ⅲ类水体比例
			13	地表水劣Ⅴ类水体比例
			14	县级及以上城市集中式饮用水水源水质达到或优于Ⅲ类比例
			15	水功能区达标率
			16	黑臭水体控制比例
			17	汛期污染强度
			18	湖库营养状态及水华情况
		水资源	19	断流干涸指数
			20	水体连通性
			21	流量过程变异程度
			22	水资源开发利用率
		水生态	23	水生生物完整性指数
			24	水源涵养区生态系统质量
			25	浮游动物群落结构
			26	大型底栖动物物种数
			27	水生植被覆盖度
			28	土著鱼类物种数
			29	重点保护水生生物数量

目标层	准则层	因素层	序号	指标层
水生态环境承载能力	响应指标	水资源	30	河湖生态流量管理覆盖度
			31	生态流量达标率
			32	工业用水重复利用率
			33	农田灌溉水有效利用系数
			34	区域再生水循环利用率
			35	供水管网漏损率
		水环境	36	排污口排查整治率
			37	区域污水收集率
			38	区域污水处理率
			39	污水处理设施出水达标率
			40	污泥无害化处理处置率
			41	农村生活污水处理和综合利用率
			42	畜禽粪污综合利用率
			43	三大粮食作物化肥利用率
			44	环保投资占生产总值比例
		水生态	45	河湖生态缓冲带修复长度
			46	人工湿地水质净化工程建设面积
			47	土著鱼类物种数恢复数量
			48	土著水生植物物种数恢复数量

上述指标可能适用于不同类型水体，在评价过程中应根据实际情况选择或增加相应指标，数据获取主要依靠实地监测和调查、统计年鉴、文献收集等。在评价过程中，考虑到目前部分指标绝对值研究尚不成熟，为保证所有指标评价标准的一致性，在单指标评价过程中可按一定标准将每一指标值划分成不同等级分别赋分，并对所得分值进行标准化，然后用加权求和法计算每一指标的权重，通过综合指数计算的方式表征水体生态系统的总指数值，最后根据总指数的分级数值范围确定水体的水生态环境承载能力等级。综合指数的确定可根据以下公式计算：

$$I=\sum_{i=1}^{n} I_i \cdot W_i$$

式中，I 为水体的水生态环境承载能力的综合指数；n 为评价指标的个数；I_i 表示第 i 种指标的归一化值，$0 \leqslant I_i \leqslant 1$；$W_i$ 为指标 i 的权重，可通过专家打分后经层次分析法求得。

4.3　战略框架

“三水统筹”实施系统治理是全面改善水生态环境质量的根本路径[22]。新时代水生态环境保护工作既要衔接好“十三五”碧水保卫战成果及好经验好做法，又要锚定 2035 年美丽中国建设目标，坚持山水林田湖草沙一体化保护和系统治理，坚持精准、科学、依法治污，按照流域生态系统的整体性、系统性及其内在规律创新性地开展水生态环境保护，笔者提出我国未来“三水统筹”的水生态环境保护战略框架示意图，即圆柱体理论（图 4-2），其战略意图是在既有政策制度框架下，基于水生态环境现状问题及空间管控边界，通过统筹实施“三水”各领域措施，实现水生态环境保护目标，助力实现美丽中国。既有政策制度是“三水”实施的政策边界，可根据制度、科技、管理等不断地创新完善而逐步扩大。基础层是由水生态环境自然地理、社会经济、现状问题、空间管控等形成的基础状况合集，为统筹“三水”实施提供基础状况保障。目标层是基于水生态环境保护需求，由“三水”目标指标组成的阶段性目标集。实施层是由“三水”各项措施实施过程中的具体任务与阶段性成果组成的多层级合集，由基础层出发，方向是目标层。在“三水”实施进展过程中，仅考虑“三水”相互的协同和制约，“三水”相互关系呈现线性关系，即各“层”呈现三角形状态；受“三水”基础情况影响，不同地区的“三水”实施路径并非一成不变的直线。

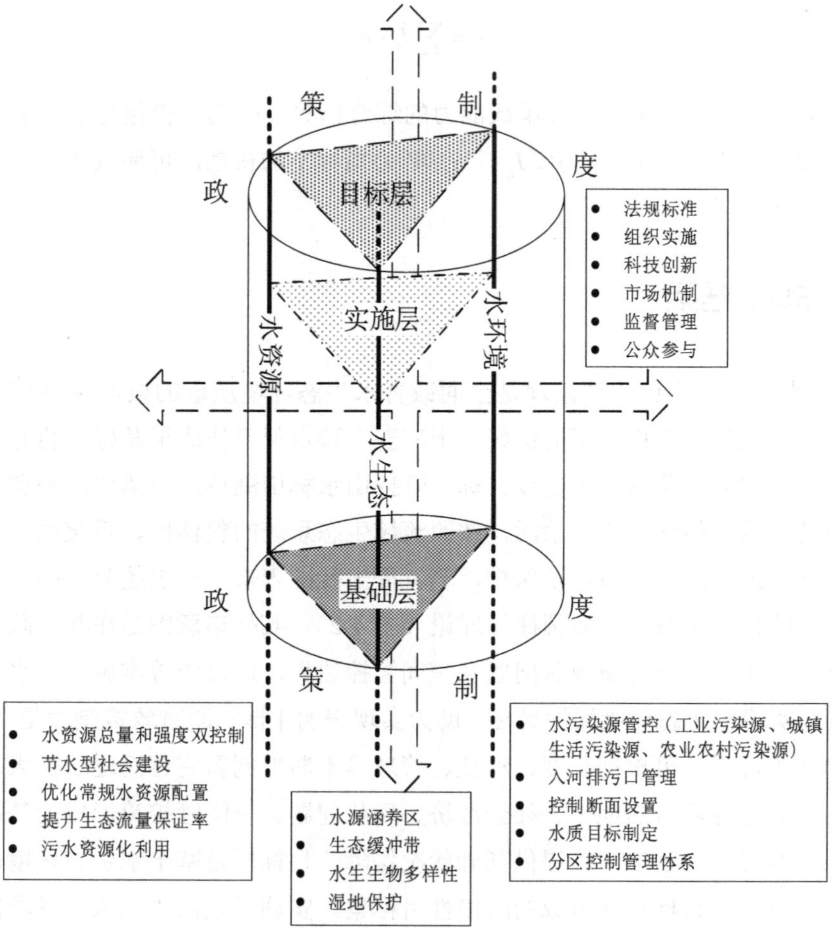

图 4-2 “三水统筹”的水生态环境保护战略框架示意图

4.3.1 强化流域分区管理

河流水系、湖泊是构成国土生态空间的核心要素，完善水生态环境管理分区，有利于水生态环境保护任务分解、落实责任，河湖岸线、水功能区、水源涵养区、生态缓冲带等是流域水生态空间的具体体现。实施空间管控、减污增容，将有利于提高资源环境承载能力。习近平总书记强调，“山水林田湖草沙是一个生命共同体，人的命脉在田，田的命脉在水，水的命脉在山，山的命脉在土，土的命脉在树”。组成水生态系统的各项水生态环境要素不可分割，各要素形成的结构和功能关系不可打破，必须从空间上对生态系统的各要素进行整体保护，扩大生态空间，增加生态流量，提高水环境容量和承载能力，增强生态系统功能。根据 2018 年中共中央印发《深化党和国家机构改革方案》，生态环境部整合了流域水环境保护、水功能区划、排污口监督管理等职责，为新时期流域生态环境空间管控体系的完善提供了很好的机遇。按照分级管理原则，加强省控、市控、县控断面的管控，通过断面将责任细化落实到省、市、县、乡（村），逐步推进水质、水量和水生态的同步监测。深化排污口设置和监督管理改革，将入河排污口管理作为打通水陆的重要环节，建立健全“水体—入河排污口—排污管线—污染源”联动管理的水污染物排放治理体系，坚持精准、科学、依法治污，追踪溯源落实企事业单位治污责任，着力解决“问题在水里，根子既在岸上也在水里”的管理瓶颈问题[23]。

另外，河湖水生态问题是一个历史性、持续性问题[24]，在水环境质量取得积极成效的基础上，借鉴欧美发达国家和地区经验，积极推进水生态保护修复工作。水生态保护具有流域性和系统性特征，实施流域系统分析，坚持问题导向和目标导向，以各流域水生态系统结构和功能恢复为目标，以重要生境、生物资源保护与恢复为抓手，针对不同流域、区域水生态系统面临的问题及症结，全面改善河湖水生态状况，为人民群众提供优质的生态产品。在具体实践过程中，以河湖（小流域）为载体，按照流域水生态健康要求涵盖水质、水量和水生态三方面指标，坚持目标导向、问题导向，制定“三水统筹”的水生态环境目标指标体系及评价方法，贯穿水生态环境保护相关规划的编制、执行、管理、考核（或评估）的全过程，引导推进各流域从理化指标表征的水质改善向“三水统筹”的水生态健康恢复转变。因此，在我国水资源、水环境、水生态“三水”问题并存的背景下，必须以改善水环境质量、维护人体健康和保障区域生态安全为根本，基于流域环境系统属性、“三水”承载能力，强化生态空间管控和目标指引，为调控区域人口分布、土地利用、工业化和城镇化布局提供基本依据。

4.3.2 着力节约保护水资源

水是生命之源、生产之要、生态之基。当前，我国水资源形势严峻，人多水少、水资源时空分布不均是我国基本国情[25]，由水资源短缺引起的水环境污染、水生态恶化等问题日益突出，已成为制约我国经济社会可持续发展的主要“瓶颈”。其中，水环境、水资源与水生态，三者既有区别又有联系。水资源少的话，肯定会对水环境和水生态有影响。在相同的污染物条件下，水量越大则污染浓度越低。因此，两者耦合在一起，是不能隔离的。从水资源角度来说，水量减少了，水质也会相应变化，水环境就会变差，水生态肯定会受到影响。我国由于水资源量减少，湖泊萎缩、河流断流等现象频繁出现，致使湖库、河流径污比逐渐增加，水质不断恶化。一些主要河流的污染物浓度不但超过了渔业用水水质标准，甚至在一些支流的中下游河段已达到或超过鱼类致死浓度。由此可见，节约保护水资源是维持水生态环境自净能力的基础，是有效减少生态环境和地质灾害的关键。

水资源节约保护要严格遵循“节水优先、空间均衡、系统治理、两手发力”十六字治水方针，将水资源作为最大的刚性约束。实施最严格水资源管理，要将水资源双控指标科学合理地分解到各区域，切实强化承载能力刚性约束，综合治理地下水超采问题，强化节水监督考核。积极推进节水型社会建设，坚持节水即减污，节水型社会建设是实现流域（区域）社会经济可持续发展的战略选择，应以农业、工业和城镇生活等领域为重点，制订节约用水方案并落实节水措施，推进节水型社会建设，降低水资源开发利用强度，为生态环境留出空间。优化常规水资源配置需首先考虑通过区域间水资源配置，缓解水资源时空分布不均的问题；其次是调整不同水源供给占比，压减地下水开采量，鼓励使用非常规水源；最后是合理分配不同领域用水需求，推动水资源管理由单一方式到“水量—水质—水生态”三位一体的统筹方式转变，实现水资源高效利用和公平分配；通过区域再生水循环利用体系构建等，保障河湖生态用水。

4.3.3 积极推动水生态保护

目前，我国仍处在以水质改善为核心，以质量目标的考核制度推进水环境质量持续改善阶段，水生态保护修复工作起步较晚，水生态系统保护滞后发达国家三四十年。我国水生态保护应遵循“保护优先，自然修复为主”原则，构建水生态保护修复技术体系。以自然保护区、“三场一通道”、栖息地等保护恢复为重点，分析评价水体水生态状况，明确河湖水生态面临的主要胁迫因素和驱动力、水生态问题的原因、危害及趋势，明确保护修复目标，对不同水体采取针对性措施，提出包括水源涵养、生态缓冲带、水资源保障、污染治理、水生生物生境维护、水生生物保护、水生态监测与管理等工程与非工程措施相结合的保护修复技术体系[26]。

在我国“三水统筹”格局正在逐步建立，各部门尚未形成合力的情况下，应强化重要水源涵养区保护和监督管理，开展水源涵养区、水域及其生态缓冲带等流域重要生态空间范围划定工作，明确生态环境管控要求，清理整治不符合水源涵养区、水域、河湖生态缓冲带等保护功能要求的生产、生活活动。按照《中华人民共和国防洪法》在保证防洪安全前提下，科学实施江河湖库水系连通工程，实现江河湖泊水系循环畅通，限期退出涉及自然保护区核心区或缓冲区、严重破坏生态环境的违规水电站，维护河湖生态健康。开展河湖生态缓冲带保护与修复，对生物生境和生物群落受损的河湖生态空间，实施河湖生态缓冲带恢复、天然生境和水生植被恢复等措施。自然岸线是陆地和水生生态系统进行物质、能量、信息交换的生态过渡带，对水生动物生长、候鸟栖息和滨江（湖）湿地保护具有重要生态功能。通过生态工程改善河湖岸线平直、硬化，生态功能减弱等问题，使岸线都具有自然岸线的生态特征。保护水生生物多样性，强化就地保护和迁地保护并重，科学实施水生生物洄游通道和重要栖息地恢复工程，加强河湖水系生态保护，对具备条件的涉水工程实施生态化改造。其中，水生生物生境恢复主要包括土著鱼类天然生境恢复、底栖生物恢复、“三场一通道”保护恢复等措施。对挖砂采石、航道疏浚等导致栖息地受损严重的，优先开展栖息地修复等；对造成河道减脱水、下泄流量不足的水利设施要进行生态化改造。开展河湖基底修复、水生生物洄游通道和重要栖息地恢复工程。对栖息地环境遭到严重破坏的重点物种要加强替代生境的研究，寻找和建设适宜的保护场所开展有针对性的迁地保护行动，最大限度地保护生物多样性的完整性、特有性。力争到 2035 年“清水绿岸、鱼翔浅底”美丽河湖景象普遍呈现。

4.3.4 切实加强水环境管理

改善水环境质量、保障水环境安全，是我国长期以来水污染防治工作的核心目标和根本出发点。《中华人民共和国环境保护法》和《中华人民共和国水污染防治法》均要求地方政府对本行政区域的（水）环境质量负责。自“九五”以来开始编制实施的重点流域水污染防治规划，也具体提出了在某一时间段要达到水质改善要求的水体清单和目标要求。“水十条”以改善水环境质量为核心，更加突出强调了水环境质量目标管理。水环境质量目标管理以水环境质量达标为出发点统筹谋划各项工作，以是否达到目标要求作为判断各项工作成效的标准和问责的主要依据，突出质量目标的刚性约束作用。具体可以从 4 个方面推进质量目标管理进程：明确各类水体水质保护目标，逐一排查达标状况；制订达标方案，落实治污任务；以信息公开推进公众参与；强化水质目标考核及责任追究[27]。

其中，控源减污仍是首要措施。将水环境治理与污染源挂钩，明确水环境管理的各个过程，对污染源、污染源排放路径、水质变化等过程全部实施管控，建立各阶段管控体系，最终实现“受纳水体—入河排污口—污染源”全过程监督管理。通过各类水污染源管控任务实施，大幅削减工业、城镇生活、农业农村、移动源等源头对象的污染排放量，并协同推进污水处理过程的减污降碳协同治理，实现污染物与碳排放协同削减。建立“受纳水体—排污口—排污通道—排污单位”全链条管控体系，从“查”“测”“溯”“治”“管” 5 个层面梳理排污口监督管理要求。通过污染物排放总量控制、排污许可、排污权交易以及污染物排放标准等系列管控政策制度强化各类污染源管理。

4.3.5 创新完善政策制度

“三水统筹”的顺利实施离不开各项政策的保驾护航，需要在继承发扬党的十八大以来“党政同责、一岗双责”落实、中央生态环境保护督察、生态补偿等好经验好做法的基础上，进一步健全多元共治的政策制度保障机制。

完善“三水统筹”标准基准体系，制定“三水统筹”规划编制技术规范。优化纵向职能配置，合理划分中央和地方水生态环境保护事权。强化中央政府宏观管理、制度设定职责和必要的执法权，强化省级政府统筹推进区域环境基本公共服务均等化职责，强化市县政府执行职责。继续实施“党政同责”，地方党政对水生态环境质量负总责，持续推行“一岗双责”，落实相关部门水生态环境保护责任。加强对地方政府水生态环保履责的监督有效性，依法落实企事业单位水污染防治主体责任。加强议事协调及部门协调、流域区域水生态环境治理协作。建立健全跨区域、跨流域联合执法机制，加强环境执法横向协调和环境司法衔接，全面发挥市场经济手段的激励作用，优化配置行政、司法、市场治污力量。加强水生态环境保护科技支撑和技术创新，研发空天地一体化智慧感知技术和“三水”融合模拟技术，开展水生态环境保护修复重点领域关键技术研发。完善“三水统筹”的水生态环境监测网络[28]，构建“三水统筹”的精细化管理平台，提升管理水平。建立“三水统筹”的水污染防治资金支持政策，创新推行以“三水统筹”为导向的流域生态保护补偿政策[29]。强化信息公开和社会监督，让社会大众成为水污染防治的监督者，构建政府、企业、社会共治体系。发挥媒体在水生态环境保护中的监督作用，促进水生态文明与全民绿色低碳理念的建设。

参考文献

[1] 马乐宽，王金南，王东．国家水污染防治“十二五”战略与政策框架[J]．中国环境科学，2013（2）：38.

[2] 马乐宽，谢阳村，文宇立，等．重点流域水生态环境保护“十四五”规划编制思路与重点[J]．中国环境管理，2020（4）：40-44.

[3] 徐敏，秦顺兴，马乐宽，等．水生态环境保护回顾与展望：从污染防治到“三水统筹”[J]．中国环境管理，2021（5）：69-78.

[4] 秦昌波，万军，王倩．制定战略路线图 推动美丽中国目标实现[N]．中国环境报，2018-09-18.

[5] 徐敏，张涛，王东，等．中国水污染防治 40 年回顾与展望[J]．中国环境管理，2019（3）：65-71.

[6] 李国英．坚持系统观念 强化流域治理管理[N]．人民日报，2022-06-28.

[7] 刘希刚，陈子悦．新时代生命共同体理念的思想逻辑与实践启示[J]．河海大学学报（哲学社会科学版），2023（2）：33-41.

[8] 陈昂，薛耀东，魏娜，等．国外典型河流生态流量管理实践及启示[J]．科技导报，2018，36（21）：116-126.

[9] 国务院机构改革方案[N]．人民日报．2018-03-18.

[10] 张云飞，李娜．坚持山水林田湖草沙系统治理[J]．城市与环境研究．2022（1）：12-30.

[11] 王金南．强化系统观念，推进水生态环境保护迈上新台阶[EB/OL]．生态环境部重点流域水生态环境保护规划解读．https://www.mee.gov.cn/zcwj/zcjd/202305/t20230505_1028995.shtml，2023.

[12] 习近平在全国生态环境保护大会讲话．新华社．2023 年 7 月 17 日至 18 日．

[13] 王夏晖，何军，饶胜，等．山水林田湖草生态保护修复思路与实践[J]．环境保护，2018

（3）：17-20.

[14] 王金南，秦昌波，苏洁琼，等．美丽中国建设目标指标体系设计与应用[J]．环境保护，2022（8）：12-17.

[15] 万军，王金南，李新，等．2035 年美丽中国建设目标及路径机制研究[J]．中国环境管理，2021（5）：29-36.

[16] 王金南，蒋洪强，张惠远，等．迈向美丽中国的生态文明建设战略框架设计[J]．环境保护，2012（23）：14-18.

[17] 徐敏，路瑞，韦大明，等．面向美丽中国目标的美丽河湖保护与建设思路研究[J]．环境保护，2022（21）：28-32.

[18] 徐敏，王东，马乐宽，等．关于城镇污水处理厂进水浓度低及污水处理率修正的相关问题探讨[J]．环境保护，2020（5）：38-42.

[19] 马小明，张立勋．基于压力—状态—响应模型的环境保护投资分析[J]．环境保护，2002（11）：31-33.

[20] 罗跃初，周忠轩，孙轶，等．流域生态系统健康评价方法[J]．生态学报，2003（8）：1606-1614.

[21] 麦少芝，徐颂军，潘颖君．PSR 模型在湿地生态系统健康评价中的应用[J]．科技视界，2017（25）：14+16.

[22] 万军，王倩，李新，等．基于美丽中国的生态环境保护战略初步研究[J]．环境保护，2018，46（22）：7-11.

[23] 彭文启，刘晓波，王雨春，等．流域水环境与生态学研究回顾与展望[J]．水利学报，2018，49（9）：1055-1067.

[24] 许其功，曹金玲，高如泰，等．我国湖泊水质恶化趋势及富营养化控制阶段划分[J]．环境科学与技术，2011，34（11）：147-151.

[25] 王晨，郅晓沙，吴传庆，等．京津冀地区春季河流干涸断流时空分布特征遥感分析[A]. 2019 中国环境科学学会科学技术年会，2019.

[26] 金小伟，王业耀，王备新，等．我国流域水生态完整性评价方法构建[J]．中国环境监测，2017，33（1）：75-81.

[27] 王东，秦昌波，马乐宽，等．新时期国家水环境质量管理体系重构研究[J]．环境保护，2017，45（8）：49-56.

[28] 嵇晓燕，刘廷良，孙宗光，等．国家水环境质量监测网络发展历程与展望[J]．环境监测管理与技术，2014，26（6）：1-4+8.

[29] 张惠远，刘桂环．我国流域生态补偿机制设计[J]．环境保护，2006（19）：49-54.

第 5 章

流域分区管理

科学实施流域分区管理是流域水生态环境保护的重要手段，是落实国家、流域、省、市、县等分级分类差异化策略的重要基础。目前，我国生态文明建设仍处于压力叠加、负重前行的关键期[1]，做好流域水生态环境分区（以下简称流域分区）管控顶层设计将对新时期生态环境保护工作重心由污染防治设施建设等末端治理，逐步转移至优化空间布局、实施流域精细化管理等发挥重要作用。本章详细梳理了以往生态环境相关分区管控实践基础，从水生态环境保护需求出发，提出新时期流域分区管理顶层设计，阐述了空间划分、指标筛选、目标确定、措施研提等方面的技术要点，为后续“三水统筹”措施的制定提供空间载体。

5.1 我国分区管控实践

5.1.1 我国流域分区历程

1996 年，《中华人民共和国水污染防治法》明确规定：“防治水污染应当按流域或者按区域进行统一规划。县级以上地方人民政府应当根据依法批准的江河、湖泊的流域水污染防治规划，组织制定本行政区域的水污染防治规划。”为此，在“九五”淮河流域和南水北调东线污染治理工作中，我国进行了流域治污分区管理的探索和实践，到“十三五”时期基本形成了较为成熟、覆盖中国大陆地区全域、包含“流域—控制区—控制单元”3 个层级的流域水生态环境分区管理体系。

5.1.1.1 起始阶段

“九五”时期，《淮河流域水污染防治规划及“九五”计划》等国家级水污染防治规划相继探索分区管理模式。

《淮河流域水污染防治规划及“九五”计划》：根据流域水系特征、行政区划和保护目标，将淮河流域划分为淮河上游控制区（河南）、淮河中游安徽控制区、淮河中游河南控制区、淮河流域洪泽湖控制区、淮河流域南四湖控制区、淮河流域沂沭河控制区、淮河下游控制区（南四湖以南运河及里下河区）7 个控制区，突出考虑的是流域上下游关系。同时，结合淮河水污染防治优先目标，按照汇水特征，将 7 个控制区向下划分为 34 个控制单元，100 个子单元，并确定了 32 个重点控制子单元，重点实施治理措施。

由于“九五”时期环境统计、环境监测、环境管理水平相对落后的客观原因，以及地理信息技术尚未普及、分区特别是控制单元层面未充分考虑行政区边界等技术因素，造成分区体系的作用未能得到充分发挥。

5.1.1.2 延续阶段

“十五”“十一五”时期，“三河三湖”及黄河中上游流域水污染防治规划大致沿用了“九五”分区体系，并结合实际管理需求对原有的分区体系进行了调整和完善。同时，这一阶段开始将管理措施向控制单元落地，如淮河、海河等流域分别以控制单元为载体提出了水质、总量控制目标。《淮河流域水污染防治“十五”计划》根据“十五”计划目标、任务需求和扩大规划范围的实际情况，将控制单元增加至 111 个，主要体现江苏省、山东省治污适应南水北调东线工程治污任务分解的需求。在行动方案制订上，淮河流域分析了各控制单元水质状况、水污染物排放情况，将 COD、氨氮等主要污染物的排放量、入河总量要求分解到各控制单元，实现了污染物总量控制由区域向小流域的转变。由于“九五”期间存在的分区应用问题未根本解决，“十五”“十一五”期间分区体系在重点流域水环境管理中起到的支撑作用仍然有限。

5.1.1.3 完善阶段

“十二五”期间，松花江、淮河、海河、辽河、黄河中上游、巢湖、滇池、三峡库区及其上游 8 个流域全面建立流域—控制区—控制单元三级分区体系，根据流域自然汇水特征与行政管理需求，划分了 37 个控制区、315 个控制单元。根据各控制单元水污染状况、水环境改善需求和水环境风险水平，确定 118 个优先控制单元，分水质维护型、水质改善型和风险防范型 3 种类型实施分类指导，有针对性地采取控源、治理、修复、风险防范等措施。18 个水质维护型优先控制单元，按照“预防为主、保护优先”的原则，重点实施水源涵养、湿地建设、河岸带生态阻隔等综合治理工程，维护良好水环境质量。79 个水质改善型优先控制单元，承担重点流域总量减排和水质改善的主要任务，采取综合性的治理措施，强化污染物排放总量控制，大幅削减污染物排放量，保障河道生态基流，确保城市水体和重点支流水环境质量明显改善。21 个风险防范型优先控制单元，按照“预防为主、防治结合”的原则，着力降低资源能源产业开发的环境风险，确保跨界水质安全。加强沿江化工、危险化学品生产企业风险隐患排查，提高风险防范水平，确保不发生重大突发环境事件。

该阶段，首次诠释了不同分区层面的水环境管理需求。在流域层面，重点把握水污染防治的宏观格局，明确流域水污染防治重点和方向，协调流域内上下游、左右岸各省级行政区的水污染防治工作；在控制区层面，重点落实地方政府治污目标、责任和任务；在控制单元层面，充分考虑水系自然汇水特征与行政区边界的有效衔接，并在控制单元内优先保证县级行政区边界的完整性，从而在科学建立污染源与水质目标间的输入响应关系的同时，与我国现行的统计体系、监管体系有效衔接。此外，该阶段在控制单元层面实现了污染物总量控制、流域水质目标考核、环评审批、区域限批等一系列行之有效的环境管理手段的整合。例如，控制单元层面建立了行政区—水体—断面的对应关系，实现目标总量控制到容量总量控制的转变，促进总量控制技术与机制的发展、创新；控制单元作为有效载体，协助管理部门对规划执行慢、效果差的地区进行通报批评和“区域限批”。

“十二五”重点流域水环境控制区划分见表 5-1。

表 5-1　“十二五”重点流域水环境控制单元划分

流域	省级行政区	控制区/个	控制单元/个	优先控制单元/个	地市级行政区/个	县级行政区/个	面积/万 km^2
松花江	内蒙古自治区、吉林省、黑龙江省	3	33	9	26	170	58.4

流域	省级行政区	控制区/个	控制单元/个	优先控制单元/个	地市级行政区/个	县级行政区/个	面积/万 km^2
淮　河	江苏省、安徽省、山东省、河南省	8	57	24	36	226	27.0
海　河	北京市、天津市、河北省、山西省、内蒙古自治区、山东省、河南省	7	88	23	64	302	32.7
辽　河	内蒙古自治区、辽宁省、吉林省	3	22	14	16	107	22.0
黄河中上游	山西省、内蒙古自治区、河南省、陕西省、甘肃省、青海省、宁夏回族自治区	7	47	16	52	341	73.4
太　湖	江苏省、浙江省、上海市	—	—	—	8	52	3.7
巢　湖	安徽省	4	13	6	4	13	1.3
滇　池	云南省	2	7	6	1	6	0.3
三峡库区及其上游	湖北省、重庆市、四川省、贵州省、云南省	3	48	20	39	318	80.5
丹江口库区及上游	陕西省、河南省、湖北省	—	—	—	8	43	9.5
合　计		37	315	118	254	1 578	308.8

5.1.1.4 深化阶段

“十三五”期间，根据主体功能区规划和行政区划，按照“水十条”“研究建立流域水生态环境功能分区管理体系”的要求，第一次形成覆盖全国的流域、水生态控制区、水环境控制单元三级分区管理体系，共划分 341 个水生态控制区、1 784 个控制单元。其中，水生态控制区是体现气候、地形地貌等对水生态环境系统结构和功能的影响，以气候、地质、地形地貌、植被、土壤和水生生物地理分布格局等为依据，衔接主体功能区、生态功能区、水（环境）功能区与县级行政区，构建了重要生态资产保护、水生珍稀特有物种栖息地、水源涵养与水文调节、土壤保持、生境维持保持、城市水资源供给与水质净化和农业生产支撑功能 7 类功能区划。各流域（片区）水生态控制区主导功能分布情况具体见表 5-2。

表 5-2　各流域（片区）水生态控制区主导功能分布情况

流域	不同主导功能水生态控制区数量/个						
	水源涵养与水文调节	土壤保持	生境维持	重要生态资产保护	水生珍稀特有物种栖息地	农业生产支撑	城市生活支撑
长江	37	5	12	10	4	28	14
黄河	7	18	2	7	1	13	6
淮河	1	0	0	2	4	9	4
海河	7	2	6	1	0	10	4
珠江	12	5	4	0	0	3	1
松花江	6	1	6	2	1	8	2
辽河	10	2	2	1	1	7	3
东南诸河	7	4	4	1	0	1	4
西南诸河	3	0	3	0	0	0	0
西北诸河	4	6	7	5	0	1	0
全国	94	43	46	29	11	80	38

水环境控制单元是体现自然汇水特征与行政管理需求，以控制断面为节点，集行政区、水体、控制断面三要素于一体的空间管理单元，控制单元划分精确到乡镇边界，衔接水（环境）功能区目标及管控措施要求，细化落实水污染防治目标、任务措施、工程项目及总量控制、环评审批、排污许可与交易等环境管理要求。综合考虑控制单元水环境问题严重性、水生态环境重要性、水资源禀赋、人口和工业聚集度等因素，全国共划分 580 个优先控制单元和 1 204 个一般控制单元，结合地方水环境管理需求，优先控制单元进一步细分为 283 个水质改善型和 297 个防止退化型单元，实施分级分类管理，因地制宜综合运用水污染治理、水资源配置、水生态保护等措施，提高污染防治的科学性、系统性和针对性。与“十二五”相比，控制单元数量和单元边界的分辨率显著增加，流域分区、分级、分类管理进一步深化，精细化水平大幅提升。“十三五”重点流域水环境控制单元划分情况具体见表 5-3。

表 5-3 “十三五”重点流域水环境控制单元划分情况 单位：个

流域	优先控制单元		一般控制单元	水环境控制单元数量
	防止退化型单元	水质改善型单元		
长江	102	98	428	628
黄河	27	23	100	150
珠江	36	16	108	160
松花江	19	8	92	119
淮河	36	39	113	188
海河	21	53	90	164
辽河	16	13	76	105
东南诸河	24	22	88	134
西南诸河	2	6	58	66
西北诸河	14	5	51	70
全国	297	283	1 204	1 784

水污染防治规划分区是指按照流域及区域的空间分异，以水质改善和水生态安全为目标，统筹流域上游与下游、陆域与水域的关系，依据流域水系自然属性、区域行政区划属性等划分的水环境特征相对一致的区域，是国家及地方政府进行水环境管理的基础性分区。借鉴淮河、海河、南水北调东线、长江中下游等流域在以往规划中水环境分区经验，重点流域水污染防治“十二五”规划构建了流域—控制区—控制单元的三级规划分区管理体系，初步实现了由以往较为粗放的、宏观的省级行政区管理向控制单元管理的转变，为实现流域水环境综合的精细化管理提供技术支撑。

实施流域水生态环境功能分区管控的具体管理意义包括：一是有利于建立流域统筹、区域落实相结合的水环境管理模式。在水环境层面，中国的流域管理体现为长期性和需求性特征，有明确的水质目标和水环境容量要求，但是无法界定责任主体，也没有明晰的时间表。区域管理则体现出阶段性和有限性特征，基本明确在某一阶段内（一般为 5 年）能削减多少污染物，但无法将总量削减与水质改善需求挂钩。水污染防治规划分区体系的建立和应用，将逐步改变流域管理与区域管理“两张皮”的局面，促进两者的真正结合。二是有利于流域水环境综合管理机制日趋完善。水污染防治规划分区体系的全面建立，有利于实现污染物总量控制、环评审批、区域限批、区域性排放标准制定等一系列行之有效的环境管理手段的系统整合。分区中的控制单元将作为总量控制、环评批复、生态补偿和排污交易的基本单元，真正实现流域水环境综合管理，协助管理部门对规划执行慢、效果差的地区进行预警会商、通报批评和“区域限批”等。

5.1.2 其他相关分区实践

5.1.2.1 主体功能区划

主体功能区划是社会-生态-经济系统综合平衡发展的体现，是在自然区划、经济区划等单项区划的基础上，统筹考虑区域的资源环境承载力、现有开发密度、发展潜力及其在较大空间范围内的地位，以自然环境要素、社会经济发展水平、生态系统特征及人类活动形式的空间分异为依据，划分出具有特定主体功能地域的区划。

在国家层面，主体功能区是全国“两横三纵”城市化战略格局、“七区二十三带”农业战略格局、“两屏三带”生态安全战略格局的主要支撑，分为优化开发区域、重点开发区域、限制开发区域（农产品主产区和重点生态功能区）和禁止开发区 4 类。在省级层面，要求各省（区、市）根据国家有关原则，编制省级主体功能区规划并组织实施，原则上划分为优化开发、重点开发、限制开发（农产品主产区和重点生态功能区）和禁止开发区域 4 类，也可根据国土空间评价划分为 3 类，但应有限制开发和禁止开发区域。限制开发区域应区分为农产品主产区和重点生态功能区。

国家优化开发区域是指具备以下条件的城市化地区：综合实力较强，能够体现国家竞争力；经济规模较大，能支撑并带动全国经济发展；城镇体系比较健全，有条件形成具有全球影响力的特大城市群；内在经济联系紧密，区域一体化基础较好；科学技术创新实力较强，能引领并带动全国自主创新和结构升级[2]。国家重点开发区域是指具备以下条件的城市化地区：具备较强的经济基础，具有一定的科技创新能力和较好的发展潜力；城镇体系初步形成，具备经济一体化的条件，中心城市有一定的辐射带动能力，有可能发展成为新的大城市群或区域性城市群；能够带动周边地区发展，且对促进全国区域协调发展意义重大[2]。

国家层面限制开发的农产品主产区是指具备较好的农业生产条件，以提供农产品为主体功能，以提供生态产品、服务产品和工业品为其他功能，需要在国土空间开发中限制进行大规模高强度工业化城镇化开发，以保持并提高农产品生产能力的区域。国家层面限制开发的重点生态功能区是指生态系统十分重要，关系全国或较大范围区域的生态安全，目前生态系统有所退化，需要在国土空间开发中限制进行大规模高强度工业化城镇化开发，以保持并提高生态产品供给能力的区域。

国家禁止开发区域是指有代表性的自然生态系统、珍稀濒危野生动植物物种的天然集中分布地、有特殊价值的自然遗迹所在地和文化遗址等，需要在国土空间开发中禁止进行工业化城镇化开发的重点生态功能区。

5.1.2.2 生态保护红线

生态保护红线为在生态空间范围内具有特殊重要生态功能、必须强制性严格保护的区域，是保障和维护国家生态安全的底线和生命线，通常包括具有重要水源涵养、生物多样性维护、水土保持、防风固沙、海岸生态稳定等功能的生态功能重要区域，以及水土流失、土地沙化、石漠化、盐渍化等生态环境敏感脆弱区域，是“三线一单”中分区管控的重要内容[3]。

生态保护红线是在资源环境承载能力等评价的基础上，根据区域生态功能重要性、生态环境敏感性，充分与主体功能区规划、生态功能区划、水功能区划及土地利用现状、城乡发展布局等衔接后进行划定[4]。生态保护红线需涵盖国家级和省级禁止开发区域，以及其他有必要严格保护的各类保护地。具体包括国家公园、自然保护区、森林公园的生态保育区和核心景观区、风景名胜区的核心景区、地质公园的地质遗迹保护区、世界自然遗产的核心区和缓冲区、湿地公园的湿地保育区和恢复重建区、饮用水水源地的一级保护区、水产种质资源保护区的核心区、其他类型禁止开发区的核心保护区域等[5]。

自然资源部结合《全国国土空间规划纲要（2021—2035 年）》的编制，会同相关部门，首次全面完成了全国陆海生态保护红线划定。此次规划划定生态保护红线面积合计约为 319 万 km^2，其中，陆域生态保护红线面积约为 304 km^2（占我国陆域面积比例超过 30%），海洋生态保护红线面积约为 15 万 km^2 [6]。生态保护红线划定范围涵盖了我国属于全球生物多样性保护的全部热点区域、90%以上的典型生态系统类型[7]。

5.1.2.3 水功能区划

水功能区划是以水资源合理开发利用和保护为核心，以水体为对象的一套空间管控体系。通过划分水功能区，从严核定水域纳污能力，提出限制排污总量意见，可为建立水功能区限制纳污制度，确立水功能区限制纳污红线提供重要支撑，有利于合理制定水资源开发利用与保护政策，调控开发强度、优化空间布局，有利于引导经济布局与水资源、水环境承载能力相适应，有利于统筹河流上下游、左右岸、省界间水资源开发利用和保护。

2011 年，国务院正式批复由水利部牵头制定的全国重要江河湖泊水功能区划，其主体构架分为一级水功能区和二级水功能区两级。其中，一级水功能区根据水体功能不同，划分为保护区、保留区、缓冲区、开发利用区 4 类；二级水功能区是对开发利用区进一步细分，根据用途不同，划分为饮用水源区、工业用水区、农业用水区、渔业用水区、景观娱乐用水区、过渡区、排污控制区 7 类。水功能区划在明确水体功能、开发、利用等资源属性的基础上，根据水体功能的不同，相应提出以水质目标为主的水资源保护要求。

全国重要江河湖泊一级水功能区共 2 888 个，区划河长 177 977 km，区划湖库面积为 43 333 km^2，其中开发利用区的个数、河长占比约为 40%，面积占比约为 16%。全国重要江河湖泊二级水功能区共 2 738 个，区划长度为 72 018 km，区划面积为 6 792 km^2，其中农业用水区、工业用水区和饮用水水源区的累计河长比例较大，分别占二级水功能区划总河长的 45%、21%和 18%。全国一级、二级水功能区总计为 4 493 个（开发利用区不重复统计），81%的水功能区水质目标确定为Ⅲ类或优于Ⅲ类。全国重要江河湖泊各类一级、二级水功能区数量、河长及面积分布情况具体见表 5-4、表 5-5。

表 5-4　全国重要江河湖泊各类一级水功能区数量、河长及面积分布情况

水资源分区	一级水功能区总计			保护区			保留区			开发利用区			缓冲区		
	数量/个	河长/km	面积/km^2	数量/个	河长/km	面积/km^2	数量/个	河长/km	面积/km^2	数量/个	河长/km	面积/km^2	数量/个	河长/km	面积/km^2
全　国	2 888	177 977	43 333	618	36 861	33 358	679	55 651	2 685	1 133	71 865	6 792	458	13 600	498
松花江区	289	25 097	6 771	101	7 451	6 766	42	3 964	0	102	11 925	5	44	1 757	0
辽河区	149	11 294	92	42	1 353	0	4	202	0	78	9 092	92	25	647	0
海河区	168	9 542	1 415	27	1 145	1 115	9	600	0	85	5 917	292	47	1 880	8
黄河区	171	16 883	456	36	2 240	448	16	2 966	0	59	9 836	8	60	1 841	0
淮河区	226	12 036	6 434	64	1 811	5 987	16	888	0	107	8 331	447	39	1 006	0
长江区（含太湖流域）	1 181	52 660	13 610	187	9 109	9 120	407	28 698	2 039	416	10 878	1 961	171	3 975	490
东南诸河区	126	4 836	1 202	25	679	471	17	787	0	71	3 208	731	13	162	0
珠江区	339	16 607	1 213	52	1 912	995	90	5 967	0	143	6 608	218	54	2 120	0
西南诸河区	159	16 876	1 482	48	5 025	888	69	10 627	568	37	1 012	26	5	212	0
西北诸河区	80	12 146	10 658	36	6 136	7 568	9	952	78	35	5 058	3 012	0	0	0

表 5-5　全国重要江河湖泊各类二级水功能区数量、河长及面积分布情况

水资源分区	二级水功能区总计			饮用水水源区			工业用水区			农业用水区			渔业用水区			景观娱乐用水区			过渡区			排污控制区	
	数量/个	河长/km	面积/km^2	数量/个	河长/km	面积/km^2	数量/个	河长/km	面积/km^2	数量/个	河长/km	面积/km^2	数量/个	河长/km	面积/km^2	数量/个	河长/km	面积/km^2	数量/个	河长/km	面积/km^2	数量/个	河长/km
全　国	2 738	72 018	6 792	687	13 160	2 015	553	14 999	179	625	32 166	450	90	2 075	2 335	243	3 502	1 803	309	4 116	10	231	2 000
松花江区	219	11 925	5	33	1 187	0	28	2 423	0	81	6 846	5	3	189	0	6	128	0	35	780	0	33	372
辽河区	262	9 092	92	71	2 283	92	26	1 095	0	91	4 489	0	7	250	0	10	162	0	31	521	0	26	292
海河区	147	5 917	292	32	1 222	271	16	955	0	70	3 290	11	1	36	0	10	151	10	10	183	0	8	80
黄河区	234	9 836	8	36	1 717	0	34	2 012	0	70	4 233	0	7	512	0	11	105	8	35	681	0	41	576
淮河区	275	8 331	447	42	997	145	15	369	0	116	5 669	153	12	327	142	16	154	0	28	406	7	46	409
长江区（含太湖流域）	978	11 031	1 961	258	2 480	749	297	3 880	169	78	1 501	205	22	220	565	130	1 838	270	125	911	3	68	201
东南诸河区	179	3 208	731	59	735	635	36	1 205	0	36	622	0	5	28	3	28	394	93	15	224	0	0	0
珠江区	323	6 608	218	132	2 286	110	88	2 227	0	31	928	73	26	513	35	19	359	0	21	265	0	6	30
西南诸河区	59	1 012	26	20	115	13	7	135	10	16	531	3	0	0	0	11	211	0	5	20	0	0	0
西北诸河区	62	5 058	3 012	4	138	0	6	698	0	36	4 057	0	7	0	1 590	2	0	1 422	4	125	0	3	40

5.2 流域分区顶层设计

党的十八大以来，党中央、国务院先后出台了《生态文明体制改革总体方案》《关于建立国土空间规划体系并监督实施的若干意见》等一系列政策文件，对原国土空间规划体系作出了重大改革调整，流域空间管控体系也应抓住改革契机，与国土空间规划紧密衔接。"十四五"时期重点流域水生态环境保护分区体系正是在改革的新形势、新要求下，以及在历个五年计划的基础上逐渐发展完善的，本书以重点流域"十四五"规划分区为例进行阐述。

5.2.1 基本考虑

（1）处理好继承、深化与发扬的关系。流域分区管理体系在近 20 年的探索实践基础上，完成了提出、建立、磨合、调整、应用的整个过程，是目前相对成熟的、服务于水质改善需求的管理分区体系，其关于维护分区水系完整性以实施流域管理、不分割行政属地以落实责任、划分控制单元以实施水陆统筹管理等分区思想可满足当前水环境管理需求，并在我国水环境质量未实现全面改善之前均有指导意义，应继续坚持。国家机构职能调整后，分区的总体思路与体系需进一步谋划设计，要深入解决原有分区中存在的生态色彩不足、与其他分区衔接不到位等问题，构建满足新形势管理需求的水环境分区体系。

（2）处理好实用性与科学性的关系。分区体系的构建应基于科学，服务于管理。水环境管理中广泛应用的控制单元，统筹考虑水系汇水特征和行政区边界完整性，在对控制单元进一步细化的基础上，可有效建立污染源排放和水质目标间的输入响应关系，科学测算水环境承载能力，制订水质达标方案，并结合水环境管理新思路、新要求丰富其内涵与作用，进一步提升分区的科学性。同时，为落实行政管理需求和地方政府责任，分区体系要兼顾不同层级行政区划完整性，并注重与地方相关部门的沟通和协调，确保分区体系的实用性。

（3）处理好水质、水资源、水生态的关系。从我国发展阶段来看，水环境分区应优先支撑水质改善这一核心工作，同时，根据"山水林田湖草沙"系统治理理论，要协同推进水污染防治与生态保护。从目前阶段来看，我国水生态保护相对滞后，有关生态保护工作聚焦在对大尺度生态系统格局的保护，同时，对于部分水质较好、使用功能较高的水体，应提出生态保护目标要求，促进我国由水质管理向水生态管理转变。因此，水环境分区应兼顾生态保护需求，在分区过程中衔接生态分区相关成果。

（4）处理好管理分区与功能分区的关系。水功能区是 2018 年国务院机构改革由水利部转隶至生态环境部的职能之一，从衔接必要性来看，功能分区是制定水体保护基准、目标的重要依据，有必要将现有的管理分区与其充分衔接，以明确管理分区的相关目标及任务要求；从衔接可行性来看，功能分区主要是针对水体的分区，纳入空间管理分区体系不存在技术难题。

（5）处理好自然水系与行政边界的关系。水环境分区必须支撑流域管理思想，坚持维护自然水系的完整性，各级分区均不可切割水系、打破水系。考虑到流域问题要在区域层面具体解决，也要维持行政边界的完整性，以便将具体的任务、目标、责任落实到地方行政主体。水环境分区体系必须将自然水系与行政边界有机结合，既体现流域的统一管理，保障流域长期的水环境保护需求，又发挥地方行政主体对具体事务的执行力度，实现流域管理、区域管理的协调统一。

5.2.2 框架设计

基于“三水统筹”管理框架的流域水生态环境管理，应以习近平生态文明思想为指引，结合新形势、新要求及现有工作基础，完善空间分区、目标指标、管控措施、责任落实等核心要素，逐步建立面向实际应用、衔接中长期工作需求、水陆统筹的流域空间管控体系。流域空间管控体系总体框架具体见图 5-1。

空间分区要统筹衔接国土空间等其他相关空间规划（区划）成果，按照“十四五”重点流域水生态环境保护规划要求，突出体现具有重要价值的水体，强调水陆统筹，完善创新分级分类空间分区架构；目标指标需补充增加水生态、水资源等相关指标，全面反映各空间单元水生态环境状况，精准识别问题、研判成因，总体上仍坚持“反退化”原则确定目标要求，逐步推动按功能需求设置目标；管控措施在原工业、城镇、农业污染减排等治理措施和排污许可、排污口、排放标准等管理措施基础上，衔接“三水统筹”及国土空间整治的要求，将生态保护与修复、水资源保障等纳入，同时落实功能用途管制思路，实施以生态环境功能为

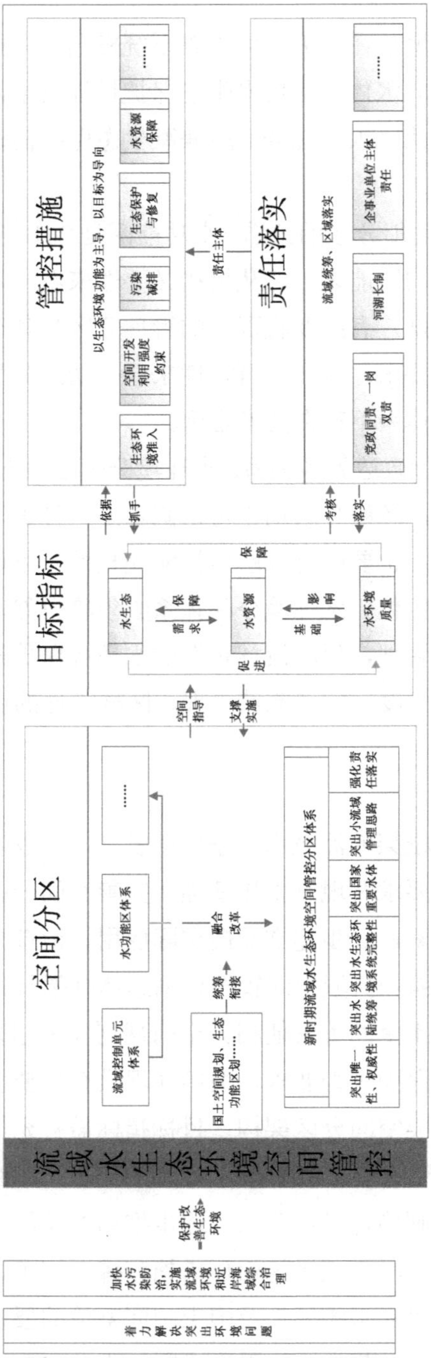

图 5-1 流域空间管控体系总体框架

导向的空间管控措施，包括空间准入、空间布局优化调整等；在责任落实方面，进一步强化地方政府、河湖长制和企事业单位责任落实。

流域空间管控体系应有效影响、约束并有机融入国土空间规划编制的重要环节及规划重点管控内容，不断强化在协调发展与保护方面的作用，优化国土空间开发利用，维护水生态环境。在空间划分方面，将流域管理理念融入国土空间区划，将流域空间成果纳入国土空间规划底图，作为“三区三线”等国土空间划分的重要依据，将流域边界与国土空间划分边界进行拟合；针对流域空间划分为水质目标要求高（Ⅱ类及以上）、水生态保护功能高（三场一通道等）的水生态空间，应考虑纳入重要生态空间或极重要生态空间；同时在识别划分重要水体及其保护范围时，要充分考虑城镇建设、农田开发的适应性及资源的连片性，协调好保护与开发在空间上的关系。在目标指标方面，流域水生态环境目标指标应作为国土空间双评价的重要基础，以环境容量为桥梁，对国土空间开发适应性以及适宜开发等级规模进行约束。在管控措施方面，流域空间管控措施是基于生态环境保护需求提出的一系列管控要求，是国土空间等资源开发利用的重要约束条件，也是国土空间生态保护修复、综合整治的重要参考；如根据生态系统完整性及连续性维护、水源涵养、污染物拦截等生态环境功能保障与维护需求，针对生态、城镇、农田等不同类型国土空间，明确禁止、限制和允许的人类活动类型及强度，包括海绵城市建设、农田种植类型、化肥农药施用等方式的管控要求。

遵循继承发扬、求实创新、落地可行的原则，新时期流域水生态环境功能分区应进一步强化整体系统观，突出流域汇水特征及流域、生态系统完整性，充分利用（衔接）各类分区成果，以体现具有重要价值的水体为重点，以水功能区目标为导向，以汇水特征为基础，建立包含全国—流域—国家重要水体—控制单元—行政辖区5个层级的空间分区体系。

在流域空间管控体系中，全国层级应侧重战略性，衔接国土空间规划国家层级，主要体现国家生态文明建设战略部署，明确水生态环境保护战略方向及总体目标。

流域是根据自然水系、水资源禀赋等特征，对全国层级空间的划分。流域层级突出长江、黄河等体现具有重要价值河湖的水系特征，充分利用水资源分区结果，划分长江流域、黄河流域、淮河流域、海河流域、珠江流域、松花江流域、辽河流域七大流域及东南诸河、西南诸河、西北诸河三大水资源片区。流域层级介于宏观与中观层面之间，一方面侧重战略性，要与国土空间规划国家层级衔接，落实好中共中央、国务院关于长江、黄河等重点流域的宏观要求；另一方面侧重协调性，分解落实全国总体目标。

国家重要水体是指国家层面，在生态环境以及经济、社会、文化等方面具有重要价值的水体。国家重要水体要突出在流域（区域）层面具有重要价值水体的流域完整性，融合“十三五”流域控制单元划分思路，由原以河段、湖区为基础单位、以维护水体应用功能为核心的空间分区调整为以体现流域（区域）层面重要价值的水体为对象，为保护其生态环境功能，按流域汇水特征形成的水陆统筹的保护空间。国家重要水体层级是对流域层级空间的进一步细化，侧重协调性，衔接国土空间省级层面规划，分解落实全国、流域层级水生态环境战略目标，统领控制单元层级目标要求。国家重要水体主要选择生态环境功能重要，经济、社会、文化价值高，水体规模大、流域面积大，关注程度高的水体，同时，要充分考虑中央和地方事权，重点选择重要跨省水体及具有特殊重要价值的省内水体。国家重要水体应尽可能覆盖所有地级及以上行政辖区，以支撑建立覆盖全国的流域空间管控体系。

控制单元应由原以控制断面为节点的空间划分，调整为以细化国家重要水体保护要求为目的，尽可能按小流域实施监督管理的空间载体。控制单元层级空间划分以在流域（区域）层面具有重要价值水体的支流为主要对象，拟合汇水边界与市级行政区划边界划分的空间单元。按照便于管理与责任落实，原则上控制单元边界不宜跨越地市级以上行政边界。控制单元层面侧重实施性，与国土空间地市及以下层面规划衔接，落实“一河一策”“一厂一策”等精细化管理要求，加强空间管控，强化责任落实。

行政辖区层级是以各级控制断面为连接点，落实流域水生态环境目标、生态环境功能管控的责任主体，包括省、市、县、乡等，最终实现流域统筹、区域落实的工作格局。目前，行政辖区划分综合考虑山脊、河流、沟渠、堤坝、道路等标志物，与依据汇水特征流域边界存在差异，可能会导致水体治污责任不明确，工作受阻。对此，新时期应以小流域内具有重要价值的水体为对象，综合考虑汇水边界、行政区边界、污染物排放、水功能区、水资源、水环境、经济社会等多方面要素，注重小流域自然汇水特征的完整性，兼顾行政区域责任落实主体的明确性，以支撑具有重要价值水体的水生态环境保护及水功能开发利用为目标来划定空间范围，形成断面汇水范围，形成连接流域与区域的有效桥梁。

5.2.3 技术要点

为应对新时期流域系统治理和精准、科学、依法治污的流域管理工作需求，新时期空间分区划分注重流域水环境的完整性与系统性，遵循以水定陆、厘清责任、有序衔接和突出重点 4 项基本原则，以控制断面为节点，充分利用多级水文单元划分成果，衔接乡镇行政区划，由下而上划分各级流域空间管控单元，划分技术要点包括以下几个方面。

一是在多级水文单元划分成果的基础上，以国控断面为节点，对国控断面、水体及多级水文单元的空间包含和水系汇流关系进行分析，确定汇流至各国控断面的所有水文单元，即断面对应的水文单元。二是基于地方水文数据、水利设施、汇流特征、地表特征等诸多因素，通过管理经验、实地验证、专家判断等方式，定性论证前述步骤划分结果的准确性。在优先考虑断面对应的水文单元范围内水系完整性的前提下，结合地方管理经验和专家意见等，调整和修改不合理的断面与水文单元对应关系。三是通过空间分析技术，分别建立排污口与断面和乡镇行政区划的空间关联关系。主要是通过断面对应的水文单元合并区域，明确排污口排向的断面和排污口隶属的乡镇行政区划。原则上，一个排污口只能排向一个断面，同时也只能隶属一个乡镇级行政区划。四是基于排污口与水体水质的输入响应关系，建立乡镇行政区划与断面的污染对应关系。以步骤三成果为基础，进一步通过排污口溯源分析和排污去向分析，明确相关乡镇行政区划与国控断面的污染对应关系。五是合并污染对应关系属于同一个断面的所有乡镇级行政区划，形成断面汇水范围。六是对划分的断面汇水范围进行合理性评价分析。除考虑排污口污染来源和排污去向以外，合理性评价还需综合考虑人工设施、断面特征、水功能区特征和污染物转运等诸多因素，厘清一个乡镇级行政单位区域范围内现阶段污染源排放与水体水质的输入响应关系，最终明确其所属断面汇水范围。对于涉及断面汇水范围划分不合理的乡镇级行政单位，结合国家和地方管理需要与实际情况进行调整，直至形成最合理的断面汇水范围划分方案。七是以保护国家重要水体功能为目的，突出流域完整性，按照问题导向和好用管用的原则，根据水系汇流关系及单元层级，将位于同一水体（一定规模以上的）汇水范围划归至同一控制单元。八是根据水体生态环境功能、经济社会和文化价值、规模面积及各界关注程度，筛选国家重要水体。

5.2.4 分区结果

基于“十四五”国控断面设置方案，将全国重点流域划分为 3 442 个断面汇水范围，822 个控制单元，筛选 156 个国家重要水体。从划分结果来看，最小的汇水范围面积为 6.85 km^2，最大的汇水范围面积为 311 749.57 km^2，平均面积为 2 759.79 km^2；部分汇水范围包含 2 个及以上的国控断面；这主要是因为一方面部分乡镇设置了 2 个及以上的国控断面（如一个湖库可能包含多个监测点位）；另一方面，为避免空间划分结果破碎化，部分汇水范围合并了相邻孤立、较小汇水范围；822 个控制单元重点管控 2 227 个/段水体；国家重要水体包括 134 条（段）河流和 22 个湖库。全国重点流域“十四五”分区结果具体见表 5-6。

表 5-6　全国重点流域“十四五”分区结果　　单位：个

流域名称	国家重要水体	控制单元	断面汇水范围	国控断面
长江流域	42	239	1 252	1 328
珠江流域	21	137	382	393
淮河流域	21	90	363	381
松花江流域	18	58	251	283
黄河流域	15	58	281	281
海河流域	14	69	263	277
东南诸河	11	63	205	211
辽河流域	10	46	198	209
西南诸河	9	28	130	146
西北诸河	2	34	117	137
总计	156	822	3 442	3 646

5.3 分区落实“三水”精细化管理

从“三水统筹”出发，新时期流域分区的管理要素主要包括控制断面、管理目标确定、管控措施等，本章也以重点流域“十四五”规划编制实施为例，阐述相关要求和方法如下。

5.3.1 控制断面

生态环境监测是开展基于“三水统筹”的生态环境保护工作的基础，我国一直高度重视生态环境监测网络建设工作。就水质、水文监测网络而言，全国地表水水质监测网络在不断优化完善，断面数量也在不断增加；水生态监测也逐步在全国范围内推广。其中，水质监测断面是目前流域分区管理的核心管理要素，水生态是未来水生态环境管理的重点要素。基于“三水统筹”的精细化管理首先需要“三水统筹”的监测网络（控制断面）的支撑。

5.3.1.1 水质断面

生态环境部在设置水质监测断面时重点考虑了以下几个方面因素：一是需客观反映河流湖库水生态环境状况，避开死水区、回水区及排污口上下游一定范围；二是需客观反映上下游、左右岸治理责任，国控断面应考虑河湖跨省界节点，如有条件可考虑河湖跨市界节点；三是需充分考虑现有工作基础与需求。原则上，国控地表水监测断面应基本覆盖全国七大流域（长江、黄河、淮河、海河、珠江、松花江、辽河）、三大片区（东南诸河、西南诸河、西北诸河）干流及主要支流（流域面积 1 000 km^2 以上的河流）；以及跨省和跨市的主要河流（流域面积 500 km^2 以上）；基本覆盖省界矛盾突出的河流；针对国家重点战略区域（长江经济带、京津冀地区、粤港澳大湾区等）适当增加断面设置密度；覆盖新三湖（洱海、丹江口水库、白洋淀）和老三湖（太湖、巢湖、滇池）等的主要入湖、出湖、环湖河流；覆盖主要入海河流；三峡、南水北调等大型水利工程所在水体或对其水质影响较大的重要支流；年径流量超过地级及以上城市来水总径流量 80%的主要河流；覆盖其他列入全国重要江河湖泊水功能区划的河流；覆盖面积大于 100 km^2 的大型湖泊、库容大于 10 亿 m^3 以上的大型水库；基本覆盖水域面积在 10 km^2 以上的湖泊、库容在 1 亿 m^3 以上的跨省和跨市的湖库；覆盖其他列入全国重要江河湖泊水功能区划的湖库。不同时期各重点流域河流、湖库型断面设置情况具体见图 5-2、图 5-3。

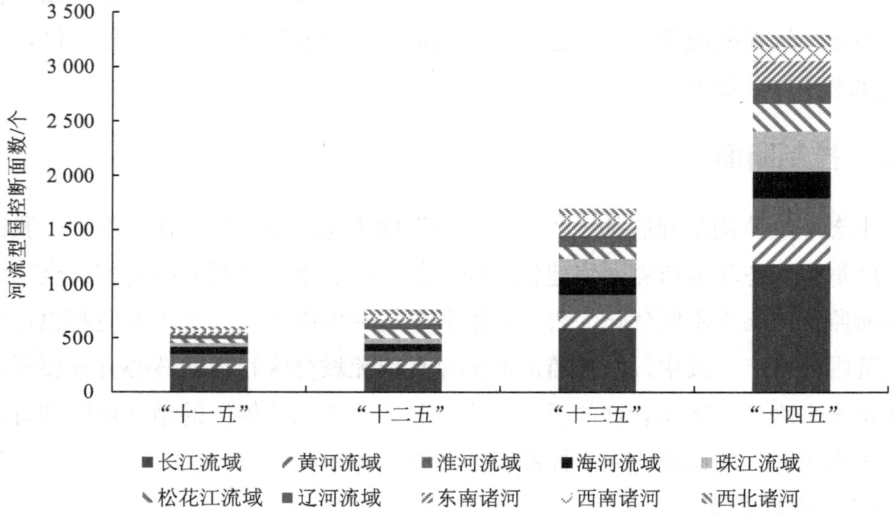

图 5-2　不同时期各重点流域河流型断面设置情况

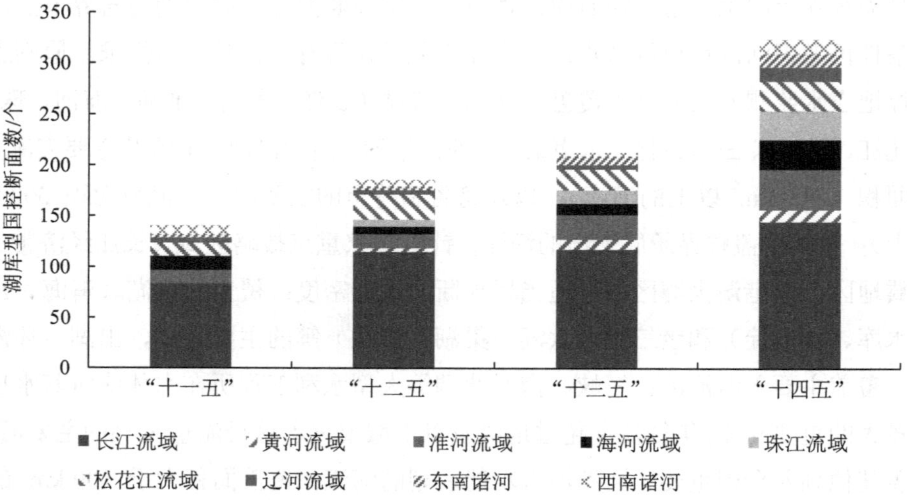

图 5-3　不同时期各重点流域湖库型断面设置情况

“十一五”期间，全国共设置 759 个国控断面，其中河流型断面 604 个，湖库型断面 155 个[8]。从空间分布来看，长江流域 298 个，黄河流域 44 个，淮河流域 99 个，海河流域 84 个，珠江流域 33 个，松花江流域 55 个，辽河流域 43 个，东南诸河 34 个，西南诸河 26 个，西北诸河 43 个。

“十二五”期间，全国共设置 972 个国控断面，较“十一五”增加 28.1%。从空间分布来看，长江流域 336 个，黄河流域 66 个，淮河流域 108 个，海河流域共设置 71 个，珠江流域共设置 61 个，松花江流域 113 个，辽河流域 59 个，东南诸河 49 个，西南诸河 37 个，西北诸河 72 个。其中，松花江流域国控断面增幅最大，达 105.5%；海河流域国控断面数减少了 15.5%。

“十三五”期间，全国共设置 1 940 个国控断面，较“十二五”增加 99.6%，其中，河流型断面 1 698 个，增加 121.7%，湖库型断面 242 个，增加 17.5%。从空间分布来看，长江流域 709 个，黄河流域 147 个，淮河流域 204 个，海河流域 172 个，珠江流域 178 个，松花江流域 129 个，辽河流域 110 个，东南诸河 134 个，西南诸河 66 个，西北诸河 91 个。其中，珠江流域国控断面增幅最大，达 191.8%。

“十四五”期间，全国共设置 3 646 个国控断面，较“十三五”增加 87.6%，其中河流型断面 3 292 个，增加 93.9%，湖库型断面 354 个，增加 46.3%[9]。从空间分布来看，长江流域 1 330 个，黄河流域 282 个，淮河流域 380 个，海河流域 276 个，珠江流域 394 个，松花江流域 283 个，辽河流域 209 个，东南诸河 211 个，西南诸河 144 个，西北诸河 137 个。其中，珠江流域国控断面增幅最大，达 121.3%。

5.3.1.2　水文断面

水文断面是收集水文要素设置的经常性工作站点，包括流量站、水位站、泥沙站、雨量站、蒸发站、水质站、地下水站、试验站、专用站等，是生态流量监管的重要节点[10]。

从清代末期开始有正式连续记录的水位、雨量观测，并开始有流量观测。自中华人民共和国成立以来，我国政府大力发展水利事业，水文站网得到了迅速发展。以水利部门基本水文站为例，1949—1960 年，每年增建数百处，1960 年国家基本水文站达到 3 611 处；截至 2009 年，按独立站统计，中国有基本水文站 3 183 个，水位站 1 407 个，雨量站 15 750 个，水质站 6 097 个，地下水观测井 12 522 个[11]；

到 2022 年，按照独立站统计，全国水文部门共有各类水文测站 121 731 处，按照观测项目统计，全国水文部门共有流量站 9 032 处，水位站 24 672 处，泥沙站 1 695 处，降水量站 69 267 处，蒸发站 1 702 处，冰情站 1 204 处，地下水站 26 628 处，地表水水质站 11 082 处，水生态站 872 处，墒情站 6 019 处[12]。

5.3.1.3 水生态断面

2023 年，生态环境部启动了长江流域水生态考核试点工作。根据《长江流域水生态监测方案（试行）》，生态环境部在长江流域共设置大型底栖无脊椎动物和浮游动物监测点位 331 个，其中，长江干流及雅砻江、嘉陵江、沱江、岷江、汉江、沅江、湘江和赣江等主要支流设置 239 个监测点位；滇池、太湖、巢湖、洞庭湖和鄱阳湖等重点湖泊设置 92 个监测点位；共设置水生植被监测点位 9 个，包括太湖、巢湖和滇池等考核水体（湖泊）；共设置水华监测点位 13 个，包括太湖、巢湖、滇池、丹江口水库和三峡水库等考核水体（湖泊、水库）；自然岸线监测范围包括 46 个考核水体（河流、湖泊）岸线全线；水源涵养区监测范围包括 50 个考核水体（河流、湖泊、水库）的水源涵养区全域；水生生物栖息地监测范围包括 185 个涉水自然保护地。

5.3.1.4 “三水”监测站网优化

目前，水文和水质断面在空间位置的一致性和协同性仍有待进一步加强。以黄河流域为例，根据《“十四五”国家空气、地表水环境质量监测网设置方案》，生态环境部于黄河流域布设了 282 个“十四五”地表水国控监测断面，覆盖 118 条河流（沟渠）和 10 个湖库，占黄河流域河湖总数的 3%左右；另根据已收集整理的有关数据，水利部门于黄河流域内布设了 210 个水文站，覆盖 105 个河（湖），占黄河流域河（湖）总数的 2%左右。经对比分析，同时设有水质断面和水文站的河（湖），包括黄河干流、渭河、汾河、沁河和东平湖等 53 个，占流域总数的 1%左右。部分水质断面和水文站在具体点位上也存在偏差，难以为水质、水量协同管理提供有效支撑。根据对比分析，目前水质水量监测关联度较高（点位间直线距离小于 5 km，且位于同一水体），能够为协同管理提供有效支撑的站点仅有 46 个水质断面（对应 45 个水文站），仅占断面总数的 16%，涉及 25 条河流。以黄河上游重要支流洮河为例，洮河干流共设置 5 个地表水国控监测断面，共有 5 个水文站。其中，水质断面与水文站空间匹配度较高的仅碌曲水质断面和碌曲水文站，两者相距 1.37 km；其余水质断面距离最近的水文站均在 30 km 以上；水质断面与水文站距离最大的达 100 km 以上。此外，从长江流域水生态监测断面与“十四五”国控断面设置情况来看，水生态监测断面与水质断面在空间上也存在不一致的问题。

对此，为更好、更高效地支撑“三水统筹”工作，下一步相关部门在布设水质、水文、水生态站网时，可委托有关技术支撑单位，组织各地各级生态环境、水利等相关部门，建立合作机制，统筹好水环境、水资源、水生态监测站网的布设点位选择和站点建设工作。首先，要充分发挥现有站点的优势，避免重复建设和资金等资源的浪费，围绕现有的且无关联度较强的配套站点的水质、水文和水生态监测站，在明确各类断面代表范围的基础上，补齐各点位监测能力缺口。各地可根据实际情况选取合适的补齐监测能力缺口的方式，例如，水质监测站可根据实际情况选择手工采样监测或自动站采样监测等方式；水文站可采用辅助站等方式，逐步开展站点的补充。其次，结合水文、水质站加密布点或布点优化调整工作，将水质、水文、水生态等监测站点新增或优化调整至代表性一致的点位。

5.3.2　管理指标目标

管理目标的制定和实施是落实各项政策措施的重要手段。在“三水统筹”框架下，科学制定相互衔接协调的“三水”目标是关键和核心。管理目标的确定包括指标筛选和目标要求确定两方面。本节以“十四五”时期《重点流域水生态环境保护规划》管理指标筛选和目标确定技术要点为例，详细阐述指标筛选的情况和目标确定技术要求，为后续各时期水生态环境保护管理目标筛选和目标确定提供参考与借鉴。

5.3.2.1　目标指标体系设计

生态环境部联合有关部门印发的《重点流域水生态环境保护规划》在“三水统筹”的管理指标筛选方面进行了深入、有益的尝试，初步提出了覆盖全面、操作性强、贴近百姓生活的规划指标体系。《重点流域水生态环境保护规划》明确提出了有序衔接 2035 年美丽中国和 21 世纪中叶社会主义现代化强国中长期战略目标，依据可监测、可统计、可考核原则，体现约束性和指导性相结合的思路，按照“有河有水、有鱼有草、人水和谐”的要求，科学性指标与亲民性指标相结合，提出了 4 项水环境指标、2 项水资源指标和 5 项水生态指标，具体见表 5-7。

表 5-7 《重点流域水生态环境保护规划》指标

类别	序号	指标
水环境	1	地表水达到或好于Ⅲ类水体比例/%
	2	地表水劣Ⅴ类水体比例/%
	3	县级及以上城市集中式饮用水水源水质达到或优于Ⅲ类比例/%
	4	城市建成区黑臭水体控制比例/%
水资源	5	达到生态流量要求的河湖数量/个
	6	恢复“有水”的河流数量/条
水生态	7	水生生物完整性指数
	8	河湖生态缓冲带修复长度/km
	9	人工湿地水质净化工程建设面积/km^2
	10	以重现土著鱼类为目标的水体数量/个
	11	以重现土著水生植物为目标的水体数量/个

各指标的目标确定需考虑不同指标、不同单元所处流域、区域自然资源禀赋、生态环境状态（历史趋势）、社会经济发展（现状与需求）和工作基础等因素，合理确定不同阶段目标值，确保目标落地可行。

5.3.2.2 水环境指标目标确定

水环境指标主要为生态环境部沿用多年的规划、考核、评价指标，包括地表水达到或好于Ⅲ类水体比例（%）、地表水劣Ⅴ类水体比例（%）和县级及以上城市集中式饮用水水源水质达到或优于Ⅲ类比例（%）3 项，能全面客观反映全国及各地水环境质量状况和百姓关切的热点问题，且具有很好的监测基础，配套了完善的考核、评价体系，包括标准、办法、细则、方案等政策文件。城市建成区黑臭水体控制比例（%）为“十三五”时期“水十条”提出的新指标；为落实上位政策文件要求，生态环境部研究制定了工作指南等政策文件，并组织开展了专项行动，取得了较好的成效，大幅提升了生态环境保护工作给百姓带来的幸福感和获得感。基于此，“十四五”时期，在坚持人民至上等原则的指引下，应继续将“黑臭水体整治”指标纳入“三水统筹”管理目标体系，并在“十三五”时期地级及以上城市建成区黑臭水体整治成效基础上，将整治范畴扩展至县级城市建成区基本消除。

“好三劣五”比例（%）：“好三劣五”比例（%）是地表水优良（达到或优于Ⅲ类）比例（%）和地表水劣Ⅴ类水体比例（%）两项指标的统称。“好三劣五”比例（%）指标目标要求可以“十四五”国控断面历史监测数据为基础，合理确定各断面水环境质量目标。各断面、区域、流域目标值确定遵循以下原则：一是反退化原则，各流域、区域目标“只能变好、不能变差”，各断面规划目标原则上不低于现状；二是有序衔接原则，衔接国务院已批复相关规划及各部委相关专项规划中水环境质量目标；三是合理可行原则，结合断面水环境质量变化趋势、超标因子及超标倍数、污染减排潜力等情况，科学确定各断面水质目标；四是体现差异原则，结合流域区域改善必要性与可行性分析结果；原则上与全国平均水平差距大的流域、区域，目标改善幅度要求高；针对有特殊生态环境保护需求的水体，如产卵地、栖息地等，可根据保护需要，将水温等特征指标纳入断面目标要求。

城市集中式饮用水水源达到或优于Ⅲ类比例（%）：根据“十三五”全国地级及以上城市集中式饮用水水源地整治积极成效基础，进一步拓宽管理范围，将“十四五”时期集中式饮用水水源的生态环境保护要求扩展至县级及以上城市；鼓励有条件地区统筹城乡，全域推动集中式饮用水水源达标。该项指标目标要求的确定以2020年监测数据为基础，针对水源清单开展现状水质评估，分类型（地表水型、地下水型）分析水源的超标因子和超标倍数。从上游来水影响、天然背景、人为污染等角度分析超标原因，其中本底值超标但自来水厂可处理达标的因子，在考核时另行处理。从不达标水源的超标因子的超标水平、超标原因、治理的可行性等方面，逐一分析不达标水源目标可达性，对各省份分别确定地级城市和县级城市2025年目标。

城市建成区黑臭水体控制比例（%）：根据全国地级及以上城市建成区黑臭水体消除工作成效，“十四五”时期城市建成区黑臭水体控制范围明确为县级及以上城市建成区，鼓励有条件的地区统筹城乡，全域推动黑臭水体整治。具体整治清单由各省（区、市）按照《城市黑臭水体整治工作指南》（建城〔2015〕130号）排查确定。最终根据黑臭水体排查及技术经济可行性分析，提出“十四五”需消除的黑臭水体清单及其完成年限。

5.3.2.3 水资源指标目标确定

“十四五”时期，充分考虑水资源对于水环境、水生态的基础支撑作用，以解决断流河流“有水”为重点，衔接水利部门相关工作安排，基于水利部计划在“十四五”时期推动的重点河湖生态流量保障、水利设施生态流量下泄等工作提出，合理确定清单及目标指标，确保指标监测、评价、考核和监管的可行性。

达到生态流量（水位）底线要求的河湖数量（个）：水体清单根据河湖水资源状况分析结果，结合水生态环境质量改善需求，充分考虑必要性和可达性，衔接水利部印发相关工作文件和地方反馈意见最终确定；底线要求需考虑水环境质量达标、河流生态保护修复、生物物种栖息地保护修复、河口压咸等的生态环境需求，根据河流湖泊断流干涸现状，按照“只能改善、不能变差”的原则，逐一明确。

恢复“有水”的河湖数量（个）：该指标以缺水地区为主，管理范围可根据河流断流河长、时长分析结果，充分考虑必要性和可达性确定，并逐一明确需恢复“有水”的河长、时长。

5.3.2.4 水生态指标目标确定

水生态类目标是“十四五”新列入规划的目标指标，相应的基础和配套能力较差。《重点流域水生态环境保护规划》充分借鉴了国外先进经验，选取了与水生态环境保护密切相关的 3 项指标。其中，水生生物完整性指数、以重现土著鱼类为目标的水体数量（个）和以重现土著水生植物为目标的水体数量（个）是直接反映河湖水生态系统的状态指标；河湖生态缓冲带修复长度（km）和人工湿地水质净化工程建设面积（km^2）是减轻河湖污染负荷、维护生态系统的重要指标。生物完整性是指与区域环境相适应的，经长期进化形成的生物群落组成、结构和功能方面的属性[13]。基于生物群落特征的多参数指数 MMI（通常也被称为生物完整性指数 IBI），以及反映样点观测物种组成（观测值 O）与期望物种组成（期望值 E）差异性的 O/E 指数，均是应用最广泛的评价河流生物完整性的两种指数[14]。土著鱼类、土著水生植物是指出现在其自然分布区及其自然传播范围内的物种。土著物种的恢复是河湖水生态系统的重要执行性状态指标。河湖生态缓冲带、人工湿地通过国内外研究和实践已被证明是拦截（净化）污染、调节生态系统的重要区域[15-18]。

水生生物完整性指数：该指标目标要求可按照 2030 年水生态系统功能初步恢复的要求，考虑水生态状况长时间序列的可比性，根据已有工作基础（如长江、松花江、太湖、辽河等流域），筛选重点河流、湖库，因地制宜研究确定淡水大型底栖无脊椎动物完整性指数（B-IBI）、富营养化指数等评价方法，合理确定目标要求。

河湖生态缓冲带修复长度（km）/湿地恢复（建设）面积（km^2）：这是针对“十四五”河湖水生态环境保护需求提出的新指标，监测、统计、管理等基础相对薄弱，无法采用常规指标的目标确定方法。“十四五”期间，河湖生态缓冲带修复长度和湿地恢复（建设）面积的目标要求充分考虑指标可操作性，根据各地上报重点任务和工程项目确定。

重现土著鱼类或水生植物的水体数量（个）：该指标是“三水统筹”背景下“十四五”新增指标，且按职责分工属农业农村、自然资源和水利等部门管辖范畴。对此，考虑工作推动需要及目标可达可行的原则，“十四五”指标的目标确定均由各地政府上报统计确定。

近期，中共中央、国务院联合印发《关于全面推进美丽中国建设的意见》提出了美丽河湖建成率等新指标[19]；生态环境部印发实施《长江流域水生态监测方案（试行）》，将具有重要生态功能或社会关注度高的长江干流、主要支流、重点湖泊和水库等 50 个水体确定为评价考核对象，制定了水生态系统健康、水生境保护、水环境保护和水资源保障 4 个一级指标，细分为鱼类物种数等 14 个二级指标。下一阶段，基于空间分区的“三水”管理目标可充分衔接党中央、国务院及相关部委最新工作要求，梳理总结国内外先进、成功实践案例，结合当下水生态环境质量状况和保护需求，进一步完善“三水”管理指标体系。

同时，在指标筛选的基础上，各指标的目标确定方法也需要与水生态环境保护的工作需求和工作基础进行确定。从“十四五”水生态环境保护规划目标确定的技术方法来看，各指标目标的确定仍相对独立，缺乏有机、紧密的联系。对此，下一阶段，还需要进一步深挖“三水”之间的内在联系和相互作用机理，研究制定名义上和实质上“三水统筹”的目标要求。例如，在水质水量协同监测网络建设的支持下，可以考虑由生态环境部门与水利部门联合制定基于不同水文情景下的水质目标，以及基于不同水质保护目标条件下的水量调配方案。生态环境主管部门可在经济可行的污染控制标准和遵循“四水四定”原则的发展规模下，确定不同流量区间内的水质目标及年均水质目标。如伊洛河黑石关断面流量达到8 m^3/s，水质目标需达到Ⅳ类；若断面流量达到某一流量（可假定高于 8 m^3/s），则水质目标可设为Ⅲ类；若断面流量低于某一流量（如常年平均流量的10%），则水质目标可设为Ⅴ类；若河湖具有珍稀保护物种繁育等功能的，可确定更为严格的水质和流量标准；同时，也可以设置断面水质年均值目标。除水质目标随水体流量（水量）情况浮动以外，水利部门也可考虑基于水质保护要求，制订水量分配方案，对于水质目标要求相对较低的时段，可以适当加大区域取用水量；反之，则需要严格控制取用水、加大节水力度，保障水体生态流量（生态水量）。更进一步地，可以借鉴国际经验，将污染排放标准与受纳水体情况挂钩，将废水排放量与上游来水水量的比值，以及上游来水水质、下游水质目标要求作为确定排放标准的前置条件，确定不同情形下的流域污染排放标准，充分利用自然环境净化能力，让生态环境保护真正成为促进区域高质量发展的科学约束和有力促进。

5.3.3 管控措施

5.3.3.1 全国及流域层级

全国及流域层级注重战略性和协调性，突出流域特点，衔接生态环境保护、国民经济发展、国土空间等宏观规划要求，提出国家、流域层面水生态环境保护战略任务及重大工程。在“十三五”时期，以“水十条”为引领的、全国层面的水生态环境保护宏观政策文件，强调了该时期水生态环境保护工作由污染物控制为核心转向以改善水环境质量为核心，提出了“节水优先、空间均衡、系统治理、两手发力”的总体原则和“安全、清洁、健康”的总体方针，明确了全国及京津冀、长三角、珠三角等重点区域和长江、黄河、珠江等重点流域水生态环境保护具体要求，部署了“全面控制污染物排放”、“推动经济结构转型升级”和“着力节约保护水资源”等10项重点任务。在“十四五”时期，《重点流域水生态环境保护规划》以河湖为统领阐述了“十四五”时期水生态环境保护的普适性框架、原则、逻辑，同时兼顾攻坚战任务，用专章列出了长江、黄河的水生态环境保护治理重点，是流域水生态环境保护工作的系统性部署[20]。

5.3.3.2 国家重要水体层级

国家重要水体层级可参考国土空间双评价、全国生态功能区划等评价技术方法及结果，识别其主导功能，包括水源涵养、水土保持、生物多样性维护等水生态环境支撑功能和城镇开发、农业生产等经济活动功能；根据其主导功能，制定与主导功能相符的准入清单及与主导功能不符的负面清单等管控要求；基于资源环境承载力、环境容量等评价结果，合理确定开发利用空间范围及强度，规范与约束开发利用活动，强化并落实流域空间管控体系对于国土空间规划的影响与约束。例如，京津冀水源涵养区内应以植树造林、水土保持等生态保护修复为主，严格控制放牧、旅游、城镇建设等开发利用强度。根据在国家重要水体层级（中观尺度）确定的主导功能，指导各区域生态保护与建设、自然资源有序开发和产业合理布局。

不同主导功能的国家重要水体需采取相应的措施，确保主导功能不退化、不降低。例如，以水源涵养为主导功能的国家重要水体可采取严格保护具有重要水源涵养功能的自然植被，限制或禁止各种损害生态系统水源涵养功能的经济社会活动和生产方式，恢复与重建水源涵养区森林、草地、湿地等生态系统，提高生态系统的水源涵养能力等措施；以生物多样性保护为主导的国家重要水体，可重点开展水生生物多样性调查与监测，严控水体捕捞养殖作业，加强重要水生物种栖息地保护与建设，加强外来物种入侵的控制等措施。

5.3.3.3 控制单元层级

控制单元层级的管控要求主要是以保护和改善生态环境质量为基本出发点，以目标与问题为导向，突出体现小流域的概念，统筹污染减排、水资源保障、水生态系统保护修复及风险防范等各类措施，分解落实各级生态环境规划工作任务要求，改善（维护）控制单元水生态环境质量。在落实生态环境质量目标要求过程中，需要统筹协调好上下游、左右岸，特别是在生态流量保障、生态系统保护与修复工作中，应以完整的流域或生态系统为对象开展工作。

5.3.3.4 行政区层级

行政区层级是落实上述各级空间分区管控要求的责任主体，是保障具体措施落实和各层级“三水”目标实现的关键。该层级主要是依托汇水范围，按照控制断面—汇水范围涉及的各级地方政府（河长湖长），层层明确责任政府、责任河长湖长，地方各级政府环境责任传导机制。落实“党政同责”“一岗双责”要求，明确地方各级政府及有关部门生态环境保护责任。健全生态环境保护党政同责制度，明确地方党政领导是“生态环境保护第一责任人”。结合国土空间资源承载力、环境容量评价，实施以汇水范围为基本单位、以生态环境质量目标时序进度为依据的限批制度。在行政区层级，应以汇水范围为基本单位，科学精准实施排污口管理、排污许可证管理、污染治理减排与生态保护修复等重点管控措施；具体如下：

在排污口管理方面，设置取水口、入河排污口或者实施可能对水功能区有影响的活动，有关单位在提交的取水许可申请（水资源论证报告）、入河排污口设置申请、河道管理范围内工程建设项目申请等行政审批申请文件中，应当按照法律法规要求论证涉水活动对水功能区水质、水量、水生态的影响，提出预防、减缓、治理、补偿等措施；预防、减缓、治理、补偿等措施应当与取水口设置、入河排污口设置或其他活动一并实施。

在排污许可管理方面，在行业排污许可证核发技术指南的基础上，加快研究制定与流域水质目标相衔接的固定源排污许可证核发技术指南；根据控制单元水质改善需求、污染来源结构分析结果，以固定源污染为主的水质改善型控制单元为试点，逐步推动固定源排污许可证核发和管理与控制单元水质挂钩。

在污染治理减排与生态保护修复方面，以控制单元为基本单位，以污染物排放—水量—水生态环境响应关系为支撑，围绕“目标—问题—任务—项目”的逻辑主线，明确控制单元的水环境质量底线要求，根据控制单元水质改善要求等制定差别化环境准入政策，实施工业污染源全面达标排放计划，补齐城镇生活污水管网建设及污泥处理处置等短板，推进农业农村污染源治理，保护修复水生态系统，科学确定和保障生态流量，严格水域岸线用途管制，腾退侵占的生态空间，积极建设河湖浅滩湿地等生态工程，提炼、筛选与储备水污染防治项目。

参考文献

[1] 李干杰．以习近平生态文明思想为指导 坚决打好污染防治攻坚战[J]．行政管理改革，2018（11）：4-11.

[2] 国务院．国务院关于印发全国主体功能区规划的通知，2011.

[3] 张文国，饶胜，张箫，等. 把握划定并严守生态保护红线的八个要点[J]. 环境保护，2017，45（23）：14-17.

[4] 吕红迪，万军，秦昌波，等. “三线一单”划定的基本思路与建议[J]. 环境影响评价，2018，40（3）：1-4.

[5] 环境保护部. 生态保护红线划定指南. 2017.

[6] 本刊编辑部. 我国划定生态保护红线 319 万平方公里[J]. 环境教育，2023（9）：1.

[7] 划定生态保护红线面积合计约 319 万平方公里[J]. 中国环境监察，2023（8）：4.

[8] 嵇晓燕，刘廷良，孙宗光，等. 国家水环境质量监测网络发展历程与展望[J]. 环境监测管理与技术，2014，26（6）：1-4，8.

[9] 生态环境部. “十四五”国家空气、地表水环境质量监测网设置方案，2020.

[10] SL 34—1992. 水文站网规划技术导则[S].

[11] 何惠. 中国水文站网[J]. 水科学进展，2010，21（4）：460-465.

[12] 水利部. 中国水文年报，2022.

[13] Karr J R. Biological integrity：a long-neglected aspect of water resource management[J]. Ecological Applications，1991，1（1）：66-84.

[14] 陈凯，陈求稳，于海燕，等. 应用生物完整性指数评价我国河流的生态健康[J]. 中国环境科学，2018，38（4）：1589-1600.

[15] Lee P，Smyth C，Boutin S. Quantitative review of riparian buffer width guidelines from Canada and the United States[J]. Journal of Environmental Management，2004，70（2）：165-180.

[16] United Kingdom Rural Payments Agency. GAEC 1—Establishment of buffer strips along watercourses[Z]. London，2016.

[17] Haberl R，Perfler R，Mayer H. Constructed wetlands in Europe. Water Science and Technology，1995，32（3）：306-315.

[18] Tanner C C. Growth and nutrient dynamics of soft stem bulrush in constructed wetlands treating nutrient rich wastewaters[J]. Wetlands Ecology and Management，2001（9）：49-73.

[19] 中共中央，国务院. 关于全面推进美丽中国建设的意见，2023.

[20] 王金南. 强化系统观念，推进水生态环境保护迈上新台阶 《重点流域水生态环境保护规划》解读三[J]. 城市道桥与防洪，2023（10）：282-283.

第6章

水资源保障

水资源是国家繁荣昌盛的重要支柱。随着人口增长和经济社会快速发展，水资源短缺问题日益凸显。从水循环的“天然-人工”二元特性来看，水资源支撑了同等重要的经济社会系统和生态环境系统[1-2]。从“三水”之间的相互关系来看，水资源是生命的载体，对维系河流、湖泊等水生态系统的结构和功能起着至关重要的作用；河湖生态用水保障是维系江河湖泊生态系统的基本要素，是控制水资源开发强度的重要指标和统筹“三生”用水的重要基础。本章坚持“四水四定”要求，以河湖生态用水保障为目标导向，在平衡好生态环境和社会经济用水需求的基础上，阐述了水资源节约、优化配置、生态流量保障、污水资源化利用等方面的路径措施。

6.1 基本考虑

6.1.1 水资源开发利用状况

水资源是指可供利用或有可能被利用，以满足人类经济社会发展、生态环境保护等各方面需求的天然水，具有资源、环境、生态、经济和社会等多重功能。随着全球人口增加、工农业生产发展以及水环境污染程度日趋严重，许多地区的可用水资源相继出现了危机，严重制约了社会、经济的发展。水资源短缺一直是我国在人口增长、城市化和工业化过程中所面临的一个长期性、趋势性的问题，成为制约我国经济社会发展的重要"瓶颈"。在全国 691 个城市中，约 400 个城市存在供水不足问题，其中 110 个城市严重缺水，黄河、淮河、海河等人均水资源量达到极度缺水水平。

从水资源来看，2022 年，全国平均降水量为 631.5 mm，水资源总量为 27 088.1 亿 m^3，比多年平均值偏少 1.9%。其中，地表水资源总量为 25 984.4 亿 m^3，地下水资源总量为 7 924.4 亿 m^3，地下水与地表水资源不重复量为 1 103.7 亿 m^3 [3]。总体来说，全国水资源总体稳定在 3 万亿 m^3 左右，人均水资源量基本稳定在 2 000 m^3/人左右。全国近 10 年水资源变化情况具体见表 6-1 [4]。

表 6-1　全国近 10 年水资源变化情况

年份	水资源总量/亿 m^3	地表水资源总量/亿 m^3	地下水资源总量/亿 m^3	人均水资源量/（m^3/人）
2013	27 957.9	26 839.5	8 081.1	2 050.8
2014	27 266.9	26 263.9	7 745.0	1 987.6
2015	27 962.6	26 900.8	7 797.0	2 026.5
2016	32 466.4	31 273.9	8 854.8	2 339.4
2017	28 761.2	27 746.3	8 309.6	2 059.9
2018	27 462.5	26 323.2	8 246.5	1 957.7
2019	29 041.0	27 993.3	8 191.5	2 062.9
2020	31 605.2	30 407.0	8 553.5	2 239.8
2021	29 638.2	28 310.5	8 195.7	2 098.5
2022	27 088.1	25 984.4	7 924.4	1 918.2

从供水量来看，2022 年，全国供水总量为 5 998.2 亿 m^3，近 10 年来总体呈下降趋势。其中，地表水供水量为 4 994.2 亿 m^3，近年来基本保持稳定；地下水供水量为 828.2 亿 m^3，较 2013 年减少了 26.5%；其他供水量为 175.8 亿 m^3，较 2013 年增长了 252.3%[4]。从用水量来看，2022 年，全国用水总量与供水总量一致；其中，农业用水量为 3 781.3 亿 m^3，占比最大，约占总用水量的 63%，近 10 年来总体呈下降趋势；工业用水量为 968.4 亿 m^3，较 2013 年大幅下降，降幅达 31.1%；生活用水量为 905.7 亿 m^3，较 2013 年有较大幅度的增长，增幅为 20.7%；生态用水量为 342.8 亿 m^3，较 2013 年增长 225.2%，充分体现了我国对生态用水的重视程度在逐步加强[4]（图 6-1）。

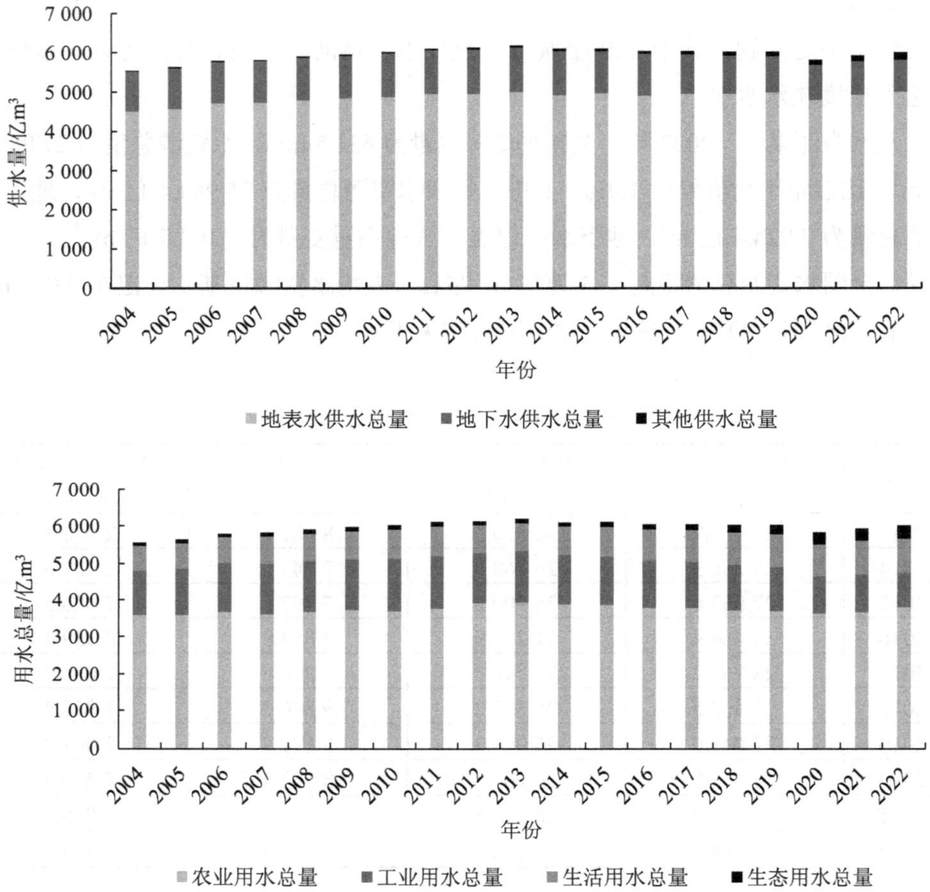

图 6-1　近 10 年全国供用水量变化趋势

从用水效率来看，全国人均综合用水量为 425 m^3，万元国内生产总值（当年价）用水量为 49.6 m^3。耕地实际灌溉亩均用水量为 364 m^3，农田灌溉水有效利用系数为 0.572，万元工业增加值（当年价）用水量为 24.1 m^3，人均生活用水量为 176 L/d（其中人均城乡居民生活用水量为 125 L/d）。根据水利部发展研究中心研究成果[5]，与美国、日本、德国、俄罗斯、印度等 59 个国家比较，2020 年，我国万元 GDP 用水量为 57 m^3，位列第 35，低于 60 个国家平均值（66.6 m^3），是美国万元 GDP 用水量的近 2 倍，日本的近 3 倍；我国万元工业增加值用水量，为 32.9 m^3，位列第27，低于60个国家平均值（44.6 m^3），但仍是日本（11.5 m^3）的近3倍；我国农田灌溉水有效利用系数（全国平均）为0.565，远低于欧美等发达国家和地区2010年水平（0.65～0.87），但我国北京、上海、天津等个别地区农田灌溉水有效利用系数达到了发达国家水平（0.7～0.8）。

尽管在水资源保障方面我国取得了巨大成就，但也要清醒地认识到，我国仍面临来自局地水资源短缺、地下水超采、社会供用水需求对生态系统造成的巨大压力，以及气候变化对供用水关系的影响等方面的严峻挑战。目前，我国53%的国土面积处于水资源超载或临界超载区域，近70%的城市群、90%以上的能源基地、65%的粮食主产区缺水问题突出[6]。根据国家发展改革委2021年新闻发布会数据，全国年缺水约500亿 m^3，水资源短缺已成为制约我国高质量发展和生态文明建设的突出短板。同时，我国目前生活生产用水效率仍不高，与世界先进国家相比仍有较大差距；生态用水占比偏低，无法达到健康良好的水环境、水生态对水资源的需求。此外，中华人民共和国成立以来，我国建成投运大批水库电站，显著提升了各流域防洪、供水、供能等方面水平[7]，但同时产生了防洪、供水、产能、航运和生态保护等多目标供需矛盾[8]。很多地方存在只重速度、增长的错误观念，忽视了生态保护对水资源的需求，使得河湖生态流量保障不足。例如，2016年汛期（6—8月），京津冀有卫星影像的333条河流中，227条河流断流[9]；据实地调研了解的情况，近两年，黄河流域水质不达标的断面近80%位于暂无生态流量目标的河流，90%的不达标断面受生态流量不足影响。

6.1.2 水资源保障思路

近年来，水资源保障对生态环境的支撑作用越来越受到关注。2021年，习近平总书记在深入推动黄河流域生态保护和高质量发展座谈会讲话中首次提出“四水四定”，要坚决落实以水定城、以水定地、以水定人、以水定产，走好水安全有效保障、水资源高效利用、水生态明显改善的集约节约发展之路。《中华人民共和国长江保护法》《中华人民共和国黄河保护法》等多部法律法规都明确了保障河湖生态用水的相关要求（专栏6-1）。

专栏 6-1 《中华人民共和国长江保护法》《中华人民共和国黄河保护法》的生态用水保障相关条款

《中华人民共和国长江保护法》

第二十九条　长江流域水资源保护与利用，应当根据流域综合规划，优先满足城乡居民生活用水，保障基本生态用水，并统筹农业、工业用水以及航运等需要。

第三十一条　国家加强长江流域生态用水保障。国务院水行政主管部门会同国务院有关部门提出长江干流、重要支流和重要湖泊控制断面的生态流量管控指标。其他河湖生态流量管控指标由长江流域县级以上地方人民政府水行政主管部门会同本级人民政府有关部门确定。

国务院水行政主管部门有关流域管理机构应当将生态水量纳入年度水量调度计划，保证河湖基本生态用水需求，保障枯水期和鱼类产卵期生态流量、重要湖泊的水量和水位，保障长江河口咸淡水平衡。

长江干流、重要支流和重要湖泊上游的水利水电、航运枢纽等工程应当将生态用水调度纳入日常运行调度规程，建立常规生态调度机制，保证河湖生态流量；其下泄流量不符合生态流量泄放要求的，由县级以上人民政府水行政主管部门提出整改措施并监督实施。

《中华人民共和国黄河保护法》

第三十七条　国务院水行政主管部门确定黄河干流、重要支流控制断面生态流量和重要湖泊生态水位的管控指标，应当征求并研究国务院生态环境、自然资源等主管部门的意见。黄河流域省级人民政府水行政主管部门确定其他河流生态流量和其他湖泊生态水位的管控指标，应当征求并研究同级人民政府生态环境、自然资源等主管部门的意见，报黄河流域管理机构、黄河流域生态环境监督管理机构备案。确定生态流量和生态水位的管控指标，应当进行科学论证，综合考虑水资源条件、气候状况、生态环境保护要求、生活生产用水状况等因素。

黄河流域管理机构和黄河流域省级人民政府水行政主管部门按照职责分工，组织编制和实施生态流量和生态水位保障实施方案。

黄河干流、重要支流水工程应当将生态用水调度纳入日常运行调度规程。

第四十五条　黄河流域水资源利用，应当坚持节水优先、统筹兼顾、集约使用、精打细算，优先满足城乡居民生活用水，保障基本生态用水，统筹生产用水。

第四十九条 黄河流域县级以上行政区域的地表水取用水总量不得超过水量分配方案确定的控制指标，并符合生态流量和生态水位的管控指标要求；地下水取水总量不得超过本行政区域地下水取水总量控制指标，并符合地下水水位控制指标要求。

近年来，各地区各部门深入实施国家节水行动，全面贯彻落实“四水四定”，强化水资源作为稀缺资源的刚性约束，加快转变不科学不合理的生产生活方式，提高水资源配置效率，通过节约用水扩大发展空间、提升发展能力。为协调水生态保护修复与水资源开发利用的关系，水利部出台了《关于做好河湖生态流量确定和保障工作的指导意见》等一系列河湖生态流量管理政策措施，基本建立了保障河湖生态用水的管理体系。生态环境部按照“三水统筹”的新时期水生态环境保护思路，印发实施了《重点流域水生态环境保护规划》，将生态流量相关指标列入规划目标体系，并系统提出相应任务措施，进一步强化了生态流量保障在水生态环境保护工作中的作用与地位[10]。

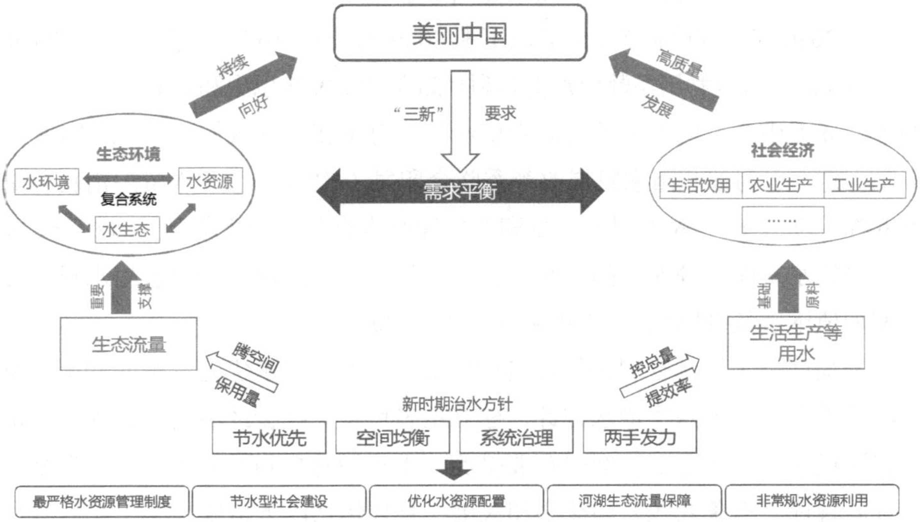

图 6-2 新时期以生态流量保障为目标的水资源调控与优化配置总体思路

相关实践探索为更好更快推进生态用水保障提供了经验与借鉴。在“三水统筹”框架下，要处理好自然-社会关系，严格遵循“节水优先、空间均衡、系统治理、两手发力”十六字治水方针，以河湖生态用水保障为目标导向，在保障生活、生产高效用水需求的前提下，加强水资源调控与优化配置，尽可能给河湖生态流量保障留出空间。

6.2 最严格水资源管理

2002年，经第九届全国人民代表大会常务委员会第二十九次会议第一次修订的《中华人民共和国水法》在1988年版本中“国家实行计划用水，厉行节约用水”等要求的基础上，首次提出了“用水总量控制”的概念，明确要求“国家对用水实行总量控制和定额管理相结合的制度”，旨在解决全国水资源短缺、用水效率不高等问题。2012年，国务院印发实施了《关于实行最严格水资源管理制度的意见》（国发〔2012〕3号）对全国用水总量和用水效率，明确提出2015年、2020年、2030年全国用水总量控制目标分别控制在6 350亿m^3以内、6 700亿m^3以内和7 000亿m^3以内；2015年万元工业增加值用水量比2010年下降30%以上，2020年、2030年分别降低至65 m^3以下和40 m^3以下；2015年、2020年、2030年全国农田灌溉水有效利用系数分别提高到0.53以上、0.55以上和0.6以上。2015年，党的十八届五中全会明确要求实施水资源消耗总量和强度双控行动。2016年，经国务院同意，水利部和国家发展改革委联合印发了《“十三五”水资源消耗总量和强度双控行动方案》，提出用水总量和农田灌溉水有效利用系数具体目标与《关于实行最严格水资源管理制度的意见》保持一致，万元国内生产总值用水量、万元工业增加值用水量分别比2015年降低23%和20%。

实施最严格水资源管理仍将是贯彻落实新时期“节水优先、空间均衡、系统治理、两手发力”十六字治水方针，建立生态环境—社会经济用水需求新平衡，为生态流量需水腾出更多空间的首要措施。水资源总量和强度“双控制”是最严格水资源管理“三条红线”的核心和关键，具体包括以下措施：

第一，要将水资源“双控”指标科学合理地分解到各区域。对水资源总量控制目标而言，要考虑流域的系统性和完整性，全面测算江河流域的水资源总量，科学合理地将水资源总量和强度指标分解到市县级行政区，并把用水总量控制指标落实到流域和水源（表6-2）。在分配各区域水资源总量时，需要以国务院批准的全国用水总量控制目标为上限，充分考虑区域的自然条件、社会经济条件、用水需求等情况，按照公平、公正和公开的原则，确保各区域间水资源需求及相关利益得到满足。对水资源强度控制目标而言，建立覆盖主要农作物、工业产品和生活服务行业的先进用水定额体系，严格用水定额和计划管理，强化行业和产品用水强度控制。目前，最严格水资源管理相关政策文件已将全国用水总量和用水效率控制目标分解到各省（区、市）。

表6-2 全国及各省（区、市）2015年、2020年、2030年用水总量控制目标

省级行政区	用水总量控制目标/亿 m^3		
	2015年	2020年	2030年
北京	40.00	46.58	51.56
天津	27.50	38.00	42.20
河北	217.80	221.00	246.00
山西	76.40	93.00	99.00
内蒙古	199.00	211.57	236.25
辽宁	158.00	160.60	164.58
吉林	141.55	165.49	178.35
黑龙江	353.00	353.34	370.05
上海	122.07	129.35	133.52
江苏	508.00	524.15	527.68
浙江	229.49	244.40	254.67
安徽	273.45	270.84	276.75
福建	215.00	223.00	233.00
江西	250.00	260.00	264.63
山东	250.60	276.59	301.84
河南	260.00	282.15	302.78
湖北	315.51	365.91	368.91
湖南	344.00	359.75	359.77
广东	457.61	456.04	450.18
广西	304.00	309.00	314.00
海南	49.40	50.30	56.00
重庆	94.06	97.13	105.58
四川	273.14	321.64	339.43
贵州	117.35	134.39	143.33
云南	184.88	214.63	226.82

省级行政区	用水总量控制目标/亿 m^3		
	2015 年	2020 年	2030 年
西藏	35.79	36.89	39.77
陕西	102.00	112.92	125.51
甘肃	124.80	114.15	125.63
青海	37.00	37.95	47.54
宁夏	73.00	73.27	87.93
新疆	515.60	515.97	526.74

第二，要切实强化承载能力刚性约束。习近平总书记多次强调要“以水定城、以水定地、以水定人、以水定产”，水资源承载能力是落实党中央、国务院战略部署的关键。水资源承载力分析的时空尺度应以多年平均和流域单元为基础[11]。在科学评估水资源承载力的基础上，要加快建立水资源承载能力监测预警机制，抓紧完成地级行政区水资源承载能力评价，全面开展县域水资源承载能力评价工作。同时，要建立健全规划水资源论证制度，推进重大产业布局和各类开发区规划水资源论证。最后严格建设项目水资源论证和取水许可管理，对取用水总量已达到或超过控制指标的地区暂停审批新增取水。

第三，要综合治理地下水超采问题。由于我国水资源短缺、供需矛盾突出，华北、黄淮等地区地下水超采问题严重，引发了地下水水位下降、地面沉降、地质灾害及生态环境破坏等一系列问题。为此，要严格地下水取用水总量和水位控制，按照“尊重自然、顺应自然、保护自然”的理念，确定地下水“双控”指标，并尽快完成地下水禁采、限采范围划定。制订并实施地下水压采方案，以华北地区为重点，推进地下水超采区综合治理。依法规范机井建设管理，加快实施国家地下水监测工程。

第四，要强化节水监督考核。监督考核在各个领域和组织中的作用都是不可忽视的，它对于确保有效管理、提高绩效、维护公平性和透明度有重大意义。目前，我国节水工作已从行业工程技术节水为主转向总量控制和定额管理为核心的中微观节水，需要加强节水政策制度的完善与落实，建立一套科学合理的节水监督与考核机制[12]。参照其他领域成功经验（如节能减排等），逐步建立节水目标责任制，将水资源节约和保护的主要指标纳入经济社会发展综合评价体系。同时，要完善监督考核工作机制，强化部门协作，严格节水责任追究。严重缺水地区要将节水作为约束性指标纳入政绩考核。

6.3 节水型社会建设

坚持节水即减污，节水型社会建设是实现流域（区域）社会经济可持续发展的战略选择，有效缓解我国水资源供需矛盾的关键措施之一。各流域（区域），特别是存在生态用水被挤占或水资源开发利用程度较高等问题的，应以农业、工业和城镇生活等领域为重点，制订节约用水方案并落实节水措施，推进节水型社会建设，降低水资源开发利用强度，为生态环境留出空间。各流域（区域）需根据经济社会发展总体布局、水资源条件、承载能力和节水水平，以及经济社会发展、生态环境保护对水资源高效利用的要求，按照因地制宜、突出重点、注重实效的原则，选择确定适合当地的用水模式及节水措施，提高用水效率，积极推进节水型社会建设。

6.3.1 农业节水

农业用水一直以来都是我国各流域、各地区用水大户，且用水效率与国际先进水平相比仍存在较大差距。根据水资源公报，我国农业用水占比均在 60%以上，部分地区高达 90%以上；2022 年全国农田灌溉水有效利用系数（0.568[13]）较 21 世纪初已有大幅提升，但与以色列（0.87）、澳大利亚（0.8）等国家 2009 年水平相比仍有较大差距。因此，我国农业既是赖以生存的支柱产业，也是造成我国水资源短缺和过度开发的重要因素，节水潜力巨大[14]。农业节水需要以国家粮食安全保障为底线，大力发展农业节水，以提高利用效率和用水效益为核心，转变农业用水方式，优化农业生产布局，完善农业节水机制，着力加强农业节水的综合措施，强化农业节水的科技支撑，创新农业节水工程管理体制，健全基层水利服务和农技推广体系，以水资源的可持续利用保障农业和经济社会的可持续发展。

一是坚持以水定地。不同农作物的耗水量存在很大差异，有的农作物耗水量很大，有的农作物耗水相对较少。例如，冬小麦全生育期需水量为 200～550 mm，水稻（中稻）全生育期需水量为 300～1 000 mm [15]。因此，坚持以水定地，统筹考虑流域（区域）水资源条件和粮食安全，充分考虑水资源承载能力，宜农则农、宜牧则牧、宜林则林、宜草则草，在科学确定水土开发规模基础上，调整农业种植和农产品结构，既可保障粮食产量与供给，又能大幅节约农业用水。《国家节水行动方案》明确提出要根据水资源条件，推进适水种植、量水生产，并加快发展旱作农业，实现以旱补水；在地下水严重超采地区，实施轮作休耕，适度退减灌溉面积，积极发展集雨节灌，增强蓄水保墒能力。《“十四五”节水型社会建设规划》明确要求在 400 mm 降水线西侧区域等地区，适度压减高耗水作物，扩大低耗水和耐旱作物种植比例，选育推广耐旱农作物新品种；严格限制开采深层地下水用于农业灌溉。

二是推广节水灌溉。农业节水增效是在保障国家粮食安全基础上，减少水资源使用重要途径。早在 20 世纪八九十年代，中国政府开始意识到水资源浪费和不合理利用等问题，逐步开始推广滴灌、喷灌等节水技术。21 世纪初，我国在国家层面明确了稳步提高耕地集约利用水平、大力发展旱作节水农业等节约型农业建设的重点工作。近年来，国家层面密集印发了节水相关的一系列政策文件，明确提出持续推进骨干灌排设施提档升级和节水型灌区建设，分区域规模化推广高效节水灌溉；加强灌溉试验和农田土壤墒情监测，推进农业节水技术、产品、设备使用示范基地建设；推广蓄水保墒、集雨补灌、测墒节灌、土壤深松、新型保水剂、全生物降解地膜等旱作节水技术等具体措施。

三是促进养殖节水。传统养殖方式用水量相对较少。但随着社会经济的快速发展，百姓对鱼、禽、蛋、肉等的需求不断增加，更高效、高产的现代化、规模化养殖场数量和占比不断增加，需要更多的水资源维护养殖动物的健康和卫生。为此，养殖行业的节水也是农业节水增效的重要环节。针对畜牧业，可加快牧区节水高效灌溉饲草基地配套建设，推广改进建筑设计、改变清圈方式、升级节水工艺、改造饮水设施设备、推广先进实用清粪消杀技术、实施养殖场雨污分流和养殖用水循环利用等；针对渔业，可大力发展绿色高效水产养殖模式，推广池塘和工厂化循环水养殖、稻渔综合种养、盐碱水养殖、海淡水工厂化循环水和池塘工程化循环水等养殖模式/技术。

6.3.2 工业节水

根据水资源公报，21 世纪初期，我国工业用水量约占全国用水总量的 20%，远低于农业用水占比（60%～70%）。但火电、化工等高耗水行业企业用水量大，且集中，耗水率较高。同时，总体来讲，相较于农业、生活污（废）水，在工业生产过程中产生的废水具有浓度高、处理难等特点。抓好工业节水不仅可以从水资源量上腾出更多的空间，也可以减少工业废水排放，保护水资源。因此，一直以来，高耗水行业的用水管理是我国水资源管理的重点和要点。根据国家近期的战略部署，工业节水应以提高工业用水重复利用率、降低单位产品取水量为核心，以高耗水行业节水技术改造为重点，从推动产业适水发展、加快节水技术推广、提升重点行业水效等方面入手，助推工业用水效率和效益双提升。

一是坚持以水定产。工业布局和结构优化调整是贯彻落实党中央、国务院关于“以水定城、以水定地、以水定人、以水定产”的重要举措，也是可以从根本上缓解区域（流域）水资源矛盾的举措。但工业布局和结构的优化调整并不是简单地限制发展，其重点是在于优化，要强化以水定产，推动产业适水发展。在产业结构调整方面，要继续严格执行钢铁、电力、纺织、印染等高耗水行业产能置换政策，鼓励发展符合国家新兴产业政策、耗水量小、用水效率高的产业。在此基础上，要依法依规淘汰不符合产业结构目录、区域功能定位及其他用水标准规范的生产线或企业，严控新建、扩建高耗水项目。在布局优化方面，根据不同区域水资源禀赋、水环境承载力等特点，差异化推进工业水效提升。在京津冀及黄河流域等地区，严控钢铁、炼油、磷铵、电解铝等重点用水行业新增产能，稳妥有序发展现代煤化工产业。推动企业实施节水改造，加快废水循环利用及海水、再生水、苦咸水等非常规水利用，减少新水取用量。在长江经济带等地区，全面推行清洁生产，从源头减少污染物排放。推动沿江企业加大废水循环利用力度，提高水重复利用率，减少废水排放。

二是推进工业节水减污。技术创新一直以来都是推动社会进步、提高生产力和生产效率的引擎。技术创新也是提高工业绿色经济效率、实现工业绿色发展的关键[16-18]。强化创新应用，加快节水技术推广也应作为工业节水的重要任务。在行业节水技术难点和装备短板协同攻关方面，应将突破高浓度有机废水和高盐废水处理与循环利用、高性能膜材料、高效催化剂、绿色药剂、智能监测与优化控制等节水关键共性技术作为工作重点。在技术创新攻关的基础上，还应完善节水技术产业化协同创新机制，探索建立产业化创新战略联盟，支持企业、工业园区、高校、科研机构和地方等创建节水技术创新项目孵化器、创新创业基地，推动新技术装备快速大规模应用和迭代升级。在政府和行业协会层面，要做好节水技术装备的遴选和推广工作，要选择应用范围广、节水潜力大的冷却塔、空冷器、水处理膜等工业节水装备，制定工业节水装备行业规范条件，提升节水高端装备供给能力；同时要发布国家鼓励的工业节水工艺、技术和装备目录，分行业制订节水技术推广方案和供需对接指南，主动、全面指导行业企业开展节水工作。

三是开展节水型工业园区建设。在工业化进程的推动下，我国工业行业快速发展，企业规模不断提升，产业集聚区也逐步提高。工业园区、工业集聚区等逐步由沿海地区向内陆延伸。截至 2023 年年底，全国各地市基本均设有省级及以上工业集聚区，其具有规模体量大、产业结构完善、产业链条长等特点，为水资源的循环利用提供很好的平台，也提高了工业节水的潜力[19]。因此，在提升重点行业水效方面，应鼓励工业企业、工业园区、工业集聚区主动开展或委托第三方服务机构开展生产工艺和设备节水评估，深挖节水潜力，实施工业水效提升改造，推进用水系统集成优化，实现串联用水、分质用水、一水多用和梯级利用。其中，钢铁行业近期应注重水质分级串级利用、综合废水再生回用集成、钢铁废水和市政污水联合再生回用等；石化化工行业应注重氮肥生产污水零排放、石油天然气开采废水处理与回用等。

6.3.3 城镇节水

城镇生活用水供给事关人民生活水平，是水资源保障的重要目的之一。居民生活用水的供应量和质量，反映了这一地区城市发展水平、卫生状况和当地水资源可持续利用的水平[20]。随着人口的增加和水资源保障能力的提升，从国家统计局统计数据可以看到，城市生活用供水量由 2004 年的 233 亿 m^3 增长至 2022 年的 379 亿 m^3，生活用水量由 651 亿 m^3 增长至 905.7 亿 m^3，占比也有所提升。因此，城镇节水重点应从城市节水改造、降低供水管网漏损率和公共领域节水等方面入手。

一是坚持以水定城。在城市节水改造方面，以节水型城市建设为抓手，强化前端管控，将节水理念融入城市规划、建设及管理等各个环节。同时，可以按照城市内不同领域用水对水资源要求的不同，构建健康的城市水循环宏观架构以及中微观尺度的水资源循环系统，开展优水优用、循环循序利用，提高水的重复利用率，降低用水量。此外，海绵城市建设也是缓解城市内涝，增强雨水资源利用能力。海绵城市建设应通过综合措施，保护和利用城市自然山体、河湖湿地、耕地、林地、草地等生态空间，发挥建筑、道路、绿地、水系等对雨水的吸纳和缓释作用，提升城市蓄水、渗水和涵养水的能力，实现水的自然积存、自然渗透、自然净化，促进形成生态、安全、可持续的城市水循环系统。

二是狠抓供水管网漏损。降低供水管网漏损率是减少水资源浪费，提高水资源利用效率的有效途径。城市供水管网会由漏损造成大量的水资源流失[21]，全球每年由于漏损造成的水资源浪费量为 1 260 亿 m^3，经济损失高达 390 亿美元[22]。根据住建部公布的统计年鉴数据，2019 年全国城市公共供水漏损水量达 81.46 亿 m^3，县城公共供水漏损水量达 13.73 亿 m^3 [23]。公共供水管网漏损率控制工作按照建设韧性城市的要求，结合实际需要和实施可能，区分轻重缓急，科学规划任务项目，合理安排建设时序。就具体措施而言，主要包括结合城市更新、老旧小区改造、二次供水设施改造和一户一表改造等，实施供水管网改造工程；根据《城镇供水管网分区计量管理工作指南》，按需选择供水管网分区计量实施路线，推动供水管网分区计量工程，更精准地统计供用水量；推动供水企业在完成供水管网信息化基础上，实施智能化改造，供水管网建设、改造过程中可同步敷设有关传感器，建立基于物联网的供水智能化管理平台等。

三是推进公共领域节水。公共领域节水是城镇节水工作的一项重要措施。在《国家节水行动方案》中，公共领域节水具体是指城市、社区、学校、医院等公共场所，以及市政杂用、公共建筑等用水户节水工作。公共领域的特殊性导致该领域用水仍存在较多的浪费行为，有较大的节水空间。例如，济南市某 2 000 人规模的学校 2017 年浪费的水资源达 7 000 m^3，占全校总用水量的 17.2%[24]。绿化、清扫等作为城镇公共领域用水大户，应作为该领域节水的重点之一，相应的有效措施包括缺水城市园林绿化选用适合本地区的节水耐旱型植被，并采用喷灌、微灌等节水灌溉方式；道路清洗、公共设施冲洗可采用高压水枪、电动扫地车等高效清洗设备，提高清洗效率；合理安排清洗频次等。此外，针对学校、医院等公共建筑可推广应用节水新技术、新工艺和新产品，提高节水器具使用率；大力推广绿色建筑；推动政府机关、事业单位、高校、医院建设节水型单位等。

6.4 常规水资源优化配置

水资源配置是均衡水域发展的关键措施[25]，通常是指通过科学合理的方式，实现水资源高效利用和公平分配[26]。具体来讲，各流域（区域）应在对河流水系分布状况、水资源开发利用现状及潜力分析的基础上，综合平衡经济社会发展和生态环境保护对水资源的要求，遵循公平、高效和可持续的原则，根据国家和区域主体功能区规划确定的开发与保护的空间格局，统筹考虑各类工程措施与非工程措施，合理确定水资源配置格局和制订水资源配置方案，进行不同区域间、河道内外、不同供水水源间和不同用水行业间的水量配置。针对夏汛冬枯、北缺南丰的水资源分布特点，我国需在深度节水控水前提下，科学规划建设水资源配置工程和水源工程，完善水资源配置格局，实现水资源互济联调，推进科学配水、合理用水、优水优用、分质供水，在确保社会经济发展所需的同时，尽力加大河湖生态流量的保障力度。新时期，我国水资源优化配置需优先考虑通过区域间水资源配置，缓解水资源时空分布不均的问题；调整不同水源供给占比，压减地下水开采量，鼓励使用非常规水源；合理分配不同领域用水需求，推动水资源管理由单一方式向“水量—水质—水生态”三位一体的统筹方式转变[27]。

6.4.1 调整用水结构

从用水结构现状来看，目前我国工业、农业用水（代表生产用水）占全国用水总量的 80%左右，生活用水仅占 15%左右，生态用水仅占 5%左右。从变化趋势来看，生产用水的占比在逐步缩减，生活和生态用水的占比在逐步增加，特别是生态用水的占比增幅较大。从用水结构变化趋势可以看出，生态用水越来越受到各级政府和相关部门的重视。但目前，河湖生态流量管理仍处于起步阶段，生态需水在水资源用水配置中仍处于较弱的地位。工业、农业用水效率不高、浪费现象严重等问题也得到了相应的重视。有关研究表明，通过全面推广节水高效农业，我国可立足于现有耕地和灌溉用水规模，满足 16 亿人口的农产品需要[28]。对此，新时期各区域、各流域需进一步优化调整用水结构，在确保社会经济高质量发展、人民生活水平不断提高的前提下，科学合理压减生产用水指标，提高生态用水指标。

首先，从行政层面入手，在最严格水资源管理制度框架下，研究制定以提升生态用水占比为导向的重点领域水资源配额管理制度，要在水资源高效利用的前提下，根据区域（流域）水资源总量控制目标，统筹调配不同用水领域用水量配额，明确生活、生态、生产等重点领域的用水总量指标。改进水资源管理基础制度，通过配额制的实施，从源头上为河湖生态流量提供保障。

其次，从市场机制入手，研究建立可交易水权制度，在水权初始分配中应统筹考虑生活、生态和生产等方面，在交易中，生态用水原则上不与生活、生产用水交易；同时，通过合理的水资源阶梯价格，促使用水结构进一步优化调整。

6.4.2　平衡区域配置

区域（流域）水资源优化配置可以分为跨区域（流域）水资源优化配置和区域（流域）内水资源优化配置。其中，跨区域（流域）水资源优化配置重点是解决水资源空间分布不均的问题；区域（流域）内水资源优化配置则是为了促进流域内水资源可持续开发利用的问题。

一是有序提升跨区域（流域）水资源调配能力。跨区域（流域）水资源优化配置主要是指跨区域（流域）调水工程的建设与实施，其核心是将水资源由较为丰沛的地区调入短缺地区，实现水资源的“空间均衡”。党的十八大以来，我国先后部署推进了 172 项节水供水重大水利工程、150 项重大水利工程，大幅提升我国跨区域（流域）水资源配置能力[29]。如南水北调东、中线一期工程建成通水，累计跨区域（流域）调水达 700 亿 m^3，极大缓解了华北地区水资源供需矛盾，受益人口 1.76 亿人[30]。在现有跨区域（流域）调水实践经验的基础上，围绕强化河湖生态流量保障的基本思路，新时期跨区域（流域）水资源配置要根据不同区域的水资源问题与条件，合理选择水资源调出区、调入区，科学设计调水沿线，并确定适宜的调水规模，保持调水工程的可持续性。调水水量的确定和配置需遵循确有需要、节水优先、生态安全、可以持续的重大水利工程论证原则，协调好上下游防洪、供水、生态环境等各方面需求，统筹兼顾、构建多目标调度体系。

二是科学分配区域（流域）内水资源。区域（流域）内水资源优化配置侧重于区域（流域）内水资源向下一级区域（流域）分配。我国从20世纪就开始推行水资源分配制度。为解决黄河干流严重断流问题，我国制定了第一个流域性分水方案，对河道内生态环境用水和河道外经济社会用水进行了平衡与分配，对河道外用水进行了各个行政区域的平衡与分配（表 6-3）。该分水方案是黄河流域水资源开发、利用、节约、保护的基本依据，是黄河水量调度与水资源管理的基本依据，是流域治理开发的重要支撑。做好区域（流域）内水资源优化配置，应以流域为单元以流域综合规划为依据，按照“确有需要、生态安全、可以持续”的原则，统筹考虑重大水资源配置工程，明确江河流域分配的总水量和各相关地区的水量分配份额、重要控制断面下泄水量流量指标等，防止水资源过度开发。

表 6-3 1983 年黄委提出的分配水量与各省（区、市）需水量比较 单位：亿 m^3

省（区、市）	青海	四川	甘肃	宁夏	内蒙古	陕西	山西	河南	山东	河北、天津	合计
黄委分配水量	14	0	30	40	62	43	52	58	75	0	374
各省（区、市）需求水量	36	0	74	61	149	115	61	112	84	6	696

6.4.3 优化供水结构

根据水资源公报，我国水资源供给主要来自地表水，其次为地下水，最后为其他水源。从供水结构变化趋势来看，地表水供水占比有所提升；地下水总量和占比均大幅下降；其他水源供水占比较小，但供水量增幅较大[31]。目前，在不同水源水资源配置能力方面，部分地区仍存在工程性缺水、水利设施效率偏低及地下水超采严重等问题，水资源供给结构亟待进一步优化调整。例如，在黄淮海等地区地下水开发利用程度较高，地下水超采造成了地面沉降、海水入侵等问题[32]；贵州省部分区域工程性缺水问题仍存在，有近 60%的耕地仍靠天吃饭[33]。为此，下一阶段，基于不同水源供水量的增减变化以及水源地、水源工程的分布状况，统筹考虑不同水源配置对提高供水能力和完善供水保障体系建设的作用，详细分析水资源配置与水资源开发利用条件和承载状况的适应性关系，统筹调配地表水、地下水、外流域调水和其他水源供水，严格地下水取水总量和水位控制，科学提升供水能力。具体包括不同水源水资源优化配置可着眼于严格地下水取水总量和水位控制、提升现有工程供水能力和加强重点水源工程建设等。

一是严格地下水取水总量和水位控制。地下水是水资源的重要组成部分，相对于其他水源具有水量稳定、水质好、分布广等优点。尤其是在地表水资源相对缺乏的我国北方干旱、半干旱地区地下水具有不可替代的作用[34]。但同时，地下水也具有总量有限、超采危害大、恢复（修复）成本高等特点。因此，应把严格控制地下水取水总量和水位作为优化供水结构的首要任务。具体来讲，需统筹流域内各水源配置，以县级行政区为单元确定地下水水位和地下水取水总量控制指标，防治地下水超采，实现地下水可持续利用；流域管理机构要强化对流域内省级边界且属于同一水文地质单元的区域地下水管控指标的协调。

二是提升现有工程供水能力。据统计，水库拦沙在流域减沙过程中发挥了主要作用，但同时泥沙淤积也影响了水库防洪安全及供水、灌溉、发电、航运等功能的发挥。根据2012年调查分析结果，山西、陕西、贵州、江西等4个典型省份水库淤积库容达39.98亿m^3，约占总库容的10%；陕西1978—1998年因淤积报废中型水库10座、小型水库428座。为此，应将提升现有工程供水能力作为不同水源水资源优化配置的首要任务，推进有条件的水库实施清淤疏浚或加高扩容，实施现有引提水泵站的更新改造，加快已建、在建工程的配套设施建设，提升工程效益的整体发挥。同时，针对南方地区继续实施主要涉水工程联合调度，扩大联合调度范围，提升流域水工程高效利用能力；以北方缺水地区为重点，优化水库调度运用，加强地下水入渗补给，实施跨区域丰枯调剂，提升雨洪资源利用效果。

三是加强重点水源工程建设。水源工程建设是提升各地供水能力和覆盖面的重要手段。针对我国目前局部区域供水规模不足、覆盖面偏低等问题，加快开展列入流域及区域规划，符合国家区域发展战略且不涉及生态保护红线等环境因素制约的重点水源工程前期工作，条件具备加快建设；加快欠发达地区、革命老区、边境地区等特殊类型地区和西南地区、海岛地区中小型水库建设，增强城乡供水保障能力；在干旱易发区、粮食主产区，建设一批中小型抗旱应急备用水源工程，逐步形成大中小微并举、蓄引提调结合、水源调节互补的供水保障体系；健全国家供水安全战略储备体系，加快城市应急备用水源工程建设，提高城市供水水源风险防范化解能力。

四是增大非常规水源供水占比。非常规水资源主要包括海水、雨水、矿井疏干水、苦咸水、再生水等。非常规水资源利用能力提升需遵循因地制宜、经济可行、高效便利的原则，逐步有序开展，并与水资源综合规划、国土空间规划、生态环境保护规划等相协调。海水利用主要针对沿海缺水地区，主要包括将海水淡化水作为生活补充水源、市政新增供水及重要应急备用水源；鼓励扩大工业园区海水淡化利用规模；因地制宜推动建设大型海水淡化工程和海水循环冷却工程；推广沿海缺水地区工业园区利用海水淡化水作为锅炉补给水和工艺用水、"点对点"供水等方面先进经验。雨水利用包括收集和利用两方面，主要包括推广低影响开发模式，满足入渗、收集、处理、调蓄、排放和回用等功能；较大规模（如超过 2 万 m^2）新建公共建筑安装雨水利用设施；公园、广场、绿地、道路等市政工程项目配套建设雨水收集利用设施；鼓励农村集体经济组织、农民个人兴建集雨水窖、水池等设施措施。矿井疏干水利用重点是促进煤炭的开采、消防、绿化、煤炭洗选等环节的生产用水全面使用矿井疏干水，此外，还包括区域内新增工业用水优先使用矿井疏干水等。除上述任务措施以外，政策保障措施是促进非常规水源利用能力提升的重要途径，包括非常规水源水质监测制度、使用者付费机制、价格体系及税收奖励和补贴政策等。

6.5 河湖生态流量保障

江河湖泊是水资源的重要载体，是生态系统和国土空间的重要组成部分；水资源则是水环境、水生态的载体[35]；离开了水，河湖则失去了其重要功能，也谈不上水环境和水生态。早在 20 世纪 40 年代，欧美发达国家和地区学者已开始关注鱼类生长繁殖和产量与河流流量关系，提出了河流最小环境（或生物）流量的概念[36]。80 年代末期，我国学者也提出了"生态用水"的问题[37]；90 年代中后期，干旱地区生态需求被列入国家科技攻关计划中[38, 39]。根据相关研究成果及现阶段我国"三水统筹"治理的实际需求，河湖生态流量是指为了维系河流、湖泊等水生态系统的结构和功能，需要保留在河湖内符合水质要求的流量（水量、水位）及其过程[40]。目前，我国生态流量保障工作仍处于起步阶段[41]，重点工作有以下几个方面。

6.5.1　扩大河湖保障清单范围

美丽河湖是美丽中国在水生态环境领域的集中体现和重要载体[42]。为深入贯彻党的二十大精神，扎实推进山水林田湖草沙一体化保护和系统治理，生态环境部组织制定了《美丽河湖保护与建设参考指标（试行）》。该政策文件明确将水体流动性较好（或水文过程与当地自然条件契合度高）、河湖生态用水得到有效保障等作为美丽河湖的基本条件之一；要求到 2035 年，具备条件的河湖基本建成美丽河湖，“清水绿岸、鱼翔浅底”景象处处可见。2023 年 12 月，生态环境部组织制定了《美丽河湖保护与建设清单（试行）》，涉及 2 573 个河湖清单，到 2035 年，原则上每个河湖都应达到“有河有水”要求。

目前，水利部分 4 批印发了 177 条重点河湖和 546 条省内河湖共 1 335 个断面的生态流量目标，实现了跨省河湖生态流量保障体系全覆盖[25]；生态环境部印发的《重点流域水生态环境保护规划》明确了国家层面需达到生态流量要求的河湖数量为 90 个，恢复“有水”的河流数量为 53 个；地方层面需达到生态流量要求的河湖数量为 264 个。与全国 5 万多条流域面积在 100 km^2 和近 3 000 个湖面面积大于 1 km^2 的湖泊相比，目前我国生态流量保障的范畴仍相对较小。下一步应结合水体功能要求，逐步扩大生态流量保障河湖清单范围（表 6-4）。

表 6-4　水利部生态流量保障重点河湖及主要控制断面

序号	批次	水资源分区	河湖	主要控制断面
1	第一批	松花江区	嫩江	尼东基水库、江桥、大赉
2			松花江	丰满水库、扶余
3		辽河区	东辽河	二龙山水库、王奔
4		海河区	白洋淀	十方院
5			七里海	淮淀闸
6		黄河区	黄河干流	兰州、花园口、利津
7			大通河	天堂寺、享堂
8			渭河	北道（东岔）、林家村、华县

序号	批次	水资源分区	河湖	主要控制断面
9	第一批	淮河区	淮河干流	王家坝、蚌埠（吴家渡）、小柳巷
10			沙颍河	周口、界首
11			史灌河	蒋家集
12		长江区	金沙江	奔子栏、石鼓、向家坝
13			长江干流	宜昌、汉口、大通
14			牛栏江	黄梨树、大沙店
15			雅砻江	桐子林
16			岷江	镇江关、都江堰、金马河外江控制闸、高场
17			沱江	三皇庙、富顺
18			嘉陵江	广元、苍溪、武胜、北碚
19			乌江	乌江渡、沿河、武隆
20			赤水河	赤水
21			湘江	衡阳、湘潭
22			资水	冷水江、桃江
23			沅江	浦市镇、桃源
24			澧水	石门
25			清江	高坝洲
26			汉江	安康、黄家港、皇庄
27			抚河	廖家湾
28			抚河-临水	娄家村
29			信江	梅港
30			赣江	栋背、峡江、外洲
31			滇池	海埂
32			巢湖	忠庙
33			太湖	
34			黄浦江	松浦大桥
35		东南诸河区	新安江	街口、新安江水库坝址
36			晋江	石砻
37		珠江区	东江	龙川、博罗
38			韩江	长治（溪口）、潮安
39			柳江	涌尾（二）、贵江、柳州（二）
40			北江	坪石、石角
41			北盘江	大渡口、董箐
42			黄泥河	长底、岔江

序号	批次	水资源分区	河湖	主要控制断面
43	第二批	长江区	汉江干流	汉中（二）
44			夹河	上津
45			堵河	鄂坪、潘口、黄龙滩
46			丹江	荆紫关
47			唐白河-白河	鸭河口、新店铺
48			唐白河-唐河	郭滩
49			西汉水	镡家坝
50			白龙江	白云、白水街（碧口）、三磊坝
51			白龙江-白水江	文县
52			渠江	罗渡溪
53			渠江-大通江	万僧寺、西街
54			渠江-州河	河口（州河）
55			涪江	射洪、小河坝
56			淀山湖、元荡	
57		黄河区	洮河	红旗
58			北洛河	太白、状头
59			无定河	河口、白家川
60			伊洛河	河口街、黑石关
61		淮河区	沭河	大官庄、苏鲁省界（红花埠）
62			涡河	付桥闸（玄武）、安溜、蒙城
63			沂河	临沂、苏鲁省界（港上）
64			骆马湖	杨河滩闸上
65			南四湖	南阳、微山
66			洪汝河	班台
67		海河区	永定河	三家店
68			桑干河（永定河支流）	册田水库
69			洋河（永定河支流）	响水堡
70			滦河	滦县站
71		珠江区	西江干流	天峨、桂粤（梧州）、高要
72			杨梅河	杨梅（二）
73			义昌江	岑溪
74			郁江	贵港
75			桂江	京南
76			恭城河	恭城
77			贺江	白沙（信都）
78			大宁河	黄洞（大宁）

序号	批次	水资源分区	河湖	主要控制断面
79	第二批	珠江区	东安江	木双
80			南盘江	八大河
81			右江	洞巴（西洋街）、隆安
82			抚仙湖	海口
83		松辽区	松花江干流	哈尔滨、佳木斯
84			拉林河	磨盘山水库、牛头山水文站（友谊坝）、蔡家沟
85			牡丹江	大山咀子、镜泊湖水库、莲花水电站、长江屯
86			雅鲁河	碾子山
87			绰尔河	文得根坝下、两家子
88			诺敏河	古城子
89			辽河干流	清河水库、柴河水库、铁岭、辽中
90			大凌河	白石水库坝下、凌海
91			柳河	闹德海水库、新民水文站
92		东南诸河区	交溪	托溪浙闽省界断面、白塔
93			建溪	松溪浙闽省界（马蹄岙电站泄水口）、七里街
94	第三批	黄河区	湟水	民和
95			窟野河	温家川
96			泾河	杨家坪、雨落坪、张家山
97		西北诸河区	黑河	莺落峡
98		淮河区	包浍河	黄口集闸、耿庄闸、固镇闸
99			新汴河	永城闸、团结闸
100			奎濉河	伊桥、枯河闸
101			浉河	飞沙河水库、南界漫水坝、平桥
102			竹竿河	魏家冲、竹竿铺（三）、罗山
103			池河	明光（二）、旧县闸（闸上游）
104			高邮湖	高邮（高）
105			洪泽湖	蒋坝
106		海河区	潮白河	苏庄、赶水坝、宁车沽闸
107			南运河	北陈屯闸上、十一堡闸上
108		珠江区	六硐河	沙坝、纳贡
109			谷拉河	谷拉
110			黄华河	水汶、南渡
111			九洲江	文官（三）、缸瓦窑

序号	批次	水资源分区	河湖	主要控制断面
112	第三批	珠江区	鉴江（含罗江）	合江（三）、化州
113			可渡河	小寨
114			清水江	猫街
115			西洋江	洞巴
116		松花江区	阿伦河	那吉
117			音河	音河水库
118			洮儿河	察尔森水库、干流省界断面（镇西）
119			霍林河	白云胡硕
120		辽河区	西辽河-乌力吉木伦河	梅林庙
121			西辽河-西拉木伦河	台河口闸
122			西辽河-老哈河	甸子
123	第四批	长江水区	金沙江-定曲	古学
124			金沙江-定曲-硕曲	上游、硕曲滇川
125			金沙江-水洛河	水洛河川滇
126			金沙江-水洛河-尼汝河	洛吉
127			金沙江-新庄河	石龙坝
128			金沙江-雅砻江-鲜水河	道孚
129			金沙江-横江	横江
130			金沙江-横江-洛泽河	马路村
131			南广河	罗渡
132			岷江-大渡河	硬梁包、瀑布沟、沙湾
133			沱江-濑溪河	分水村
134			赤水河-习水河	习水黔川
135			綦江	松坎、五岔
136			綦江-藻渡河	金佛山、藻渡
137			嘉陵江-五马河	东风
138			嘉陵江-青泥河	成县
139			嘉陵江-白龙江-达拉沟	达拉沟川甘（求吉）
140			嘉陵江-江洛河	江洛河甘陕
141			嘉陵江-燕子河	燕子河甘陕
142			嘉陵江-渠江-大通江-小通江	青峪
143			嘉陵江-涪江-琼江	太安
144			御临河	麻柳沱
145			乌江-六冲河	洪家渡水电站
146			乌江-六冲河-以萨河	大河

序号	批次	水资源分区	河湖	主要控制断面
147	第四批	长江水区	乌江-甘龙河	甘龙河（渝黔）
148			乌江-濯河（唐岩河）	朝阳寺
149			乌江-郁江	文斗
150			乌江-芙蓉江	浩口
151			磨刀溪	走马
152			长滩河	双河口（长滩鄂渝）
153			汉江-任河	大竹河、茅坝关
154			汉江-天河	白岩
155			湘江-渌水	枧头洲
156			湘江-渌水-萍水河	萍乡
157			资水-夫夷水	资源、新宁
158			澧水-溇水	淋溪河、江垭
159			澧水-渫水	皂市
160			沅江-渠水	通道
161			沅江-清水江	白市
162			沅江-舞水	玉屏（崇滩）、芷江
163			沅江-辰水	施滩
164			沅江-酉水	来凤、石堤、高砌头
165			沅江-酉水-花垣河	松桃、茶洞
166			赣江	万安
167			赣江-章江	丰州
168			信江-丰溪河	二渡关
169			信江-白塔河	柏泉
170			修水	柘林
171			饶河	虎山
172			饶河-昌江	浯溪口水利枢纽、渡峰坑
173			青弋江	陈村
174			水阳江	宣城、新河庄
175			滁河	襄河口闸、汊河集闸、三汊湾闸

2020 年，水利部印发的《全国生态流量确定工作方案》（办资管〔2020〕151 号）提出，根据全国河湖流域水资源条件、开发利用状况和生态保护修复需求，原则上流域面积大于 1 000 km^2 的河流、常年水域面积 10 km^2 及以上湖泊，且符合下列条件之一的，纳入全国重点河湖生态流量保障目标确定工作范围：①跨省

及省内跨地市级行政区的江河干流及其主要支流、湖泊；②生态地位较突出，位于国家级或省级自然保护区内，或有省级以上重要湿地、重要保护鱼类生境等具有重要生态功能区的河流湖泊；③在长江经济带、黄河流域生态保护和高质量发展等国家重大区域战略中具有重要生态保护意义的河流湖泊；④地方各级人民政府已批复，以及正在制订或计划制订流域综合规划、流域水资源保护规划、江河流域水量分配方案涉及的河流湖泊；⑤各省（自治区、直辖市）人民政府已批复或正在确定生态流量保障目标的河流湖泊。

6.5.2 制定河湖生态流量目标

生态流量目标的制定是生态流量保障工作的核心。目标过高，则不具备操作性；目标过低则无法达到生态流量保障的根本目的。河湖生态流量目标的确定需要统筹考虑生态保护对象、水资源条件、其他用水需求等因素。其中，生态保护对象应作为确定生态流量的核心依据[43]，根据生态保护对象测算出的生态流量是生态保护对象对生态流量的需求。但最终目标的确定则是各方面因素综合考虑的结果。

一是明确河湖生态保护对象。河湖生态保护对象主要包括河湖基本形态、基本栖息地、基本自净能力等基本生态保护对象，以及保护要求明确的重要生态敏感区、水生生物多样性、输沙、河口压咸等特殊生态保护对象。针对不同的保护对象，生态水文要求也不一样。2018 年，水利部组织开展了河湖生态水量（流量）专项研究工作，提出了生态保护对象识别原则，并从物种保护对象与功能保护对象两个层面建立了生态保护对象分类体系，具体包括鱼类及其生境、河道纵向连通功能、河口生态、尾闾湖泊湿地、河谷林草、湿地生态等。

二是合理设置生态流量监控断面是落实河湖生态流量的关键措施。原则上，生态流量（水位）控制断面宜选择跨行政区断面、把口断面（入海、入干流、入尾闾）、重要生态敏感区控制断面、主要控制性水工程断面等。同时，控制断面的确定还应与相关水利规划、相关生态环境规划、水量分配方案确定的断面相衔接，优先选择有水文监测资料，且有相应水质监测资料的断面。此外，在“三水统筹”的框架下，生态流量监控断面也需要与水环境、水生态监测断面协调衔接，建议由流域管理机构联合牵头，组织各地各级生态环境和水利部门，建立合作机制，统筹好水质站和流量站的布设点位选择和站点建设工作。

三是合理确定生态流量保障目标。在明确生态保护对象的基础上，遵循尊重自然、统筹协调、分区分类等原则，按照河湖水资源条件和生态保护需求，选择合适的方法计算并进行水量平衡和可达性分析，综合确定河湖生态流量目标。生态流量表达形式包括生态基流、敏感期生态流量、目标生态流量等。其中，生态基流是指维持河流、湖泊、沼泽等水生态系统功能不丧失，需要保留的底线流量（水量、水位、水深），是基本生态流量过程中的最低值；敏感期生态流量是指有敏感保护对象的河湖在敏感期需要的生态流量，是为维系河湖生态系统中某些组分或功能在特定时段对于水流过程的需求；目标生态流量是指维护河流、湖泊、沼泽良好生态状况或维持给定生态保护目标，需要保留的水流过程，包括年内不同时段流量（水量、水位、水深）、全年流量（水量、水位、水深）及其过程等表征指标。一般河流应确定生态基流；具有特殊生态保护对象的河流，还应确定敏感期生态流量；天然季节性的河流，以维系河流廊道功能确定有水期的生态水量目标；水资源过度开发的河流，可结合流域区域水资源调配工程实施情况及水源条件，合理确定分阶段生态流量目标；平原河网、湖泊以维持基本生态功能为原则，确定平原河网、湖泊生态水位（水量）目标[40]。河湖生态流量（水位）测算常用的方法包括水文学法、水力学法、栖息地模拟法、整体分析法等类型，需根据河湖实际状况、工作基础及保护需求选择适合的方法。各种生态流量（水位）计算方法所需基础资料及适用范围具体见表 6-5。

表 6-5　生态流量（水位）目标计算方法的资料要求和适用范围

名称	方法要求	适用范围
Q_p 法	长系列水文资料（n≥30 年）	所有河湖
Tennant 法	长系列水文资料	水量较大的常年性河流
近 10 年最枯月平均流量（水位）	近 10 年水文资料	所有河湖
频率曲线法	长系列水文资料（n≥30 年）	所有河湖
河床形态分析法	丰水期、平水期、枯水期的河床形态和水文资料	所有河流
湿周法	湿周、流量资料	河床形状稳定的宽浅矩形和抛物线型河流

名称	方法要求	适用范围
生物空间法	指示生物对水位需求资料	所有湖泊
R^2 - Cross 法	河宽、水深、流速等资料	受人类影响较小的河流 非季节性小型河流
生物需求法	指示生物对水量（水位）需求资料	所有河湖
输沙法	来沙量、含沙量、输沙量资料	泥沙含量较大的河流
潜水蒸发法	地下水埋深和蒸发量等资料	内陆河
入海水量法	长系列入海水量资料	河口
河口输沙需水计算法	水流挟沙能力资料	河口
河口盐度平衡需水计算法	河道流量与河口盐度资料	河口
湖泊形态分析法	水面面积变化与湖泊水位资料	湖泊
水量平衡法	水面面积和需水量资料	湖泊
槽蓄法	降水、蒸发、渗漏资料	断流河流、季节性河流
类比法	—	无资料河流
原型观测法	—	无资料河流
BBM 法	具有详细的生物、生态观测资料	所有河流
IFIM 法	中小型栖息地、大量野外现场调查工作	所有河流
ELOHA 法	具有详细的生物、生态观测资料	所有河流
RVA 法	长系列水文资料（n≥20 年）	所有河流

生态流量目标的最终确定是利益调整问题，既是社会经济效益与生态效益之间的权衡，也是流域之间、流域内不同地域、不同行业之间围绕水资源分配而产生的利益格局的调整。现阶段，考虑社会经济发展的需求，可能部分河流的生态流量目标暂时无法实现。因此，可以参考发达国家相关工作经验，提出远期愿景目标、中期战略目标和近期工作目标。《河湖生态环境需水计算规范》（SL/T 712—2021）明确了不同地区不同类型河流水系的生态流量参考阈值。不同类型河流水系生态流量参考阈值具体见表 6-6。

表 6-6　不同类型河流水系生态流量参考阈值

河流类型		水资源开发利用程度/%					
		高		中		低	
		基本[a]	目标[b]	基本	目标	基本	目标
大江大河	北方	10～20	30～40	15～25	35～45	≥25	≥50
	南方	20～30	60～70	25～30	65～70	≥30	≥70

<table>
<tr><th colspan="2" rowspan="3">河流类型</th><th colspan="6">水资源开发利用程度/%</th></tr>
<tr><th colspan="2">高</th><th colspan="2">中</th><th colspan="2">低</th></tr>
<tr><th>基本 [a]</th><th>目标 [b]</th><th>基本</th><th>目标</th><th>基本</th><th>目标</th></tr>
<tr><td rowspan="2">较大江河</td><td>北方</td><td>10～15</td><td>30～40</td><td>10～20</td><td>30～45</td><td>≥20</td><td>≥45</td></tr>
<tr><td>南方</td><td>15～30</td><td>55～65</td><td>20～30</td><td>60～70</td><td>≥30</td><td>≥70</td></tr>
<tr><td rowspan="2">中小河流</td><td>北方</td><td>5～10</td><td>30～35</td><td>10～20</td><td>30～40</td><td>20</td><td>40</td></tr>
<tr><td>南方</td><td>10～25</td><td>40～50</td><td>20～30</td><td>50～60</td><td>25</td><td>60</td></tr>
<tr><td colspan="2">西北干旱内陆区</td><td>—</td><td>30～40</td><td>—</td><td>35～45</td><td>—</td><td>45</td></tr>
<tr><td colspan="2">青藏高原区</td><td>—</td><td>—</td><td>25～35</td><td>65～75</td><td>35</td><td>80</td></tr>
</table>

注：表中值为生态流量占地表水资源量的百分数。

a：基本生态流量全年值。

b：目标生态流量全年值。

6.5.3 压实生态流量保障责任

截至 2021 年年底，全国已建成各类水库 97 036 座，水库总库容 9 853 亿 m^3，其中，大型水库 805 座，总库容 7 944 亿 m^3，中型水库 4 174 座，总库容 1 197 亿 m^3；已建成流量为 5 m^3/s 及以上的水闸 100 321 座，其中分洪闸 8 193 座，排（退）水闸 17 808 座，挡潮闸 4 955 座，引水闸 13 796 座，节制闸 55 569 座[44]。根据大量研究表明，水电工程建设、运行过程中对周围生态环境结构和功能的影响，包括水量[45, 46]、水质[47]、水生生物[48-50]、陆地生态[51]等。为此，现阶段而言，水电站、水库、闸坝等水利水电工程是保障河湖生态用水、维护河湖健康生命的关键，要分类指导水利工程生态流量泄放和监控设施建设。

一是分类确定生态流量泄放要求。严格执行《关于加强长江经济带小水电站生态流量监管的通知》、《水电水利建设项目河道生态用水、低温水和过鱼设施环境影响评价技术指南（试行）》、《水电工程生态流量计算规范》（NB/T 35091）等政策文件与技术指南要求，在满足生活用水的前提下，统筹考虑生产、生态用水需求，结合河流特性、水文气象条件和水资源开发利用现状，确定可反映河道天然来水丰枯变化的生态泄放要求。

二是加强水利水电工程生态流量泄放监管。已建水利水电工程，要科学优化工程运行调度确保生态流量下泄。对具备条件的工程增设或改造生态流量泄放设施。对不具备改造条件或工程运行严重影响河湖生态流量保障的工程予以限制运行或拆除。对新建水利水电工程，将生态流量泄放设施和监控设施建设纳入主体工程设计，严格规范工程项目的设计、施工及验收。提高现有水利基础设施生态调度管理水平。依托大数据、云计算、人工智能、虚拟现实仿真、数字流域、智能专家系统等现代化技术手段，对现有水利基础设施的调度管理系统进行自动化、智能化升级，提高生态调度能力与水平。

6.5.4 加强河湖生态流量管理

落实河湖生态流量管理措施，首先要明确生态流量目标确定事权。其中，生态流量目标的确定依据水资源管理权限，分级组织开展。跨省（区、市）江河湖泊生态流量目标，由流域管理机构商相关部门拟定并报水利部审定；其他跨行政区的河湖生态流量目标，由共同的上一级水行政主管部门商相关地方人民政府有关部门拟定，报共同的上一级人民政府或其授权的部门审定，并报省级水行政主管部门和流域管理机构备案。

其次是强化流域水资源统一调度管理。流域管理机构或地方各级水行政主管部门应把保障生态流量目标放在更突出的位置，制订江河流域水量调度方案和调度计划。对控制断面流量（水量、水位）及其过程影响较大的水库、水电站、闸坝、取水口等，应纳入调度考虑对象。有关工程管理单位，应在保障生态流量泄放的前提下，执行有关调度指令。对于因过量取水对河湖生态造成严重影响，导致生态流量未达到目标要求的，流域管理机构或地方水行政主管部门应采取限制取水、加大水量下泄等措施，确保达到生态流量目标。

再次，在此基础上，还应加快推进河湖生态流量（水位）信息监测网络建设。充分利用互联网、物联网、卫星遥感、无人机、视频监控等现代化监测技术，结合国家水资源监控能力建设、水资源承载能力监测预警等项目，对现有水利信息监测站网进行改造、扩充或升级，构建天地一体化的河湖生态流量（水位）信息监测网络，并搭建生态流量（水位）信息平台，定期公开生态流量保障情况。

最后，建立河湖生态流量预警机制。流域管理机构和地方各级水行政主管部门应根据河湖生态流量目标要求，确定河湖生态流量预警等级和预警阈值。针对不同预警等级制定预案，明确水利工程调度、限制河道外取用水和应急生态补水等应对措施。根据生态流量监测情况，及时发布预警信息，按照预案实施动态管理。

6.6 污水资源化利用

2019 年 4 月，国家发展改革委、水利部联合印发了《国家节水行动方案》；在深入实施国家节水行动的基础上，协同推进节水、治污和资源化利用，以缓解因水资源短缺带来的一系列严重问题。污水资源化利用是指污水经无害化处理达到特定水质标准，作为再生水替代常规水资源，用于工业生产、市政杂用、居民生活、生态补水、农业灌溉、回灌地下水等，以及从污水中提取其他资源和能源。2021 年，我国用水总量为 5 920.2 亿 m^3，较 2020 年增长 1.85%，水资源约束趋紧；全国城市和县城污水排放量 734.39 亿 m^3，较 2020 年增长 8.78%，污水资源丰富、分布广泛、水质稳定，实施污水资源化利用的潜力巨大。加快推进污水资源化利用，既能带动污水处理产业赋能升级，保障城镇用水安全，又能促进城镇高质量发展、可持续发展。

6.6.1 污水资源化利用发展历程

6.6.1.1 国外发展情况

综观解决水资源紧缺问题的国际经验，污水再生利用等非常规水资源开发利用是根本途径。就国外而言，1960 年以前属于再生水开发利用的起步阶段，再生水主要回用于农业灌溉和工业，其处理技术也由最初的直接利用到经过消毒后使用。例如，1929 年，美国加利福尼亚州波莫纳市实施了再生水浇灌绿地和公园的工程；1955 年，日本东京城市污水局将三河岛污水处理厂的污水供给工业用水。

1960 年以后国外再生水利用发展迅速，再生水的用途也由农田灌溉、工业用水、市政杂用等延伸至城市景观、地下水回灌、河道生态补水等，许多国家和地区已经把再生水列为“城市第二水源”。处理技术也由二级处理工艺发展到膜处理以及各种工艺的集成等。其中，以色列、美国[52]、新加坡、澳大利亚、南非、纳米比亚等缺水国家都是开发利用非常规水资源的典范。

以色列是再生水利用程度较高的国家之一，从 1972 年开始实施规模化再生水利用。从 20 世纪 90 年代开始，以色列建设了大量污水再生、输配、储存、利用设施，再生水充分用于居民生活，几乎所有家庭都实现了自来水和再生水的双管供水。再生水还是以色列重要的农业水资源，全国 1/3 的农业灌溉使用城市再生水，农业灌溉用量占其污水处理总量的 46%。为便于再生水的农业利用，以色列将全国按自然流域划分为 7 个区域，并按污水产生量制订了每个区域的再生水利用计划。针对城市污水处理后回用农业的安全性问题，以色列对城市污水处理厂的进水进行严格控制，对重污染企业的废水进行分类管理，达标后才能进入城市污水处理厂，同时对农作物、蔬菜、果树的灌溉用水制定了较为严格的水质标准。2013 年 10 月，以色列政府宣布全国用水不再受天气制约，水安全问题已经彻底解决，其根本途径就是污水再生利用和海水淡化等非常规水资源的开发。

美国人均水资源量是我国的 4 倍多，西部严重缺水，有限的水资源主要用于农业灌溉。美国再生水厂建设不仅起步早，而且规模和先进程度也都位居前列，再生水主要用于农作物灌溉、地下水回灌、景观与生态环境用水以及工业用水等方面，生活杂用所占比重较小。各州结合自身需求构建了不同的再生水利用模式。佛罗里达州的基本模式是非饮用回用，大规模地建设双管供水系统，以自来水 40% 左右的价格将城市污水处理厂出水供给高尔夫球场、城市绿化和建筑物、住宅区的中水道用水；得克萨斯州和加利福尼亚州根据自身用水传统和水文地质特点，采取“间接回用”模式，大规模将污水处理厂出水回灌地下，作为地下水补给水源；加利福尼亚州还将污水处理后补充到人工湖泊中，范围涉及自然景观类湖泊、娱乐休闲类湖泊、水产养殖类湖泊等。2014 年，美国国会认为单纯通过提高用水效率无法满足粮食安全和经济持续增长的需要，预计 2025 年将有超过 40 个州面临缺水状态，责成联邦政府采取措施应对水危机。2019 年，美国联邦政府宣布实施国家水回用行动计划，以保障美国水安全以及水资源的可持续性和韧性为目标，全面规划并实施包括市政污水等六大方向的收集、再生与回用，确定了 200 个行动目标，组织 28 个各方独立责任人、80 个合作机构开展 11 个战略主题、37 个具体行动，同时成立了跨部门工作组，统一协调各方。

新加坡从 1988 年开始进行再生水研究，通过完善的污水和再生水处理系统、严格的再生水标准、透明化的再生水生产过程和降低再生水市场售价等，实现了利用途径的拓展和循环利用，“新生水”成为日益重要的水源。新生水系统与原有的储水观念不同，创造出一种可实时循环，根据需求确定产量而生产洁净水的全新模式。截至 2021 年，新加坡已经建造了五座新生水厂[53]，再生水总产量超过全国供水总量的 30%，绝大部分用于工业、商业服务业、景观，部分与天然水混合后送往自来水厂，经进一步处理后作为饮用水。

从国外的发展历程来看，污水资源化利用也是一个循序渐进的过程，经历了由简单处理、低水平利用到深度处理、高品质使用的发展阶段，它们的共同点在于：一是高标准的污水处理，在新加坡、以色列、南非等缺水国家，污水处理出水要求甚至达到了饮用水的标准，极大地拓宽了污水利用的范围；二是严格的立法和执法，通过制定实施完备的法律法规，对规范再生水利用起到了重要的作用；三是合理的运行机制，在政府的支持引导下，建立健全市场运行机制，吸引企业参与再生水利用建设和管理；四是把再生水利用作为水资源管理的一部分，同步规划、设计、建设污水再生利用的集水、配水系统。

6.6.1.2 国内发展情况

我国再生水研究和实践整体上起步较晚，直到 20 世纪 80 年代末我国许多北方城市频频出现水危机，污水再生利用的相关研究和技术才真正得到广泛关注。污水再生利用在“六五”建设时期才刚刚起步，主要在大连、青岛开展试点，其中，大连的试点于 1983 年通过建设部鉴定，认为是国内首次提出有关再生水利用的有效成果，填补了国内空白。1985 年，国家将“城市污水资源化研究”纳入“七五”国家科技攻关计划以来，组织开展了城市污水资源化和土地处理与稳定塘系统的科技攻关并建立了示范工程，研制成套技术设施并推广应用。我国在“七五”“八五”“九五”的 15 年间，再生水利用方面主要开展科技攻关，这期间以科技为先导，以示范工程为样板，摸索经验，总结不足，为再生水利用工作的开展奠定基础。

我国在“十五”期间，把“水资源的可持续利用和污水处理回用”明确写入“‘十五’发展纲要”中，并在北京、天津、青岛等城市建立一批示范工程，其中，纪庄子再生水厂是具有里程碑意义的再生水利用示范工程；“十一五”期间，首次制定再生水利用专项规划，并在“节水型社会建设”“十一五”水利发展规划中提出鼓励开发和利用再生水等非常规水源，对再生水利用示范项目给予必要的补助，合理确定再生水水价等。“十二五”期间，国家对于再生水利用更加重视，将再生水纳入“十二五”规划中。再生水市场已成为“十二五”期间重点发展的水务市场之一。“十三五”时期，提出到 2020 年年底，城市和县城再生水利用率进一步提高，京津冀地区不低于 30%，缺水城市再生水利用率不低于 20%，其他城市和县城力争达到 15%。“十三五”期间，在政策支持下，海绵城市、农村水环境治理、城市黑臭水体治理、地下水修复、工业零排放等众多细分和新兴领域市场大门打开，以及“以奖代补”建设方案、吸引社会资本参与公共基础设施建设项目的逐步实施，再生水利用得到进一步的发展。

近年来，我国水资源利用方式实现深层次变革，用水方式由粗放低效向节约集约转变，以占全球 6%的淡水资源养育了世界近 20%的人口，创造了世界 18%以上的经济总量。但是，我国人均水资源少、时空分布不均，资源型、水质性缺水问题依然存在。《中华人民共和国国民经济和社会发展第十四个五年规划和 2035 年远景目标纲要》中明确提出，实施国家节水行动，建立水资源刚性约束制度，鼓励再生水利用。随着节水型城市建设和水污染防治工作的深入推进，我国在再生水利用设施建设布局、水资源统一配置和再生水安全利用方面取得了明显进步。

2021 年 1 月，国家发展改革委、生态环境部等十部门联合印发的《关于推进污水资源化利用的指导意见》指出，到 2025 年，全国地级及以上缺水城市再生水利用率达到 25%以上，京津冀地区达到 35%以上；到 2035 年，形成系统、安全、环保、经济的污水资源化利用格局。同时，提出实施污水收集及资源化利用设施建设工程、区域再生水循环利用工程、工业废水循环利用工程、农业农村污水以用促治工程、污水近零排放科技创新试点工程、综合开展污水资源化利用试点示范等污水资源化利用重点工程。2021 年 6 月，国家发展改革委、住房和城乡建设部印发《“十四五”城镇污水处理及资源化利用发展规划》，将区域再生水循环利用工程等污水资源化利用重点工程纳入“十四五”规划中，加强再生利用设施建设，推进污水资源化利用。2021 年 12 月，水利部、国家发展改革委、生态环境部等六部门印发《典型地区再生水利用配置试点方案》，提出以优化再生水利用规划布局、加强再生水利用配置管理、扩大再生水利用领域和规模、完善再生水生产输配设施、建立健全再生水利用政策为重点，促进再生水利用水平不断提升；

2022 年，明确在 29 个省（区、市）的 78 个城市开展典型地区再生水利用配置试点。为加快推进区域再生水循环利用体系建设，形成一批效果好、能持续、可复制，具备全国推广价值的优秀案例，2021 年 12 月，生态环境部会同国家发展改革委、住房和城乡建设部、水利部印发《区域再生水循环利用试点实施方案》；2022 年 12 月，生态环境部联合国家发展改革委、住房和城乡建设部、水利部发布了《关于公布 2022 年区域再生水循环利用试点城市名单的通知》，明确了首批纳入试点范围的 19 个城市，要求相关城市做好试点各项工作，统筹项目内容和建设时序，加强资金政策保障，深化部门协作联动，加快推进项目建设，及早发挥试点效益。

污水处理厂出水是污水资源化利用的重要来源，我国污水处理厂污水处理量从 1991 年的 44.54 亿 t，增长至 2022 年的 626.89 亿 t，污水资源丰富，开发潜力巨大（图 6-3）。

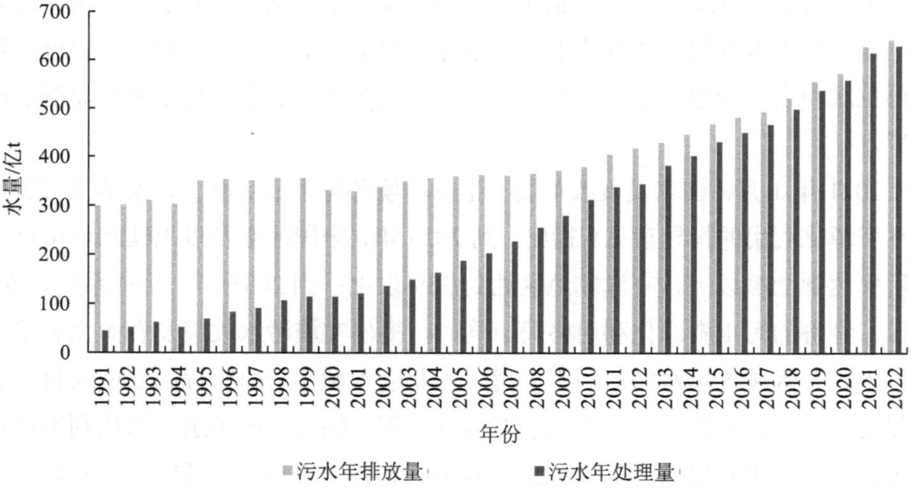

图 6-3 1991—2022 年我国城市污水年排放量和处理量变化

目前，我国城市污水再生利用工作已经全面启动，国家和地方都开展了相关的科学研究和工程实践，再生水利用行业稳步发展。截至 2022 年，全国已建成城市污水再生利用设施 2 894 座，年污水处理量 6 268 888 万 t，再生水生产能力 7 938.5 万 t/d，再生水利用量 1 795 475 万 t，再生水管网长度 16 412 km。但总体上看，我国再生水利用水平仍然偏低，2022 年全国再生水利用率仅为 28.6%，部分省份城市再生水利用率不足 10%，和以色列等发达国家相比，存在较大差距。2022 年我国城市污水处理及再生水利用情况具体见表 6-7。

表 6-7　2022 年我国城市污水处理及再生水利用情况

地区	污水处理总量/万 t	再生水生产能力/（万 t/d）	再生水利用量/万 t	再生水管网长度/km	再生水利用率/%
北京	208 258	712.1	120 540	2 234	57.9
天津	112 680	344.5	41 679	2 414	37.0
河北	181 923	547.3	91 682	847	50.4
山西	108 068	261.0	25 132	656	23.3
内蒙古	62 992	204.7	30 167	1 540	47.9
辽宁	328 242	317.3	71 356	694	21.7
吉林	136 930	118.1	29 244	102	21.4
黑龙江	129 357	48.6	17 900	92	13.8
上海	215 438	—	—	—	—
江苏	512 165	632.3	146 353	576	28.6
浙江	388 083	220.4	47 121	287	12.1
安徽	222 876	352.3	70 216	263	31.5
福建	169 445	223.3	43 187	141	25.5
江西	131 327	3.0	301	2	0.2
山东	364 460	829.5	189 665	1 298	52.0
河南	258 804	561.5	117 129	753	45.3
湖北	313 727	291.5	62 356	54	19.9
湖南	259 546	121.1	38 660	128	14.9
广东	944 041	1 051.3	384 749	120	40.8
广西	174 156	108.1	32 192	54	18.5
海南	44 909	21.8	3 016	140	6.7
重庆	152 953	20.9	1 997	124	1.3
四川	299 179	301.2	78 341	434	26.2
贵州	80 360	36.3	4 967	32	6.2
云南	123 149	48.4	36 628	525	29.7
西藏	9 432	0.5	23	—	0.2
陕西	167 964	168.2	44 098	519	26.3
甘肃	45 454	60.9	9 299	453	20.5
青海	17 850	19.1	4 490	127	25.2
宁夏	28 867	58.8	13 077	342	45.3

地区	污水处理总量/万 t	再生水生产能力/（万 t/d）	再生水利用量/万 t	再生水管网长度/km	再生水利用率/%
新疆	64 788	214.7	33 026	1 386	51.0
新疆生产建设兵团	11 463	39.9	6 887	74	60.1
全国	6 268 888	7 938.5	1 795 475	16 412	28.6

6.6.2 构建区域再生水循环利用体系

6.6.2.1 基本内涵

实施区域再生水循环利用是贯彻落实党中央、国务院关于污水资源化决策部署的重要举措，也是践行习近平生态文明思想、落实党的二十大精神的创新实践，旨在着力推进污水处理厂达标尾水的水质净化和区域循环利用，研究破解水资源、水环境和水生态“三水统筹”治理难题，探索协同推进降碳、减污、扩绿、增长的可行路径。区域再生水循环利用的定义是在重点排污口下游、河流入湖（海）口、支流入干流处等关键节点因地制宜建设人工湿地水质净化等工程设施，对处理达标后的排水进一步净化改善后，在一定区域统筹用于生产、生态、生活的污水资源化利用模式。开展区域再生水循环利用体系建设，有利于转变高耗水发展方式，缓解区域水资源供需矛盾；有利于改善水生态环境质量，提升人居环境品质；有利于减污降碳协同增效，促进实现碳达峰、碳中和。区域再生水循环利用模式示意图见图 6-4。

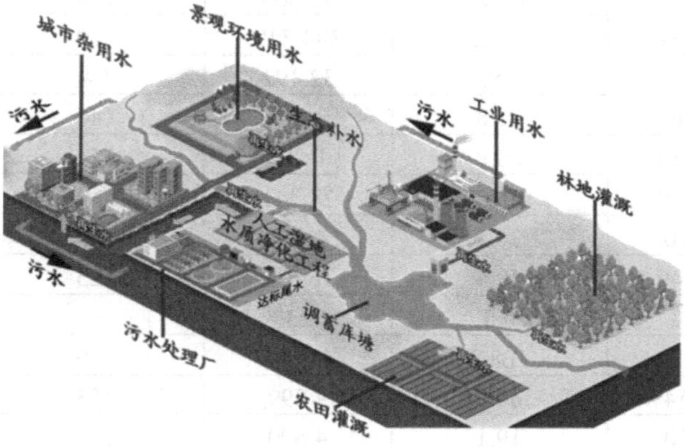

图 6-4　区域再生水循环利用模式示意图

对缺水地区而言，开展区域再生水循环利用体系建设是推动水资源集约节约利用、河湖水生态环境质量持续改善、区域流域绿色发展的有效途径，值得探索实施。

一是有利于缓解区域水资源供需矛盾。从区域角度统筹推动再生水循环利用，将再生水纳入区域水资源调配体系，能够实现再生水梯级、多元化利用，提高水资源利用效率，加快转变高耗水发展方式，缓解工业用水、农业用水、城市供水“争抢”地表水、“挤占”生态用水的矛盾。例如，山东省聊城市阳谷县将污水处理厂尾水排入人工湿地净化后，利用周边水系调蓄，供工业企业使用，每年可节约新鲜水 730 万 m^3，减少引黄水 15%，同时增加水域面积 47 万 m^2、活水河段 16 km。

二是有利于改善水生态环境质量。人工湿地水质净化工程作为区域再生水循环利用的关键环节，既能发挥生态净化功能，降低水体污染负荷，促进河湖水生态环境质量提升；又能促进水生态系统在结构和功能上自我恢复和修复，改善生物多样性，实现良性循环；还能构建生态景观，推动形成人水和谐的绿色空间。例如，北京新凤河流域通过人工湿地提质、再生水生态补给，保障了河道生态基流，河道植被由原先单一品种的荷花发展到 28 种水生植物，植被覆盖度由 10% 提升到 40%，鱼类、鸟类种类和数量也逐渐增多，水生态健康综合指数达到“健康”等级。

三是有利于促进减污降碳协同增效。在碳达峰、碳中和的背景下，推动水污染防治工作实现减污降碳协同增效已经成为必然。区域再生水循环利用既能减少水污染物排放，又能降低污染治理和水资源开发利用的碳排放水平，是减污降碳协同增效的有效举措。一方面，将污水处理厂尾水经人工湿地生态提质后再利用，可减少缺水地区引调水、供水工程建设和运维的能源投入；另一方面，人工湿地水质净化工程能够替代常规的污水深度处理设施，利用湿地生态系统的自净作用去除氮磷等污染物，有效降低污水处理的能耗和药耗。

四是有利于带动区域经济高质量发展。实施区域再生水循环利用是集约节约利用水资源、加快区域发展绿色转型的重要举措，通过人工湿地水质净化工程营造的良好生态系统具有可观的经济价值，可带动周边生态种植养殖、文旅等产业发展，还可以改善人居环境，带动周边区域开发，甚至形成新的经济隆起带，显著提升群众的获得感、幸福感、安全感。例如，济宁市南四湖流域人工湿地工程在改善湖区水质的同时，推动了生态养殖业的恢复，带动了互联网营销、文旅等相关产业的发展，湿地种植的芦竹、芡实、莲藕等作物还为农民增加了收入。其中，微山湖已成为全省乃至全国湿地类生态旅游的精品和热点，电子商务与微山湖特色产业融合发展步伐加快，2021 年电商零售额达到 7.2 亿元，增长 47%。

6.6.2.2 建设要点

区域再生水循环利用体系建设是一项系统工程，涵盖污水收集处理、人工湿地水质净化、再生水调蓄和利用等多个环节，需要从再生水生产、调配、利用全过程入手，系统推进规划布局、建设改造和运维管理等任务措施。

一是规划布局。开展区域再生水循环利用体系建设，应充分考虑区域水资源开发利用情况、水生态环境质量状况、产业结构特征、区域再生水循环利用基础设施建设条件、再生水需求程度、市场经济条件以及相关规划要求等因素，因地制宜、科学合理规划布局污水处理厂、人工湿地水质净化工程、再生水调蓄及输配设施，综合考虑区域、流域特点，合理确定区域再生水循环利用方向、方式。

二是源头管控。在污水收集源头管控方面，要明确污水来源，特别是工业污水排入市政管网的管理要求和监管方法，接纳有毒有害工业污水的污水处理厂，不得纳入城市区域再生水循环利用体系；要规范过程管理，强化监督考核，确保污水处理厂达标排放，重点关注消毒环节的规范操作和稳定达标，有效控制病原微生物风险；要严格污水处理厂末端监管，制定突发环境事故应急预案，科学及时应对出水水质异常等状况，避免影响下游水质净化工程的稳定运行。

三是湿地建设。人工湿地水质净化工程只承担达标尾水的水质改善任务，不应作为直接处理生产生活污水的治污设施。综合考虑区域水生态环境改善需求，结合规划布局，借助区域内坑塘、洼地、河湖滩地，在重要排污口下游、支流入干流处、河流入湖（海）口等流域关键节点，因地制宜建设人工湿地水质净化工程。人工湿地设计规模应与城镇污水处理厂处理能力、再生水利用和调配能力匹配。拟建于污水处理厂等重点排污单位下游的，提前规划预留建设土地以保障配套人工湿地建设需求；拟建于支流入干流出、河流入湖口的，应与现代水网建设以及当地小流域治理、小微湿地建设、山水林田湖草沙一体化保护修复、乡村振兴等工程有机衔接；对于位于河道、湖泊管理范围内的人工湿地水质净化工程，依法履行涉水许可手续。加强本土植物在人工湿地水质净化工程中的应用，充分考虑耐寒性湿地植物的搭配种植。定期开展人工湿地运行状况评价，规范人工湿地运行维护管理。依靠密切的产学研用合作，攻克人工湿地植物选育和养护管理、水体富营养化控制、长期运行中无机盐和有毒有害有机污染物累积控制等前沿技术难题。人工湿地水质净化的设计、施工与验收和运行维护等技术要求，可参照《关于印发〈人工湿地水质净化技术指南〉的通知》（环办水体函〔2021〕173号）相关内容。

四是资源配置。依托低洼地带、城市景观湖、橡胶坝、自然湖库、河道、湿地等，在充分调查论证地质和水文地质条件，确保防洪安全的前提下，因地制宜建设再生水调蓄库塘，形成合理的再生水调蓄能力。再生水利用遵循“以用定质、以质定用、以用定管”基本原则，推动区域再生水分类配置，充分发挥再生水产能，提高利用水平，在污水处理厂、人工湿地水质净化工程、河湖调蓄库塘等环节实现再生水的多元、梯级利用。推动再生水等非常规水纳入水资源统一配置，将再生水纳入水资源供需平衡分析和配置体系，明确再生水用水需求、配置领域、配置量、供水能力和再生水管网设施布局等，促进再生水与常规水源“统一规划、统一配置”，达到区域水资源合理开发、利用的目标。推进再生水水质分类、利用效益评价、风险管理和服务监管等标准制定，支撑再生水安全高效利用和规模化利用。

五是风险防范。区域再生水循环利用是一个非传统供水工程，其前提是确保再生水利用的生态安全、健康安全和工艺安全，持续提高公众接受程度。再生水利用风险防控应坚持“全程管理、预防为主”基本原则，将风险防控意识、防控措施融入工程（项目）规划、建设、运行、维护和监管的全过程。全面识别和评价从污水收集、污水处理、达标尾水净化、蓄存输配到再生水利用等各个环节可能存在的风险及其来源，制定具体、可行的风险预防措施，并严格执行。强化污水处理、达标尾水净化、再生水蓄存输配等环节的运维管理，制定完善各个环节基于循环利用的运行管理规范、指南，保障系统运行稳定。构建包括政府监管、第三方监管、运营企业内部监管在内的立体监管体系，确保相关风险防控方案的科学制定、有效落实。

六是政策保障。保障区域再生水循环利用健康发展，需要发挥好政府引导推动作用和市场在资源配置中的决定性作用，通过建立机制、落实政策，促进区域再生水循环利用体系快速发展。建立权责清晰、分工明确、运转规范、协调衔接的区域再生水循环利用协作机制，明确发改、财政、生态环境、水利、住建、农业农村等相关部门职责分工，强化指导、协调及监督。落实供需双方协商定价机制，细化关于放开再生水政府定价和规范市场价格行为的政策要求，根据再生水服务项目成本和市场情况依法合理制定或调整再生水协商价格，保持价格相对稳定。推动落实环境保护税、环境保护专用设备企业所得税、第三方治理企业所得税、污水处理及再生水产品增值税即征即退等优惠政策。探索建立再生水水权交易规则体系和管理机制，明确再生水水权确权、交易规则、定价机制等内容，将再生水由资源配置方式向市场配置方式转换，政府提高了资源配置效率，水资源的使用方得到了合理价格的水资源，水资源的提供方得到了较高盈利水平，实现多方共赢，也可为其他绿色市场机制的开展提供经验。

6.6.2.3 地方实践

山东省各地针对水资源量严重匮乏的实际，因地制宜推进水资源节约和再生水循环利用，探索形成了“污染防治—循环利用—生态保护”相结合的区域再生水循环利用模式。2017 年，山东省政府发布了《关于全面加强节约用水工作的通知》，要求各地将再生水等非常规水源纳入区域水资源统一配置，做到优水优用、分质供水、循环利用，最大限度地替代新鲜水源；产业聚集区、工业园区及用水大户配套建设污水处理回用设施或使用市政再生水，城市绿化、道路清扫、车辆冲洗、建筑施工、生态景观等用水逐步由再生水替代。全省在再生水循环利用的思路上，除传统用于工业生产、城镇生活、景观绿化等方面外，还结合本地实际及前期水污染防治工作经验，创新提出了建设人工湿地、生态河道等工程，综合发挥水质净化和“截蓄导用”效益，进一步扩展了再生水的利用途径及方式。各地充分利用流域内季节性河流、天然滞蓄洪区和闲置洼地，因地制宜建设不同规模的调蓄水库，拦蓄汛期河水和行政区域内再生水，建设区域规模化再生水循环利用体系。“十二五”期间，山东省淮河、海河、南四湖流域建成城市再生水利用工程 97 个，再生水年利用量 9.4 亿 t，占全省用水总量的 4%左右，在一定程度上缓解了区域水资源短缺矛盾，也有效提升了水环境质量。淄博市水资源、水环境、水生态问题交织，积重难返。为彻底解决老大难问题，从 2003 年开始，淄博市按照“治、用、保”流域污染治理思路，着力打造出“工业点源—污水处理厂—人工湿地”的联合治污综合体，构建了“八河联通、六水共用、清水润城”的主城区水系，组织实施了“引水入萌”、主城区南部水系连通等重点工程，实现了对地表水、中水等 6 种水源的统筹利用，综合解决了河道水源短缺、水质难以保证和部分河道防洪能力不足等问题。马踏湖流域大力开展人工湿地建设和生态修复工程，采用“生态滞留塘+潜流湿地+表流湿地”的组合工艺，先后在马踏湖湖区（猪龙河、乌河）建设人工湿地水质净化工程、河道型人工湿地等，有力改善了湖区生态环境，恢复了生态功能，生物多样性明显提升。

北京市为破解新凤河流域污染源量大分散、污染水体面积广、区域水资源匮乏等难题，有针对性地提出以人工湿地提质为重要手段，以再生水生态补水为水源的技术路线，全面推进新凤河流域治理工作。项目每年引入约 4 635.5 万 m^3 再生水，保障生态基流，实现了“有河有水”。在此基础上，建设两处人工湿地，处理能力 4.6 万 m^3/d，对干流及重要支流的水质进行旁路净化，完成了新凤河水质达标的“最后一公里”。以人工湿地为重要手段的区域再生水循环利用，为新凤河注入了新的生命活力，新凤河流域现有水生植物 28 种，总覆盖度达到 40%；鱼类约 20 种，包括鲫鱼、鳑鲏、棒花鱼、黄黝鱼等；大型底栖动物恢复良好，鸟类种类和数量逐渐增多，水生态恢复效果显著，水生态健康水平大幅提升。由于北京地区冬季寒冷干燥，月平均气温在 0℃以下，人工湿地面临着冬季极限低温运行的挑战。为保障人工湿地冬季运行效果，对人工湿地集配水管路、潜流湿地单元等进行了多种保温方式和运行参数的试验研究，并最终保障了主要水质考核指标在冬季稳定达标，1 月氨氮平均去除率可达 80%，与平均水温高于 15℃的 4 月相比基本持平。结合湿地和河道的生态修复，项目最终实现了新凤河水系“有鱼有草”“人水和谐”，有效满足了周边市民亲水需求，提高了市民幸福感。

宁夏石嘴山市是黄河流经宁夏回族自治区的最后一道关口。因地处西北内陆，气候干旱、降水稀少，水资源禀赋较差，石嘴山市是典型的缺水地区和生态脆弱区，且水资源时空分布不均，水资源供需矛盾日益突出。近年来，石嘴山市围绕建设黄河流域生态保护和高质量发展先行区的总目标，坚持“节水优先、系统谋划、污染治理、中水回用”，以城镇污水处理厂为突破口，以绿化用水和生态补水为主要途径，初步构建成污染源治理、生态环境保护、循环利用的再生水综合治理“水循环”体系，提升水资源利用效率。一方面，重点建设 4 个净化改善处理污水处理厂尾水的人工湿地水质净化工程，实现向排水沟生态补水及景观用水，向电力、钢铁等工业企业以及周边供应再生水，再生水利用率由 13%提升至 32%，进一步减少取用黄河水资源。另一方面，加强“水资源、水生态、水环境”“三水统筹”、完善政策措施，探索建立再生水资源交易机制，石嘴山市生态环境局与阿拉善盟生态环境局签署了区域环境污染联防联控合作协议，通过水资源交易方式将再生水应用到石嘴山市与阿拉善盟市工业园区部分生产和生活用水，从而进一步提高再生水利用率，实现水资源节约利用，同时从根本上减少污水处理厂尾水进入黄河，切实提高黄河水环境质量安全水平。

6.6.2.4 实施关键

近年来，我国再生水利用量增长迅速。统计显示，2012—2022 年，包括再生水在内的全国非常规水源利用总量从 47.56 亿 m^3 提高到 175.8 亿 m^3，占全国供水总量的比例从 0.8%提高到 2.9%；2022 年我国城镇污水排放量约 754 亿 m^3，再生水利用量为 151 亿 m^3，再生水后续开发利用潜力巨大[54]。从各地的实践探索来看，区域再生水利用体系建设逐渐延伸到流域、区域、工业园区层面，用途逐渐拓展至工业生产、农业灌溉、城市杂用、生态补水等各个领域。再生水利用由缓解水资源紧缺问题的重要抓手逐步转变为统筹解决水资源、水环境、水生态问题的重要途径，为缺水城市开展区域再生水循环利用提供了有力借鉴。同时，要重点把握好以下几个方面：

一是区域统筹系统推进。以缓解区域水资源供需矛盾、提升水环境质量、改善河湖水生态状况为出发点，在区域层面加强污水处理厂、人工湿地水质净化工程、再生水调蓄库塘及再生水利用设施之间的衔接，确保再生水生产、调配和利用能力相匹配，形成污染治理、生态保护、循环利用有机结合的治理体系，促进水资源、水环境和水生态统筹保护。同时，探索区域再生水循环利用的生态基底与关联产业的有机融合，形成推动生态环境系统保护修复、经济社会绿色低碳发展的良性循环。

二是政策制度创新支持。构建多元化的投入保障机制，通过加大地方财政资金投入、申请中央水污染防治专项资金等相关资金支持、拓宽企业融资渠道、落实现行相关税收优惠政策以及结合生态环境导向的开发（EOD）模式，吸引社会资本参与试点项目建设。建立健全市场运行机制，按照“谁投资、谁受益，谁使用、谁付费”的原则，完善再生水使用者付费制度，允许再生水供需双方按照优质优价的原则自主协商定价，将再生水生产利用由政府行为转变为社会、企业的经营行为，探索投资主体多元化、运营主体企业化、运作管理市场化的发展模式。

三是长效运营机制保障。立足再生水生产、调配和利用全过程各环节，建立健全区域再生水循环利用系统长效运营机制，完善和落实日常监督管理制度，针对人工湿地水质净化工程植物种植养护等难点问题，开展科技攻关，确保再生水水质、水量满足要求，持续发挥区域再生水循环利用综合效益。

四是将再生水纳入水资源统一配置。准确把握再生水在区域水资源配置和城镇供水中的角色定位，将再生水作为城市“第二水源”和工业及市政杂用的“第一水源”，规划建设多水源分质供水系统，实施分质供水，提高再生水使用效益。

参考文献

[1] 王浩，牛存稳，赵勇．流域“自然-社会”二元水循环与水资源研究[J]．地理学报，2023，78（7）：1599-1607.

[2] 王浩，王建华，秦大庸，等．基于二元水循环模式的水资源评价理论方法[J]．水利学报，2006，37（12）：1496-1502.

[3] 水利部．中国水资源公报．2023.

[4] 国家统计局．国家统计数据：https://data.stats.gov.cn/easyquery.htm?cn=C01.

[5] 水利部发展研究中心．从国内外对比分析看我国用水效率水平，2022.

[6] 李原园，赵钟楠，刘震．新时代全面提升国家水安全保障能力的战略思路和重要举措[J]．中国水利，2023（4）：1-5.

[7] 杨永江，王春元．中国水战略：以水电开发为先导[M]．北京：中国水利水电出版社，2011.

[8] Yin X A，Yang Z F，Petts G E. Reservoir operating rules to sustain environmental flows in regulated rivers[J]. Water Resources Research，2011，47（8）：427-443.

[9] 生态环境部．重点流域水生态环境保护“十四五”规划编制技术大纲[J]．2019.

[10] 文宇立．保障生态流量，增强水环境治理系统性[J]．中国环境报，2023-09-11.

[11] 王建华，何凡，何国华．关于水资源承载力需要厘清的几点认识[J]．中国水利，2020（11）：1-5.

[12] 邓捷铭，贾绍凤，严婷婷．我国节水监督考核制度体系构建研究[J]．中国水利学会 2020 学术年会论文集（第五分册）．
[13] 水利部．2022 年度中国水资源公报[M]．北京：中国水利水电出版社，2022.
[14] 高媛媛，姜文来，殷小琳．典型国家农业水价分担对我国的启示[J]．水利经济，2012，30（1）：5-10，71.
[15] 刘钰，汪林，倪广恒，等．中国主要作物灌溉需水量空间分布特征[J]．农业工程学报，2009（25）：12.
[16] 万攀兵，杨冕，陈林．环境技术标准何以影响中国制造业绿色转型——基于技术改造的视角[J]．中国工业经济，2021（9）：118-136.
[17] 陈诗一．中国的绿色工业革命：基于环境全要素生产率视角的解释（1980—2008）[J]．经济研究，2010（11）：21-34.
[18] 郭克莎，彭继宗．制造业在中国新发展阶段的战略地位和作用[J]．中国社会科学，2021（5）：128-149.
[19] 薛志清．中国工业节水的循环利用战略研究[D]．杭州：浙江理工大学．
[20] 熊升银．城镇居民生活用水影响因素的实证分析——以成都市为例[J]．科技和产业，2018，18（1）：92-97+142.
[21] 曹徐齐，阮辰旼．全球主要城市供水管网漏损率调研结果汇编[J]．净水技术，2017，36（4）：6-14.
[22] Liemberger R，Wyatt A. Quantifying the global non-revenue water problem[J]. Water Science and Technology：Water Supply，2019，19（3）：831-837.
[23] 住房和城乡建设部．中国城乡建设统计年鉴（2020）[M]．北京：中国统计出版社，2020.
[24] 张宇，孙健滨，魏薇．济南公共用水领域水资源浪费原因分析[J]．山东水利，2019（2）：15-16.
[25] 王浩，游进军．锚定国家需求 以水资源优化配置助力高质量发展[J]．中国水利，2022（19）：20-23.
[26] 左其亭．论水资源承载能力与水资源优化配置之间的关系[J]．水利学报，2005（11）：17-22.
[27] 于法稳，方兰．黄河流域生态保护和高质量发展的若干问题[J]．中国软科学，2020（6）；85-95.
[28] 中国可持续发展水资源战略研究综合报告[J]．中国水利，2000（8）：5-17.
[29] 中国工程院“21 世纪中国可持续发展水资源战略研究”项目组．中国可持续发展水资源战略研究综合报告[J]．中国工程科学，2000（8）：1-17.
[30] 纪文惠．水资源配置实现全局性优化[N]．经济日报，2022-09-14.

[31] 刘诗平．南水北调工程累计调水 700 亿 m^3．新华社[EB/OL]. https://baijiahao.baidu.com/s?id=1793848703636314447&wfr=spider&for=pc.[2024-03-18].

[32] 珍惜水资源 守护“地下动脉”[EB/OL]. 焦点访谈，2022-03-25，https://m.app.cctv.com/vsetv/detail/C10326/8a5e3ec8866a4e34a931ec78f118ea27/index.shtml.

[33] 张萍，于璟晗，王红，等．贵州省水资源配置的思考[J]．水利规划与设计，2023（7）：31-34.

[34] 罗兰．我国地下水污染现状与防治对策研究[J]．中国地质大学学报（社会科学版），2008（2）：72-75.

[35] 徐志侠．河道与湖泊生态需水研究[D]．南京：河海大学，2005.

[36] 水利部，公安部．关于加强河湖安全保护工作的意见，2022.

[37] 陈敏建，贺伟程．中国水资源利用前景初探[J]．自然资源学报，1998（增刊）：22-25.

[38] 王芳，梁瑞驹，杨小柳，等．中国西北地区生态需水研究（2）——基于遥感和地理信息系统技术的区域生态需水计算机分析[J]．自然资源学报，2002，17（2）：129-137.

[39] 王浩，陈敏建，秦大庸．西北地区水资源合理配置和承载能力研究[M]．郑州：黄河水利出版社，2003.

[40] 水利部．关于做好河湖生态流量确定和保障工作的指导意见，2020.

[41] 王建平，李发鹏，孙嘉．关于河湖生态流量保障的认识与思考[J]．水利经济．2019，37（4）：9-12+75.

[42] 徐敏，路瑞，韦大明，等．独家解读！《美丽河湖保护与建设参考指标（试行）》出台，这些关键点值得关注！[N]．中国环境报，2022-11-22.

[43] 彭文启．生态流量五个关键问题辨析[J]．中国水利，2020（15）：20-25.

[44] 马福恒，胡江，谈叶飞．我国大中型水闸安全鉴定现状与对策建议[J]．中国水利，2024，979（1）：38-41.

[45] 杜强，王东胜．河道的生态功能及水文过程的生态效应[J]．中国水利水电科学研究院学报，2005，3（4）：287-290.

[46] 陈文．挑河水电梯级开发的水文效应研究[D]．北京：中国科学院大学，中国科学院研究生院，2011.

[47] 柳晓砹，李金文．李仙江流域梯级电站开发对生态环境的影响及防治措施[J]．环境科学导刊，2007，26（2）：69-72.

[48] 渠晓东．香溪河大型底栖动物时空动态生物完整性及小水电站的影响研究[D]．北京：中国科学院研究生院，2006.

[49] Martinez A，Larranaga Aitor，Basaguren A，et al. Stream regulation by small dams affects

benthic macro-invertebrate communities：from structural changes to functional implications[J]. Hydrobiologia，2013，711（1）：31-42.

[50] Mueller M，Pander J，Geist J. The effects of weirs on structural stream habitat and biological communities[J]. Journal of Applied Ecology，2011，48（6）：1450-1461.

[51] 邱元锋，等．水利水电建设项目水土保持工程[M]．北京：中国水利水电出版社，2016.

[52] 新华社．综述：美国西部“缺水时代”正式到来[EB/OL].（2022-08-18）[2024-10-28]. https://baijiahao.baidu.com/s?id=1708497179960171791&wfr=spider&for=pc&searchword=美国是缺水国家吗，文摘综述.

[53] 曜曜，吴云生，安莹玉．新加坡樟宜 2 新生水厂双膜系统运行性能及反渗透膜污堵特性[J]. 给水排水，2021，57（11）：41-47.

[54] 刘诗平．我国再生水利用提速 后续开发利用潜力大．新华社[EB/OL]. https://baijiahao.baidu.com/s?id=1782622661221152655&wfr=spider&for=pc.

第7章

水环境治理

水环境治理是“三水统筹”的重要组成部分，自“九五”时期起，我国持续推进治污减排、水环境治理工作，但随着工作不断深入，出现了治理措施形成的减排量跟不上污染物新增量的情况，“十五”“十一五”初期水环境质量恶化的现象也未得到有效遏制，由此在“十一五”后期基于质量改善为核心的水环境治理思路逐步形成，明确提出水环境治理减排工程要与水环境质量改善要求相一致的要求。本章通过入河排污口管理将污染源治理和水环境质量改善进行有机衔接，建立以水质改善为导向的“受纳水体—入河排污口—污染源”全链条“倒逼式”的水环境治理体系，阐述了污染源减污降碳协同治理、入河排污口管理、河湖水质改善综合治理等环节的措施要求，可为河湖水环境质量的改善提供参考。

7.1 基本考虑

自改革开放到“十五”时期以前，全国水环境污染呈现整体恶化的趋势，工业企业遍地开花，企业排污混乱，各流域水质持续恶化，“九五”时期，淮河流域Ⅴ类及以下水体占比超过 80%，当时我国水环境保护工作主要聚焦各类水污染源，通过控制污染源污染物排放量实现水环境治理改善，但随着社会经济的快速发展，污染源和污染物排放量大幅增加，仅通过末端的污染源排放量控制难以保证水环境质量的提升。由此，基于水环境质量改善为核心的水环境治理思路逐渐清晰，在经历“十一五”“十二五”“十三五”“十四五”时期等多个阶段调整改革后，我国逐步形成从环境水体到污染源排放管控的全链条水环境治理思路（图 7-1）。

一个流域、地区或区域的自然环境在没有人为污染源的情况下，一般形成自循环体系，但人为污染源的产生，导致水环境在自循环的同时还需净化排入的污染物，污染源产生的污染物通过入河排污口排入自然水体，当污染物排放量超过水环境自净能力时，水环境质量将急剧恶化。水环境保护主要思路是将水环境质量与污染源治理措施相挂钩，明确水环境管理的各个过程，对污染源、污染源排放路径、水质变化状况等过程全部实施管控，建立各阶段管控体系，最终实现"受纳水体—入河排污口—污染源"全过程"倒逼式"的水环境质量改善的管理体系。其中，污染源管控主要包括工业、生活、农业和移动污染源治理，以及针对污染源管理的污染物总量控制、排污许可、排污权交易管理和流域污染物排放标准等制度；污染源排放路径是指污染源排放的污染物进入水体的方式，各类污染源一般均通过入河排污口向水体排放污染物；受纳水体水质改善除通过污染源排放管控、入河排污口整治外，还可以通过因地制宜实施"一河一策"等综合整治措施达到水质目标要求（图 7-1）。

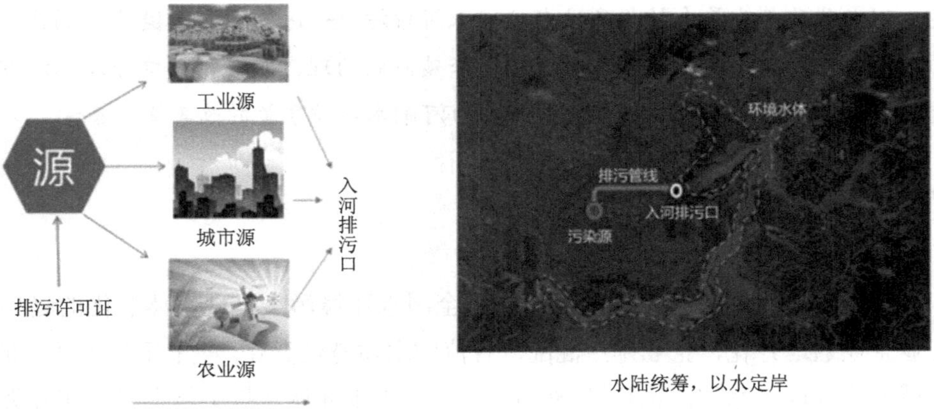

图 7-1　水陆统筹的水环境治理体系示意图

此外，2020 年我国提出"二氧化碳排放力争 2030 年前达到峰值，努力争取

2060 年前实现碳中和”的“双碳”目标，因此目前水环境保护新思路在实现全过程管理的同时，还需要充分考虑降低温室气体排放的措施和工程，着力实现水环境减污降碳协同治理。

7.2　水污染源减污降碳协同治理

7.2.1　水污染源减污

水污染源管控是水环境保护重要组成部分，通过各类水污染源管控任务实施，大幅削减源头对象的污染排放量，水污染源管控对象一般分为工业污染源、城镇生活污染源、农业农村污染源、移动源四大类。我国自“十五”时期起，针对各类污染源已开展了大量治理工作，全国 COD 和氨氮污染物总排放量逐年降低（图 7-2）。目前全国污染源管控已发展成生活农业治理为主、兼顾工业和移动源污染治理的新格局（图 7-3）。

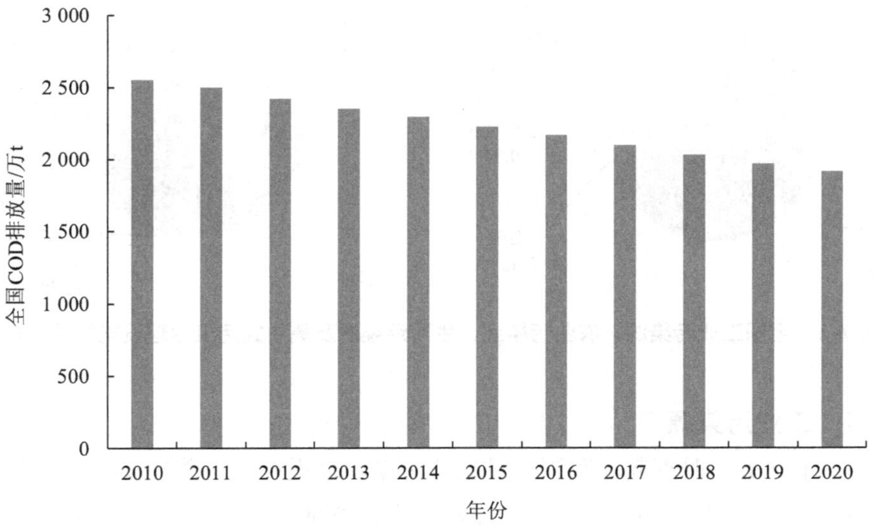

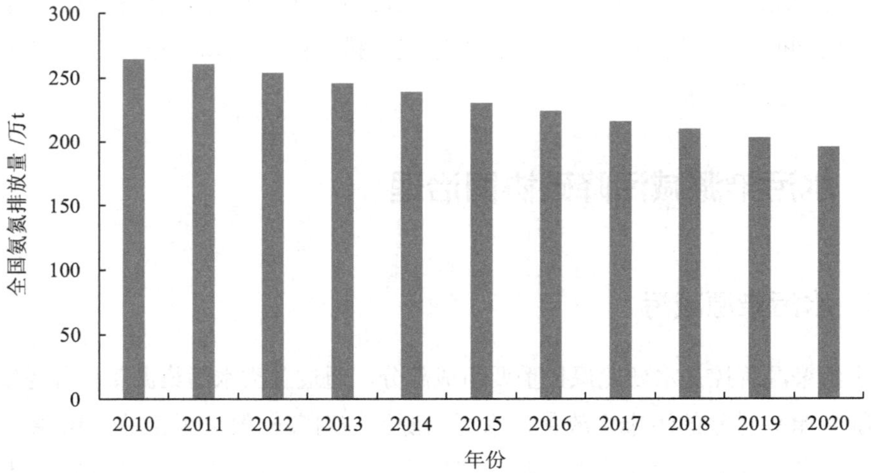

图 7-2　全国历年污染物排放量变化

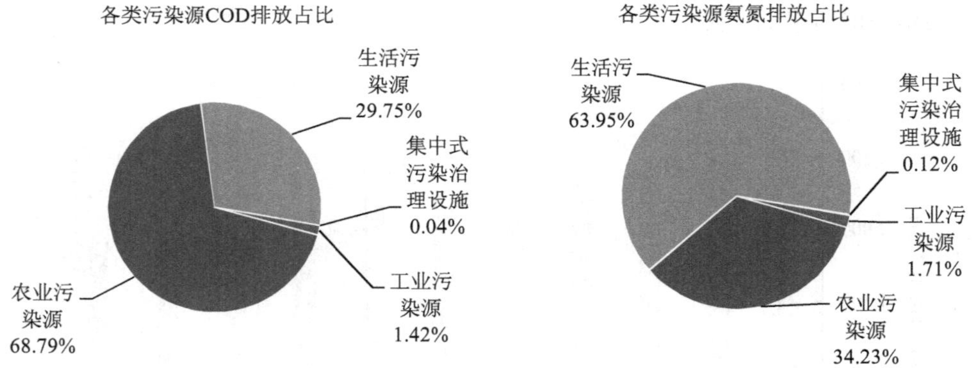

图 7-3　全国工业污染源、农业污染源、生活污染源及集中式污染治理设施排放占比

7.2.1.1　工业污染源

自“十一五”时期起，我国通过新建污染治理设施、完善污染处理工艺、调整经济结构等方式大幅削减了工业行业污染物排放量，依据中国生态环境统计年报数据，我国工业 COD 和氨氮排放从 2005 年的 555 万 t 和 53 万 t 下降至 2021 年的 42 万 t 和 1.7 万 t，下降幅度高达 92.4%和 96.5%，具体如图 7-4 所示。

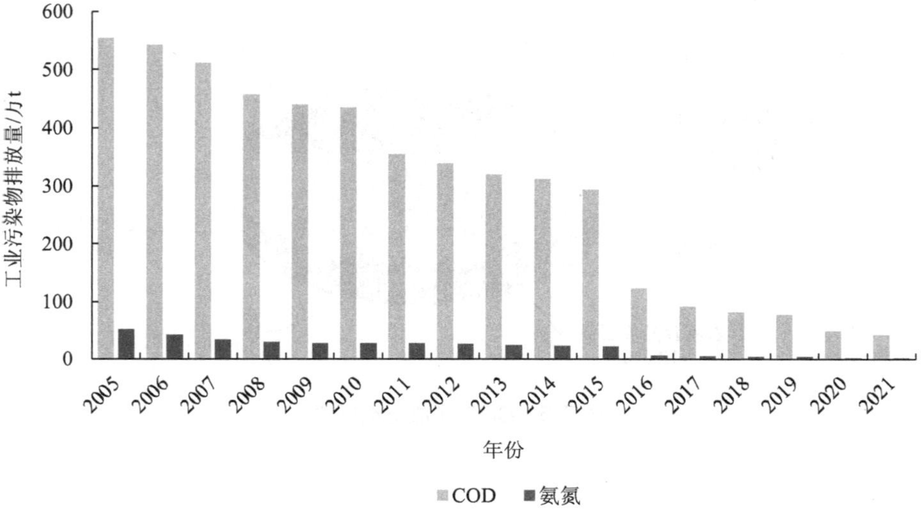

图 7-4　工业污染物排放量变化

由于我国各行业发展水平不均衡，不同行业在用水量、生产模式等技术方面都存在巨大的差异性，从而导致不同行业的废水排放效率和减排潜力存在异质性。在"十一五""十二五"时期，我国工业污染主要集中在造纸、化工、印染和农副食品加工行业，4 个行业废水排放量超过全部工业企业废水总排放量的 50%，COD 排放量超过全部工业行业总排放量的 60%[1]。但随着造纸行业污染治理技术的发展和治理水平的提高，行业对水环境的污染贡献逐步降低，目前我国的造纸行业水污染治理已经达到世界先进水平。"十四五"时期，工业污染重点行业与"十一五""十二五"时期有一定变化，化学原料和化学制品制造业，纺织业，农副食品加工业，酒、饮料和精制茶制造业污染问题日益凸显（图 7-5、图 7-6）。因此，自"十四五"时期起，我国工业污染减排工作主要集中在化学原料和化学制品制造业，纺织业，农副食品加工业，酒、饮料和精制茶制造业等行业。

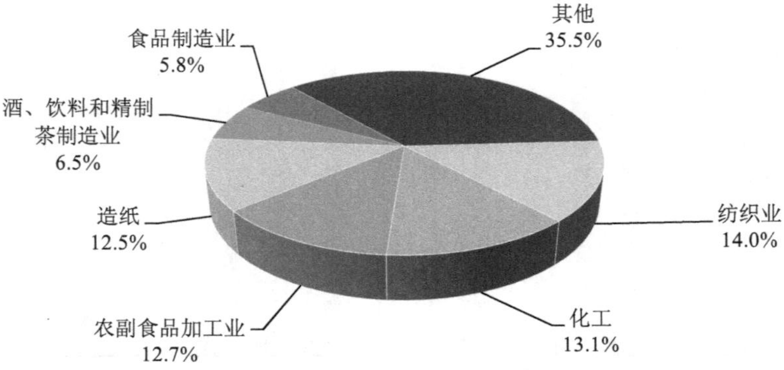

图 7-5　COD 排放重点行业

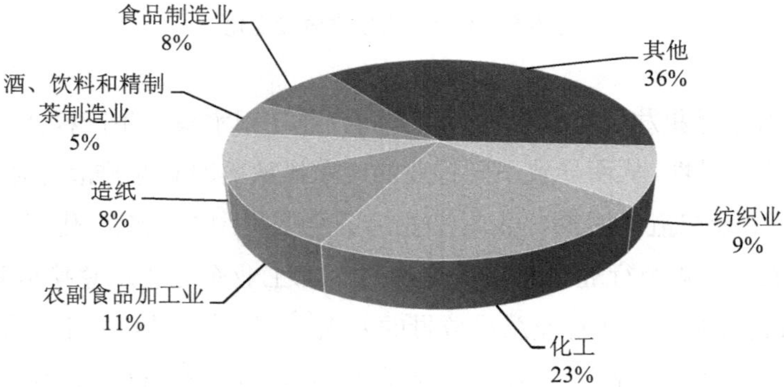

图 7-6　氨氮排放重点行业

化学原料和化学制品制造业可细分为氮肥制造、农药制造等。目前，氮肥行业超低排放企业仅占全行业合成氨产量的 20%，氮肥制造企业可以通过含盐废水蒸发浓缩、反渗透浓盐水外送等措施实现氮肥生产废水超低排放。农药制造行业由于品种繁多，污染物复杂，污染治理较为复杂，可以采用先进的“三废”处理技术，如氨氮废水减排及资源化利用、农药废水高效组合催化氧化处理、含氰农药废水超低排放处理、含吡啶农药废水的资源化回收和超低排放等。

纺织印染行业作为工业废水排放重点行业，减排措施主要包括技术工艺提升和落后产能淘汰两个方面。技术工艺提升一般可采用新型智能环保煮漂联合技术，印染生产全流程在线数据采集、动态监测和现场管控技术，配色、染色、运输、烘干等筒子纱染色工序全流程自动化技术等；落后产能淘汰可通过对生产技术落后企业进行淘汰关停或集中进入工业园区统一生产实现。

农副食品加工业包括制糖、淀粉制造、屠宰及肉类加工等行业。制糖行业减排措施主要包括可提高低浓度废水循环利用率的循环供水工艺、干法输送甜菜制糖和无滤布甘蔗制糖生产工艺、厌氧-好氧高浓度废水处理技术、废糖蜜集中生产乙醇和集中处理乙醇废液方式等；淀粉制造行业一般可采用清洁生产改造或小企业污水统一集中处理等方式实现；屠宰行业减排措施主要包括厌氧-好氧等成熟处理工艺、淘汰中小型屠宰点等。

酒、饮料和精制茶制造业企业可以通过提高废水循环利用率，将再生水回用于设备清洗、水果清洗等生产环节实现进一步减排；对高浓度废水可采用成熟的厌氧-好氧生化处理等工艺；对低浓度废水可采用物化-活性污泥法等技术进行处理，进一步提高行业企业污染治理水平。

7.2.1.2 城镇生活污染源

自“十五”时期起，我国大力推进城镇生活污染治理设施建设，在“十二五”“十三五”时期逐步完善了城镇污水处理设施及污水管网体系，截至 2022 年年底，全国共有城镇生活污水处理厂 2 894 座，总污水处理能力达到 21 606 万 t/d，年污水处理量约为 626 亿 m^3，排水管网总长度为 91 万 km，远高于 2000 年水平，污水处理率也由 2000 年的 34.25%提升至 98.11%[2]（图 7-7）。

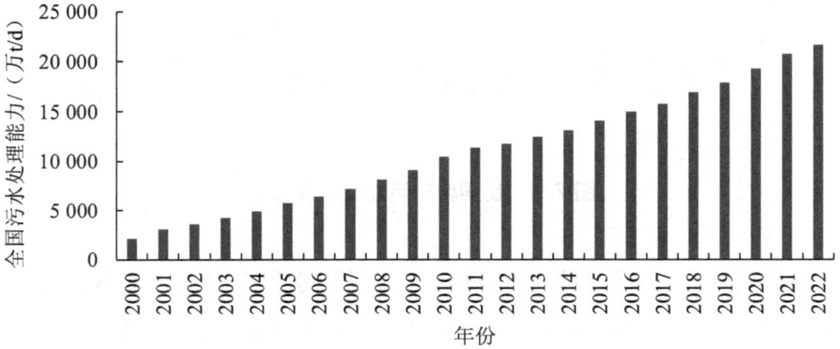

图 7-7 全国城镇污水处理能力变化

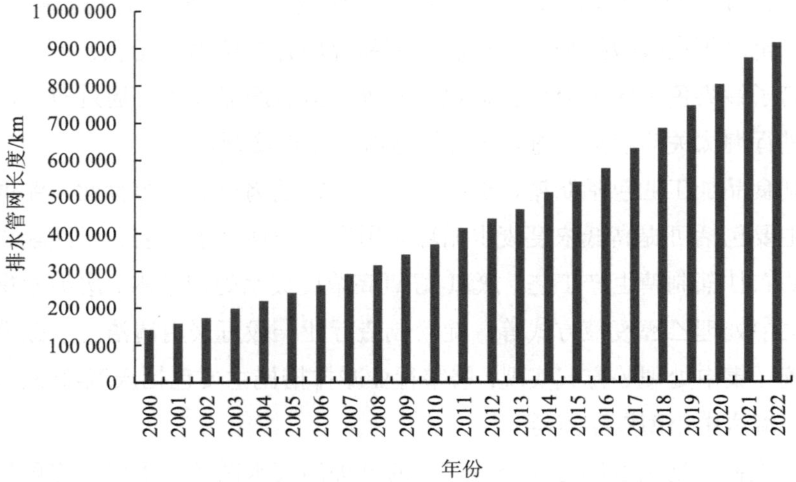

图 7-8　城镇污水管网变化

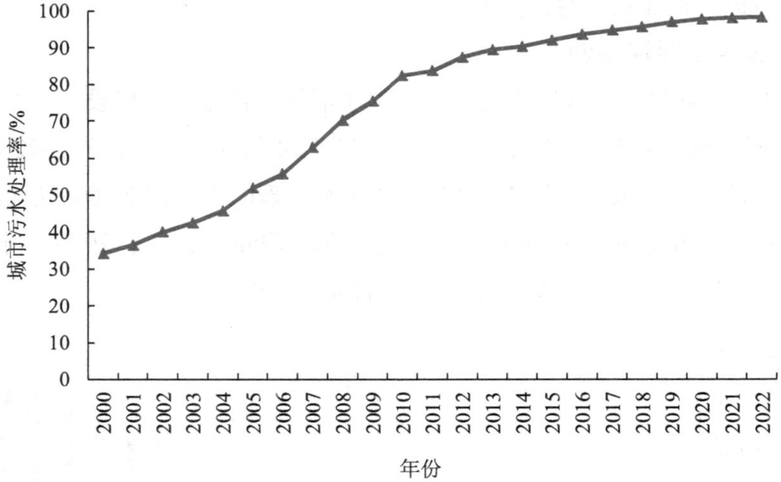

图 7-9　我国城市污水处理率变化

“十五”至“十三五”时期我国建设了大量污水处理设施，基本满足主要城市污水处理需求，城市污水处理率接近 100%，但随着城镇生活污染治理工作不断推进，污水处理设施运营不规范、雨污水管网破损、汛期污染溢流等问题日益凸显。

“十四五”“十五五”时期，我国城镇生活污染源治理主要方向包括污水处理设施建设运行体系建设、补齐污水处理能力短板、污水收集体系建设、污泥处理处置等。

城镇生活污水处理设施运行管理方面。我国在“十二五”“十三五”时期前大力推进污水处理设施建设，2011—2020 年仅 10 年，我国新建城市污水处理设施超过 1 000 座，污水处理能力接近翻倍，但由于运营资金、管理人员短缺等问题，部分城镇、乡镇污水处理设施没有得到有效运行。因此，需针对已建成的城镇和乡镇生活污水处理设施，强化设施运行维护管理能力，排查问题水厂，建立问题清单，根据实际情况因地制宜升级改造损坏落后设备，建立稳定的运营维护管理团队，构建污水处理设施进出口水质、水量长效的监督处罚机制，保证城镇污水处理设施稳定运行，并逐步实现由年均达标排放向日均达标排放过渡。

城镇污水处理能力建设方面。近年来，全国大力推进城镇污水处理能力建设，污水处理能力得到大幅提升，城市污水处理空白区逐步消除，但乡镇地区污水处理设施建设进度相对较慢，部分乡镇依然存在污水处理能力短板。目前，我国城镇污水处理能力建设已由传统粗放建设转变为统筹规划、科学布局的污水处理厂建设思路，通过全局污水处理能力优化调整补齐污水处理能力短板，消除污水处理空白区，使城市和县城污水处理能力满足各类经济社会发展需要。同时，污水处理设施还需强化氮磷等污染物源头治理，出水排入封闭式水域的污水处理厂应鼓励建设除磷脱氮工艺，降低源头氮磷污染排放。

生活污水收集体系建设方面。随着我国污染治理能力大幅提升，收集体系建设问题日益凸显，依据住建部统计数据，2022 年我国污水集中收集率仅为 70.1%，远低于美国的 78.2%、英国的 85.8%和新加坡的 100%污水收集率，管网老旧破损、渗漏、溢流等问题较多，部分地区依然存在管网空白区（图 7-10）。针对收集管网目前存在的问题，“十四五”“十五五”时期我国可持续开展排水管网排查，实施管网混错接改造、管网更新、破损修复改造等工程。新建城区排水管网建设应当与城市开发同步推进，除干旱地区以外全部实施雨污水分流建设。老旧城区、城中村、城乡接合部通过管网铺设、截留等方式消除管网空白区，基本实现管网全覆盖，建立污水管网长效排查和周期性检测制度。由于城市建设持续进行，为保证排水管网雨污水高效收集，可建立污水管网长效排查和周期性检测制度，按照运行维护及权属分工，逐步建立 5～10 年为一个排查周期的长效机制和费用保障机制，对于排查发现的市政无主污水管段或设施，稳步推进确权和权属移交工作。

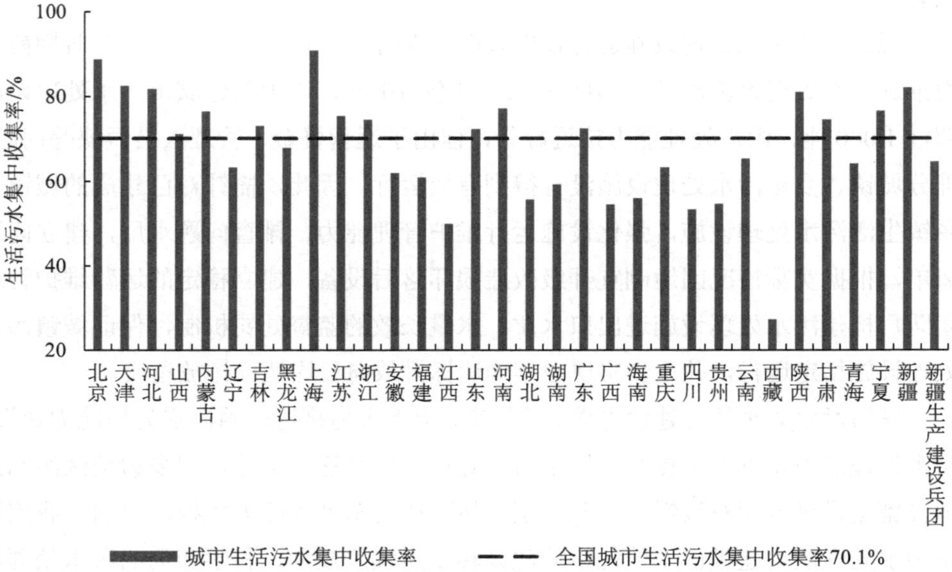

图 7-10 各省（区、市）2022 年城市生活污水集中收集率

污泥处理处置体系建设方面。我国污泥产生量大，2019 年我国污水处理厂产生污泥量已超过 6 000 万 t（含水率 80%计算），预计 2025 年将达到 9 000 万 t [3]。相较于污水收集处理能力建设方面，我国污泥处置工程建设相对较慢，污泥处置工程较少，污泥违规处置问题频繁，例如，2022 年第二轮第六批中央环保督察发现河北省邢台、唐山、衡水等多个地市部分企业长期违规处置污泥，大量污泥非法倾倒入环境中，严重污染周边环境。因此，针对污泥处理处置难点，在“十四五”“十五五”时期，我国应明确污泥处置的考核标准，鼓励出台操作性强的政策体系，因地制宜确定污泥处置方式，促进污泥减量化、稳定化、无害化和资源化，采用土地利用方式处置符合标准的污泥。有条件的地区，可提升污泥建筑材料利用率。

汛期污染管理方面。我国随着污染物截污纳管，非汛期污染物直排入河情况逐步减少，但汛期污染物集中入河问题日益凸显，2022 年生态环境部公布我国地表水汛期污染源强度前 50 名断面清单，内蒙古自治区呼伦贝尔市查哈阳乡断面、贵州省黔南布依族苗族自治州凤山桥边断面、福建省三明市永安贡川桥断面汛期污染强度位于全国前 3 名，汛期污染强度分别达到考核目标限值的 17.6 倍、17.3 倍、17.1 倍。针对汛期污染强度过高问题，可集中整治城市雨洪排口、直接通江入湖的涵闸、泵站等重要节点，因地制宜建设初期雨水调蓄池，减少初期雨水对地表水水质和污水处理厂的影响，有条件的地方可尝试将城镇雨洪排口纳入监测管理等日常监管。

7.2.1.3 农业农村污染源

我国自“十二五”时期起加大农业农村污染源管控力度，针对农村生活污水和规模化畜禽养殖粪污治理发布了多项政策文件，农业农村污染治理水平有所提升，农业源污染物排放量也呈现逐年降低趋势，2019 年我国农业源 COD 和氨氮排放量分别为 18.6 万 t 和 0.4 万 t，远低于 2016 年的 57.1 万 t 和 1.3 万 t，仅“十三五”时期，污染物排放量降低超过 60%（图 7-11）[4]。但总体来看，农业农村污染源治理水平相对于工业污染和城镇生活污染治理较低，推进速度较慢，在水产养殖和种植业污染治理方面开展工作较少，因此，“十四五”“十五五”时期，农业农村污染治理在兼顾农村生活污染和畜禽养殖粪污治理的同时，需聚焦水产养殖和种植业污染治理，加快补齐农业农村污染治理短板。

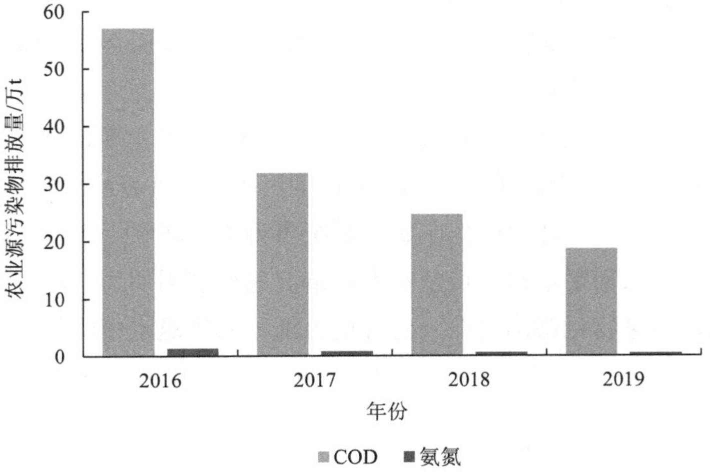

图 7-11 农业源污染物排放量

农村生活污染治理需综合考虑农村区位条件、地理气候、地形地貌、经济发展水平、污水收集难易、排水去向等因素，按照集中与分散相结合的原则，分阶段推进建设。一般可采用“城带村”“镇带村”的污水收集处理方式，推广有利于粪污资源化利用的改厕技术，明确粪污抽取、转运、贮存责任主体。完善农村生活污水处理设施运行监管，可推进建立日处理 20 t 及以上农村生活污水处理设施季度巡查机制，对缺乏管护机制和运维资金保障等长效机制的实施分类整改。

规模化畜禽养殖场和养殖小区污染物排放量大且相对集中，是农业源水污染物排放的主要来源。养殖废弃物的肥料化及沼气处理是现有养殖废物处理的主要途径，可以持续建设规模化畜禽养殖场有机肥生产利用工程，继续实施各种实用型沼气工程，推进其他方式的畜禽粪便资源化利用，鼓励养殖小区、养殖专业户和散养户进行适度集中，对污染物统一收集和治理。规模化养殖场和养殖小区对进入贮存设施的粪便，应按规定建立进（产生量）出量（处理利用量）原始记录档案。

水产养殖业是部分流域、区域和局部水体污染及富营养化的主要来源之一。水产养殖户一般较为分散，治理水平普遍较低，大多数都没有尾水处理设施。水产养殖污染治理可以根据水生生态系统的承载能力，逐步减少围网养殖，发展生态养殖，适量投放饵料，推广池塘循环水养殖技术，构建养殖池塘，实现养殖水的循环利用。对于养殖量低、治理成本较高的中小养殖户，可采用集中养殖、共建尾水处理设施的方式逐步推进。

种植业污染物的减排一般通过合理使用农药、化肥实现，测土配方施肥和改变施肥方式等措施实现，有效提高化肥的利用率，也可通过调整种植结构、推广循环农业生产模式、使污染物在农业系统内得到循环利用等方式减少污染物产生。目前针对农田退水口，可依据实际情况充分利用周边坑塘和沟渠建设污染物拦截沟，污染物拦截沟可在一定程度上削减农田退水中的氮、磷等污染物含量。

专栏 7-1　湖州市水产养殖污染治理案例

湖州市自古就有“鱼米之乡”的美誉。无论是按养殖规模、产量还是从业人数，湖州水产渔业一直居全国前列。近年来，湖州大力推进水产养殖尾水治理工程建设，已基本实现养殖尾水全覆盖，其中采用工程治理养殖面积 45.47 万亩，原位治理养殖面积 5.79 万亩，退养面积 9.83 万亩，合计 61.09 万亩。

湖州市在尾水处理设施建设基础上，还积极推广绿色养殖模式，如稻渔综合种养、多品种混养、跑道养鱼等养殖模式，推广应用“稻-小龙虾”“稻-青虾”“稻-蟹”“稻-鳖”等稻渔综合种养 9.20 万亩，居浙江省第一。同时湖州市还出台一系列现代渔业绿色发展实施方案，制定了尾水治理省级地方标准，引进优势明显的“长江 1 号”“长江 2 号”“申江 1 号”河蟹、“太湖 1 号”“太湖 2 号”青虾、“中科 3 号”鲫鱼等新品种，试养和推广“太湖鲂鲌”“浙新花鳖”“优鲈 1 号”等效益好、污染少的优良品种。

7.2.1.4　移动污染源

随着航运业发展，从船舶排入水体中的污染物逐渐增多，国际海事组织在 1973 年就制定了《1973 年国际防止船舶造成污染公约》，1978 年通过的议定书对其进行了修正，这就是众所周知的《MARPOL73/78》公约。我国对船舶水污染一直较为重视，在《中华人民共和国水污染防治法》“船舶水污染防治”中规定，“船舶排放含油污水、生活污水，应当符合船舶污染物排放标准”“船舶的残油、废油应当回收，禁止排入水体”。“十三五”时期，我国加大了船舶港口污染控制力度，将相关内容纳入“水十条”水污染防治重点工作中考核。“十四五”初期，生态环境部配合交通运输部完善了《交通运输部 国家发展改革委 生态环境部 住房和城乡建设部关于建立健全长江经济带船舶和港口污染防治长效机制的意见》《长江经济带船舶和港口污染突出问题整治方案》《400 总吨以下内河船舶水污染防治管理办法》等多个船舶污染防治顶层设计文件，进一步健全了我国移动源水污染防治政策制度。

船舶污染来源一般有两类，包括船舶上生活污染和船舶油类污染。生活污染是船舶在航行和停靠时，船上人员的食物垃圾、废弃物、包装材料等固体垃圾以及洗衣水、厨房用水、厕所用水等生活用水直接排放至环境水体中造成的污染，生活污水一般可分为黑水和灰水两部分，黑水包括厕所用水，灰水包括厨房水、洗衣水等。船舶生活污水一般通过船舶生活污水处理装置处理后排放，目前我国要求 400 总吨及以上船舶，以及 400 总吨以下且经核定许可载运 15 人及以上的船舶均需开展生活污水处理设施建设和改造。400 总吨以下船舶可安装生活污水储存柜，生活污水储存后依靠港口码头或流动接收船进行接收。船舶上生活垃圾一般也通过港口码头接收。

船舶油类污染物主要是船舶发动机随动力装置运行产生的机器油、残油等油类物质，油类污染物被人为或意外排放至水体中，船舶在加注燃油的过程中由于操作不当也会造成燃油泄漏，还有在发生水上交通事故时造成的油污泄漏等都会产生油类污染。目前针对油类污染，主要可通过在船上安装油水分离器，将废油污染物分离贮存，并由港口码头将废油污染物进行接收、处理和转运，同时建立《油类记录簿》，对船舶油类污染物进行定期监测，保证接收工作有效、及时。

由于我国 80%的内河运输船船员为高中以下文化程度，40%的船员只有小学文化程度，甚至还有船员存在不识字的情况[5]，船员污染防治意识总体淡薄，生活垃圾和残油污随意排放情况时常发生。因此，加强上岗船员污染防治知识培训，加大污染风险宣传力度，可以在一定程度上减少污水直排情况发生，同时各级港航部门可强化对设备老化、破损严重、易造成水域污染的老旧船舶的监督和检查，可进一步降低污水直排和污染事故发生。

7.2.2 水污染源降碳协同治理

随着各类水污染物治理水平的不断提升，当前水污染源治理较传统污染治理更强调减污降碳协同增效，在水污染物治理的同时考虑温室气体对气候变化影响，通过更新改造水污染物治理技术进一步降低温室气体排放。

7.2.2.1 水环境治理温室气体排放现状

污水处理行业是全球十大温室气体排放行业之一，碳排放量占全球碳排放总量的 2%～3%[6]，且碳排放量仍呈现出逐年增长的趋势。改革开放 40 多年来，我国城镇化率从 1978 年的 17.9%提升到 2021 年的 64.7%，工业 GDP 从 1978 年的

1 621 亿元提升到 2021 年的 374 546 亿元[7]。按照联合国政府间气候变化专门委员会（IPCC）方法初步计算，2019 年我国污水处理行业温室气体的排放量可达到 4 870 万 t 二氧化碳当量，以工、农、生为代表的污水处理产生的碳排放量占中国碳排放总量的 1%～2%[8]。

2000—2013 年我国工业废水处理中甲烷的排放量呈上升趋势，甲烷排放量从 110.421 万 t 增加至 215.858 万 t，增长率为 95.49%[9]，在各排放来源中，经由污水处理厂处理的工业废水产生甲烷排放量最多，利用 IPCC 指南推荐的算法，2015 年工业废水处理过程中的甲烷排放主要行业为造纸和纸制品业，农副食品加工业，化学原料与化学制品制造业，饮料制造业，食品制造业，纺织业，医药制造业，石油加工、炼焦和核燃料加工业等。

城镇生活污水处理方面，污水处理量的增加和污水处理高能耗密度的特征都使温室气体排放不断攀升，2006—2015 年，城镇污水处理厂数量增加 5.43 倍，污水处理量增加 3.08 倍，甲烷排放量从 2009 年的 2 237 万 t 增加至 2019 年的 5 295 万 t [10]。

我国作为农业大国，1994—2015 年，畜禽养殖粪污治理产生的甲烷排放也呈现逐步增加的趋势，到 2019 年，畜禽养殖甲烷排放量占全年总排放量的 29.70%，其中，畜禽动物肠道发酵占 59.21%，畜禽养殖粪污治理排放占 5.04%，我国农业领域水污染治理也是温室气体重要排放源。[11]

7.2.2.2　水环境减污降碳协同治理

水生态环境领域减污降碳协同治理主要是在开展水污染治理的同时，推进污水处理过程的降碳，实现污染物与碳排放协同削减。减污降碳协同治理包括工业废水减污降碳协同治理、生活污水和污泥资源化利用、农业源协同治理等。

工业废水治理源头减碳是针对工业废水治理过程，一般采用工业园区用水系统集成优化、工业企业废水分质再生利用、工业污水处理甲烷回收利用等方式，如工业废水采用分质回用、阶梯利用的方式提升废水利用效率，减少废水处理设施运行负荷。甲烷回收利用主要是针对废水处理中的厌氧硝化环节，对硝化环境的甲烷等废气进行集中回收，如造纸行业中黑液、制浆造纸污泥产生环节，对制浆臭气进行回收利用，同时可以联合热电联产将收集气体作为能源，提升甲烷回收利用效率。

生活污水减污降碳协同处理主要包括化粪池甲烷减排、污水处理过程甲烷回收、污泥资源化利用等。粪池甲烷减排一般可采用增设格栅、增加管道管径及坡度等替代措施，对餐厨垃圾—市政污泥—城市粪便开展联合厌氧消化、堆肥，提升城市粪便的资源化利用效率。污水处理过程中甲烷回收利用过程与工业废水相似，回收的甲烷大多用于热电联产。污泥资源化利用可通过采用高负荷活性污泥工艺、化学强化一级处理工艺等碳捕捉技术，提高污泥碳捕捉量和能源产量，污泥处理环节还可通过沼气回收利用降低甲烷排放，回收甲烷可用于反硝化深度脱氮过程的碳源添加。

农业源协同治理可采用优化养殖结构和产业布局、畜禽养殖粪污资源化利用、低碳养殖技术等方式。由于单位畜禽规模化养殖的排放因子明显低于农户散养，规模化畜禽养殖对于废弃物的处理利用更加集中、科学和规范，可有效提高废弃物资源化利用率，进一步削减污染，提高环境效益。例如，美国从 19 世纪 80 年代初便开展了生猪的规模化养殖，养殖场数量降低 90%的同时，产能却增长了22%。畜禽养殖粪污资源化利用方面，水冲粪和水泡粪造成的圈舍内温室气体排放远高于干清粪，因此一般可通过优化水分、C/N 比、粪便孔隙度、调理剂类型、供氧方式等参数，优化堆肥各项参数最大限度地减少甲烷排放，并持续开展沼气生产与利用，既可实现甲烷减排，又能实现污染排放削减及废弃物利用。低碳养殖技术包括粪尿自动分离的新型畜舍、配套的刮粪设施、粪便和尿液输送设施等，低碳养殖技术可最大限度地减少污水产生量，从源头上减少畜禽粪便在畜舍贮存过程中的温室气体排放。

7.2.3 污染源管控政策体系

由于水污染源数量庞大、种类较多，仅通过污染源治理工程的建设和改造一般难以完全实现流域水环境质量稳定达标，为了保证水环境质量的稳定达标，需要通过一系列管控政策制度强化各类污染源管理。目前，我国主要的水污染源管理政策制度主要包括污染物总量控制管理制度、排污许可管理制度、排污权交易管理制度以及污染物排放标准等。

7.2.3.1 污染物总量控制管理制度

污染物总量控制管理制度主要是通过控制区域或流域范围内污染源排放总

量，最终实现区域或流域污染物排放总量的管理制度，我国污染物总量控制制度自“九五”时期起开始实施，有效地控制了全国水污染物排放总量，并逐步向基于水环境质量的总量控制转变。

1. 污染物总量控制基本概念

目前，污染物总量控制制度概念在学术界虽然在语言表达上有所不同，但含义一般比较统一，认为污染物总量控制制度是指在特定的时期内，综合经济、技术、社会等条件，采取通过向污染源分配污染物排放量的形式，将一定空间范围内污染源产生的污染物的数量控制在环境容许限度内而实行的污染控制方式及其管理规范的总称。总量控制制度有多种分类方式，根据总控控制目标的确定方法可分为目标总量控制和容量总量控制。目标总量控制，是指国家本着经济社会与环境协调发展的原则，根据经济发展的阶段特征和环境质量的实际状况，确定各地区污染物排放总量控制指标的一种总量控制方法。容量总量控制，是指根据当地实际的环境容量来确定污染物排放总量控制指标的一种总量控制方法。

2. 污染物总量控制制度发展历程

美国和日本污染物总量控制发展时间较长，形成了较为完善的管理体系。

美国的污染物减排推广实施大体分为 3 个阶段。第一阶段始于 20 世纪 70 年代，美国 EPA 提出水污染物总量减排，但是此时是实行以技术为基础的总量减排技术，目标是工业点源和城市生活源污染物排放的控制。从 1972 年开始在全国范围内实行水污染物排放许可证制度，并使之在技术路线和方法上不断得到改进和发展。在这一阶段，美国同时提出了最大日负荷总量（Total Maximum Daily Loads，TMDL）的概念。第二阶段是以水质限制为基础的污染物总量减排。这一阶段始于 1983 年，美国正式立法，实施以水质限制为基点的排放总量控制，同时制定了关于 TMDL 的立法，为 TMDL 控制计划的实施奠定了法律基础。1984 年前后，EPA 推出一系列的污染物排放分配技术支持文件《总量负荷分配技术指南》（*Technical Guidance Manual for Performing Waste Load Allocations*），并推广了相当多的水质计算软件。1992 年提出了制定污染物排放分配计划的规则，为各州及地方政府的污染物排放分配工作提供了明确的技术指导。其主要的控制对象为 BOD/DO、氨氮等。第三阶段是以生态系统健康为目标的污染物减排，该阶段为 1997 年至今，对污染物减排技术进行全面总结，随着水质基准的完善和发展，污染物控制目标更加体现了生态系统健康的保护，污染控制对象更加全面。在实施前两个阶段的总量控制计划之后，EPA于1996年开始对各州EPA的执行情况检查评价，1997年对TMDL计划进行了详细的指导性说明和出版指南，对前期工作产生的问题进行了分析。总体来说，美国污染物总量控制是基于技术和基于水质的污染物排放控制技术共同实施，主要是要求污染源首先达到排放标准，然后判断水质是否达标，在此基础上再对未达标区域实行污染物排放总量控制。

日本的总量控制制度始于20世纪70年代后，当时由于日本水体海域等污染公害问题严重，甲基汞中毒引发的水俣病和第二水俣病（新潟县阿贺野川）以及镉中毒引发的骨痛病（富山县神通川）等危害人类健康的公害事件频繁发生，日本政府开始实施污染物总量减排工作，减排措施是整体削减污染负荷量，减排对象是企业排放的废水和所有生活污水。1987年，随着减排工作推进及建设污水处理设施的工业企业数量的增加，工业废水处理效果确实得到提高，但东京湾、伊势湾、濑户内海水质达标率均低于日本全国平均水平，日本政府继续采取措施削减COD排放量，同时优化总量控制标准。之后，东京湾的COD污染物水平总体得到改善，但伊势湾、濑户内海改善不大，针对此状况，日本政府在1990年修订了《水质污浊防止法》，引入了建立重点地区生活污水总量控制对策制度。其中针对生活源实施了重点地区生活污水减排对策，以都府县政府为基础，以市町村为中心，根据地区实际情况，推动整治生活污水处理设施建设工作。1996年，在氮磷排放标准实施的基础上，日本政府制定了总氮、总磷水环境标准，使各水域氮磷污染负荷得到有效削减，东京湾、伊势湾完成氮磷减排目标，通过减排工作不断推进，日本主要污染水体中COD等污染物排放负荷大幅下降，其中东京湾COD降低了56%，伊势湾降低了39%、濑户内海降低了45%，氮磷负荷量也呈逐年下降趋势，东京湾和大阪湾水质趋向改善，其他海域也基本长期保持稳定。[12]

我国水污染物总量减排制度自“九五”时期起开始起步，“十一五”“十二五”时期制度实施开始突破拓展，“十三五”“十四五”时期进入优化改革阶段。“九五”计划是社会主义市场经济体制基本建立后的第一个五年计划，这一时期全国大部分地区都处于快速工业化时期，我国对环境危害大的、国家重点控制的、环境监测和统计手段能够支持的、能够实施总量减排的主要污染物实施《"九五"期间全国主要污染物排放总量控制计划》，从实施的结果来看，"九五"期间全国主要污染物排放总量减排计划基本完成。"十五"时期，我国经济持续高速发展，国民经济保持年均 9.48%的速度持续增长，为了降低主要污染物排放量，国家在《国家环境保护"十五"计划》中对各主要污染物提出了五年控制目标，其中化学需氧量排放削减 10%，氨氮排放削减 10%。但实际上，化学需氧量仅减少 2.1%，未完成"十五"期间削减 10%的控制目标。"十一五""十二五"时期我国的环境保护规划实现了由软约束向硬约束的转变，将污染物减排确定为环保约束性指标，为了保证约束性指标管理相关支撑工作，2007 年，国务院颁布了污染物总量控制的统计、监测、考核办法，如《主要污染物总量减排监测办法》《"十一五"主要污染物总量减排核查办法（试行）》《主要污染物总量减排核算细则（试行）》等文件。主要水污染物减排形成了减排目标分配、年度减排计划制订、减排调度、总量核查、减排统计、减排考核综合管理体系。通过"十一五""十二五"时期约束性总量控制管理推进，全国顺利完成总量控制目标。"十三五"时期，随着生态文明体制改革的深化，全国各地政府生态环境目标考核更加强调环境质量目标完成情况，总量减排制度作了较大调整优化，以提高环境质量为核心，以重大减排工程为主要抓手，总量减排考核服从于环境质量考核，重点审查环境质量未达到目标要求、减排数据与环境质量变化趋势明显不协调的地区。

"十四五"时期，全国总量减排在"十三五"体系基础上进一步进行了调整，减排工程主要聚焦于全国以及各省（区、市）的重大工程，对于减排量较小、对水环境质量影响不大的工程不再进行单独核算，相关工程项目主要通过水环境治理改善情况进行评估，减排工程集中在工业污染深度治理、产业结构调整、污水处理设施新改扩建、管网建设改造、再生水循环利用、农村污水处理设施新改扩建、畜禽养殖粪污治理及资源化利用和垃圾渗滤液处理等方面。

3. 污染物总量控制制度

基于水环境质量的总量控制制度核心包括污染总量控制标准的确定、污染总量分配和污染物总量监督管理三部分。

总量控制标准是指以环境容量为依据而为污染源规定的排放污染物的数量限额。环境容量是在保障一定区域内的环境在结构上、功能上，以及输入和输出物质数量上保持平衡的前提下环境所能够承载的污染物的最大容量。环境容量的大小，与污染物受控区域的划分和受控时间跨度的确定密切相关，因为不同的地理位置、工业布局、污染状况都有可能导致受控区域的环境容量发生变化，而受控时间跨度的确定也会对环境容量的计算有所影响。污染物受控区域的划分标准包括行政区划、流域范围、等降水量线等，3 种划分方式各有侧重、各有利弊，除以上 3 种划分方式以外，还要考虑到应当对某些特殊环境功能区的总量控制给予特殊对待，如饮用水水源保护区、珍稀濒危生物保护区等。排放污染物的时间跨度是指以多长的时间范围来计算某地区可容纳的环境污染物总量，一般采用一年以上的时间长度来计算，可以减小工业领域的抵触情绪。

污染物总量分配属于经济学在环境保护中应用的一个体现。目前，污染物总量分配没有统一的方法，污染物总量根据一定的原则和标准在不同主体之间的流转与变动，这一过程具有很强的技术操作性，需要充分的环境科学与经济学理论支撑。从分配的经济流程来看，分配表现为一种社会财富和利益的初次分配和再分配的纵向流转过程。总量分配也包括总量的初次分配和再分配，总量的初次分配主要是指国家以行政管理的方式将污染物总量逐级分配给每个企业的过程，而总量的再分配则是指总量主要根据市场交易原则在不同主体之间的流转过程。由于环境污染控制的特殊性，如果将污染物总量的再分配完全交由市场，则可能导致交易价格集中化及不正当竞争的问题，因此在污染物总量交易市场未发展到十分成熟的阶段，政府的适当干预是非常有必要的。根据初次分配注重效率、再次分配注重公平的一般经济学原理，污染物总量的分配在不同阶段侧重应有所不同，但是如果在初次分配的阶段严重有失公平，也会影响污染物总量控制制度的合理性。因此，无论是总量的初次分配还是再分配，分配正义都始终是放在第一位的。污染物总量的分配正义主要体现区域分配和企业分配的正义两个方面，区域总量的分配应当综合考虑不同地区的环境质量状况、环境容量、排放基数、经济发展水平和削减能力，以及有关污染防治专项规划的要求，企业分配的正义应当综合考虑不同企业的生产规模、工艺技术、排放标准、排污治污能力等多方面的因素。

污染物总量监督管理是保证总量控制制度顺利实施的关键因素之一。污染物总量通过各种方法最终分配到每个具体的排污企业后，需要对每个企业是否按照自己分配的总量限额依法排污进行监督管理。监督管理是总量控制制度能否有效实施的关键。

7.2.3.2　排污许可管理制度

排污许可是污染源污染排放与防控的重要凭证，排污单位在执行排放标准的同时，还需按证排污，并以排污许可证作为执法依据。排污许可证中一般包括排放标准、排放总量要求、入河排污口设置要求等，有效衔接了各项污染源管理制度。

1. 排污许可管理体系

2016 年，我国针对各类污染源开始在国家层面实施改革后的排污许可管理制度，排污许可制度整体采用“自上而下”的模式，根据《排污许可管理暂行规定》《排污许可管理办法（试行）》的要求，排污许可证的发证范围、证照格式、申请表格及流程、信息平台设计、发证要求、证照监管要求等方面均由国家统一规定，各地方生态环境主管部门负责执行。排污许可管理可分为许可证管理和许可执行报告管理，排污许可证登载了排污单位排放的具体信息，包括企业基本信息、许可证基本信息、企业生产工艺、污染治理工艺、许可排放量、许可排放浓度等；排污许可执行报告则要求企业依据排污许可将日常生产活动中产生的数据进行记录上报，包括实际排放水量、排放浓度等。

2. 排污许可管理覆盖范围

排污许可管理作为水污染源管控的重要制度，范围主要涵盖直接或间接向水体排放工业废水和医疗污水的企业事业单位、城镇或工业污水集中处理设施的运营单位，以及依法应当实行排污许可管理的其他排污单位，排污单位是排污许可证的监管对象和实施主体。

3. 排污许可分类

根据《排污许可管理暂行规定》，生态环境部按行业制订并公布排污许可分类管理名录，分批分步骤推进排污许可证管理。目前主要参照《固定污染源排污许可分类管理名录》（2019 年版）开展实施，《固定污染源排污许可分类管理名录》（2019 年版）基本明确了将排污许可证划分为重点管理、简单管理和登记管理 3 种类别。基本涵盖全部类型的排污单位，截至 2020 年年底，已核发 34 万张排污许可证，登记管理排污单位 268.4 万家，覆盖全部排污重点单位。

4. 排污许可管理平台

目前，排污单位主要通过“全国排污许可证管理信息平台”进行排污许可证登记、查询以及执行报告录入上传。“全国排污许可证管理信息平台”企业端提供申请门户及规范表格，公开端提供信息公开及法律法规查询。平台管理端提供后台管理及证照办理。总体来看，在证照核发方面基本实现“全国排污许可证管理信息平台有效运转”（图 7-12）。

图 7-12　全国排污许可证管理信息平台（https://permit.mee.gov.cn/）

7.2.3.3　排污权交易管理制度

排污权交易是一定地区在设置污染物排放总量后，为了充分有效地使用该地区的环境容量资源设置的管理制度。排污权交易鼓励企业通过技术进步治理污染和企业间相互购销排污权来提高污染治理费用的使用效率，在实施各类污染源管理制度的同时最大限度地节约费用成本。

1. 排污权交易管理体系

2014 年，国务院印发《关于进一步推进排污权有偿使用和交易试点工作的指导意见》（国办发〔2014〕38 号），成为排污权有偿使用和交易试点工作改革的纲领性文件，此后，财政部联合国家发展改革委、环境保护部发布《排污权出让收入管理暂行办法》（财税〔2015〕61 号），进一步规范了排污权出让收入管理，有效促进建立健全环境资源有偿使用制度。地方性法规或规章层面，浙江、河南、江苏等 18 个省级行政区对排污权有偿使用和交易作出了明确规定，基本涵盖了排污权交易的全部管理要求，明确了基本目标、实施范围、规范程序、初始分配和有偿使用的基本原则与要求、交易方式与规则、政府储备方式、有偿使用收入的征收与管理规定及其他监管要求等。根据国家和地方层面相关要求，我国的排污交易工作主要在浙江、江苏、河北、湖南、重庆等试点省份开展，如重庆市建立了排污权动态台账，通过排污权注册登记制度，形成企业排污权核定、登记、使用、清缴、储备、抵押、减免、缓缴和政府账户管理等信息库，同时还成立了排污权交易管理中心、资源与环境交易所双重机构，前者负责区域总量平衡、排污权指标管理、污染源动态更新调查等管理性工作，后者则负责发布交易信息、组织竞价交易、公开交易结果等市场性工作；山西、重庆、湖南、内蒙古等多地初步建立了排污权抵押贷款投融资机制。排污权抵押贷款是资源有偿、环境有价的发展新理念，把排污权作为一种新的融资担保方式引入金融信贷领域，能够达到既能改善环境质量又能解决企业资金压力和融资难题的效果。

2. 水污染物初始排污权确权及有偿取得机制

排污权有偿使用是体现资源有价的重要体现，自开展排污权有偿使用与交易试点工作以来，部分试点地区已实施了排污权有偿使用政策，对已经开展排污权有偿使用和交易试点的省份或地区，应尊重以往已经开展的基于现状排放水平、排放标准或总量控制要求完成的确权工作，并将各排污单位确定的初始排污权载入排污许可证。对尚未开展排污权有偿使用和交易试点的省份，基于排污许可证核定规则和受纳水体水功能区质量改善需求，核定现有排污单位水污染物初始排污权。受纳水体水功能区无质量改善需求的，按照国家行业排污许可证申请与核发技术规范中规定的方法确定初始排污权量；排污许可证未载明许可排放量但确有交易需求的，生态环境主管部门可参考所在行业排污许可证申请与核发技术规范中规定的方法、《排污许可证申请与核发技术规范　总则》（HJ 942—2018）等要求核定许可排放量。对于纳管企业，应核算其排入环境的污染物排放量，而非间接排放量。受纳水体水功能区有质量改善需求的，测算水功能区纳污能力，将纳污总量分配到各入河排污口及其所对应的排污单位。初始排污权核定后，原则上有效期限为5年，按照国家五年计划周期制定的水质目标予以更新。已经全面开展排污单位排污权有偿使用和交易的省份，经生态环境部备案后，有偿获取排污权的企事业单位在其持有排污权有效期内可继续使用剩余排污权，也可通过排污权交易出让富余排污权。其可使用或交易的排污权数量不得超过排污许可证中的许可排放量限值。待原持排污权有效期满后，按照国家排污许可证及受纳水体水功能区质量改善要求重新核定现有排污单位排污权。

3. 排污权交易二级市场

排污权交易市场一般包括管理机构构建、交易程序确立及监督机制建设等排放交易市场构建和排放交易市场运行两方面。水污染物的排污权交易原则上仅限于在同一流域内，全国七大流域、三大片区之间不得互相开展排污权交易，水质不达标的水功能区不得进行增加本控制单元污染物排放总量的排污权交易。排污权交易二级市场应当以企事业单位为市场主体，包括已获取排污许可证的现有排污单位、具有建设项目需求的且所在行业已经纳入固定污染源排污许可分类管理名录的排污单位，以及排污权储备机构。排污权交易价格应在自愿、公平、有利于环境质量改善和优化环境资源配置的原则下，由交易双方自行确定。交易方式以电子竞价、拍卖等为主，也可采取交易双方协商定价模式。排污权交易统一实行线上交易，不得在场外实行一对一的交易。

排污权交易市场需建立区域及排污单位两个层级的排污权交易管理台账。当排污单位发生排污权购买或出让行为时，排污权交易完成后，交易双方应在规定时限内向生态环境主管部门报告，并申请变更其排污许可证与排污权交易管理台账。每年年末，各试点省（区、市）生态环境主管部门对企业的排污权使用、出让、受让情况进行汇总，按照核定的实际排放量对各排污单位进行结算，形成排污权交易管理台账，通过信息管理平台发布汇总后的结果。

4. 排污权储备机制

为了进一步支撑排污权交易管理，需严格排污权交易总量管理。根据辖区内固定污染源主要污染物总量控制要求，制定建设项目总量指标替代削减规则。通过实施建设项目污染物总量指标等量或倍量替代，严格控制辖区内固定污染源污染物排放总量。对于环境质量达标的地区，可以实行等量替代，但替代指标来源必须明晰；对于环境质量不达标的地区，应当根据环境质量改善需求和总量削减目标制定更加严格的倍量替代要求，且不得进行增加本地区污染物总量的排污权交易。各地自行制定辖区内具体的城市间交易规则。当交易双方所在城市的建设项目总量指标替代规则不一致时，按照受让方所在地的等量或倍量替代规则进行交易。各地还应建立排污权回购与储备制度与相应机构，当排污权交易市场中由于无建设项目排污权购买需求导致现有排污单位的富余排污权在有效期内无法售出时，可对其进行回购。回购后储备的排污权可用于地方有需求的建设项目所需排污权，也可用于抵扣区域污染减排任务。排污权储备机构出让储备排污权时，应当作为普通交易方通过排污权交易平台进行交易，不得实行场外交易。

7.2.3.4 流域污染物排放标准

污染物排放标准是对人为污染源排入环境的污染物的浓度所做的限制规定，通过排放标准可以实现污染源排污量的控制，我国排放标准目前主要由传统的综合和行业排放标准向基于流域水环境质量的流域排放标准转变。

1. 我国水污染物排放标准发展历程

我国水污染物排放标准体系根据覆盖范围，可分为国家和地方两级标准体系，国家水污染物排放体系是在一定经济和技术条件下，全国企业均应达到的要求，地方排放标准体系与国家排放标准体系总体类似，但更多地考虑地方当地的经济和技术水平，一般地方排放标准严于国家排放标准。根据污染源类型排放标准可分为综合排放标准和行业排放标准，综合排放标准适用于各类行业，主要用于没有行业排放标准的企业参照执行；行业排放标准主要针对于各个行业，依据行业排放情况及技术水平制定的，如造纸行业排放标准等。

1973 年，我国发布了第一项国家排放标准《工业“三废”排放试行标准》，规定了工业污染源废水排放相关要求，1983 年以后，随着我国污染日益严重，医院、制革等十几个行业水污染物排放标准陆续出台，1996 年，国家修订并发布《污染物综合排放标准》（GB 8978—1996），此标准主要针对各类污染物源，并沿用至今。1996—2020 年，国家发布或修订多个行业标准，包括造纸、纺织印染、电镀、啤酒工业、杂环农药、淀粉、制糖、酵母、油墨、磷肥、化工、石化、电子等，基本涵盖了各类污染源，截至 2021 年年底，国家在实施的水污染物排放标准达到 63 项[13]。水污染物地方排放标准的编制主要根据《制定地方水污染物排放标准的技术原则与方法》（GB 3839—83），GB 3839—83 明确指出“制订地方水污染物排放标准的目的是：控制城市和工农业污染物的排放，防治水污染，保护水资源，维护生态平衡，保障人民身体健康，使排污单位明确保护水环境的责任；为达到《地面水环境质量标准》（GB 3838—83），科学管理水质提供依据”，同时标准要求各地制定地方水污染物排放标准，应结合地区特点，从合理利用和保护本地区水资源要求出发，根据当地水文、气象等自然地理条件、水质现状、水体稀释自净能力和污染物的迁移转化规律，采用技术上先进、经济上合理、切实可行的技术措施，确定各种水污染物允许排放量，目前各地依据此要求制定了多项地方标准，据不完全统计，截至 2021 年年底，全国共发布了 46 项地方行业水污染物排放标准，贵州、辽宁、上海、湖北、天津、河北、北京、广东、山西、福建、江西等地共制定了 46 项地方水污染物综合排放标准[13]。

流域排放标准是近些年新发展的排放标准体系，流域排放标准执行对象需在流域范围内，流域排放标准与行业排放标准主要区别在于行业排放标准主要聚焦行业企业排放水平，综合考虑经济和技术可行性制定的排放要求，流域排放标准对经济和技术可行性考虑较少，重点聚焦流域水质改善需求，兼顾流域范围内企业污染物治理水平和技术升级可行性。我国目前已完成了多个流域排放标准的制定，包括《大清河流域水污染排放标准》《太湖地区城镇污水处理厂及重点工业行业主要水污染物排放限值》《鄱阳湖生态经济区水污染物排放标准》等。但由于部分流域标准制定较早，制定和执行时存在一定争议，2020 年生态环境部发布《流域水污染物排放标准制定技术导则》（HJ 945.3—2020），从宏观层面指导规范各地流域排放标准的制定。

总体来说，流域排放标准体系逐步建立，体现了生态环境管理由区域、行业管理向流域管理转变，但目前排放标准体系依然未完全摆脱区域排放管控要求的思路，对水生态环境的流域性体现不足，未构建水质目标与排放标准的相应机制，可能会造成流域内所有污染物均达标排放，但水体依然超标的情况。

2. 基于水质的流域排放标准体系设计

基于水质的流域排放标准主要是以流域水生态环境质量改善为核心，通过拆解“受纳水体—入河排污口—污染源”响应关系，明确流域排放标准仅考虑浓度限值要求，通过排污许可证管控许可排放量要求。基于水质的流域排放标准一般考虑流域水质目标、技术和经济可行性和排放标准成本效益 3 个方面。

达到并保持流域水质目标是基于水质的流域排放标准制定的最终目的，基于水质的流域排放标准制定需紧密围绕流域水质目标。目前我国主要根据《地表水环境质量标准》（GB 3838—2002）分为 5 类，Ⅰ类主要适用于源头水、国家自然保护区；Ⅱ类主要适用于集中式生活饮用水水源地一级保护区、珍稀鱼类保护区、鱼虾产卵场等；Ⅲ类主要适用于集中式生活饮用水水源地二级保护区、一般鱼类保护区及游泳区；Ⅳ类主要适用于一般工业用水区及人体非直接接触的娱乐用水区；Ⅴ类主要适用于农业用水区及一般景观要求水域。为了实现流域水质目标，流域内所能容纳的污染物有限，所能容纳的最大污染物量为该流域的纳污能力，纳污能力一般可采用数学模型推算，流域内污染源排放标准应满足总排放量低于流域的纳污能力。

行业排放标准和流域排放标准制定在技术和经济可行性考虑中差异较大。行业排放标准制定时一般会充分研究目前行业企业先进处理技术的排放水平和经济成本，如果整个行业排放污水的某些污染指标达到一定程度之后便很难削减，提标改造存在技术障碍或成本过高，行业排放标准制定不会过于严格。但流域排放标准是基于水质目标的排放标准，其水质要求必须达到地表水环境质量标准各类水体的要求，如果受纳水体水质现状达不到要求时，需要对流域内的排污单位进行整体污染削减，这种污染削减是不以经济技术可行性为优先考虑的，在极端假设情况下，需要所有排污单位排放的污水均一定要求并制定相应的排放标准。根据此种要求，流域排放标准制定可能存在非公平性的问题。因此，流域排放标准制定还需要考虑公平性，在可以达到水质目标的前提下，通过决策过程的筛选，选取公平性、技术经济可行性最高的决策方案予以保留，作为流域排放标准制定的优先决策选项。在这些技术经济可行性考虑中，更多的并非关注单一排污单位的技术经济成本，而是不同行业、不同领域排污单位之间的权衡。

在制定基于水质的流域排放标准时还需考虑经济投入和环境效益，包括排污单位为了达标排放投入的污染治理费用、后期运行维护费用等。环境效益主要是实现流域水质达标得来的各项效益，包括生产、生活用水量增多、娱乐休闲活动增多等，如水质提升带来的生态旅游、周边房价上升、水生植物经济价值等。目前，国内针对流域排放标准成本效益相关研究较少，主要可以通过收益货币化与成本比较，筛选最佳策略。收益货币化可以通过收益人群支付意愿评估，如工业生活用水水价增长、景观公园收入增长、周边居民对于水生态环境改善的支付货币量等。

7.3 入河排污口管理

7.3.1 入河排污口管理体系发展

排污口设置管理是水环境保护工作的基础，是连通岸上污染源和水环境关键环节，是控制各类水污染物进入环境水体的最后关口。自 20 世纪 80 年代起，国家法律法规分别对排污口提出了设置管理要求。1988 年发布的《中华人民共和国河道管理条例》中明确排污口设置和扩大应当征得河道主管机关的同意。1994 年《中华人民共和国自然保护区条例》中明确规定自然保护区核心区和缓冲区不得建设任何生产设施。2002 年《中华人民共和国水法》修订后，明确了禁止在饮用水水源保护区内设置排污口等规定。国家环境保护局先后出台了《排污口规范化整治技术要求》《排污口规范化整治试点工作验收标准》等部门规章。水利部出台了《入河排污口监督管理办法》，对入河排污口设置审核及管理提出规范要求。此外，1982 年发布的《中华人民共和国海洋环境保护法》规定了入海排污口设置管理及监测要求。长期以来，排污口管理处于“九龙治水、各管一摊”的局面，排污口设置管理工作分散在生态环境、水利、海洋等各个部门，这样的局面不利于打通“水里”和“岸上”、“陆地”和“海洋”，入河入海排污口作为以水定岸、水陆统筹的关键节点，成为“痛点”与“堵点”。

根据 2018 年国务院机构改革方案，入河排污口监督管理职责由水利部转隶至生态环境部。入河排污口监督管理职责的转隶，使得入河入海排污口成为打通“受纳水体—排污口—排污通道—排污单位”的重要抓手，加强入河入海排污口监督管理成为加强大江大河生态保护和系统治理、助力深入打好污染防治攻坚战的重要举措。为掌握入河排污口底数与排放现状，生态环境部一方面组织编制入河排污口监督管理改革文件，指导地方开展工作；另一方面先后组织了长江、黄河入河排污口排查整治专项行动等，选取长江、黄河干流及部分支流，先行先试，开展入河排污口排查整治工作。总结试点经验与地方诉求发现，目前入河排污口管理存在现状底数不清晰、责任主体不确定、整治和规范化建设无章可循、历史遗留问题未妥善解决、缺乏水陆统筹、与现行环境管理制度不衔接等突出问题，亟待国家层面编制出台指导性文件、管理规定及一系列技术指南，建立“受纳水体—排污口—排污通道—排污单位”全链条管控体系，为地方排污口管理提供指导。2022 年，国务院发布《关于加强入河入海排污口监督管理工作的实施意见》，从“查”“测”“溯”“治”“管”5 个层面系统梳理了入河入海排污口监督管理要求，充分贯彻了“站在水里看岸上”的结果导向思路，为今后一段时间内大江大河系统治理提供了新视角。

7.3.2 入河排污口管理关键问题

根据目前全国入河排污口排查工作结果，入河排污口“查”“测”“溯”“治”“管”均存在一定的问题，要建立完善的入河排污口管理制度，需解决目前存在的关键问题。

一是入河排污口管理未建立与水质改善的关联关系。入河排污口是连接陆上污染源和受纳水体的纽带，是控制和减少污染物排放量、改善水质的关键环节，本应在改善水质方面发挥重要作用。但以往水污染物排放管理职责分散，管理工作内容不全面，入河排污口的管理基础没有完全打牢，入河排污口从职能转隶后，虽然初步建立了新的管理体系，但原有管理模式依然存在，制约了入河排污口与受纳水体水质改善关联关系的建立，主要表现为 3 个方面：一是入河排污口的数量不清，如在 2019 年长江入河排污口排查整治试点工作中，排查出的排口是管理部门所掌握的排污口数量的数倍甚至数十倍，大量明显排污的口门并未纳入管理范围；二是入河排污口的排放量不清，以往排污口管理工作背对背，环保不下水、水利不上岸，环境统计数据只统计排污单位出厂界的排放量，污染物的入河量按照排污单位与受纳水体的距离远近通过“入河系数”进行折算，与水利部门掌握的情况是两套数、“两张皮”，且均与实际情况存在差异；三是入河排污口排放规律不清。目前，生态环境部门只掌握排污单位的排放规律，当一个入河排污口上游对应多个排污单位或从排污单位到入河排污口间出现偷排、错接、混接时，入河排污口的排污规律则完全没有理清。

二是入河排污口相关管理部门职责不协同。入河排污口问题的多样性决定了其整治的复杂性，入河排污口整治涉及生态环境、发改、财政、工信、住建、水利、农业农村等多个部门，工作责任落实难度较大，需要各部门各司其职，共同参与。但我国尚未形成有效的地方人民政府统筹、相关管理部门协同的工作机制，从长江、黄河入河排污口排查整治试点等工作的实践来看，由于压力传导程度不同，由生态环境部门将问题排污口的整治任务分发到其他相关管理部门或寻求相关部门联合整治时，相关管理部门往往缺乏配合积极性，如在废旧尾矿库入河排污口、农村污水混合口责任认定时，由于责任主体缺失，建立权责清晰的责任主体清单较为困难，难以落实责任主体源头治理及排污口整治、规范化建设等责任。

三是入河排污口责任主体划分不清晰。入河排污口的整治需要形成统分结合的工作机制，由地方人民政府负总责、向入河排污口排污的责任主体具体实施，在入河排污口溯源工作完成后，对于入河排污口与排污单位“一对一”的情形，该排污单位为入河排污口的责任主体，但当入河排污口与排污单位“一对多”时，或者入河排污口承接上游面源污染排放时如何明确界定入河排污口整治责任主体等情况责任主体认定不清晰，如城市雨洪排口上游存在污水混接或承接城市雨水径流污染排放，农田排水口承接农田灌溉退水排放等。

7.3.3 入河排污口管理制度设计

破解当前污染排放问题的关键就在管住、管好排污口，入河排污口管理制度设计应抓住排污口这个“牛鼻子”，明确排污口设置管理要求，倒逼岸上污染治理。入河入海排污口监督管理制度主要基于排污口监督管理规定及技术规范，推动各地排查整治现有排污口，规范审批新增排污口，最终实现“1+N”的入河入海排污口监督管理制度体系（图 7-13）。

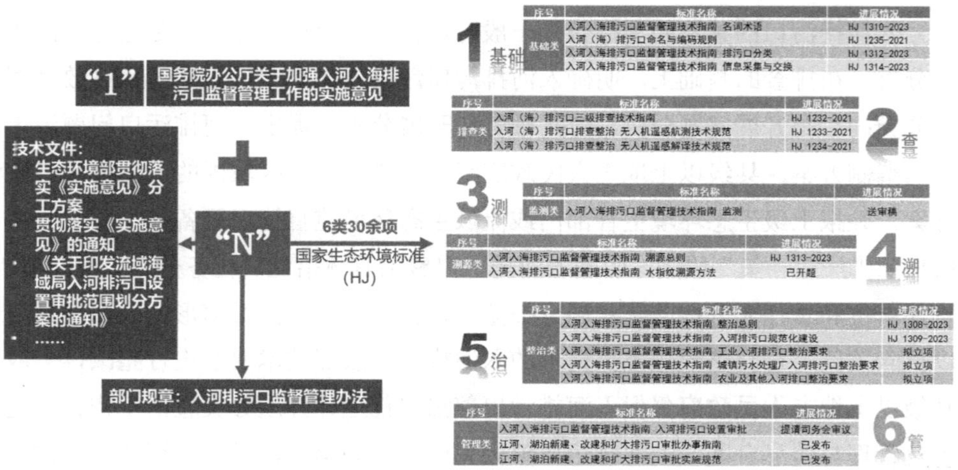

图 7-13　“1+N”入河排污口管理体系

7.3.3.1　入河排污口责任主体

我国入河排污口排放来源和使用情况存在多种情形，排污口使用主体众多、难以界定的情况普遍存在，只有通过溯源，确定每个入河排污口污染物排放的来源清单，按照“损害担责”的原则，根据污染来源清单确定入河排污口责任主体，才能推动整治工作的具体实施。

工业企业排污口、污水集中处理设施排污口、畜禽养殖排污口、水产养殖排污口、其他排口有独立法人的生产经营主体为该入河排污口的责任主体，包括设置单位及使用者。如有两个及以上使用者的，原则上所有使用者共同构成该入河排污口的责任主体，所有使用者应通过协议或其他方式划分并明确责任。难以明确责任主体的，由行业行政主管部门作为责任主体或由其明确责任主体。城市雨洪排口由所在地城镇排水与污水处理主管部门作为责任主体。对于具有一定规模、生产经营主体为独立法人的农田，由生产经营主体作为该农田排水口的责任主体；无法明确责任主体的，由所在地农业行政主管部门作为责任主体；对于跨区域大型灌区的农田排水口，由上级地方人民政府明确责任主体。入河排污口责任主体应按照地方人民政府整治目标任务的要求，实施分类整治工作。对于整治完成的，地方人民政府予以销号，纳入规范化管理。

7.3.3.2 入河排污口排查、溯源和整治

入河排污口的整治始于排查，一般可以按以下流程进行：一是进行入河排污口分类，在排查的基础上，明确入河排污口污染排放来源，根据污水排放类型进行分类；二是开展问题分析，对基础资料开展分析，提出入河排污口问题清单；三是编制方案，县级以上地方人民政府组织编制本行政区域内的入河排污口整治方案，并报上级生态环境主管部门或流域生态环境监督管理局备案，整治方案一般按照“一口一策”原则，明确入河排污口整治具体措施、任务分工、时间节点、责任单位和责任人等；四是实施分类整治，符合拆除关闭类情形的入河排污口予以拆除关闭，符合整改规范类情形的入河排污口按照技术要点进行整改，一般由县级以上地方人民政府督促入河排污口整治责任主体开展分类整治工作；五是规范化管理与信息台账，入河排污口整治完成后实施销号，予以保留的入河排污口纳入规范化管理。在入河排污口在开展排查整治的同时，还需落实事中事后监管要求。

7.3.3.3 入河排污口与其他管理制度衔接

入河排污口管理制度设计理应与其他管理制度衔接，入河入海排污口设置审核与建设项目环境影响评价、排污许可等行政许可的数据应统一一致，并逐步衔接融合审核流程，简化相关审核要求。

在环境影响评价方面，建设单位取得入河排污口设置审批是该建设项目取得生态环境主管部门环境影响评价批复文件的前置条件，按照河道管理范围内建设项目的管理权限审批，由审批环境影响报告书（表）的生态环境部门同级的水行政主管部门负责审批，因此入河排污口管理制度应与环境影响评价制度充分衔接，将排污口设置审批要求相关内容在环境影响评价文件中深化，同时可结合建设项目竣工环境保护验收制度，深化环境影响评价水环境管理内容、强化落实入河排污口设置审批要求，提高管理效能。

在排污许可方面，排污许可证中规定了排污单位废水排放口位置和数量、污染物排放方式和排放去向、排放污染物的种类、许可排放浓度、许可排放量等许可事项，可为初步掌握固定源排污口类型和底数提供信息基础，但目前排污许可证、城镇污水排入排水管网许可和排污口设置审批等还存在分散许可和多头管理，排污口规范化技术支撑滞后，入河排污口与上游排污单位排污口关系不清等问题，

需要进一步建立排污许可的排污口信息与排污口专项整治管理信息的有机衔接，实现对水污染物排放全过程跟踪管理，整合实现水污染物从产生排放、纳管输送、受纳水体排污口设置的全过程管理。

在污染物总量控制方面，原有的总量控制制度是针对污染源出厂界的排放总量控制，随着入河排污口管制制度不断完善，总量控制制度需逐步向以入河排污口排放量为基础的总量控制制度转变，充分衔接入河排污口管理和总量控制制度，建立基于入河排污口排放量的总量控制体系，可以进一步精确测算流域内污染物排放总量，为实现基于水环境治理的总量控制管理奠定技术基础。

7.4 河湖水质改善综合治理

7.4.1 明确河湖水质目标

改善水环境质量、保障水环境安全，是我国长期以来水污染防治工作的核心目标和根本出发点。《中华人民共和国环境保护法》和《中华人民共和国水污染防治法》均要求地方政府对本行政区域的（水）环境质量负责。自“九五”时期以来开始编制实施的重点流域水污染防治规划，也具体提出了在某一时间段要达到水质改善要求的水体清单。“水十条”以改善水环境质量为核心，突出强调了水环境质量目标管理。水环境质量目标管理以水环境质量达标为出发点统筹谋划各项工作，以是否达到目标要求作为判断各项工作成效的标准和问责的主要依据，突出质量目标的刚性约束作用。水环境治理千头万绪，问题纷繁复杂，河湖是其中的关键节点。2019 年 12 月，生态环境部发布《重点流域水生态环境保护“十四五”规划编制技术大纲》，明确提出要突出“一河一策”，精准施治。重点流域水污染防治“十二五”规划以优先控制单元形式明确了各水体的治理方向和重点，重点流域“十三五”规划、重点流域水生态环境保护“十四五”规划也分别从河湖水质目标，通过专栏等形式明确了“一河一策”要求。

目前，我国水污染物排放总量超出水环境承载能力，江河湖海透支严重、不堪重负，具体表现为饮用水安全受到威胁，丧失功能（劣于V类）的水体大量存在，城市水体黑臭现象十分突出。“十三五”期间，“水十条”分阶段提出我国水生态环境改善的宏观要求和具体目标指标。水环境质量目标管理要求各区域水质目标必须满足“水十条”的宏观目标指标，并与“两个一百年”奋斗目标相契合，重点保障公众的环境权益。

水质目标确定时，要充分考虑水环境质量的现状和环境功能需求，兼顾必要性和可达性，避免出现有些地区什么都不做就能完成目标任务，有些地区怎么做都完不成目标任务的极端情况。通过水体排查，遵循治理与保护并重的原则，对已达标水体继续实施保护，确保其质量不退化；对未达标水体实施治理，确保其质量有效改善。

7.4.2 科学制定“一河一策”

“一河一策”是实现“三个治污”的有效途径。“一河一策”的核心要求是管用、好用，解决实际问题。要从顶层设计上理顺工作主线，围绕目标，把流域的水生态环境问题、成因、对策、项目串联起来，找到能够解决问题的、接地气的实招。河湖水生态环境保护工作要始于河湖存在的问题，终于河湖生态环境质量的改善，形成闭环（表 7-1）。

表 7-1 常见水环境问题及成因

水环境问题	常见问题成因
1．饮用水水源水环境质量不达标 2．存在黑臭水体 3．存在劣Ⅴ类或不达标水体	**（一）工业污染** **1．结构性污染突出** 如落后、重污染企业占比大等 **2．产业布局不合理** 如敏感区域存在重污染企业等 **3．治污设施不完善** 如企业未安装治污设施、治污设施不正常运行等 **（二）城镇污染** **1．基础设施建设短板突出** 如污水处理设施建设滞后、污水管网收集系统不健全、生活垃圾及污泥未收集处理等 **2．初期雨水面源污染重** 如初期雨水未收集处理等 **3．城市管理不到位** 如污水、垃圾倒入雨水井，随降雨入河等

水环境问题	常见问题成因
	（三）农业农村污染 **1．养殖业污染** 如规模化畜禽养殖污染未有效治理、畜禽养殖散户多且废水直排入河、水产养殖尾水未治理等 **2．种植业污染** 如农药化肥施用过量、农田退水污染等 **3．农村生活污染** 如农村污水未有效处理、农村垃圾收集处理处置体系不完善等 **（四）其他**

随着主要污染物总量减排等一系列行之有效的政策制度落实、深化，我国水体中主要污染物浓度下降，对污染物排放实施精细化管理的充分、必要条件兼备。其基础是分区体系的完善。经过自“九五”时期开始近 20 年的探索，形成了由流域—控制区—控制单元组成的三级分区体系，其在水环境管理中的作用日趋加强。以水质断面为关键节点，统筹考虑水体自然汇水特征和行政区边界确定控制单元范围，精准确定对断面水质产生影响的行政主体。在控制单元内部建立企事业单位排污与断面水质间的输入响应关系，为达标方案的制订创造前提条件。

要打好污染防治攻坚战，突出精准治污、科学治污、依法治污。精准治污就是要做到问题精准、时间精准、区位精准、对象精准、措施精准，在制定“一河一策”时，要找准污染源排放、入河排污口与水生态环境质量的输入响应关系，深入剖析问题根源，对症下药。科学治污就是要注重实事求是，因地制宜施策，按照经济、社会和流域生态环境规律办事，提高流域生态环境管理科学化、信息化水平，提高治理措施的针对性、有效性。我国南北方资源禀赋差异较大，即使是同一流域，每条河流存在的水生态环境问题及成因也千差万别，必须立足不同河湖的实际问题，开具独一无二的“良方”。根据确定的水质目标，通过对排污、水质、水量、水生态、未来压力等状况的分析，识别主要环境问题，诊断原因，确定规划区内治污减排、生态保护、风险防范等任务，设计筛选针对性的工程项目，研究提出保障措施；通过目标可达性分析，对任务、项目进行适当调整，确保目标可达。

达标方案的制订实施，应突出措施的综合性和任务的落地性。要特别重视控制单元内污染源—排污口—水体的输入响应分析，重点针对水体首要（主要）污染因子和优先控制污染物等，提高治污减排的精准性和质量改善的针对性。在思路上，控源减污仍是首要措施。要以企事业单位废水稳定达标排放为前提，根据水环境质量改善需求及水污染治理的技术经济可行性，逐个对排污单位提出污染物削减要求。节水及再生水利用是第二项重要措施。要通过工业、农业、生活全方位节水及非常规水源的开发使用，提高水资源重复利用率，控制用水总量，进而削减废水排放量，以此减轻排污负荷。生态拦截及深度处理为第三项措施。要通过人工湿地等措施进一步减少进入水体的污染物。增加生态流量为第四项措施。要通过水利设施的优化调度，在时间、空间两个维度进行水的有效配置，进一步强化水的环境属性，增加环境容量。前三项措施针对污染物排放，意在做小分子，第四项措施针对载体，意在做大分母，如此分子、分母兼顾，促进水环境质量有效改善。控制单元所在区域，可根据本地区资源特征及水环境问题特点进行措施优化。

7.4.3 强化水质目标考核

地方政府作为水环境质量的责任主体，在实施达标方案的同时，应制定实施应急预案，针对枯水期等容易引起水质超标的时段，实施排污大户限产、限排等强化措施。上级生态环境部门应对水质不达标或公众反映强烈的地区实施挂牌督办，以提高地方政府的重视程度，进而加快达标方案的实施进度。必要时要使用区域限批这一“杀手锏”，促进地方提升环境准入门槛，优化产业结构。

同时，以信息公开推进公众参与。“水十条”实施期间，自 2016 年起，达标方案要向社会公布，维护公众知情权，同时，促进公众全过程参与。通过信息公开，可将水质现状、达标方案内容、治理任务时限等信息置于公众监督之下。同时，可将公众满意程度作为衡量地方政府治理成果的重要依据。此外，应加大宣传教育力度，引导公众积极参与水环境保护，使公众既参与水质保护又监督保护工作开展情况。

专栏 7-2 控制单元输入响应分析与精准治污措施

（一）以断面水质治理改善为目标的控制单元

水质不达标控制单元编制达标方案时，要在分析共性任务实施效果的基础上，实施针对性深入治理，确保目标可达：

近三年断面持续劣于Ⅴ类、江河源头近三年水质存在恶化趋势等情形的水体，应详细分析主要污染来源，可对汇水范围内相关行业企业执行特别排放限值。

以重金属、石油加工炼焦业、化学原料及化学制造业、医药制造业等环境风险源为主的控制单元，应突出风险等级评估、产业结构和布局调整、配套建设风险防范工程等措施，完善突发环境事件应急预案，提高区域风险防控水平和应急反应能力。

小沟小汊等控制单元，要实行“一河一策”，以城市建成区排污体系改造、雨污分流、截污治理、封堵排污口、污水全收集全处理、河道整治等为核心，优先解决垃圾河等问题，设计垃圾清理、底泥疏浚、生态补水、湿地净化、生态修复等综合治理措施，降低氨氮浓度，提升溶解氧水平。同时还要强化管理制度建设，建立监测、清淤、保洁等长效机制，避免水质反弹。同时也可以考虑海绵城市建设、城市污水处理厂再生水回用、雨水利用等措施。

富营养化或近几年富营养化状态加剧的湖泊水库，明确实施总氮控制的湖泊水库及其入湖河流，并落实到排污单位。对影响水体水质达标的其他主要因子，也可采取区域性总量控制措施。

涉及黄河口、长江口、闽江口、珠江口、辽东湾、渤海湾、胶州湾、杭州湾、北部湾等河口海湾的地区，编制河口海湾的整治方案，协同推进环境污染治理。

沿海省份制订实施排污口整治计划，实施入海河流消除劣Ⅴ类水体等任务；沿海地级及以上城市实施总氮排放总量控制，将氮污染物排放细化到各重点行业和城镇污水处理设施，不具备脱氮除磷能力的污水处理设施要进行提标改造。

（二）以保护和维持良好水质为目标的控制单元

饮用水水源水质为Ⅱ类的，重点加强水生态保护及风险防范，确保水质不退化；水质为Ⅲ类的（受背景值影响的水源除外），重点加强污染源整治及生态修复，逐步改善水质；未达Ⅲ类的，逐一分析超标原因，重点消除人类活动的影响，并在流域综合防治工作中统筹考虑水源水质达标工作。

明确地下水环境状况定期监测与评估要求，以及石化生产存贮销售企业和工业园区、矿山开采区、垃圾填埋场等区域的防渗改造要求。优先考虑威胁地下水型饮用水水源等敏感点的场地，重点对重金属、有毒有害有机物，提出修复（防控）要求。

江河源头及现状水质达到或优于Ⅲ类的江河湖库，提出生态环境安全评估、保护等措施。因地制宜提出珍稀濒危水生生物、重要水产种质资源，以及产卵场、索饵场、越冬场、洄游通道等重要渔业水域的保护措施。

参考文献

[1] 环境保护部．中国环境统计年报（2005—2015）．北京：中国环境出版社，2005—2015．

[2] 2022 年城乡建设统计年鉴。

[3] 周新荣，程乐明，赵晓，等．我国城市污泥处理及利用技术研究进展[J]．中国资源综合利用，2023-10-41（10）．

[4] 2016—2019 年全国生态环境统计公报。

[5] 马玉林．内河船舶和港口污染防治分析及对策[J]．中国水运，2023，（4）12-13．

[6] W.-J. Du，J.-Y. Lu，Y.-R. Hu，et al. Spatiotemporal pattern of greenhouse gas emissions in China’s wastewater sector and pathways towards carbon neutrality[J]. Nat. Water，2023，1（23）：166-175.

[7] 陆家缘．中国污水处理行业碳足迹与减排潜力分析[D]．合肥：中国科学技术大学，2019.

[8] 谢淘，汪诚文．污水处理厂温室气体排放评估[J]．清华大学学报，2012，52（4）：473-477.

[9] 李静．污水处理系统温室气体排放量化评价及减排研究[D]．济南：山东建筑大学，2013.

[10] Wen-Jie Du1，2，6，Jia-Yuan Lu1，6，Yi-Rong Hu1，et al. Spatiotemporal pattern of greenhouse gas emissions in China’s wastewater sector and pathways towards carbon neutrality[J]. Nature Water，2023，1：166-175.

[11] Ramírez-Melgarejo M，Reyes-Figueroa A，Gassó-Domingo S，et al. Analysis of empirical methods for the quantification of N_2O emissions in wastewater treatment plants：Comparison of emission results obtained from the IPCC Tier 1 methodology and the methodologies that integrate operational data[J]. Science of the Total Environment，2020，747.

[12] 中日水污染物总量控制研究课题组．中日水污染物总量控制研究[M]．北京：中国环境科学出版社，2013.
[13] 叶维丽．基于流域水质目标的排放标准与排污许可制定技术研究[M]．北京：中国环境出版集团，2023.

第 8 章

水生态保护

水生态是指水的存在状态及与水相关的动植物的生存状态，包括水生态中相互作用、相互制约的各个部分组成的有机整体。水生态既是水环境、水资源可持续发展的保障，又是最终实现“人水和谐”美好愿景的展现。维持水域生态系统的完整性是支撑经济社会可持续发展的根基，本章针对当前我国水生态保护短板，强调水生态保护与修复需坚持保护优先、自然恢复为主的原则，详细阐述了水源涵养区、河湖生态缓冲带、水生生物多样性、河湖湿地保护治理等方面的措施，为“三水统筹”系统治理提供参考。

8.1 基本考虑

党的十八大以来，党中央以前所未有的力度抓生态文明建设，我国生态环境保护发生历史性、转折性、全局性的变化。当前，我国水环境质量持续改善，水环境理化指标已经接近或者达到中等发达国家的水平，但水生态系统不平衡、不协调问题还十分突出，部分河湖水生态系统严重失衡，蓝藻水华居高不下，生物多样性显著下降。水生态不仅是充满生机“一汪活水”的体现，还能够综合反映水生境、水环境、水资源及水生态状况，同时也是老百姓最关心、最直接的直观感受。党的二十大报告指出，中国式现代化是人与自然和谐共生的现代化，在水生态环境保护领域具体体现就是由污染防治为主向水资源、水环境、水生态等流域要素系统治理、统筹推进转变。在水生态方面，就需要逐步恢复生物多样性，力争在“有鱼有草”上实现突破。

自“九五”时期以来，我国共编制实施了 5 期重点流域水污染防治规划，流域水环境质量持续改善，与发达国家相比，我国在水环境方面的差距越来越小，部分水体已具备水生态保护修复的基本条件。2021 年，生态环境部印发《“十四五”生态环境监测规划》（环监测〔2021〕117 号），增强水生态环境监测，组织开展全国重点流域及青藏高原地区水生态调查监测。2022 年，生态环境部印发《长江流域水生态考核试点工作方案（2022—2024 年）》（水体函〔2022〕10 号）和《长江流域水生态监测方案（试行）》（环办监测函〔2022〕169 号），在长江流域开展水生态考核试点。2023 年，生态环境部等五部门联合印发《重点流域水生态环境保护规划》（环水体〔2023〕14 号），要求“制定‘三水统筹’的水生态环境标准体系，统筹建立水环境、水生态和水资源监测评价体系，对重要江河湖库开展水生态环境评价”，到 2025 年河湖水生生物完整性指数持续改善，力争 127 个河湖水体重现土著鱼类或土著水生植物。与此同时，经过试点研究，长江、松花江、太湖、辽河等流域已具备相关的水生态监测及评价工作基础；北京、辽宁、江苏、浙江等地也在积极探索开展水生态监测与评价工作。以上工作为统筹推进水生态保护工作奠定了良好基础。

推进“从山顶到水里”一体化保护与治理，是从流域生态环境保护治理的系统性、整体性、协同性出发的必然模式。开展水生态保护与修复，要按照生态系统的内在规律，统筹考虑自然生态各要素、山上山下、地上地下以及流域上下游，进行整体保护、系统修复、综合治理，增强生态系统循环能力，维护生态平衡。“山上”要守住山头、管好斧头、护好源头活水，提升水源涵养能力，水源涵养区包括江河源头区和森林草地、湿地等重要生态系统类型，具有缓和地表径流、补充地下水，减缓河流流量的季节波动、滞洪补枯，改善河流水质等重要生态功能。“岸边”要加强过程阻断，拦截污染物汇入，充分发挥生态缓冲带作用，阻隔或减缓人类活动对河湖的直接干扰，减少污染物直接进入水体。“水里”要保护水生生物多样性及维护河湖湿地生态功能等，通过提升水生生物的多样性，增强生态系统的抗干扰能力、提高能量流动效率，而河湖湿地具有涵养水源、净化水质、调蓄洪水、控制土壤侵蚀、补充地下水、美化环境、调节气候、维持碳循环和保护海岸等极为重要的生态功能（图 8-1）。

图 8-1　从“山上”到“水里”的水生态系统保护示意图

8.2　水源涵养区保护

8.2.1　面临问题与保护要求

水源涵养区，顾名思义是具有涵养水源能力的区域，也称为水源涵养功能区或水源涵养生态功能保护区，主要承担调节、改善水源水质，防止水土流失，雨洪调蓄等水源涵养、水土保持等重要生态功能。水源涵养区一般分布在河流上游的水源区，用于从源头上控制水土流失，是体现生态系统服务功能的重要区域。水源涵养功能的强弱是一项反映流域生态系统健康程度的重要内容。我国黄河流域的水源涵养区主要包括三江源、秦岭、祁连山、六盘山、若尔盖等重点生态功能区，然而长期过度放牧引发源区高寒草原退化，造成区域水源涵养能力下降，1980—2016 年三江源区水源涵养能力下降了 10.4%[1]。长江干支流上游，农田、建设用地侵占水源涵养林，导致近年来流域水源涵养能力下降，1986—2015 年长江上游地区降水量以每 10 年 3.94 mm 的速率增加，水分保持量却以每 10 年 2.97 mm 的速率下降[2]；2000—2015 年江苏省水源涵养总量下降了 14.5%（图 8-2）[3]。

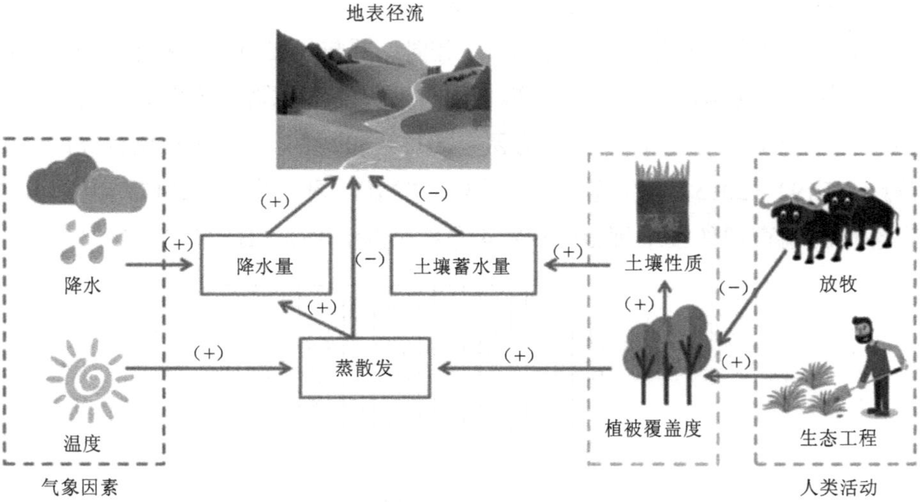

图 8-2 黄河源区影响水源涵养能力的主要因素①[4]

开展水源涵养区保护，是以水源涵养区内的林地、草地、湿地等涵养水源的生态系统为对象，以自然恢复和人工促进修复相结合开展退化生态系统修复，提升流域水源涵养区生态系统质量和水源涵养功能。水源区的保护修复原则主要包括以下几点：一是尊重自然，生态优先。要牢固树立“绿水青山就是金山银山”理念，遵循生态系统内在规律，尊重自然、顺应自然、保护自然，充分发挥生态系统的自我调节和修复能力，以自然恢复为主、人工修复为辅，尽量选择乡土物种涵养，维护生态安全。二是守住底线，统筹兼顾。以水源涵养功能不降低为底线，综合考虑影响水源涵养功能的主要因素，统筹保护和发展、整体和重点的关系，充分考虑与周边生态条件和现状自然环境相协调，合理开展保护修复。三是问题导向，系统保护。科学精准识别水源涵养功能退化成因，根据生态系统退化受损程度和恢复力，以生态本底和自然禀赋为基础，因地制宜、整体规划、合理布局，推进一体化保护和修复。四是协同推进，形成合力。生态环境保护、自然

① 图片引自中国水科院水资源所微信公众号材料《水源涵养的概念发展及其能力评估方法》（2022 年 8 月 15 日）。

资源、林业、水利等部门要协同发力，促进有关法律、法规、政策和标准相协调，衔接主体功能区划、生态功能区划、“三线一单”“三区三线”等空间管控要求，多部门协作，形成合力共同推进保护修复工作[5]。

在具体开展水源涵养区保护与修复工作时，要与我国当前的生态保护红线相关要求相衔接，因地制宜采取相关措施。目前，我国涉及水源涵养能力的监测规范有《流域生态健康评估技术指南》（环办函〔2013〕302 号）、《生态环境状况评价技术规范》（HJ 192—2015）、《生态保护红线划定指南》（环办生态〔2017〕48 号）、《全国生态状况调查评估技术规范——生态系统质量评估》（HJ 1172—2021）等。

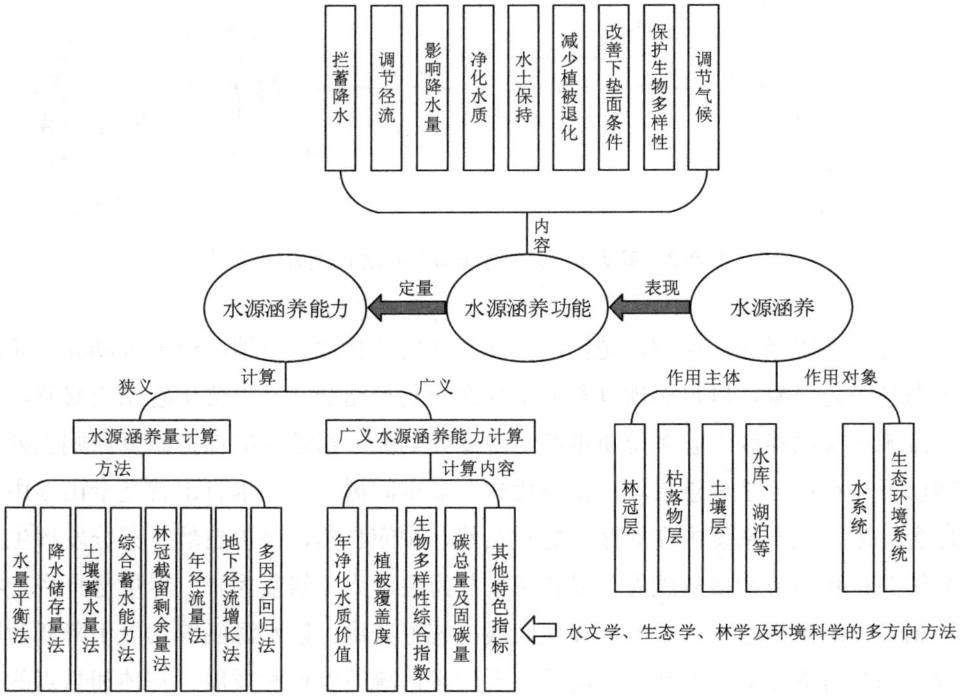

图 8-3 水源涵养相关概念的关系[6]

8.2.2 科学划定水源涵养空间

人类文明发展过程其实就是改造利用生态空间的过程。然而生态空间一旦过度挤压萎缩，生态系统就会受到破坏，进而威胁农业、城镇空间安全。2017 年，我国发布《关于划定并严守生态保护红线的若干意见》和生态保护红线划定相关技术规范，在全国范围内开展生态保护红线划定，划定的区域集中分布于青藏高原、天山山脉、内蒙古高原、大小兴安岭、秦岭、南岭，以及黄河流域、长江流域、海岸带等重要生态安全屏障和区域，涵盖森林、草原、荒漠、湿地、红树林、珊瑚礁及海草床等重要生态系统，尽管我国已经建立了覆盖面积较大、类型多样的自然保护地体系，但保护网络仍存在空缺，部分区域的水源涵养功能尚未得到有效保护。

水源涵养空间的划定需要识别出流域内具有重要水源涵养功能的区域。水源涵养区的划定一般以流域为对象，基于国家重点生态功能区、生态保护红线、水功能区划、生态环境分区管控方案等已有成果，在此基础上，根据管理与保护的实际情况适当补充。通过整合就地保护、科学评估、空缺分析、调查监测等多方面资料，选择恰当的技术框架与模型对区域水源涵养这一生态系统服务功能进行定量评估及空间制图，将具有重要水源涵养价值的山地、森林、草原、湿地（河流、湖泊、沼泽）等用地划入水源涵养空间。通过科学评估，明确区域划定所带来的生态效益和人类福祉，这种对整体收益进行评估的方法为生态保护提供了充足的理论基础、现实依据和未来期许，有助于鼓励更多的受益社区和组织进一步参与到生态保护进程中。

划定流域水源涵养空间后，要积极落实生态空间管控要求，强化水源涵养区监管和保护修复，推动做好“守、退、补”工作。水源涵养区的保护要以水源涵养功能不降低为底线，有序引导退出严重破坏水源涵养功能的人类活动，因地制宜采取封育保护、自然恢复、人工促进修复、生态重建等技术措施，实现水源涵养功能提升。土地利用开发等各类专项规划要与流域水源涵养区衔接，协调发展和保护的关系，依法制定水源涵养区环境准入负面清单，鼓励探索生态农牧业、生态旅游、生态文化等生态产品价值实现和“绿水青山就是金山银山”转化路径。

8.2.3 增强林草湿地系统功能

水源涵养区包含不同的要素，以森林、草地和湿地为主。其中，森林是陆地生态系统主体，几十年来林业人为山川点绿，持续绿化国土，2022 年我国森林面积达 2.31 亿 hm^2，森林覆盖率达 24.02%，我国成为世界森林资源增长最多的国家。

草原被誉为“地球的皮肤”，2022 年我国草地面积达 2.65 亿 hm^2，草原综合植被盖度达 50.32%①[7]。湿地被称为“地球之肾”，不仅是野生动植物的家园，更是绿色发展、和谐宜居的坚实保障，我国湿地面积约为 5 635 万 hm^2，居亚洲第一，世界第四。通过不断加强森林、草原、湿地等生态系统保护与建设，实施造林育林护林和森林质量精准提升、退耕还林还草还湿、高原湿地保护恢复等工程，能够促进水源涵养区水土保持、防风固沙、固碳释氧和气候调节等生态服务功能持续提升。

一是提升森林生态系统功能，遵循区域生态环境系统的整体性规律，按照本地化和多样化原则，实施分区差异化植树造林，管护和抚育现有林地，改造提升低质林分，全面提高森林植被质量。依托风沙源治理、“三北”防护林建设、草原生态保护、退耕还林、农牧交错带已垦草原治理、国家水土保持、地下水超采综合治理、生态水源保护林建设、森林抚育等一系列重点生态工程，实施分区差异化植树造林与管护，同时，按照“宜林则林、宜草则草，适地适种、应栽尽栽，优化结构、提升质量”的原则，通过攻坚造林，推进沙化耕地、水土流失耕地的退耕还林还草，全面提升林木植被覆盖度。在林分优化过程中，可以“调结构、提质量、增效益”为目标，优化林种树种结构，适度提高小树种种植比例，丰富树种多样性，提升林分质量。对未成林地和疏林地也要加强管护抚育、补植补造和改造提升。此外，森林生态系统的保护还要着重注意做好秋冬季森林草原防火及森林病虫害防治工作。

二是加强草原生态系统建设，以提升草原生态功能为目标，开展沙化、退化、盐碱化草地治理，实施退耕还草、禁牧轮牧休牧等措施。根据草甸草原、荒漠草原、高寒草原等不同草原类型，继续依托草原生态保护补助奖励机制、风沙源治理、退牧还草及退耕还林还草等草原生态保护建设重点工程，进一步加强与改善草原生态保护修复工作。为推动草畜动态平衡，要坚持以草定牧，针对生态极为脆弱、退化严重、不宜放牧，以及位于水源涵养区的草原严格实行禁牧政策，对于植被状况较好、自身修复能力较强的草原，以核定天然草原产草量为基础，确定放牧时限，采取季节性休牧轮牧的方式，提高天然草原利用率。在尊重农民意愿和

① 数据来源《2022 年中国国土绿化状况公报》。

依法维护农民利益的前提下，考虑对农业基础差、种植效益低的旱地实施退耕还草。

三是保护恢复湿地生态系统，恢复退化湿地，遏制湿地数量减少、面积缩小、生物多样性降低、生态功能下降的趋势。以自然恢复为主，保护现有湿地，恢复原有湿地。对重点湿地及周边的耕地实施退耕还湿工程，依托湿地公园建设，提升湿地水源涵养功能。

8.2.4　加强矿山生态环境修复

人类从地表和地表深处开采出大量的矿石和围岩，改变和破坏了地球表面和岩石圈的自然平衡，会使矿山区域及沿岸土壤发生严重的环境地球化学变化。部分地区因为矿产资源开发不合理，发生了如水土流失、山体滑坡、泥石流等一系列自然灾害，造成了矿山生态环境资源的破坏，从而影响矿区的植被生长，降低了区域水源涵养能力。矿山开采导致的主要生态问题包括地质环境问题、土地损毁和植被破坏等。2024 年 4 月，自然资源部发布了《煤矿土地复垦与生态修复技术规范》《金属矿土地复垦与生态修复技术规范》《石油天然气项目土地复垦与生态修复技术规范》《矿山土地复垦与生态修复监测评价技术规范》4 项国家标准，规范煤矿、金属矿、石油天然气项目生产矿山生态修复工作，以及生产矿山生态修复过程中的监测评价工作。这是全国首批专门针对正在生产矿山生态修复出台的国家标准，对生产矿山提出了“边开采、边修复”的要求。根据矿山开采导致的破坏情况，生态修复可以采取以下几种方式：

第一种是自然恢复。这种方式是指让采矿损毁的土地依靠生态系统自我调节能力逐步得到恢复，在恢复的过程中不需进行工程干预。该方式主要依赖矿区场地和周边生态系统自我愈合能力，促进植被再生和生物种群恢复。在恢复的过程中需要封闭修复，拆除采矿设施，消除影响自然恢复的生态胁迫因子，以及排除人为的外界干扰，减少对场地的扰动。

第二种是辅助再生。这种方式是针对因采矿损毁的土地表层土不适合植被生长，需要进行土地平整、表土覆盖和培肥才能使受损生态系统逐步恢复。该方法通过坡面危岩清理、采坑回填、废石（渣）清理等，消除地质安全隐患。再通过坡面修整、土壤改良、截排水等人工辅助措施进行场地平整，改善土壤功能，为植被恢复提供条件。最后筛选合适的植物物种，采取补植、补播、抚育、间伐、杂灌草清除等人工辅助措施，加快场地生态系统结构和功能的修复。此项工作中尤其要注意，禁止引入对当地生物多样性造成威胁的外来物种。

第三种是生态重建。采用这种方式是由于采矿损毁土地需要采取工程措施消除矿山地质环境问题隐患，进行地貌重塑、土壤重构、植被重建等。地貌重塑要根据矿山地貌破坏方式与损毁程度，结合矿山周边地貌特点，通过地形重塑、土地整治、重构截排水系统等措施重新塑造一个与周边地貌相协调的新地貌。土壤重构是在矿山地貌重塑基础上，依靠本地的岩土条件、水热与温湿条件等，充分利用采矿剥离的表土和采矿遗留的废石（渣）、尾矿砂（渣）、粉煤灰等固体废物，通过培肥改良、土层置换、表土覆盖、土层翻转、化学改良、生物修复等措施，重构土壤剖面结构与土壤肥力条件。不同场地的土壤重构可根据场地修复用途确定重构措施。植被重建是在地貌重塑和土壤重构基础上，依据按照生态系统的生物种群特点，考虑矿山生态重建的植被适宜性、结构布局合理性和物种多样性，合理配置植物种群组成和结构，借助人工支持和诱导，重建与周边生态系统相协调的生态系统，保障植物群落持续稳定。

第四种是生态恢复。把因采矿损毁的土地恢复为耕地用于农业生产，或恢复为城乡建设用地用于各类建设活动。如果矿山位于国土空间规划的农业空间区域，修复方向可以优先考虑恢复农业生产功能。如果矿山位于国土空间规划的城镇空间区域，修复方向则可以优先考虑恢复城镇开发利用条件，盘活工矿废弃地利用。如果矿山及周边自然生态景观良好或矿山拥有悠久矿业开发历史、珍贵矿业遗迹和丰富矿业文化，可以考虑创建矿山主题公园，提升城市生态品质[8]。

专栏 8-1　水源涵养区案例

1．河北丰宁：建好京津冀水源涵养功能区

河北省承德市丰宁满族自治县是京津重要的生态屏障和水源地，素有“两河源头”“京津水塔”的美誉。2017 年以来，丰宁强力推进水生态环境保护，着力打造京津冀水源涵养功能区的核心区，聚焦生态脆弱区、水源涵养重点区，大力实施国土绿化、小流域治理、节水灌溉三大涵水工程。丰宁结合本底条件，优先使用油松、樟子松、山杏、落叶松等树种造林，推广应用抗旱造林技术，工程区造林成活率均达到 90%，营造林 60 万亩，小流域治理 535 km^2，节水灌溉 5.9 万亩，着力构建了滦河、潮河上游水源涵养、水土保持、节水增量三大生态屏障，优质水源涵养能力显著提升。

2. 三江源：水源涵养筑牢生态屏障

三江源作为“中华水塔”，在有关部门的大力支持下，坚持自然恢复为主和人工修复相结合，坚持“山水林田湖草沙冰”一体化保护和系统治理，持续强化草地、湿地、沙化土地治理力度。近年来，实施黑土滩治理 42 000 hm^2，黑土坡治理 10 000 hm^2，退化草原改良 130 000 hm^2，人工种草 5 000 hm^2，沙漠化土地防治 7 333.33 hm^2，湿地和雪山冰川保护 23 333.33 hm^2，封山育林 6 000 hm^2，人类活动遗迹修复 1 333.33 hm^2。三江源国家公园园区内水源涵养量年均增幅 6%以上，草地覆盖率、产草量分别提高 11%、30%以上，野生动物种群明显增多，藏羚羊由以前不足 2 万只恢复到 7 万多只，园区生态环境状况持续向好，每年向下游输送 600 多亿 m^3 的优质淡水。

3. 塞罕坝：涵养水源防治沙漠化

塞罕坝位于河北省承德市北部、内蒙古浑善达克沙地南缘，历史上曾经森林茂密，后由于过度采伐，土地日渐贫瘠，到 20 世纪 50 年代，成为风沙肆虐的沙源地，是中国荒漠化防治工作的一块“硬骨头”。2012 年以来，塞罕坝累计完成攻坚造林 10.6 万亩，林场内石质荒山全部实现绿化，林场森林面积增加到 115.1 万亩，林场林木总蓄积达 1 036 万 m^3，每年涵养水源 2.84 亿 m^3、固碳 86.03 万 t，创造了荒原变林海的人间奇迹。据中国林业科学研究院评估，塞罕坝每年可为滦河、辽河下游地区涵养水源、净化淡水 2.84 亿 m^3；每年防止土壤流失量 513.55 万 t；每年可固定二氧化碳 86.03 万 t，释放氧气 59.84 万 t。如今，塞罕坝的森林生态系统每年提供超过 100 亿元的生态服务价值。

8.3 生态缓冲带建设

8.3.1 面临问题与保护要求

河湖生态缓冲带是指陆地生态系统与河湖水域生态系统之间的连接带和过渡

区，包括从河湖多年平均最低水位线向陆域延伸一定距离的空间范围，其主要功能是隔离人为干扰对河湖负面影响、保护河湖生物多样性、减少面源污染[9]。其类型根据构建方式的不同，分为天然植被带和人工植被带；根据构建植被的不同，可以分为草地、灌木、林木缓冲带，以及由其中两种或两种以上植被构成的复合缓冲带（图 8-4）。

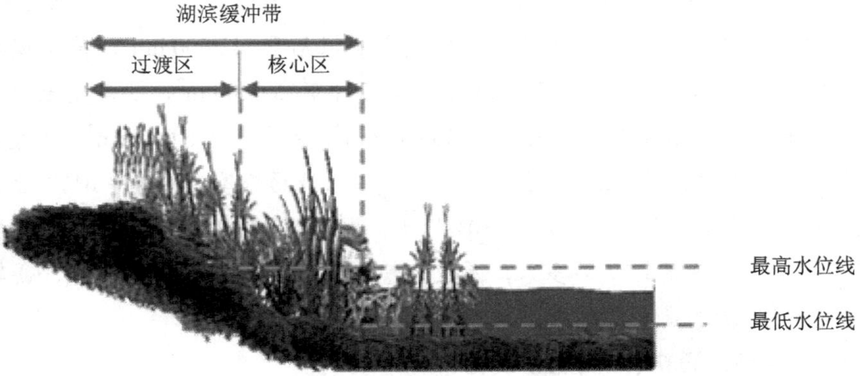

图 8-4　生态缓冲带结构示意图[9]

生态缓冲带是保护河湖水质、水生态的一道重要屏障。关于河湖生态缓冲带的具体功能，可概括为以下 6 个方面：①净化河流水质。河湖生态缓冲带中的植物群落能够通过过滤、吸渗、滞留、沉积等作用，削减地表径流中颗粒物、各种氮、磷有机物和农药等，有效地阻止污染物质进入地表水和地下水。②固岸防洪。河湖生态缓冲带具备优良的水土保持功能，通过河湖生态缓冲带中的植被群落阻滞、吸收地表径流，降低径流流速，以减少水流对河岸的冲刷，从而起到削减洪峰强度的作用。③供给物质。河湖生态缓冲带中的植物群落产生的枯枝落叶、果实等进入水体，作为有机物质为河流中的细菌等生物提供食物，也为水体中的生物提供物质来源。④调节流域微气候。河湖生态缓冲带能够产生缓和的微气候。滨岸植物群落在河湖水面形成遮挡，在夏季，能够某种程度地降低水温；在冬季，植物群落能够吸收水体的反向辐射，从而产生某种程度的增温效果。⑤保护生物多样性。河湖生态缓冲带所形成的特定空间是众多植物和动物的栖息地，河湖生态缓冲带处在水、陆过渡区，是水陆生态系统互相联系的重要通道，该区域生活着多种多样的鸟类、两栖动物、无脊椎动物和微生物等野生生物，滨岸的植物群落甚至倒木和枝干、树根均能够营造适合不同生物生活的生态条件，为各类生物创造关键栖息地[10, 11]。⑥社会功能。河湖生态缓冲带产生的生态景观具备多样性，水陆镶嵌的生态景观格局能够提升流域生态景观的美学价值。

自然的河湖生态缓冲带是河湖的天然绿色屏障，但城市扩张和农业发展等人类活动对自然河岸植被缓冲带的破坏，极大地减少了河岸带缓冲区域范围，导致河流水环境和水生态退化，暴露出诸多问题[12]。以长江为例，2017 年长江干流自然岸线率仅为 57.6%，呈现从上游到下游逐渐减少的变化趋势，下游仅为 39.5%[13]。岸线固化阻碍了水陆物质交换，破坏水生生物的栖息场所。沿岸生态缓冲带也正在经历逐步丧失的过程，2000—2015 年，长江临江 1 km 范围内，城镇用地面积增长 51.6%，化工企业数量增长 104.2%[14]。生态缓冲带的丧失导致面源污染拦截、水生态系统保护维持等重要功能退化。

城市扩张、港口利用以及工业园区开发等人类侵占行为是造成自然岸线、生态缓冲带日益丧失的最主要原因。主要体现在：①河岸带侵占较严重。乡村段河岸带农业种植占用比例高，河流两岸紧邻农田，区域农业面源污染物随降雨径流直接入河，导致河流水质季节性超标；此外，部分河流存在乱占、乱采、乱堆、乱建等河岸带非法占用，破坏河流生态安全。②城市段河道硬化、渠化问题突出。城市河流自然岸线比例降低，河流治理过程中“两面光”甚至“三面光”河道增多，导致城市河流生态系统丧失。③河流河岸带生态修复重景观、轻生态。河流治理与生态修复方案仍缺乏系统规划和针对性，生态修复目标和功能定位不清晰，未能体现以生境改善为核心，存在单纯实施景观工程的现象。④河流河岸带修复建设管理协调难度较大。河流河岸带空间规划、建设与管理涉及水利、住建、环境、交通、农业等多个部门，河流生态缓冲带修复工作仍处于起步阶段，生态修复理念尚未形成共识，相关建设管理协调难度较大。此外，涉水生态红线、水生生物保护区“划而不保”，以及部分人工岸线退出后并未按自然规律恢复生态功能，也是造成水陆连通受阻的重要原因。

由于生态缓冲带是河湖重要生态空间，对阻隔或减缓人类活动对河湖的直接干扰、保护河湖生物多样性、减少面源污染物入河湖等具有重要意义，近年来，人工建设或修复的生态缓冲带正在受到推崇。生态缓冲带保护与修复的目的是去除干扰因素，创造受损河湖岸带生态系统能够逐步自然恢复的生境条件，使退化的河湖岸带恢复到健康状态，并满足其主要生态服务功能。做好河湖生态缓冲带保护修复，总体是从加强流域空间管控、促进河湖保护修复、体现“管用、好用、解决问题”的角度，做好河湖生态缓冲带范围确定、保护修复措施选择、后期维护等方面工作，合理规划河湖滨水生态空间，阻隔或减缓人类活动直接干扰，降低面源污染负荷，改善河湖水环境，保护修复河湖水生态系统（图 8-5）。

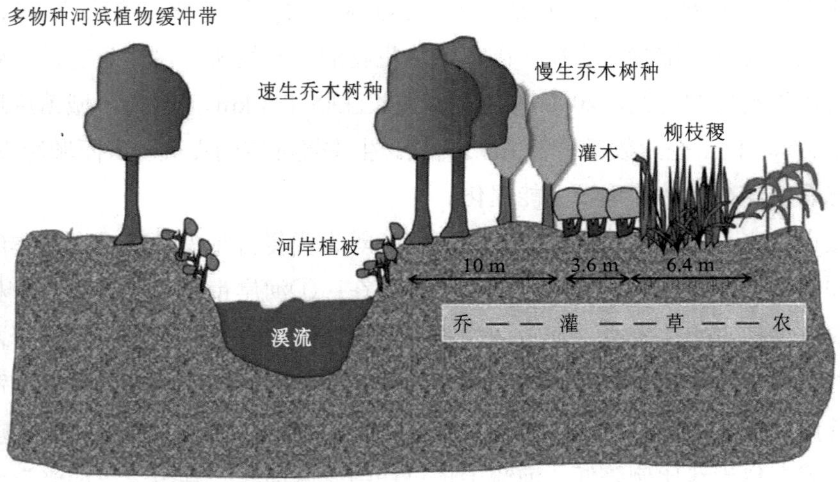

图 8-5 一种复合型生态缓冲带结构示意图

为推动河湖生态缓冲带建设，中央水污染防治资金明确对河湖生态缓冲带建设项目给予支持，《中华人民共和国水污染防治法》《中共中央 国务院关于深入打好污染防治攻坚战的意见》《重点流域水生态环境保护规划》等均对河湖生态缓冲带保护修复提出了要求。

在河湖生态缓冲带保护与修复过程中，应遵循以下原则：一是生态优先，尊重自然。以维护河湖水生态系统原真性和完整性为核心，顺应自然规律，保护和恢复河湖水生态功能。坚持自然恢复为主，人工修复为辅；坚持选择本土物种，维护生态安全。二是统筹兼顾，因地制宜。统筹考虑河湖生态功能定位和河湖滨水空间开发利用现状，坚持问题导向，分类施策，科学确定河湖生态缓冲带保护修复目标和措施，兼顾短期修复效果和长期可持续性，并与周边环境、景观相协调。三是依法依规，协同推进。坚持多部门协同推进，与自然资源、生态环境保护及水利等有关法律法规、政策标准相协调，衔接“三线一单”“三区三线”、城市蓝线、河湖管理范围等空间管控要求[9]。

8.3.2 推进河湖生态缓冲带划定

在生态缓冲带范围确定方面，生态环境、自然资源、水利和住房城乡建设等部门均印发了相关河湖岸线管理技术文件和管理要求，生态缓冲带的划定具体可依据生态环境部发布的《河湖生态缓冲带保护修复技术指南》。

河流生态缓冲带范围包括河流水位变幅区与陆域缓冲区，河流生态缓冲带的宽度指垂直河流方向的水平距离，水位变幅区范围是河流多年平均最低水位线和多年平均最高水位线之间的区域，陆域缓冲区范围可分为生态保护型（包括植被良好型、沙漠型、岩石型）及生态修复型（包括堤防型、农田型、村落型、养殖塘型、城镇型、复合型）。

湖泊生态缓冲带范围划定与河流略有差异，生态缓冲带范围包括湖泊多年平均最低水位线和最高水位线之间的水位变幅区与湖滨多年平均最高水位线以上的陆域缓冲区，湖滨生态缓冲带的宽度采用坡长距离，水位变幅区是多年平均最低水位线和多年平均最高水位线之间的区域；人为调控的湖泊、水库可采用设计或调控的最低水位线和最高水位线之间的区域，湖滨生态缓冲带陆域缓冲区分为生态保护型（包括植被良好型、沙漠型、岩石型）及生态修复型（包括堤防型、农田型、村落型、养殖塘型、河口型、复合型）。

基于生态缓冲带的不同功能考虑，对于缓冲带的宽度设定有以下建议：对于小型溪流，可以在河岸设置灌木、乔木、草地约 14 m 宽的缓冲带；对于大江大河，至少将缓冲带延伸至 20 m；在高宽比小于 15%的斜坡中，可以设置约 14 m 宽的缓冲带，当斜坡的坡度增加时，缓冲带宽度也要相应增加；在较为陡峭的斜坡或是土壤渗透能力较差的地带，缓冲带宽度需要设为 40 m 或更宽，如果缓冲带建立在黏性土上，则宽度至少设置 200 m；当缓冲带以保护动植物栖息地为主要目标时，宽度要根据所需要保护的物种而确定，通常最小设置 120 m[15]。

8.3.3 开展河湖缓冲带保护修复

我国流域区域差异性大，不同河湖的生态缓冲带功能和管控措施不同，因此需要因地制宜制定“一带一策”。针对已经受损的河湖生态缓冲带，可根据河湖主导功能和缓冲带类型，开展河湖岸带生态环境的现状与历史变化调查，识别河湖岸带类型以及河湖岸带退化驱动因子和修复限制条件，从河湖岸带周边生产生活干扰、河湖岸带生态空间挤占、生境条件破坏等方面进行问题诊断，确定缓冲带修复的具体目标，选择适宜的修复技术，明确保护修复方案设计。对于河湖岸带自然植被现状良好的生态保护型缓冲带，宜以保护、保持现状生态环境为主，而对于植被现状较差的缓冲带，根据河湖岸带现状问题，在去除干扰后进行生态系统恢复和重建[9]。

开展河流型生态缓冲带保护与修复，根据河流与河岸带现状问题，首先要去除干扰。对于农田、养殖塘等侵占岸线情况，应该按确定的缓冲带范围有序退出，其他土地利用类型应该根据实际情况尽量降低人为干扰对河流生态缓冲带生态功能的影响。其次，按照河流生态缓冲带空间结构，从河流多年平均最低水位线至陆域范围实施生态修复，分区域可采用的修复措施主要包括：①水位变幅区生态修复，范围为河流多年平均最高、最低水位线之间区域，主要修复措施包括基底修复、水生植物群落修复与生境营造。②陆域缓冲区生态修复，范围为河流多年平均最高水位线以上陆域区域，主要修复措施包括基底修复、陆域植物群落构建与物种配置。另外，对有护岸需求的河岸带，应选择生态型护岸。河流型生态缓冲带功能强化措施，主要包括采用湿地、生态拦截沟、绿篱隔离带、下凹式绿地、生态塘及生物滞留带等措施或组合技术措施，达到拦截初期雨水及阻控面源污染物的功能，提高缓冲带水质净化效果（表 8-1）。

表 8-1 河岸带分类修复措施

河岸带类型	河岸带情况	主要修复措施
堤防型	堤内具有滩地	水位变幅区生态修复
	堤内护坡紧邻水面	生态护岸修复改造
城镇型	具有自然岸线、水位变幅区	水位变幅区生态修复 缓冲带功能强化修复（湿地等）

<table>
<tr><th>河岸带类型</th><th>河岸带情况</th><th>主要修复措施</th></tr>
<tr><td rowspan="2">城镇型</td><td>河岸硬化，堤内护坡紧邻水面</td><td>生态护岸修复改造</td></tr>
<tr><td>具有陆域缓冲带空间</td><td>陆域缓冲区生态修复
缓冲带功能强化修复
（绿篱隔离带、下凹式绿地、生物滞留带等）</td></tr>
<tr><td rowspan="3">农田型</td><td>具有自然岸线、滩地</td><td>滩地生态修复</td></tr>
<tr><td>存在农田面源污染</td><td>陆域缓冲区生态修复
缓冲带功能强化修复
（生态拦截沟等梯级生态处理等）</td></tr>
<tr><td>支流、汊港汇入</td><td>缓冲带功能强化修复（湿地等）</td></tr>
<tr><td rowspan="3">村落型</td><td>具有自然岸线、滩地</td><td>水位变幅区生态修复
缓冲带功能强化修复（湿地等）</td></tr>
<tr><td>河岸硬化，堤内护坡紧邻水面</td><td>水位变幅区生态修复</td></tr>
<tr><td>存在村落面源污染</td><td>陆域缓冲区生态修复缓冲带功能强化修复（绿篱隔离带、下凹式绿地、生物滞留带等）</td></tr>
<tr><td>养殖塘型</td><td>存在养殖塘面源污染</td><td>缓冲带功能强化修复（生态塘等）</td></tr>
</table>

湖滨生态缓冲带的保护与修复，主要措施包含但不局限于去除干扰、生境改善（基底修复、水质改善、水动力调控）和植物恢复三部分。湖滨生态缓冲带要尽量降低人为干扰，对于农田型、养殖塘型及村落型的零星房屋等，按确定范围宜先退出后修复，若无法退出的，宜采取生态拦截与净化措施；其他类型根据实际情况尽量降低干扰因素对湖滨生态缓冲带生态功能的影响。生境改善方面，基底修复宜参照原有地形地貌，以稳定湖岸以及为水生维管束植物恢复创造条件为目的来选择修复措施，水质改善宜选用径流拦截、湖水净化等原位水质改善技术，并预防藻类堆积，常用的水质改善技术有生态拦截沟、蓄滞池、多级生态塘系统、近自然湿地等；水动力调控主要目的是减少风浪的影响，宜根据实际条件选用潜堤消浪技术、土工管袋消浪技术等，为水生维管束植物恢复、底栖生物恢复及基底修复创造条件。植物恢复可根据水分梯度由低到高分布种植湿生植物、挺水植物、浮叶植物和沉水植物。

目前，常用的河湖生态缓冲带保护和修复技术有生态防护林、生态护岸、植物群落恢复以及人工强化措施（如人工湿地、植草沟、生态滤池、生态拦截沟、下凹式绿地、生态滞留池、生态塘）等。

专栏 8-2　常用河湖生态缓冲带保护修复技术

1．生态防护林通过固定表层土壤，截留重金属及氮、磷等营养物质，削减入河入湖的有毒有害污染物及营养物质，减轻河湖污染负荷，常用于农田面源污染治理，氮的截留率可达 75%～89%，磷的截留率可达 80%～95%[16]。防护林建设一般包括确定防护林宽度、植物种类选择及配置。其中，防护林带宽度的主要影响因素有水岸类型、植被组成、坡度等[17]。防护林植被种类尽量选择本地优势物种，慎重引进外来植物品种，同时兼顾生态功能、景观功能。

2．生态护岸是以植物为主体结构的护岸工程，与传统护岸相比，生态护岸具有补枯、调节水位、提高河湖自净能力、恢复河湖岸带生态、改善人居环境等生态与景观效应。对已硬质化的岸带应在保障防洪安全的前提下，依据场地条件开展生态护岸改造，同时恢复河湖自净与生态功能。江苏省在京杭运河苏北段、苏南运河、通榆河、通吕运河等河道整治中均采用了生态护岸，河道岸坡生态恢复效果较为明显[18, 19]。目前，常用的生态护岸按使用材料划分有天然材料（如植物、石材、木材等）护岸、混凝土制品（如仿木桩、预制砌块、生态混凝土等）护岸、土工合成材料（如生态毯、生态袋、土工格室护岸、三维土工网垫等）护岸等。在工程实践中，复合护岸形式也较为常见，如仿木桩+植物护岸、块石+植物护岸、混凝土预制块+植物护岸、木栅栏+砾石笼护岸等。

3．植物群落恢复有利于维护缓冲带内生物多样性、防治水土流失、净化河湖水体、恢复缓冲等功能。河湖生态缓冲带分为水位变幅区和陆域缓冲区。通过不同空间、不同季节植物种类的优化配置，构建河湖生态缓冲带植物群落。水位变幅区多生活耐水、湿生草本植物，植物恢复种类主要以沉水植物、浮叶植物、挺水植物等水生维管束植物为主。水生植物宜选择本地物种作为建群种。长江中下游地区主要水生植被有狗牙根、芦苇、苍耳、喜旱莲子草等[20]，江苏太湖贡湖湾滨湖带主要水生植被为荇菜、睡莲、黑藻、狐尾、竹叶眼子菜[21]，滆湖湖滨带主要植被为菱、凤眼莲及黄花水龙[22]。当河道有行洪排涝需求时，不宜种植沉水植物、浮叶植物和大型木本植物。陆域缓冲区植被以中生或耐水湿的乔木或灌木为主，植物群落恢复应采用陆生乔木、灌木和草本植物相结合的形式[23]。陆域植物的选择除了考虑经济性、观赏性，还应考虑固土、吸收利用氮磷营养物质等功能。对以保护生物多样性为主的缓冲带，植被群落构建应尽量考虑保护物种；以消纳污染物、净化河湖水体为主的缓冲带，应考虑耐受性强、易存活且污染物吸收能力强的品种；对需要强化水土保持与维护河岸稳定功能的缓冲带，应考虑固定土壤肥力较强的品种[24]。

4. 人工湿地是由填料、植物、动物、微生物构成的具备消纳污染物的独特生态系统，通过物理、化学及生物过程使得水质得到明显改善[25]。人工湿地具有低能耗、低投资、低运行费用的优点，在我国普遍应用于农村生活污水处理、养殖塘污水处理、污水处理厂退水深度净化、河湖水质改善及农田面源污染治理等领域。江苏省里下河地区构建了“池塘—净化池—水湿生植物”的人工湿地，在资源的优化配置和养殖池塘富营养化水治理方面均取得了显著成效[26]。人工湿地在实际应用中也存在污染物去除效果不稳定、受季节变化影响较大等问题。因此，人工湿地运行中应根据季节变化调整水生动植物，保障湿地高效、长效运行，并进行跟踪监测、评估和适时调整[27]。

5. 植草沟是通过在排水沟内植草构建的景观性地表沟渠排水系统，是一种雨水径流净化常用技术。雨水径流以较低流速经过植草沟，经过滞留、过滤、渗透等作用，可有效去除悬浮颗粒污染物和部分溶解态污染物[28]。植草沟代替传统的雨水管道或排水明渠，在完成转输雨水的同时削减径流量和污染物[29]。植草沟具有工艺简单、处理效率较高、成本低、可适性较强的优点，逐渐应用于河湖生态缓冲带构建工程中。南京市南河沿岸建设植草沟总长度 20.04 km，植草沟植被采用天堂草、细叶结缕草等，对降水所产生的径流和面源污染起到良好的控制作用[30]。

8.3.4　严格河湖生态缓冲带管理

河湖生态缓冲带管理得好不好，直接关系到它的“净水”功效。对饮用水水源地等区域的河湖生态缓冲带，要坚守底线思维，实施优先保护；对城镇型、农村型等类型的河湖生态缓冲带，要重点控制岸带开发活动，按照“守、退、补”原则，维护沿河、环湖生态空间的生态完整性；对于涉及的水生态处理设施，要做到精细化运维，确保长期稳定运行。同时，还要建立河湖生态缓冲带监测与评估体系，采用卫星遥感、无人机等技术手段，结合地面调查，对河湖生态缓冲带生态状况进行评估，评估结果作为生态缓冲带保护与建设成效的依据之一。日常还需要加强对破坏河湖生态缓冲带行为的监管和执法，做好生态缓冲带垃圾和漂浮物清除、藻华处置、生态修复区设施管理等工作，同时做好生态缓冲带基底边坡维护、植物维护、水生动物维护等工程维护工作。

此外，实施河湖缓冲带管理要和河湖岸线相关管理要求做到充分衔接。例如，《城市蓝线管理办法》将城市规划确定的江、河、湖、库、渠和湿地等城市地表水体保护和控制的地域界线作为城市蓝线，明令禁止擅自填埋、占用城市蓝线内水域等活动；《中华人民共和国水法》《中华人民共和国防洪法》《中华人民共和国河道管理条例》等要求由县级以上地方人民政府负责划定河湖管理范围，明令禁止管理范围内妨碍行洪的建筑与活动。

专栏 8-3　生态缓冲带保护修复案例

1．云南省大理市环洱海湖滨缓冲带生态修复

措施：2018 年年底云南省大理市政府启动了环洱海湖滨缓冲带建设工程。项目环洱海全长约 12 km，总占地面积 898.34 hm^2，项目投资 97.91 亿元，工程建安费约 31.98 亿元。主要建设内容包括生态修复及湿地工程建设、生态搬迁、生态监测廊道、管网完善、带有湿地修复科研功能的试验地建设五大工程。

成效：建成后，洱海水质实现“7 个月Ⅱ类，5 个月Ⅲ类”的提升。水面上又出现了指示性物种海菜花，一些消失的鸟也再次飞回来了。

2．江苏省常州市溧阳天目湖生态缓冲带建设

措施：将河流周边养殖塘洼地清退后与河流进行联通，形成河漫滩湿地及旁路湿地组成的河流生态缓冲带，新增河流湿地 3.2 km^2，实现“有河有水，有鱼有草”。水库库体周边第一山脊线以内坡地、库湾及河口区开展退耕退茶，恢复生态林与湿地，累计恢复自然岸线 7.6 km，形成 41.5 km^2 的库周生态缓冲带，对岸坡暴雨径流冲刷、入库河流及沟渠污染进行高效拦截，自然岸线提升了 15%，河湖水环境容量及生态景观得到显著改善。

成效：天目湖水质持续改善，总磷、总氮浓度明显下降，2019—2021 年综合营养状态指数≤50。天目湖生态用水保障率多年平均超过 85%，自然岸线率达到 86.8%。

3. 浙江省湖州市长兴县太湖沿线生态缓冲带建设

措施：长兴县制订《长兴县“十四五”太湖沿线生态缓冲带建设方案》，以太湖沿线生态缓冲带建设为核心开展水生态修复工作，进一步提升污染物拦截净化能力。每年对太湖沿线芦苇进行收割和补种，探索河道生态治理与河湖体检相结合的水生态修复模式。同时，构建太湖蓝藻拦截屏障，共建成拦截坝42处共10.7 km，其中专业拦截坝37处共10.41 km，普通拦截坝5处共0.29 km，建立拦截设施“责任包干制”。

成效：自2016年以来，该县持续保持15个县控以上断面100%达到或优于Ⅲ类水质标准，集中式饮用水水源地水质达标率保持100%。

4. 广东省汕头市韩江北溪碧道生态缓冲带建设

措施：韩江北溪河道岸线采用自然驳岸、直立挡墙、生态小岛等形式，沿河岸实施7.52 km生态堤改造，生态缓冲带单岸建设宽度达到30～70 m，生态岸线比例达到80%；通过种植浅水植物、构建植物群落等措施，为鱼类、水鸟及其他动植物提供了良好的栖息和繁衍条件，打造韩江北溪绿色生态廊道和生物多样性保护网络。

成效：韩江北溪沿线水质稳定达到Ⅲ类。

8.4 水生生物多样性保护

8.4.1 面临问题与保护要求

保护流域水生生物多样性，是保障生态安全的必然要求。水生生物作为水生态系统的主体，是维护水生态系统健康的关键，没有水生生物的水是没有生命的“一潭死水”[31]。水生生物种类繁多，有微生物、藻类、水生高等植物以及各种无脊椎动物和脊椎动物。水生生物是判断河水是否受到污染的有效参照物，可以借助水体中出现的水生生物种类和数量来判定水质的情况，指示生物包括鱼类、昆虫、浮游植物、浮游动物、水底生物等。

我国水生生物多样性极为丰富，具有特有程度高、孑遗物种多等特点，在世界生物多样性中占据重要地位。我国江河湖泊众多，生境类型复杂多样，为水生生物提供了良好的生存条件和繁衍空间，尤其是长江、黄河、珠江、松花江、淮河、海河和辽河等重点流域，是我国重要的水源地和水生生物宝库，维系着我国众多珍稀濒危物种和重要水生经济物种的生存与繁衍。我国淡水鱼类有1 300多种，为世界第二，其中大概900种为我国独有。但是，由于生态环境的破坏，水生生物资源持续衰退，我国水生生物保护形势严峻。以长江为例，许多经济鱼类数量明显减少，逐渐失去了渔业价值，甚至成为保护对象。例如，长江四大家鱼苗种发生量近年来显著下降，位列“长江三鲜”之首的长江鲥鱼已基本绝迹。由于水生生物栖息地丧失和破碎化、资源过度利用、水环境污染、外来物种入侵等原因，部分流域水生态环境不断恶化，珍稀水生野生动植物濒危程度加剧，水生生物资源衰退的总体趋势尚未得到根本扭转。主要体现在：

（1）典型河湖生境状况发生重大改变。部分流域（如长江）或区域（京津冀地区）天然水生生境面积大幅萎缩，水生生物生存空间被挤占，导致栖息地破碎化，“人鱼争水”问题凸显，严重威胁水生生物生存。部分水体围湖造田、挖砂采石、交通航运及干支流部分已建、在建水电站，压缩了水生生物生存空间，导致水生生物栖息地破碎化，同时导致洄游性鱼类的洄游通道丧失。水污染问题影响着水生生物的生存环境，污染物可能会对水生生物的呼吸、消化和生殖系统产生毒害或破坏作用，直接导致水生生物死亡。

（2）外来入侵物种种类数量不断增加。我国目前缺乏外来水生生物本底调查，对于重点水域有多少外来水生生物、外来水生生物的来源等情况不清晰。与一些欧盟国家和地区相比，我国缺乏外来水生物种的风险评估和生态影响评估。当前我国主要采用物理清除、化学灭绝、生物抑制对外来水生生物进行治理，治理措施有限。

（3）水生生物多样性保护相关法律针对性不强。截至目前，我国出台的法律中，仅《中华人民共和国环境保护法》《中华人民共和国渔业法》《中华人民共和国野生动物保护法》《中华人民共和国长江保护法》涉及水生生物的保护，但大多是从生物多样性角度对人类活动进行规制[32]。其中，《中华人民共和国环境保护法》仅有少量关于自然资源保护的条款；《中华人民共和国渔业法》覆盖内水、滩涂、领海等，适用范围、规范的内容广泛，关于保护水生生物的条款并不完善；《中华人民共和国野生动物保护法》仅适用于珍稀、濒危的水生野生动物，对水生生物保护的针对性不强；《中华人民共和国长江保护法》是长江流域综合治理的专门法律，但关于水生生物多样性的条款多属于原则性和宣告性[33]，主要对人类行为进行规范[34]。

近年来，水生生物多样性已引起我国政府的高度重视，目前农业农村部已经建立国家级水产种质资源保护区 535 处，划定国家重点保护水生野生动物重要栖息地 33 处，保护重要水生生物超过 650 种，严格执行休禁渔期制度；2021 年 1 月 1 日，长江“十年禁渔”正式启动，有效保护了水生生物资源及其生境[35]。“十四五”时期以来，各部门不断完善制度措施、健全支撑体系、强化执法监管，长江“十年禁渔”取得阶段性成效，水生野生动物保护能力明显提升，斑海豹、绿海龟、中华白海豚等旗舰物种种群数量稳中有升，长江江豚种群数量首次止跌回升[36]，水生生物资源养护取得明显成效。

水生生物多样性保护要重点坚持以下原则：①尊重自然、保护优先。牢固树立尊重自然、顺应自然、保护自然的理念，坚持保护优先，把流域水生生物多样性保护放在突出位置。按照重要水生生物及生态系统自然属性，采取适应性的保护措施，改善河湖、湿地滩涂等水生生物栖息环境，提升生态系统服务功能。②系统保护、区域联动。建立健全区域联动机制，加强流域上下游、左右岸、干支流各政府、各部门之间联合行动。将流域作为一个整体，全面谋划产业布局、资源开发与水生生物多样性保护，科学调度水资源，保障基本生态用水，开展系统性保护和修复，构建流域水生生物多样性保护网络，实施水生生物增殖放流、栖息地修复、迁地保护、生态通道修复等措施，实现江湖连通、水陆统筹、生态良好，提高保护工作的全面性、系统性和科学性。③突出重点、因地制宜。根据水生生物及其生境的重要性和受威胁程度，确定保护重点。江河源区重点保护河流、湖泊、沼泽湿地等自然生境，上游地区以多种珍稀特有物种及其生境为主要保护对象，中游地区以濒危物种和重要经济种类及其生境为主要保护对象，下游或河口地区以濒危物种、重要经济种类和洄游种类及其生境为主要保护对象。立足流域水生生物多样性保护实际需求，制定优先行动，因地制宜开展流域保护工作，切实解决流域保护工作的突出问题。

8.4.2 开展水生生物多样性调查评估

开展生物多样性调查是保护动物的基础，首先我们要了解水体里到底有哪些生物资源，然后才能制定相应的保护措施，此外，在调查的同时还能关注人为破坏因素对生物生活有哪些影响。传统的水生生物多样性监测基本流程包括水生生物样品的采集和前处理、样品的定性定量检测、生物多样性指数的计算以及生物多样性评价。具体技术方法可以参照《水生态监测技术指南　河流水生生物监测与评价（试行）》《水生态监测技术指南　湖泊和水库水生生物监测与评价（试行）》《长江流域水生生物完整性指数评价办法（试行）》等规范。

水生生物多样性调查的指标主要包括鱼类、底栖动物、水生植物、浮游生物及涉水的鸟类、两栖类等物种的种类、数量、分布，在对水生生物进行监测的过程中，一般还会对其生存的栖息地进行调查。鱼类多样性的调查一般按照丰水、枯水及平水期进行采样和调查，至少保证春、夏两季的调查。而底栖动物、浮游生物及水草等类群需要每季度开展一次采样调查，当然也可以只调查某一季节的水生生物多样性情况。

每种指标所采用的调查方法也不尽相同。例如，鱼类调查可以根据实际情况采用网捕法、垂钓法、光诱法或者市场采集方法等。也可以通过访谈渔民和调查水产码头掌握一定河段鱼类资源的种类和数量。大型底栖动物可以在浅滩等地采用网筛或采泥器来调查。浮游动植物可以通过采集水样，或者利用浮游生物网直接捞取进行调查。另外需要注意的是，调查时要保护水生生物和它们的栖息环境，对于一些非保护物种可以适量采集一些标本，同时在调查时，除鱼类以外，其他类别的水生生物每个样点要至少保证重复采样 3 次，采样时要对其生境类型进行拍照记录。

调查采集到的水生生物样品一般不具备直接检测的条件，需进行一系列的前处理过程，根据各类群的不同，水生生物的前处理主要包括对样品的固定、浓缩、分拣、保存、制片等流程。后期开展的样品检测包括定性检测及定量检测，即分别对采集的水生生物样品的目标生物类群的种类和数量、生物量等进行检测，对水生生物的典型性状（如体长、体重、食性等）进行测量和观测。

结合调查结果，可以进一步开展水生生物多样性评估，对调查结果进行统计分析，完成水生生物多样性、完整性、均匀度等评价，结合栖息地等其他水生态环境数据资料，开展水生态系统健康状况、安全状况等评价，评估水体水生生物多样性现状及受威胁情况，明确亟须保护的生态系统、物种和重要区域，为水生生物多样性保护管理和决策制定提供科学依据。

8.4.3 加强水生生物栖息地的保护修复

栖息地对水生生物的生存和发展具有关键性意义，栖息地面积减少、功能退化、破碎化、隔离是造成水生生物衰退和珍稀物种濒危的主要因素。因此，保护栖息地是保护水生生物的前提和基础，也是最有效的方法和关键性措施。

要加强栖息地保护，首先要开展重点物种资源和栖息地调查，分批划定、公布重要物种栖息地。各地可以定期组织或委托有关科学研究机构对本行政区域重要水生生物及其栖息地状况进行调查、监测和评估，建立水生生物及其栖息地档案。在识别水生生物及其生境的重要性和受威胁程度的基础上，确定保护重点，对具备划定条件的，依法依规建立水生生物珍稀物种、重要渔业资源物种等水生生物栖息地保护区；对不具备划定条件的，地方政府可以采取划定禁捕区、规定禁捕期等其他形式予以保护。

水生生物栖息地的破坏，通常与筑坝拦水及水污染有关。在水生生物栖息地的修复方面，要注重加强河湖水系连通，加强对干流仅存的少数自然河段的保护，保护好产卵场、索饵场、越冬场和洄游通道，选择适宜的水域实施水生生物洄游通道和重要栖息地恢复工程。对具备条件的涉水工程可以实施生态化改造，定期对支流无序开发小水电站进行生态环境影响回顾性评价，分类整改，在条件适宜的支流实施全面生态修复工程，恢复河流自然流态。对产生不利影响的涉渔工程，优先考虑优化选址选线以避让影响区域。研究在拦河筑坝处修建过鱼设施，为受影响的特有鱼类保留栖息地[37]。

同时，水生生物栖息地保护也要加强水污染防治。可依托“河（湖）长制”“湾（滩）长制”等加强重要水生生物栖息地水环境综合整治。按照《中华人民共和国水污染防治法》等相关规定，禁止在各级各类水生生物保护地和重要栖息地新增排污口，已建排污口确保达标排放或限期取消。依法清理取缔禁养区养殖，提升农村污水收集和处理能力，减轻和消除面源污染对水生生物的影响。

航运方面要落实重要栖息地船舶限速、限航等措施，以保障水生生物栖息地的环境安全。

8.4.4 加大特有物种及濒危物种保护力度

如今我国水生生物中部分珍稀特有物种正在灭绝或濒临灭绝。就地保护作为拯救生物多样性的必要手段，通过建立自然保护区的方式对水生生物及其栖息地予以保护，以保持生态系统内生物的繁衍与进化，维持系统内的物质能量流动与生态过程。根据保护需要，可以在重要水生生物栖息地划定自然保护区、种质资源保护区，将各类水生生物重要分布区纳入保护范畴。例如，加大长江江豚、中华鲟、长江鲟、鳇等珍稀、濒危、特有物种“三场一通道”等关键栖息地保护力度，在重点流域干流、重要支流及附属水体，可以建立濒危、珍稀、特有物种人工繁育和救护基地，构建重点流域水生生物种质资源基因库。为保护长江旗舰种中华鲟，我国先后在长江流域建立了“长江湖北宜昌中华鲟省级自然保护区”和“上海市长江口中华鲟自然保护区”。保护区的建立对中华鲟物种及其栖息地的保护起到了良好作用。

迁地保护作为对就地保护的补充，也是生物多样性保护的重要部分。科学合理开展迁地保护，可以有效防止濒危物种灭绝。迁地保护可以有效地消除人为活动影响，改善保护区与周边社区关系，加快迁地保护区保护物种的种群建立。例如，为保护国家二级保护动物江豚，在中国科学院水生生物研究所的主导下首次在天鹅洲故道对江豚进行了迁地保护，由起初的 5 头发展到目前的 80 多头，这是全球鲸类自然迁地保护的首个成功范例，对世界其他小型鲸类的保护提供了借鉴意义[38]。

此外，珍稀濒危物种只靠自然繁殖恢复比较难，必须通过增殖放流来补充野外群体。结合水域生态需求，相关部门要完善增殖放流管理机制，加强种苗质量和放流品种管理、持续开展放流效果监测评估、严格苗种采购和放流监管，推进增殖放流活动科学化、规范化、有序化、社会化、常态化，提高增殖放流效果。针对宗教组织、群众团体等社会力量科学放生要加强规范性引导，严禁向天然开放水域放流外来物种、人工杂交或有转基因成分的物种，防范外来物种入侵和种质资源污染。

专栏 8-4　水生生物多样性保护案例

1. 长江流域"十年禁渔"

作为保护长江母亲河和加强生态文明建设的重要举措，2020 年 1 月 1 日起，农业农村部率先在长江流域 332 个水生生物保护区全面禁止生产性捕捞。长江"十年禁渔"的最终目标，是加快促进长江流域水域生态恢复，包括重点水域鱼类资源和水生生物多样性恢复。为加快促进长江流域水域生态恢复，在禁止捕捞的同时，农业农村部还组织实施了以中华鲟、长江鲟、长江江豚等旗舰物种为代表的珍稀濒危物种保护行动，并系统开展珍稀物种野化放归、野外自然繁殖试验，补充野外种群资源。目前，我国已建立起全面系统的长江流域水生生物资源调查监测体系。除了对特定水域专项资源调查评估，沿江还布设了 700 多个监测站位，进行常态化调查监测。在此基础上，开展长江禁渔效果评估和水生生物完整性指数评价。随着长江"十年禁渔"持续推进，长江水生生物资源恢复向好。2023 年监测到的鱼类达到了 193 种，比 2020 年禁捕之初增加了 25 种，长江江豚数量达到了 1 249 头，实现了 2006 年有监测数据以来的首次止跌回升，长江干流、鄱阳湖、洞庭湖的生物完整性指数，比 2018 年建立指数体系之初提升了两个等级。

2. 浙江省八大水系和近岸海域生物多样性保护行动

开展水生生物多样性调查，建立资产台账和数据库，对初级生产力和浮游动物开展调查研究。实施珍稀濒危和特有物种拯救保护。综合采取繁殖保护、亲本放归和幼鱼放流等方式，开展珍稀濒危物种专项保护。严格实施禁渔休渔制度，建立健全八大水系和近岸海域禁渔休渔制度，明确禁渔休渔范围、时间和禁止作业方式。科学开展增殖放流，促进代表性鱼类资源修复、实施千岛湖鱼类种群优化工程，科学调控鱼类养殖比例和规模。

3. 天津市蓟州区增殖放流"以鱼养水"

蓟州区水生生物多样性保护方式以增殖放流净水生物为主，具体品种为州河鲤、鲢鳙鱼、团头鲂、细鳞斜颌鲴、中华绒螯蟹等，河蚌、中华圆田螺等品种的投放也在逐渐开展。近 10 年，累计开展于桥水库水生生物增殖放流 30 余次，年均投放鲢鳙、鲂鱼、鲴鱼、草鱼、中华绒螯蟹等净水生物 877 万尾（只）。在开展水生生物增殖放流工作中，始终将保护地区特有品种、丰富渔业种群数量作为重中之重。

4. 长江水生生物多样性的“三峡方案”

三峡集团持续开展中华鲟、长江鲟等长江珍稀特有鱼类物种保护技术研究和增殖放流。1984 年首次实施中华鲟放流以来，三峡集团已累计向长江放流各类规格中华鲟超过 500 万尾。目前，三峡集团中华鲟研究所已掌握全人工繁殖、人工种群遗传谱系构建、早期性别鉴定、单雌核发育、种质资源保存等中华鲟物种保护核心技术，建立了覆盖亲鱼培育、催产繁殖、苗种培育、梯队建设、增殖放流及效果评估、洄游监测、自然繁殖监测、栖息地保护等全周期的中华鲟保护体系。同时，三峡集团已成功突破和掌握了达氏鲟、胭脂鱼、圆口铜鱼、长鳍吻鮈、鲈鲤、齐口裂腹鱼、岩原鲤、厚颌鲂、中华倒刺鲃等 10 余种长江上游珍稀特有鱼类人工繁殖关键技术。自 2008 年以来，已累计向长江放流珍稀特有鱼类约 208 万尾。

8.5 河湖湿地生态保护治理

8.5.1 河湖湿地保护

根据《湿地公约》，湿地是指天然或人工、长久或暂时的沼泽地、湿原、泥炭地或水域地带，带有静止或流动或为淡水、半咸水或咸水水体，包括低潮时水深不超过 6 m 的水域。《湿地公约》将湿地分为三大类：海洋/滨海湿地，如海草层、滩涂、珊瑚礁、红树林沼泽等；内陆湿地，如湖泊、河流、泥炭地、灌丛沼泽等；人工湿地，如水库、水稻田、盐田甚至废水处理场所。在我国，根据 2022 年 6 月 1 日起施行的《中华人民共和国湿地保护法》，将湿地定义为具有显著生态功能的自然或者人工的、常年或者季节性积水地带、水域，包括低潮时水深不超过 6 m 的海域（水田以及用于养殖的人工的水域和滩涂除外）。

湿地被誉为“地球之肾”，是主要的陆地生态系统之一，具有其他生态系统不可替代的重要生态功能。它的主要功能以及对人类生存发展发挥积极影响主要在 3 个方面：一是维护水资源安全。我国可利用淡水资源总量约为 3.16 万亿 m^3，湿地大约储存了水资源总量的 96%。湿地是水体的过滤器，能够吸收和去除水中的污染物质，还能减少水体中的悬浮物和底泥，提高水体的透明度。二是维护生物安全，湿地的面积占全球陆地面积的 6%～8.6%，但蕴藏着全球约 40%的已知物种，能为许多动植物提供栖息地以及丰富的生存环境和食物资源[39]。三是应对气候变化。湿地具有调节气温和湿度的能力，能够缓解极端气候事件的影响，还能够吸收大量的二氧化碳，存在植物体内和土壤中，并将其转化为植物的生物质，释放氧气，减轻全球气候变化的影响。湿地虽然只占世界陆地面积的 6%，却占全球碳汇的 12%，是陆地生态系统中重要的"储碳库"[40]。

在过去 50 年中，世界上 35%的湿地已经消失。人类失去湿地的速度是森林的 3 倍[41]。目前我国湿地面临的主要威胁因子已经由 10 年前的围垦、污染和非法狩猎三大因子，转变为目前的围垦、污染、外来物种入侵、过度捕捞和采集、基础建设占用和气候变化六大因子。湿地威胁因子、退化驱动力及其影响频次和范围也呈增加趋势。天然湿地面积不断减少，生态系统破碎化、面源污染、外来物种入侵、水资源不合理利用等严重威胁湿地安全。例如，河流湿地因大坝建设将完整的河流生态系统片段化，截断鱼类洄游通道，改变水文节律、水温，干扰河流泥沙淤积与冲刷过程等，对水生生物产生较大威胁。有关数据表明，我国内陆水域的国际重要湿地中，有相当比例的水质为Ⅳ类或Ⅴ类，湿地环境污染已成为我国湿地面临的最严重威胁之一。此外，外来物种入侵，正不断挤占本土物种生存空间，并带来一系列生态后果，典型代表包括凤眼莲、互花米草、福寿螺、鳄雀鳝和齐氏罗非鱼等。

近年来，我国高度重视湿地保护修复工作，自 1992 年加入《湿地公约》起，我国湿地保护经历了 3 个阶段：摸清家底和夯实基础（1992—2003 年）、抢救性保护（2004—2015 年）、全面保护（2016—2021 年）。30 年间，我国指定了 64 处国际重要湿地，建立了 602 处湿地自然保护区、1 600 余处湿地公园和为数众多的湿地保护小区，湿地保护率达 52.65%。先后出台了《中华人民共和国湿地保护法》、《关于加强湿地保护管理的通知》、《湿地保护管理规定》和《湿地保护修复制度方案》等，大部分省份也相继出台了地方性湿地保护法规或规章。

表 8-2 国际重要湿地分区名

三区四带	现有国际重要湿地（63）	国际重要湿地候选区（65）
青藏高原生态屏障区	四川若尔盖，西藏麦地卡、玛旁雍错、色林错、扎日南木错，甘肃尕海、黄河首曲，青海青海湖鸟岛、鄂陵湖、扎陵湖国际重要湿地	西藏雅尼，青海可鲁克湖—托素湖、隆宝滩、三江源等湿地
黄河重点生态区	内蒙古鄂尔多斯遗鸥，山东南四湖，河南民权黄河故道国际重要湿地	河南新乡黄河、丹江、孟津黄河，陕西红碱淖等湿地
长江重点生态区	浙江西溪，安徽升金湖，江西鄱阳湖、鄱阳湖南矶，湖北洪湖、沉湖、大九湖、网湖，湖南东洞庭湖、南洞庭湖、西洞庭湖，四川长沙贡玛，云南碧塔海、大山包、拉什海、纳帕海国际重要湿地	江苏白马湖、长江新济洲，江西都昌，湖北崇湖、沮河、沙湖、龙感湖，湖南毛里湖、横岭湖、黄盖湖、春陵湖，四川色达泥拉坝、察青松多、南莫且，贵州草海，云南会泽、北海等湿地
东北森林带	内蒙古森工汗马、毕拉河，吉林向海、莫莫格、哈泥，黑龙江扎龙、洪河、三江、兴凯湖、南瓮河、七星河、珍宝岛、东方红、友好、哈东沿江国际重要湿地	吉林雁鸣湖、园池，黑龙江八岔岛、绰纳河、翠北、大沾河、多布库尔、公别拉河、黑瞎子岛、挠力河、三环泡、乌伊岭、乌裕尔河、大兴安岭漠河九曲十八湾、大兴安岭双河源等湿地
北方防沙带	内蒙古呼伦湖，甘肃张掖黑河、盐池湾国际重要湿地	北京野鸭湖，天津七里海，河北公鸡淖，内蒙古达里诺尔、辉河、科尔沁，甘肃敦煌西湖、敦煌阳关，新疆科克苏、艾比湖等湿地
南方丘陵山地带	—	江西五斗江，湖南东江湖，广西会仙喀斯特等湿地
海岸带	天津北大港，辽宁斑海豹、双台河口，上海崇明东滩、长江口中华鲟，江苏大丰、江苏盐城，山东黄河三角洲，福建漳江口红树林，广东惠东海龟、湛江红树林、海丰、南澎列岛，广西山口红树林、北仑河口，海南东寨港国际重要湿地	河北南大港，浙江南麂列岛、漩门湾，福建闽江河口，广东福田红树林、中华白海豚、海珠，广西北海滨海，海南四必湾、美舍河、新盈红树林等湿地

2023 年世界湿地日主题为“湿地恢复”（Wetland Restoration）。这一主题强调了优先恢复湿地的迫切需要，并呼吁采取措施，恢复和复原退化的湿地。湿地恢复，一方面指受损湿地生态系统通过保护使之自然恢复的过程；另一方面指通过生态技术或生态工程对退化或消失的湿地进行修复或重建，再现干扰前的结构和功能，以及相关的物理、化学和生物学过程，使其发挥应有的作用。湿地的生态修复取决于湿地生态特征的变化，湿地生态特征变化是指湿地生态过程及功能的削弱或失衡，包括湿地面积变化、湿地水文条件改变、湿地水质改变、外来物种入侵、湿地生物多样性减少、生态调节功能减弱等。

湿地恢复的基本思路是根据地带性规律、生态演替及生态位原理选择适宜的先锋植物种，构造种群和生态系统，实行土壤、植被与生物同步分级修复，逐步使生态系统恢复到一定的功能水平。湿地水文条件是湿地最重要的决定因素，它不仅直接影响湿地生态环境的理化性质及营养物质的输入输出，而且也是最终选择湿地生物群落的主要因素之一，可以说没有水也就不存在湿地。因此，湿地生态修复应重点考虑水文条件的修复。

湿地恢复主要有主动恢复和被动恢复两种模式[42]。其中，主动恢复模式是指人类直接控制湿地系统恢复平衡的自然过程，修复或重建一个湿地生态系统。如通过改造恢复区地形地貌、水文特征，引入外来物种及适合物种的基质等属于主动恢复模式；针对退化严重的湿地，主动恢复模式是最佳的恢复模式，但其恢复的设计、管理及经费投入成本较高。被动恢复模式主要是指通过自然过程消除威胁湿地退化的因素，保持湿地的基本特征恢复并提升湿地生境的功能和价值；针对具有稳定的水源和最大限度接近湿地动植物种类等情况的退化湿地，被动恢复是目前最佳的恢复模式；其优势在于成本控制较低以及恢复后的湿地与周围景观的一致性相对较高[43]（图 8-6）。在具体案例中，有以下几种情况：

（1）水文恢复，主要是维持湿地水文生态系统功能[44]。水文修复技术首先分析湿地退化原因以及退化程度，对受损的湿地水位以及有问题的水文周期使用湿地蓄水防渗、生态补水、水文连通修复技术进行科学可持续恢复，再进一步应用水环境修复技术清除污染物达到净化水质，改善湿地水质的目的。

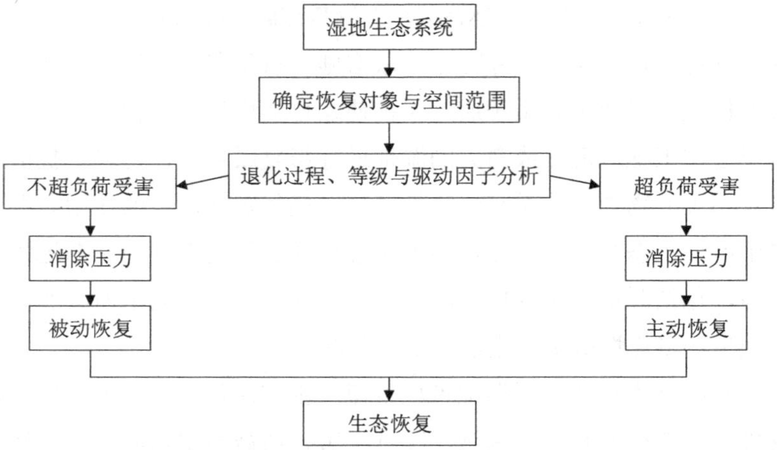

图 8-6　受损湿地两种恢复模式

（2）生境恢复，主要是通过生境恢复技术提供营养物质、植物种子、沉积物和小型有机体，为生物提供栖息地的同时净化水质。在实际操作中，尤其是在内陆浅水湖泊中，对动植物的生境修复尤其要注意湿地水环境质量。河流生境修复主要有以下几个措施：①控制上游流域的流量，调度丰水期和枯水期的水文过程；②恢复河流自然走势，营造自然、多环境、曲折复杂的生境；③允许河水漫滩，恢复河滨沼泽[45]。修复效果对比可见浙江鉴洋湖湿地公园圩田湿地生境修复（图 8-7）。

图 8-7　浙江鉴洋湖湿地公园圩田湿地生境修复效果对比

（3）水环境恢复，是通过在污染水体中种植吸污能力强的水生植物，从而达到去污净化目的。包括通过对水生动物群落、水生系统的食物网结构的调整，引导湿地生态系统恢复良性循环的水生动物净化技术；通过在浮岛上种植植物，吸收水中的氮磷等营养物质，改善水质的人工浮岛技术[46, 47]。

（4）生物恢复，主要是针对湿地中被破坏的物种进行恢复，通过现代生物栽培技术、引进技术、种群状况及动态调控，群落结构动态优化、组建技术及恢复重建等技术相结合，进一步稳定湿地被破坏的生物及生物种群的全面健康发展。生物修复技术中最重要的是植被修复研究。植物是湿地中重要的组成部分，在生物多样性、净化水质和修复生态等方面发挥重大作用[48, 49]。

（5）土壤恢复，主要是控制湿地土壤污染、恢复土壤功能。土壤生态修复的影响因素较多，修复过程的控制至关重要。生态修复的核心技术有：恢复、修复、替换、重建。因此，修复过程中要深入研究土壤的生物、物理、化学过程规律并结合实际制订合理方案[50]。

根据不同湿地类型、不同恢复目的、发展目标，以及进行湿地恢复时需要使用的指标体系和选择策略的不同，具体湿地类型及其选择的恢复措施见表 8-3。根据不同的湿地退化程度及周边的环境情况，因地制宜采取湿地恢复措施。湿地恢复案例及应用技术见表 8-4。

表 8-3　湿地类型及其恢复措施

湿地类型	表观指标	恢复措施
低位沼泽	水文（水深、水位、水温、水周期），植被（盖度、优势种），营养物（总氮、总磷），动物（珍稀濒危动物），生物量	恢复湿地水文情势，恢复湿地来水，草皮移植，割草机清除杂草灌丛，减少营养物质输入，恢复地下水位，对富含有机质 Ca、Fe 地下水的合理排泄
河流、河缘湿地	河水水质，浑浊度，鱼类毒性，沉积物，河浸滩及堆积平原	疏通扩宽或挖深河湖，找到污染源并切断，增加条状、带状净化带使河缘湿地自然净化，及时清理沉积物
湖泊湿地	富营养化，溶解氧，水质，沉积物毒性，鱼体化学含量	分析污染源，采取措施减少污染；清理富营养沉积物，控制水草量，保证水内溶解氧；选择合适动植物进行生物调控
红树林湿地	溶解氧，潮汐波，生物量，碎屑，营养物循环	禁止不合理开采，严禁乱砍滥伐，对规划建设严格把控

专栏 8-5 湿地修复案例

1. 国内案例

（1）辽河保护区由于过度开发导致河道湿地萎缩十分严重、湿地植被明显减少、湿地生态系统功能明显下降。根据不同的区域划分，分别采取不同的恢复技术。通过分析支流污染程度及河口滩涂面积，确定各支流河口人工湿地恢复面积、土著种植物和控污型植物的种群恢复方案；牛轭湖湿地中使用块石、碎石抛填于河道中，搭配种植不同的水生植物，引导水生动物群体的恢复，重新形成系统稳定的牛轭湖自然湿地。坑塘湿地植被采用自然恢复的方法，干流植被采用规划恢复技术。

（2）黄河三角洲地处黄河入海口，地理位置优越，生态类型独特，提供重要的生态系统服务功能。自 20 世纪 80 年代以来，由于缺少淡水补给，部分湿地严重退化，土壤次生盐渍化加重，生物多样性受损。黄河三角洲湿地恢复主要采取淡水修复工程、湿地生境恢复工程。湿地生境恢复包括对湿地基底、水体、土壤进行恢复，恢复湿地基底与水体主要采取的关键技术为湿地基底清淤技术、湿地基底改造技术、水土流失控制技术、污水处理技术、水体富营养化控制技术、水体工程技术；湿地土壤恢复采取的技术为土壤污染控制技术、土壤肥力恢复技术；湿地生物恢复主要采取的技术为湿地物种保护技术、健康生物引入技术、种群动态与行为调控技术、湿地群落结构优化配置及群落演替的控制与恢复技术。

（3）洞庭湖流域湿地恢复划分为 4 个区域，分别采取不同的恢复技术。湖泊湿地修复：①通过改造水系解决大小西湖枯水期缺水问题；②通过控水和围隔进行功能分区设置，为鱼类和候鸟提供舒适环境；③因地制宜地对地形地貌进行改造、多用乡土植物进行植被恢复，营造大小西湖多样化的栖息环境。河流湿地修复：①改造连通水系；②整治河流岸坡减少水土流失；③去除河流湿地污染物。沼泽湿地修复：①改造地形，优化水系，构建合理的水位梯度；②构建沉水植被带和候鸟食源冬小麦植被带，增殖定居性鱼类；③候鸟栖息生境修复。人工湿地修复：通过微生物作用将有机氮转化为无机氮，有利于净化植物吸收利用，达到净化湿地的目的。

（4）西溪国家湿地属于河流湿地，位于杭州西湖流域，面积达 12 km^2。湿地内部河流充盈，占湿地总面积的 70%。由于工业化的发展和城市建设，工业污水排入，湿地面积急速萎缩。西溪湿地的修复主要从 3 个方向展开：①以桑基鱼塘、柿基鱼塘为基底建立“湿地核心保护区”，打造原汁原味的原生态群落；②以保护原生湿地为主，对住宅开发等开发区加以限制，本土居民房屋的布置以保持乡土风貌的理念为主，传统村落布置伴随线型形态；③建立过渡地带的“高密度开发区”，作为湿地与城区的过渡区域，是同时包含湿地地貌与城市地貌的区域。同时，以原有水体为基础，住宅区域相互串联，形成整体的水循环，并配备原生湿地植物，增强湿地自净作用。

（5）位于陕西省宝鸡市的太白矿区湿地由于长时间的采矿，河道两旁的石头已经完全裸露，生态链遭到破坏，水土流失严重，水鸟栖息地逐渐退，湿地退化严重，修复工作迫在眉睫。主要通过以下方法进行修复：①通过减少水污染源、拓宽河道、疏通水系，恢复湿地水环境；②恢复“河道生态系统”，过滤水中的泥土沙石等，增强生物自净能力；③恢复植被及土壤，减少局部水土流失，同时，恢复水生植物带，澄清水中的污染物；④通过恢复河道的滨河、森林、水田等湿地类型，恢复原始生态栖息地，恢复生物多样性。

（6）雄安新区白洋淀湿地修复依照 3 个原则，一是根据白洋淀流域“来水量”和白洋淀区域的山水林田湖草“耗水量”，确定恢复湿地建设需水量，从而调节水资源合理分配；二是通过流域全面地调查污染情况，分析污染源、污染物、湿地环境承载力和纳污量，从根本上解决水污染；三是通过进行生态系统调查，对白洋淀湿地生态进行全面评估，研究其生态及生物多样性，从而开展有针对性的生态保护。

2．国外湿地恢复案例

（1）美国垦务局每年利用河道淤积物来恢复湿地和减缓土地流失，平均每年从航道中挖出近 6 000 万 m^3 的淤积物，其中，2 500 万 m^3 被用于沼泽、湿地营养化及岛屿的恢复等。20 世纪 90 年代，美国南佛罗里达州大沼泽地区域的湿地恢复项目，对人工直型河道加以改造，形成自然曲折的河道，夏季多雨时期，控制沼泽区域水体的排泄速度。

（2）Hackensack 湿地保护区位于新泽西州低丘谷区，是自然河流湿地。由于靠近工厂，面临湿地污染和外来生物入侵问题。修复分为3个层次：①大面积设立湿地永久保护区；②调整蓄洪能力，改善生态机制；③调整区域内产业类型，杜绝无序发展及高污染产业，同时，重新打造曲折的河道，拓宽湖面，疏通河道，创造更为丰富的水陆域立体循环环境。

表8-4 湿地恢复案例及应用技术

恢复案例	湿地类型	应用技术	恢复效果
辽河保护区生态恢复	河道湿地	块石、碎石填河道，搭配不同水生植物；湿地植被自然恢复，干流植被规划恢复技术	水生动物群体恢复，湿地植被增多，生态系统功能稳定
黄河三角洲湿地	浅海湿地、滩涂湿地、河流湿地、沼泽湿地等9种类型	湿地基地恢复为湿地基底清淤技术、湿地基底改造技术、水土流失控制技术；湿地水体恢复为污水处理技术、水体富营养化控制技术，水利工程技术；湿地土壤恢复为土壤污染控制、土壤肥力恢复；湿地生物恢复为湿地物种保护、生物引入、种群动态与行为调控技术，湿地群落结构优化配置及群落演替的控制与恢复技术	湿地生境异质性和稳定性得以提高，实现生物—土壤系统自动调节和自动恢复；湿地生物物种、种群及群落稳定性增强，物种多样性提高；生态系统结构优化，生态功能和稳定性增强
洞庭湖流域湿地	湖泊湿地、河流湿地、沼泽湿地、人工湿地	改造水系解决枯水期缺水，控水、围隔合理功能分区，地形地貌改造、植被恢复，微生物将无机氮转化为有机氮等	鱼类和鸟类得以保护，物种多样性提高，植被覆盖率增大，水质清澈，生境得以恢复
西溪国家湿地	河流湿地	以桑基、柿基鱼塘为基底建立湿地核心保护区，限制城市住宅开发，建立紧贴城市边缘的“高密度开发区”。形成整体生态的自然水循环，配备乡土湿地植物，增加湿地自净自我恢复能力	西溪国家湿地自净作用提高，物种多样性丰富，生态系统功能稳定
陕西省宝鸡市太白矿区湿地	矿区湿地	减少水污染、疏通拓宽河道，过滤水中泥土沙石等，恢复植被及土壤，减少水土流失	湿地水环境恢复，水质净化能力提高，生态栖息地，生物多样性得以恢复
雄安新区白洋淀湿地	河流湿地、湖泊湿地	水资源合理分配；全面分析污染源等情况解决水污染；进行生态系统调查评估，开展针对性保护	水质提升，污染程度降低，生物多样性保护，生态环境逐渐恢复

8.5.2 湖库富营养化治理

自 20 世纪 70 年代起，我国开始关注湖泊保护治理问题，至今大致经历了 4 个阶段，其中“六五”到“七五”期间，主要任务是摸清家底，标志性工作是开展了我国湖泊富营养化调查。“八五”到“九五”期间为探索治理阶段，以杭州西湖、南京玄武湖等小型湖泊为重点，探索了湖泊富营养化治理问题：以太湖、滇池、巢湖等为重点，开展了重点流域水污染治理与富营养化控制技术研究、工程示范及应用等。“十五”至“十一五”期间为控源治污阶段，遵循控源和生态修复相结合的技术思路，以控源治河与生态修复为主要技术手段。“十二五”以来为山水林田湖草一体化保护的流域综合调控阶段，以保护优先和流域综合整治为技术思路[51]。根据湖泊营养成分含量的不同，可将湖泊分为贫营养湖泊、中营养湖泊和富营养湖泊。造成湖泊富营养化的原因主要有 3 种：一是工业废水排放。高氮磷含量的工业废水不完全处理后排入水体导致水体中的氮、磷含量升高，引起水体富营养化。二是生活污水排放。含有大量营养物质且未处理的生活污水，或处理的尾水过量排入水体引起水体富营养化。三是农药化肥过量施用。农业生产中过量施用的化肥随雨水冲刷及农田退水由地表或地下进入水体，引起水体富营养化。

随着国民经济社会的发展，湖泊富营养化加剧，藻类水华暴发频率增高，富营养化成为我国湖泊的主要水环境问题，成为制约流域社会和经济持续发展的重大环境瓶颈问题。根据中国生态环境状况公报，我国开展营养状态监测的重要湖泊（水库）数量由 2001 年的 3 个上升到 2024 年的 210 个；2024 年，207 个监测营养状态的湖（库）中，重度富营养的 1 个，占 0.5%；中度富营养的 6 个，占 2.9%；轻度富营养的 55 个，占 26.6%；其余湖（库）为中营养或贫营养状态。其中，太湖水质良好、轻度富营养；巢湖为轻度污染、轻度富营养，主要超标指标为总磷；滇池为轻度污染、中度富营养，主要超标指标为化学需氧量、总磷和高锰酸盐指数；洱海和白洋淀水质良好、中营养；丹江口水库水质为优、中营养。

“十三五”期间，生态环境部实施《水质较好湖泊生态环境保护总体规划》，结合主体生态功能，分区实施保护，指导各地“一湖一策”，组织开展产业结构与布局调整、污染源治理、工业园区水污染整治、黑臭水体治理、生态保育等工作。《重点流域水生态环境保护规划》也明确了全国 214 个重点湖库保护修复目标任务，并将“老三湖”（太湖、巢湖、滇池）、“新三湖”（白洋淀、洱海、丹江口）以及三峡水库、洞庭湖、鄱阳湖、乌梁素海等作为保护重点，逐一确定水生态保护要点。根据水质状况主要分为以下两类：

（1）水质良好湖泊保护

水质良好湖泊生态环境保护在生态文明建设全局中处于重要地位，所在地区普遍面临较大发展压力。水质良好湖泊要重点做好以下工作：

一要科学治污，完善湖泊流域生态保护体系。对于湖泊保护要提出有效目标，提高方案的针对性和可操作性，脚踏实地推进落实工作。要加强科技支撑，做到科学决策，实现系统、科学、精细、有效治污，节约时间和资金成本，提高治污效率。

二要预防为主，优化湖泊保护空间。水质较好湖泊保护工作正处于“知易行难”阶段，目前妥善处理好保护与发展关系的有效措施还不多，水质较好湖泊所在地区要吸取已有的经验教训，积极保护生态空间，严格准入标准，严格水域岸线用途管制，认真落实预防为主，切实做到在发展中保护、在保护中发展，避免走“先污染后治理”的老路。

三要完善标准，尊重自然规律。受海拔、光照、换水周期、经济活动等因素影响，我国各地区湖泊的特质各有不同。要深入研究湖泊保护规律，针对湖区不同特质，完善相应的标准体系，分区分类研究提出有针对性的保护措施。

四要加大投入，建立湖泊保护长效机制。要强化激励和约束，兼顾社会效应、环境效益、投资效率，把水污染防治资金用在“刀刃”上；要充分发挥市场机制作用，通过政府和社会资本合作、第三方治理等模式，积极吸引社会资本参与湖泊水污染防治工作。

（2）富营养化湖泊治理

湖泊富营养化保护治理，应坚持减排与增容两手抓，采取综合性措施。

一是截断外源性营养物质输入。控制氮、磷入湖量是控制富营养化的关键措施之一。结合功能区划，在最大限度地削减外源污染负荷基础上，实行污染物入湖库总量控制和污染源削减排污量目标控制，强化水污染物排放管理。鼓励涉氮、磷大气污染的化工类工业企业采取有效的脱氮除磷措施，减少氨逃逸等大气干湿沉降对湖库的污染。

二是转化和消除内源性营养物质。我国城市湖库底泥中的氮、磷等营养物质含量较高，是湖库富营养化的主要影响因素之一。湖库污染底泥堆积较厚的局部浅水区域，宜采用环保底泥疏浚工程进行治理；深水区域含污染物量大的底泥可在试验研究的基础上，因地制宜地采用合适的方式进行治理。对湖库藻源性内负荷，鼓励采用高效、低耗的物理导藻和捞藻技术，以及应急、快速除藻技术，藻类收集后进行统一处置，鼓励资源化利用，对蓝藻水华暴发或单一种水生植物疯长造成水体景观和水生态系统破坏的情况，应采取有效措施应急处理，但要注意防止造成水体新的污染。

三是开展生态修复。根据湖库水生态系统受损状况，采取相应的修复措施。对严重失衡失稳的水生态系统，采取人工生态重建；部分受损的水生态系统，采取人工协助修复；生态系统尚健康的湖库，以生态保育和养护为主。

参考文献

[1] 吕乐婷，任甜甜，孙才志，等．1980—2016 年三江源国家公园水源供给及水源涵养功能时空变化研究[J]．生态学报，2020，40（3）：993-1003.

[2] Xu P，Guo Y，Fu B. Regional Impacts of Climate and Land Cover on Ecosystem Water Retention Services in the Upper Yangtze River Basin[J]. Sustainability，2019，11.

[3] 顾铮鸣，金晓斌，沈春竹，等．近 15 年江苏省水源涵养功能时空变化与影响因素探析[J]．长江流域资源与环境，2018，27（11）：2453-2462.

[4] 王东东，燕翔，岁姚炳．水源涵养的概念发展及其能力评估方法．中国水科院水资源所[EB]. https://mp.weixin.qq.com/s/JsXVAM_NEh6DGmKf2Mxa1w.

[5] GB/T 26903—2011．水源涵养林建设规范[S]．北京：中国标准出版社，2011.

[6] 左其亭，王娇阳，杨峰，等．水源涵养相关概念辨析及水源涵养能力计算方法[J]．水利水电科技进展，2022，42（2）：13-19.

[7] 2022 年中国国土绿化状况公报[J]．国土绿化，2023（3）：6-11.

[8] 肥城市自然资源和规划局：立足生态保护 推进生态修复．https://baijiahao.baidu.com/s?id=1668470970644766484.

[9] 中华人民共和国生态环境部．河湖生态缓冲带保护修复技术指南[EB]．https://sthjj.cnbz.gov.cn/group4/M00/06/D5/rBUtI2MG7LeAHQcVAD4ireXL3uU284.pdf.

[10] 李晓洁，孙菲，吕纯剑，等．浦阳江干流生态缓冲带的划定与构建[J]．环境工程学报，2022，16（1）：65-72.
[11] 杨渊．植被缓冲带修复设计策略研究[D]．成都：四川农业大学，2018.
[12] 袁鹏，刘瑞霞，孙菲，等．构建河流生态缓冲带的意义与技术路线（代序言）[J]．环境工程学报，2022，16（1）：20-24.
[13] 殷守敬，吴传庆，乐松，等．长江干流岸线类型遥感监测分析[J]．人民长江，2020，51（11）：16-21.
[14] 段学军．长江经济带岸线资源调查与评估[M]．北京：科学出版社，2020.
[15] 袁鹏，刘瑞霞，俞洁，等．《浙江省河流生态缓冲带划定与生态修复技术指南（试行）》解读[J]．环境工程技术学报，2021，11（1）：1-5.
[16] 陈金林，潘根兴，张爱国，等．林带对太湖地区农业非点源污染的控制[J]．南京林业大学学报（自然科学版），2002（6）：17-20.
[17] 薛建辉，阮宏华，刘金根，等．太湖流域水岸生态防护林体系建设技术与对策[J]．南京林业大学学报（自然科学版），2008（5）：13-18.
[18] 朱竟益，陈见青，蔡聪，等．圆木桩护岸在河道整治中的应用[J]．江苏水利，2016（1）：42-44.
[19] 花全，于小娟，王小会．间隔木桩+桑条秸秆拱生态护岸结构[J]．水运工程，2020（9）：138-141，162.
[20] 欧阳键，刘贵华，周雯．长江中下游岸带（宜昌-铜陵段）湿生植物的群落构建机制研究[J]．植物科学学报，2020，38（6）：751-761.
[21] 殷雪妍，严广寒，汪星．太湖湖滨带水生植被恢复技术集成与应用浅析[J]．华东师范大学学报（自然科学版），2021（4）：13.
[22] 孔优佳，徐东炯，刘其根，等．滆湖湖滨带生态修复技术初步研究[J]．水生态学杂志，2017，38（2）：17-24.
[23] 冯育青，王莹，阮宏华．水岸带研究综述[J]．南京林业大学学报（自然科学版），2009，33（6）：127-131.
[24] 胡海波，邓文斌，王霞．长江流域河岸植被缓冲带生态功能及构建技术研究进展[J]．浙江农林大学学报，2022，39（1）：214-222.
[25] 王韶伟，徐劲草，许新宜．河流生态修复浅议[J]．北京师范大学学报（自然科学版），2009，45（Z1）：626-630.
[26] 张家宏，韩光明，王桂良，等．3 种人工湿地的构建及其对养殖池塘富营养化水的治理效果[J]．现代农业科技，2017（21）：180-182，188.

[27] 董万成，赵兵．人工湿地在污水处理方面的实际应用与展望——以成都市锦城湖为例[J]．资源节约与环保，2020（6）：2.

[28] 刘燕，尹澄清，车伍．植草沟在城市面源污染控制系统的应用[J]．环境工程学报，2008（3）：334-339.

[29] 张辰．植草沟对雨水径流量及径流污染控制研究[D]．武汉：华中科技大学，2023.

[30] 李昆朋，刘邦俊，吴雨，等．南河河道修复工程中海绵设施的效果评估[J]．江苏水利，2021（2）：11-18.

[31] 缪荣丽，魏朝军，王宝强，等．中国科学院水生生物研究所科学数据中心：助推大数据时代水生生物学研究新发展[J]．水生生物学报，2023，47（10）：1719-1724.

[32] 阮紫桐．长江流域水生生物保护法律机制研究[J]．文化学刊，2022（4）：98-101.

[33] 欧阳庆芳，张海龙，殷仁胜．长江水生生物多样性修复的立法建构机理及完善路径[J]．三峡大学学报（人文社会科学版），2022，44（3）：53-58.

[34] 孙贵艳．长江水生生物多样性保护研究[J]．资源节约与环保，2023（8）：13-17.

[35] 唐晓玲，刘振湘．试论鱼类资源多样性保护[J]．水利渔业，2003，23（4）：37-39.

[36] 王辰阳，岑志连．我国水生生物资源养护取得明显成效．新华社[EB]．http://www.news.cn/politics/2023-11/21/c_1129986877.htm.

[37] 曹文宣．十年禁渔是长江大保护的重要举措[J]．水生生物学报，2022，46（1）：1.

[38] 方冬冬，邹远超，危起伟．多维视角下的水生野生动物保护与利用探析[J]．中国水产科学，2020，27（8）：980-1002.

[39] 雷威，高东旭，邢庆会，等．辽宁营口滨海湿地春季迁徙期水鸟现状评价[J]．海洋环境科学，2022，41（1）：106-112.

[40] Osler G H R，Sommerkorn M. Toward a complete soil C and N cycle：Incorporating the soil fauna[J]. Ecology，2007，88（7）：1611-1621.

[41] 张璐．专访张明祥：湿地保护修复面临全球气候变化、环境污染等挑战.新京报[EB/OL]. https://www.bjnews.com.cn/detail/167533312114920.html.

[42] Li J，Pu L，Zhu M，et al. Evolution of soil properties following reclamation in coastal areas：A review[J]. Geoderma，2014.

[43] 张学真，王明铭，王大扬，等．河滨带生态恢复研究进展[J]．世界林业研究，2018，31（2）：31-36.

[44] 张仲胜，于小娟，宋晓林，等．水文连通对湿地生态系统关键过程及功能影响研究进展[J]．湿地科学，2019，17（1）：1-8.

[45] 林俊强，陈凯麒，曹晓红，等．河流生态修复的顶层设计思考[J]．水利学报，2018，49

（4）：483-491.

[46] Melissa，Koontz，Christopher，et al. Aboveground Net Primary Productivity in a Riparian Wetland Following Restoration of Hydrology[J]. Biology，2016.

[47] Mary，M，Means，et al. Carbon storage potential by four macrophytes as affected by planting diversity in a created wetland[J]. Journal of Environmental Management，2016，165：133-139.

[48] Schneider，Christof，Floerke，et al. Hydrological threats to riparian wetlands of international importance-a global quantitative and qualitative analysis[J]. Hydrology and Earth System Sciences，2017.

[49] 王金爽．湿地生态修复技术研究进展[J]．农业科技与装备，2015（9）：13-15.

[50] 李晶，雷茵茹，崔丽娟，等．我国滨海滩涂湿地现状及研究进展[J]．林业资源管理，2018（2）：24-28，137.

[51] 王圣瑞，段彪．我国湖泊富营养化及保护治理需求[J]．民主与科学，2018（5）：21-24.

第 9 章

政策创新与发展

“三水统筹”是贯彻落实习近平生态文明思想、推进新时代水生态环境保护工作的必然要求，是遵循流域生态系统的整体性、系统性及其内在规律，进行整体保护、系统修复、综合治理的根本途径，推进“三水统筹”、系统治理需要各种政策支持和制度保障。本章在现行水生态环境保护政策基础上，结合“三水统筹”需突破的问题和难点，聚焦在法律法规、体制机制、科技支撑、“三水”监管、资金政策及全民行动等方面的治理体系和治理能力建设，提出完善建议，夯实“三水统筹”的政策和制度保障。

9.1 健全法规标准

9.1.1 修订《中华人民共和国水法》《中华人民共和国水污染防治法》

我国现有法律法规不尽完善，新形势下一些重要的环境及水政策举措尚未充分体现。首先，《中华人民共和国水法》《中华人民共和国水污染防治法》没有充分融合“生态文明”这一核心理念。《中华人民共和国长江保护法》《中华人民共和国黄河保护法》对生活用水、生态用水和生产用水明确了新的用水顺序要求，即水资源保护与开发利用，应当优先满足城乡居民生活用水，保障基本生态用水，并统筹农业、工业用水以及航运等需要。在“三水统筹”背景下，新的“三生”用水顺序也应在《中华人民共和国水法》《中华人民共和国水污染防治法》修订中及时融合。

其次，法规制度的矛盾和冲突是限制“三水统筹”治理效能的重要原因。特别是现行《中华人民共和国水法》和《中华人民共和国水污染防治法》中，在水环境管理方面存在相互不协调的规定。《中华人民共和国水污染防治法》规定“国务院环境保护主管部门根据国家水环境质量标准和国家经济、技术条件，制定国家水污染物排放标准，同时规定重点水污染物排放总量控制指标，由国务院环境保护主管部门在征求国务院有关部门和各省、自治区、直辖市人民政府意见后，会同国务院经济综合宏观调控部门报国务院批准并下达实施”。《中华人民共和国水法》规定“县级以上人民政府水行政主管部门或者流域管理机构应当按照水功能区对水质的要求和水体的自然净化能力，核定该水域的纳污能力”；两部法律的规定虽然侧重点不同，但造成流域水环境容量与水域纳污能力两个内涵基本相同的制度概念被部门驱动“异化”[1]。

此外，《中华人民共和国水法》《中华人民共和国水污染防治法》分别规定了水污染防治规划和水资源保护规划的地位、主体和程序，但规划内容上有较多重复，由于编制主体不同，其规划目标、规划内容衔接难度大，特别是在“三水统筹”系统治理的格局下，更需要不同规划目标和内容规定的一致性。2018 年，党和国家机构改革将水利部编制水功能区划、排污口设置管理、流域水环境保护等职责划归生态环境部，虽然实际的行政管理发生了变化，但相关的法律法规等尚未及时完善到位。同时，“十二五”“十三五”时期，针对水资源短缺问题实行的水资源刚性约束制度，坚持以水定城、以水定地、以水定人、以水定产等要求也尚未纳入法律中。

国际上，许多国家的水治理体制都经历了由分散管理到相对集中管理的职能整合过程，将类似的水治理职能尽可能整合到一个环境主管部门，体现大部制趋势，并着重强化水的自然生态属性管理。联防联治作为综合治水的科学理念已经被广泛认同，并融入所制定的法律中，且法律的性质越明确、地位越高，其执行的情况越好。因此，从长远角度来讲，应顺应我国政府体制和大部制改革要求，借鉴欧盟、美国等国际先进经验，在流域尺度上对水生态环境管理进行重新定位和聚焦，综合所有水资源、水利用方式及价值、不同学科及专家意见、涉水立法、生态因素、治理措施、利益相关者意见和建议，以及不同层次决策等诸多因素，以水生态保护为导向，开展《中华人民共和国水法》《中华人民共和国水污染防治法》修订的研究。

一是深化系统保护治理的立法理念，生态系统是一个有机生命躯体，流域是大气圈、岩石圈、陆地水圈、生物圈及人文圈相互作用的连接点，是各种人类活动和自然过程对环境影响的汇集地和综合反映。流域以水为纽带，将上、中、下游组成一个普遍具有因果联系的复合生态系统。流域作为完整的自然地理单元和独特的人文地理单元，其上下游之间相互联系、相互作用、相互影响。这一特征决定了流域管理必须是一种跨部门和跨行政区的综合管理[1]。因此，需坚持山水林田湖草沙一体化保护和系统治理理念，统筹考虑水的自然属性和社会属性，将水生态系统的整体性保护作为立法的基本理念，统筹水资源、水环境、水生态治理，打破要素、区域界线，增强水管理的系统性和协同性；统筹考虑生态环境保护与经济社会发展的关系，以高水平生态环境保护助推经济社会高质量发展。

二是注重流域管理的综合性，按照水生态系统的整体性、系统性及内在规律，以流域为单元，统筹考虑自然生态各要素、山上山下、地上地下、岸上水里、城市农村、陆地海洋以及流域上下游，按照统一规划、统一治理、统一调度、统一管理的原则，实施河湖综合治理、系统治理、源头治理，增强水生态系统循环能力，促进流域生态保护和高质量发展。对流域资源保护和利用、抗洪防汛、生态保护、污染防治等管理体制机制作出基本规定，着重对流域的综合督查、流域生态补偿及法律责任方面进行明确规范，强化流域上下游、左右岸互动协作。

三是明确授权及责任，将水资源保护、水生态保护纳入生态环境保护，增强生态保护统一监管的手段和措施，强化生态环境用水保障、防治水土流失等要求，实现水质、水量、水生态的协同。按照《中华人民共和国环境保护法》要求，优先做好统一规划、统一监测、统一信息发布等事宜，例如，明确水污染防治规划与水资源保护规划的衔接要求，或由生态环境部门与水行政主管部门联合制定综合规划[2]。

9.1.2 完善水生态环境标准基准体系

9.1.2.1 完善水生态环境质量标准

环境质量标准是生态环境保护工作的靶向和标尺，是美丽中国和生态文明建设的评价考核依据。党的十八大以来，我国水生态环境保护发生历史性、转折性、全局性变化，全国水环境质量处于有监测记录以来历史最高水平，可比理化指标国控断面水质已接近发达国家水平。然而，现行的水生态环境质量标准是在“十五”时期水污染严重的历史背景下制定的，已不适应新时期水生态环境形势。新时期的水生态环境质量标准体系应进一步体现精准科学治污要求，诸如化学需氧量是否继续列为地表水指标、陆海统筹总氮限值衔接、新污染物（微塑料、抗生素、有机氯农药等）纳入标准等问题需要进一步深入研究并提上修订议程。水利、农业和生态环境部门制定了各自的水生态质量评价规范，水利部门侧重资源开发和河湖健康指标，农业农村部门以鱼类指标为主，生态环境部门综合水质、水生境和水生生物等方面开展长江流域水生态考核试点，缺乏统一的水生态质量评价依据。因此，亟须加快建立和实施水资源、水环境、水生态“三水统筹”战略，建立完善的国家水生态环境质量标准体系。

一是尽快修订《地表水环境质量标准》。以功能管理平衡保护与发展关系，从顶层协调水资源开发利用和生态环境保护的关系；针对保护水生生物、湖泊富营养化、饮用水水源地等功能管理需求，分类分质制（修）订单项标准。

二是尽快出台《地表水生态质量标准》的法定国家标准，整合涉水部门优势和基础，强化水资源、水环境、水生态等要素指标及指标值的协同性，制定统一的评价指标和评价方法，为各地的美丽中国建设目标的细化量化提供基础。

三是以制（修）订的《地表水环境质量标准》和《地表水生态质量标准》作为分阶段规划目标制定的基本依据，加强顶层规划指导，因地制宜制定明确的改善目标和期限要求，实现流域区域美丽河湖目标与标准的全面衔接，统筹推进水生态环境质量持续改善。

9.1.2.2 加强水生生物水质基准研究

环境基准是生态环境标准的理论基础和科学依据，也是构建国家生态环境风险防范体系的重要基石，在支撑生态环境管理以及维护公众健康方面有着十分重要的作用。我国已进入高质量发展阶段，以高水平生态环境保护推动高质量发展，推进科学、精准、依法治污，对生态环境质量改善和生态环境风险管控提出了更高的要求。我国环境基准工作尚处于起步阶段，虽然 2017 年以来，我国发布了《国家环境基准管理办法（试行）》，组建了国家生态环境基准专家委员会，陆续发布了《人体健康水质基准制定技术指南》《淡水生物水质基准推导技术指南》《湖泊营养物基准制定技术指南》等基准制定技术指南，并于 2020 年相继发布了镉、氨氮、苯酚等淡水水生生物水质基准以及湖泊营养物基准—中东部湖区（总磷、总氮、叶绿素 a），但水环境中的污染物有多种形态和多种赋存方式，仅我国《地表水环境质量标准》（GB 3838—2002）就包括 109 项指标，目前的水环境基准工作距离支撑生态环境管理的客观需求还有较大差距。此外，由于学科研究在不断发展，人类对环境问题的认识也在逐渐深化，导致环境基准也需要随着研究方法和新数据的获取而更新。例如，美国地表水标准即“国家水质标准”（National Water Quality Standards）中的保护水生生物的氨氮基准和镉的基准就分别修订过 2 次和 5 次；欧盟环境质量标准指令则明确要求每 5 年更新一次标准的指标。我国的水环境基准研究仍任重道远，需加快推进水环境基准研究。

一是完善水环境基准技术支撑体系。水环境基准涉及大量的基础性工作，需在基准推导、试验方法、模型和算法、信息标准化等多个方面开展探索研究并予以统一规范。同时，开展多学科、多层次、综合性的研究活动，发挥研究成果在生态环境重大决策、科学管理中的重要作用，打通生态环境基准、生态环境质量标准和生态环境质量管理之间的联系。

二是加强基础科研队伍建设。以国家重点实验室为核心，广泛吸收我国在环境基准领域的科研工作者和地方各级科研团队参与环境基准研究。围绕理论方法、检测分析、模型构建、数理统计等方面，加强国内外学术交流与合作。充分发挥国家生态环境基准专家委员会作用，设立或组织申请相关项目和课题，通过多种形式培养或培训一批专业人才。

三是建立具有自主产权的国家级数据库。我国尚未建立能够支撑水环境基准研究的基础数据库和共享平台，需加快我国在环境科学、毒理学、生物学和风险评估等方面研究成果的梳理，依托网络信息技术，建立包括污染物的物理学性质、环境分布与归趋、对生物的毒性和毒理，以及与疾病相关的各种健康数据的国家水环境基准数据库。鼓励科研机构和研究人员开发本土化的测试数据，搭建国家生态环境基准资源共享平台，拓展信息资源服务功能，推动研究成果有效服务于生态环境管理需要。

9.1.3 制定“三水统筹”规划编制技术规范

规划是从理念到行动、从理论到实践的政策载体与桥梁，是引导“三水统筹”系统治理的重要抓手。我国生态环境规划编制实施工作从 1973 年开始，经过近 50 年的探索发展，规划理念与时俱进，规划层级不断提升，规划体系不断优化，规划技术方法不断探索实践，规划实现了由重点到全面、由区域到全国、由要素到领域、由领域到系统、由环境污染治理到生态文明和美丽中国建设的发展轨迹。但目前关于生态环境规划编制技术标准缺失，规划编制不规范情况较为突出，制约了规划严肃性、科学性和实施效果。

在水生态环境领域，重点流域水污染防治规划在“十一五”“十二五”“十三五”“十四五”（水生态环境保护规划）时期分别发布了规划编制大纲，但因为整体时效性的要求，其技术编制大纲也相应自然废止，未形成规范的环境保护标准形式。“十四五”时期，我国要实现从污染防治为主向“三水统筹”治理转变，特别需要强化系统观念，统筹保护与发展、山水林田湖草沙、工程与非工程措施、政府企业公众等方面的关系，着力构建水资源、水环境、水生态治理协同推进的格局。在新形势下，亟须出台适用于以“三水统筹”为核心理念的水生态环境保护规划编制技术规范，实现水生态环境保护规划编制的标准化管理。

技术规范需坚持山水林田湖草沙一体化保护和系统治理，坚持精准、科学、依法治污，统筹水资源、水环境、水生态治理，从适用范围、规范性引用文件、术语和定义、总则、现状分析与评价、趋势预测与形势研判、目标指标设计与制定、任务方案拟定与优选、工程项目谋划与投资估算、保障措施、规划编制成果要求等方面提出水生态环境保护规划编制的具体要求，明确规划编制一般工作流程、基础资料收集内容与要求以及主要技术方法等，指导和规范规划编制工作，将“三水统筹”技术和管理要求予以明确。

9.2　完善体制机制

9.2.1　建立国家决策议事协调机制

2018 年国务院机构改革后，生态环境部统一行使生态和城乡各类污染排放监管与行政执法，生态环境保护职责在生态环境部进一步得以主导集中，但涉及水生态环境的管理仍存在多头管理、各自为政、交叉重叠的现象。生态环境、住建、水利、农业（含渔政）、林草等部门按照过程环节的组织管理方式各管一节，边界不明，责任不清。例如，水资源开发部门的水治理目标，更多的是以保护水量为重点，强调经济属性，确保其资源开发利益的最大化；渔业部门的水治理目标，虽然会考虑水生态系统的保护，但也是从渔业利益最大化出发，也不会过多地强调水生态系统的生物多样性保护[1]。由污染造成的水质型缺水、由水生态系统失衡造成的水体自净能力减弱、由水量和水质共同造成的水生态破坏等问题相互交织。流域与区域相结合的规划编制实施统筹、跨界问题协调解决、支流生态环境综合管理、全流域水电站统一调度、生态保护红线全流域统筹等机制不健全，各类生态保护要求相互隔离或存在片面性，生态安全优化布局与统一格局尚未形成，对水体、湿地、陆地的整体保护不足，统筹山水林田湖草沙系统治理体系有待进一步完善。

从发达国家水环境管理经验来看，推行综合管理，是有效解决水资源、水环境、水生态等环境问题的基本趋势。因此，基于水的多重属性价值及其相互关联性，强化流域综合管理，在现有体制基础上，需要着力强化协调机制，实现水质、水量、水生态的统筹衔接、相互促进、协同增效。

一是建议建立国家决策议事协调机制，提升水生态保护工作的系统性。虽然我国目前已经有各大流域管理委员会、各大流域生态环境监督管理局，但这些机构只属于水利部和生态环境部的下属部门，与发达国家成立的一些流域管理机构（如墨累-达令河流域委员会管理机构）相比，在统筹协调流域治理事务、制定有关政策性文件、跨部门推动流域高质量发展方面均有不足。建议由国务院建立流域协调机制，统筹负责全国七大流域的规划、管控、保护、修复等职责，强化部门协调机制的顶层设计，坚持山水林田湖草沙一体化保护和系统治理，树立统一的生态系统保护理念，以“党政同责”“一岗双责”为制度实施前提，切实落实《中央和国家机关有关部门生态环境保护责任清单》。依法强化生态环境部门统一监督管理的职能和手段，强化对相关行业和地方政府履行生态环境保护职责情况的督察和考核问责，增强生态环境监管的独立性、权威性。要重点突出“三水”内在关联，提高保护治理目标的一致性和措施的协同性，以观念上的转变引导治理措施和治理目标的改变，更加注重维护和恢复河湖自然特性，更加注重生态恢复手段为各种生物提供生存环境。

专栏 9-1 墨累-达令河流域委员会管理架构[1]

墨累-达令河流域（Murray-Darling Basin）是澳大利亚最大的流域，也是世界上最大的流域之一。流域地跨昆士兰、新南威尔士、维多利亚和南澳大利亚四州，面积为 105.8 万 km^2，约占澳大利亚国土总面积的 1/7。河流总长 3 750 km，流域内人口 180 万人。该流域是澳大利亚农牧业产品最主要产地。

为了解决流域日益突出的水质污染和灌溉土地盐碱化问题，1985 年成立了墨累-达令河流域部长委员会（MDBMC）、流域委员会（MDBC）、社区咨询委员会（CAC）三大流域管理机构。其中，墨累-达令河流域部长委员会是墨累-达令河流域管理的最高决策机构，由 12 名成员组成，这些成员是联邦政府和流域四州负责土地、水及环境的部长。部长委员会的主要职责是为流域内的自然资源管理制定政策和确定方向。为了在流域内采取统一的政策行动，并广泛地听取各方面的意见，设立一个社区咨询委员会。墨累-达令河流域委员会是部长委员会的执行机构，成员由来自流域四个州的政府中负责土地、水及环境的司局长或高级官员担任，每州两名，其主任由部长委员会指派，通常由持中立态度的大学教授担任。流域委员会是一个独立机构，它既要对各州政府负责，但又不是任一个州政府的法定机构，其职能由流域管理协议规定。流域委员会的主要职责：分配流域水资源；向部长委员会就流域自然资源管理提供咨询意见；实施资源管理策略，包括提供资金和框架性文件。另外，流域委员会还下设一个由 40 名工作人员组成的办公室，负责日常事务。为了加强流域的综合规划与管理，建立 20 多个特别工作组，招聘来自政府部门、大学、私营企业及社区组织的关于自然资源管理及研究的专家，以便将最先进的技术方法和经验运用到流域管理中。

2008 年，墨累-达令河流域管理机构进一步改革为由联邦部长、部长委员会、流域官员委员会、流域管理局、流域社区委员会组成的新架构，为可持续发展、环境、水、人口和社区部领导。澳大利亚联邦政府还与流域内各州政府签订了《墨累-达令流域改革协议》（Agreement on Murray-Darling Basin Reform），联邦部长成为流域计划的决策者，部长委员会是墨累-达令流域管理的最高决策机构，流域管理局则接替了原流域委员会的工作并在职能上得到进一步加强。流域管理局的具体职责主要包括：①根据《水法 2007》（Water Act 2007），制定、实施和监督执行墨累-达令河流域规划（包括环境水资源计划）；②负责实施由部长委员会和墨累-达令河流域官员委员会所作出的决策；③向部长委员会和墨累-达令河流域官员委员会提供建议；④向部长委员会和墨累-达令河流域官员委员会提供秘书处支持；⑤承担墨累-达令河流域委员会的其他所有职能。

二是水资源、水生态方面，着力与水利、农业农村部门建立调度会商机制。充分利用生态环境部职能优势，在卫星遥感解译河湖断流“体检”基础上，启动水利工程的生态环境影响后评估工作，重点开展水电站对水生态状况的影响后评估，对下泄流量不足的水电站建立通报预警机制，督促水利部门优化水资源配置，建立环保与水利部门之间的调度-反馈机制。以此推动水利部门以维护河湖生态系统功能为目标，改革优化水资源配置与管理制度，提升生态用水在水资源配置中的地位，促进重要功能水体生态系统平稳恢复。深入研究闸坝、跨流域生态调水等对流域水生态的影响，加强对水利水电、挖砂采石、航道疏浚、城乡建设、岸线利用等涉水工程的规范化管理，严格执行环境影响评价制度，对水生生物资源生态环境造成破坏的，应由有关部门进行督导并采取整改措施。

三是水环境方面，着力与工信、住建、农业农村、交通等部门建立调度会商机制。切实落实各部门“一岗双责”要求，以水生态环境质量改善为目标导向，加强城乡面源和农业农村、交通等领域污染防治，按照水陆统筹原则，建立“污染源—排污通道—排污口—水体”的全链条管理体系，落实行业部门入河入海排污口治理、监督和指导职责。以绿色发展、减污降碳协同增效为方向，推进工业园区、重点行业、重点企业绿色升级。

9.2.2 健全流域区域治理协作机制

流域是以水为纽带，将上游、中游、下游组成一个普遍具有因果联系的复合生态系统。流域作为完整的自然地理单元和独特的人文地理单元，其上下游之间相互联系、相互作用、相互影响。虽然我国流域生态环境治理已取得不少成效，但由于地方政府在进行水环境治理时只有在辖区范围内有效，治理模式碎片化问题仍然存在，特别是我国的大部分河湖都是跨行政区域的，省与省、市与市、县与县之间往往由于自身利益或治理目标差异各自为战，导致流域水生态环境治理工作不能形成合力，水生态环境治理投入虽然不断增加，取得的治理成效却远不及预期。

近年来，我国相继制定实施了《中华人民共和国长江保护法》《中华人民共和国黄河保护法》，填补了生态保护法律体系在流域立法方面的空白，强化了流域水生态环境治理的系统性，但由于其规定较为宽泛，相应的流域协调机制尚未完全建立，涉及整个流域的生态环境、资源、水文、气象、航运、自然灾害等监测网络体系和监测信息、监督执法等共享机制尚未形成。为提升流域生态环境的综合治理效能，亟需建立并完善流域水生态环境治理协作机制，实现流域水生态环境治理理念协同、决策协同、管理协同。

一是加强理念协同。水生态环境系统治理是一种解决跨领域、复杂资源环境问题的综合、系统管理方法，通过建立综合管理体制，综合决策、统一规划，加强跨部门、跨行政区之间在法律、政策、规划和行动上的沟通和协调，寻求多种目标之间的平衡，实现公共利益的最大化。流域上下游、干支流以及两岸之间是生态上相互依附、不可分割的整体，无论流域中的哪部分出现问题，都会对整个流域生态系统造成影响。我国水治理体制主要采取统一监管、分工负责体制，现阶段完全通过一个部门实施统一监管十分困难，因此，应按照水生态系统的整体性、系统性及内在规律，统筹水资源、水环境、水生态治理，进行整体保护、系统修复、综合治理，增强水生态系统良性循环能力。通过跨部门与跨地区的协调管理，完善水的全链条治理体制，协调各种治理主体，加强不同治理主体间的统筹协调和良好沟通，在满足生态系统自然规律的前提下，充分发挥水的经济社会和自然生态等多种属性，实现经济社会和自然生态效益的最大化。

二是强化区域协同。在法律层面，一个流域制订一部管理法律已经成为国际上流域立法的重要方式，世界范围内很多国家针对河流保护都制订了专门的法律条例[3]。只有做好立法协同，协同治理机制才有法律依据，才能从根本上得到各方的认可，在我国现有的立法架构下，具体可以参照《中华人民共和国长江保护法》确立的立法理念和相关规定，建立流域协调机制，搭建信息共享、跨地区跨部门会商、公众参与等协同机制，并基于生态系统的整体性和差异性、生态环境要素的多样性和复杂性，协同中央与地方、地方与地方之间的立法[4]。在政策层面，流域各级政府通过构建协同治理机制，打破行政区域之间的壁垒，多方参与共同制定政策[5]。《南四湖流域水污染物综合排放标准》，这是首个国家牵头统一编制，以地方标准形式发布的流域型综合排放标准。标准制定过程中采取了“统一编制、分别报批、分省实施”的工作机制，即生态环境部组织淮河流域生态环境监督管理局，会同山东、江苏、安徽、河南 4 省共同开展排放标准编制；南四湖流域排放标准以现行法律法规为依据，与各省现行排放管控要求充分衔接，兼采众长，完善特征污染物控制项目，统筹确定水污染物排放限值；4 省在此基础上，结合地方实际，分别制（修）订本省南四湖流域水污染物综合排放标准[6]。

三是推进管理协同。我国河湖水系特征复杂，很多河湖的流域范围为跨省级行政区、跨市级行政区、跨县级行政区、跨乡镇级行政区，除水资源保障、水污染防治、水生态保护等相关工作目标和任务需要协同以外，为了达到一致的水生态保护目标，流域行政执法是保障流域综合治理目标的关键。当前我国流域联合执法作为一种新型执法活动，其主要特点是短期、临时，而流域生态环境问题需要长期治理、实时监测，因此目前的联合执法并不能有效地解决现有问题[7]，需要完善流域生态环境治理跨部门、跨区域的联合执法机制，明确联合执法的方案、形式、程序、结果处理等事项，形成联合执法的长效机制[8]。

9.3 加大科技支撑

9.3.1 研发空天地一体化感知技术

《生态环境监测规划纲要（2020—2035年）》指出，2020—2035年，我国生态环境监测手段从传统手工监测向天地一体、自动智能、科学精细、集成联动的方向发展。空天地一体化感知指综合运用卫星遥感监测、航空遥感监测和地面站点监测等环境监测手段，基于数据挖掘、数据融合、数据协同等关键技术，实现对生态环境更加准确地感知。

在我国，空天地一体化监测技术刚刚起步，在水质监测、水资源调查、饮用水水源地环境监管、河湖水域岸线监管等方面有了初步的应用[9]，但目前仍存在一些应用方面的难题。一是技术方面的挑战。空天地一体化技术获取的数据量大、数据种类多，需要进行高效、准确的数据处理与分析，以提取出水生态环境的特征信息。然而，目前数据集成与融合、数据处理和分析、算法和模型技术水平还不能完全满足实际需求。二是监测范围有限。空天地一体化技术在水生态环境方面的应用主要集中在较大尺度范围内，如大江大河、湖泊水库等，而对于较小尺度范围的水环境监测，如小微水体、排水沟渠等，应用较少。三是应用场景多样性的挑战。不同的水生态环境具有不同的特点，需要根据实际情况选择合适的空天地一体化技术进行监测。同时，由于不同地区的水生态环境存在差异，也需要制订针对性的监测方案和技术路线。

在构建“三水统筹”新格局的形势下，有必要加快推进空天地一体化技术在水生态环境方面的应用，重点研发空天地一体化智慧感知技术。一是提升技术水平。加强人才队伍建设，培养一批高素质的空天地一体化技术人才；加强与国内外相关机构和企业的合作与交流，共同推进空天地一体化技术在水生态环境方面的应用研究和实践探索；强化监测数据的共享平台建设，提高技术应用能力和数据处理分析水平，提高监测精度和覆盖范围。二是建立统一的标准和规范。规范空天地一体化技术的监测方法、数据处理和分析流程等技术要求，保证数据的准确性和可靠性。三是拓展应用场景。加大对空天地一体化技术在水生态环境方面的应用政策和资金支持力度，鼓励企业加大研发投入，推动技术创新和应用拓展；积极探索空天地一体化技术在水生态环境方面的多种应用场景，如水体污染监测、生态流量监测、水生生物保护等领域，发挥技术的应用优势。

表 9-1　空天地一体化环境监测技术应用场景

序号	应用领域	应用内容
1	水质监测	通过高光谱无人机、高光谱卫星遥感影像，对全流域河道水质分布情况开展遥感监测
2	水资源调查	高分卫星遥感遥测、多光谱分析、无人机遥感等技术开展城市河道遥感监测
3	饮用水水源地环境监管	利用卫星遥感、无人机遥感和人工复核相结合的方式，构建了包括水源保护区内水域面积、水质参数、植被覆盖、土地利用格局、裸露地块监管及污染源综合整治等功能在内的饮用水水源地监管体系
4	河湖水域岸线监管	以高分辨率影像为基础，依托河湖水域岸线遥感监管平台，形成卫星遥感解译—重点区域无人机航拍—人工现场复核—线上问题下发—线下整治—线上审核的全流程监管模式

注：本表根据文献[9]整理而成。

9.3.2　研发重点领域关键技术

近年来，我国水生态环境保护发生了重大转折性变化，但仍然面临诸多“瓶颈”制约和挑战，特别是在“三水统筹”、“碳达峰、碳中和”战略的新形势下，在重点河湖水生态完整性保护修复、高效低碳污水资源化、湖泊藻类水华控制等方面还存在亟须解决的技术短板。

在河湖水生态完整性保护修复方面。河湖水生态系统是一个复杂而脆弱的系统，其恢复和重建需要综合考虑环境、生物和经济社会发展等多个方面。国家水体污染控制与治理科技重大专项“十一五”“十二五”期间在辽河流域水生态完整性恢复的探索实践中，将水生态完整性细化为物理、化学和生物 3 个完整性，按照“流域统筹、分类控源、协同治理、系统修复、产业支撑”的研究思路，支撑了辽河流域水环境质量明显改善的阶段性目标实现[10]。该项研究曾指出科学的生态完整性恢复实践迫切需要全面的指标监测跟踪反馈，亟需合理制定水资源利用、水环境治理和水生态修复相结合的流域水生态环境保护修复目标和考核指标及其监测体系。因此，需从自然生态系统演替规律和内在机理出发，对河湖水生态系统的结构、功能、演化等进行深入研究，为生态系统恢复提供理论支撑。同时，加大对水生生物保护、栖息地保护修复、水生态修复技术等领域的研发力度，在长江、黄河等流域选择典型河湖开展水生态完整性保护修复实践。

在污水处理高效低碳建设运行方面。2023 年 12 月，国家发展改革委、住房和城乡建设部以及生态环境部联合发布《关于推进污水处理减污降碳协同增效的实施意见》。该文件提出，到 2025 年，建成 100 座能源资源高效循环利用的污水处理绿色低碳标杆厂，并从强化源头节水增效、加强污水处理节能降碳、推进污泥处理节能降碳三方面部署了重点任务，为协同推进污水处理减污降碳协同增效提供了方向指引。近年来，为提高水环境质量，不少地区污水处理厂大幅提高出水水质标准，“以能耗换水质”的污水处理模式使设备在运行过程中难免产生一定的碳排放，也存在水污染治理增加碳排放的风险。2022 年 6 月，生态环境部等 5 部门联合印发的《减污降碳协同增效实施方案》提出要推进水环境治理协同控制，要大力推进污水资源化利用，包括提高工业用水效率，推进产业园区用水系统集成优化，实现串联用水、分质用水、一水多用、梯级利用和再生利用；构建区域再生水循环利用体系，因地制宜建设人工湿地水质净化工程及再生水调蓄设施。推进污水处理厂节能降耗，优化工艺流程，提高处理效率，提高污泥处置和综合利用水平，建设污水处理绿色低碳标杆厂；开展城镇污水处理和资源化利用碳排放测算，优化污水处理设施能耗和碳排放管理。以资源化、生态化和可持续化为导向，因地制宜地推进农村生活污水集中或分散式治理及就近回用[11]。开展污水处理绿色低碳关键技术攻关，重点突破高浓度有机废水和高盐废水处理与循环利用、高性能膜材料、环保型药剂、温室气体控制、智能监测与优化控制等关键共性技术，推动大数据、人工智能、数字孪生等数字技术与污水处理工艺融合发展[12]。

在湖泊藻类水华控制方面。我国对太湖、巢湖、滇池等湖泊的富营养化治理已近 40 年，尽管湖泊水质整体呈现改善趋势，但是包括这“三湖”在内，许多湖泊的富营养化控制依然未能达到预期的治理规划目标[13]。究其原因，主要包括城乡面源污染短板未有效突破，不少湖泊污染负荷依然较大，汛期污染物入湖量显著增加；长期的高强度开发导致河湖周边缓冲带面积大幅减少，河湖水系自然连通性衰退，湖泊水体生态功能退化，治理成果难以稳固；湖泊藻类水华的监测和预警技术还不够成熟，难以实现实时、快速、准确的监测和预警；对水华暴发机理的研究还不够深入，治理技术还不够成熟，治理效果不稳定，且容易造成二次污染。基于此，需进一步加强大中型湖泊蓝藻水华暴发和治理的基础科学问题研究，补齐面源污染和城市环境基础设施短板，深入探索湖泊藻类水华的暴发机理，明确关键影响因素。同时加强监测和预警技术的研究，提高技术的实时性、准确性和可靠性。研发新型的湖泊藻类水华治理技术（如高效低毒的除藻剂、生物治理技术等），加强技术集成和优化，提高治理效果和减少二次污染。

9.3.3 研发“三水融合”模拟技术

水生态系统的精准模拟与调控是新时期国家生态环境治理现代化的重要需求，河湖生态系统受水文、污染胁迫和生物群落失衡等多因素叠加影响，难以采用常规的水质指标进行模拟和调控，需加大“三水融合”模拟技术研发力度，突破“三水协同”的基础研究“瓶颈”。

一是强化机理机制研究。我国流域尺度大小不一、地理特征多样、开发利用模式多元，“三水”问题关键因子和交互机制不明，应深入剖析气候变化与人类活动作用下不同区域的水文水动力、水环境、水生态演化过程变异及其交互影响机制；研究不同区域水资源均衡、水环境改善和水生态功能提升的水文学、生物、化学、生态学原理；研究河湖“三水统筹”视角下节水增容、污染控制、生态修复等人工调控影响的水文水动力过程、水体理化性质与物理生境变化过程、水生生物生消过程互馈耦合作用机制，为“三水融合”综合模拟提供理论支撑[14]。

二是创新流域“三水融合”过程耦合模拟方法。突破数据同化等多源数据融合技术，构建多过程、多尺度嵌套的水生态系统完整性模拟预测耦合模型，分析不同尺度水体“水文—水动力—水质—水生生物”的多过程耦合与交互影响过程[15]。

三是优化“三水协同”保护方案。从水资源管理与水污染防治的关系来看，充足的水量和良好的水动力状态有利于污染物的稀释、迁移和降解，从而改善水质，提升水污染防治效果；而水污染防治通过对污染物的削减直接作用于水质改善，有利于提升水资源的使用价值，为水资源管理提供更多可支配的水资源。有效的水资源管理与水污染防治工作可提供充足的、具有良好水质的水资源，不仅可供人类社会直接利用，也为水生生物群落的健康生长提供了良好的条件。从水生态安全保障与水资源管理和水污染防治的关系来看，水生生物群落虽然对水资源没有直接作用，但是可通过对污染物的吸收利用有效地改善水质，从而也促进了水资源管理和水污染防治工作。因此，需从“三水统筹”的基本逻辑出发，研究以“三水”多目标融合协同为重点的流域水生态系统保护和修复方案，深化5G、大数据、云计算、人工智能等新技术在“三水协同”调控中的应用力度，以智慧化手段优化“三水”管理。

9.4 强化“三水”监管

9.4.1 完善“三水统筹”监测网络

生态环境监测是生态环境保护的基础，“十四五”时期是生态环境质量改善进入了由量变到质变的关键时期，生态环境治理的复杂性、艰巨性更加凸显。虽然“十三五”期间我国建成了1 946个国家地表水水质自动监测站，推进国家和地方监测数据联网，上下协同、信息共享能力明显增强，但是在“三水统筹”新形势下，水生态环境监测网络建设、业务范围、技术手段应用的深度广度与快速扩张的管理需求不匹配，对统筹水资源、水环境、水生态治理的战略任务精细化支撑不够，水生态环境监测标准规范体系建设滞后，与业务发展要求不适应。特别是我国的水生态监测与评价尚处于起步阶段，调查监测基础薄弱，水生态监测评价体系还试点研究阶段，亟需鼓励以促进水生态保护修复和水生生物多样性提升为导向，构建指标框架统一、流域特色鲜明的水生态监测评价体系。

另外，需要构建跨部门跨区域的重点流域水生态环境监测网络体系，整合生态环境、水利、住建等部门数据要素和需求，优化完善水资源、水生态、水环境监测网，实现流域水资源、水环境、水生态等相关监测资源统筹和信息共享[16]。生态环境、水利、农业农村等相关部门在水质、水文、水生态监测站网设计时，要加强在断面（站点）空间位置的一致性和协同性，统筹好水环境、水资源、水生态监测站网的布设点位选择和站点建设工作，优化完善水生态环境监测网络，避免重复建设和资金等资源的浪费。统筹重点流域水生态调查监测，在水质监测断面基础上开展水生生物指标、物理生境指标等监测，开展河湖生态缓冲带、生态用水保障程度和湿地恢复与建设情况遥感监测。推进建立国家水生生物标本库。探索开展重要河湖生态流量和污染通量监测研究。

9.4.2　构建“三水统筹”精细化管理平台

“十三五”时期以来，为深入打好污染防治攻坚战，提出了精准治污、科学治污、依法治污的工作方针，要求因地制宜、科学施策，提高污染治理的针对性、科学性、有效性。为全面提升水生态环境科学化和精细化管理水平，应打造构建以数据集成、技术集成和管理制度集成为目标的水生态环境综合管理平台。当前，除生态环境部门以外，水利、农业、海洋、林草等 9 个部门直接或间接从事环境监测工作，造成“数”出多门，缺乏数据库建设的通用标准，数据格式、技术路线不统一，数据孤岛多；部际数据交换和共享机制不健全，难以支撑目前的水生态环境管理需求。因此，需统一标准整合水资源、水环境、水生态相关数据资源，积极推进部门数据整合，建设国家与地方的数据传输与信息共享通道，搭建集社会经济、生态环境、污染排放、气象水文、空间地理等方面为一体的水生态环境数据库，力争全面掌控每一个流域、每一个省、每一个市、每一条河流、每一个湖泊/水库、每一个汇水范围的水生态环境信息。开发水生态环境形势分析、调度预警、考核会商、规划实施等政策制度的跟踪实施模块，创新多元数据融合、多维模型耦合、多决策支撑智能化实现等多项技术，集成流域模型，构建“三水统筹”的集成管理决策系统，系统推进水质断面、河流水系、入河排污口、污染源、生物多样性、生境状况、水资源多维关联分析，诊断识别各单元的污染特征及成因，优化水污染防治措施。同时，结合精细化的环境监管需求，积极引入物联网、大数据、云计算和人工智能等先进技术，提升平台的智能化水平，实现实时监测、预测预警，助力流域水生态环境治理实现问题、时间、区位、对象、措施精准决策，发挥各项生态环境管理手段的综合效能，提升流域精细化管理水平。

9.5 完善资金政策

9.5.1 健全“三水统筹”资金政策

9.5.1.1 现有涉水的主要生态环保资金政策

1. 现有涉水的相关部门生态环境保护资金类型

我国生态环境相关职能部门均设有与其生态环境保护职责相关的财政资金，财政部通过各职能部门下达转移支付资金及工业、农业、生活等环境治理、生态修复资金。涉及水这一要素，国家发展改革委资金支持范围主要集中在环境基础设施建设、节能减排、资源节约与高效利用、突出环境污染治理等方面；生态环境部资金支持范围包括水污染防治、农业农村环境整治等；水利部资金主要支持水资源集约节约利用、水资源保护修复等；农业农村部资金主要支持农田污染监测及治理技术、渔业资源保护等。相关部门涉水的生态环境保护资金情况见表 9-2。

表 9-2 相关部门涉水的生态环境保护资金情况

部门	项目	支持范围	分配方式
国家发展改革委	《重点流域水环境综合治理中央预算内投资计划管理办法》（发改地区规〔2017〕2136 号）	重点支持与水环境质量改善直接相关的项目，项目类型主要包括：城镇污水处理、城镇垃圾处理、河道（湖库）水环境综合治理、城镇饮用水水源地治理、推进水环境治理的其他工程	专项投资补助比例原则上按东中西部地区分别不高于项目合理造价的 30%、45%和 60%控制。对于属于特殊流域的三峡库区及上游、丹江口库区及上游，执行西部地区补助比例
国家发展改革委	《污染治理和节能减碳中央预算内投资专项管理办法》（发改环资规〔2021〕655 号）	重点支持污水垃圾处理等环境基础设施建设、节能减碳、资源节约与高效利用、突出环境污染治理	对支持地方项目的资金采用打捆下达方式
财政部	《中央对地方重点生态功能区转移支付办法》（预〔2022〕59 号）	重点补助、禁止开发区补助、引导性补助、考核评价奖惩资金	重点生态功能区转移支付资金选取影响财政收支的客观因素测算

部门	项目	支持范围	分配方式
财政部、自然资源部、生态环境部、应急管理部、国家林草局	《中央生态环保转移支付资金项目储备制度管理暂行办法》（财资环〔2021〕91 号）	水污染防治资金（包括集中式饮用水水源地保护、流域水污染治理、流域水生态保护修复、地下水生态环境保护及水污染防治监管能力建设）、农村环境整治资金（包括农村生活污水治理、农村黑臭水体整治、农村饮用水水源地保护、水源涵养及生态带建设、农村生活垃圾治理）、重点生态保护修复治理资金、林业草原生态保护恢复资金和林业改革发展资金	原则上均应纳入中央生态环保资金项目储备库管理范围
财政部	《重点生态保护修复治理资金管理办法》（财资环〔2021〕100 号）	开展山水林田湖草沙冰一体化保护和修复工程、开展历史遗留废弃工矿土地整治	用于山水林田湖草沙冰一体化保护和修复工程的奖补资金采取项目法分配，用于历史遗留废弃工矿土地整治的奖补资金采取项目法或因素法分配
财政部、住房和城乡建设部	《城市管网及污水处理补助资金管理办法》（财建〔2021〕144 号）	海绵城市建设示范、中西部地区城镇污水处理提质增效	海绵城市建设示范通过竞争性评审等方式确定示范城市，中央财政对入围城市给予定额补助。中西部城镇污水处理提质增效根据住房和城乡建设部组织中西部省份上报确定的 3 年建设任务投资额，按因素法分配资金，对西部地区给予倾斜
财政部、水利部	《水利发展资金管理办法》（财农〔2022〕81 号）	水旱灾害防御支出、水资源集约节约利用支出、水资源保护与修复治理支出、党中央及国务院确定的水利发展其他重点工作根据水利发展资金年度预算统筹安排	水利发展资金采用因素法和定额测算分配，并可根据绩效评价结果以及地方财政投入、预算执行情况等资金使用管理监督情况进行适当调节；实行“大专项+任务清单”管理方式，并实施年度动态调整
农业部	《农业生态环境保护项目资金管理办法》（农财发〔2018〕4 号）	全国农业面源污染监测、农产品产地环境监测，农业面源污染综合防治技术集成、农业清洁生产技术遴选，现代生态农业创新示范基地建设，农业生态环境保护国际履约，渔业节能减排调查评估及试验示范，其他涉及农业生态环境保护	—

部门	项目	支持范围	分配方式
财政部、农业农村部	《农业生态资源保护资金管理办法》(财农〔2023〕11号)	地膜科学使用回收支出、农作物秸秆综合利用支出、草原禁牧补助与草畜平衡奖励支出、渔业资源保护支出（主要支持渔业增殖放流等）、农业生态资源保护其他重点任务支出	农业生态资源保护资金可以采用直接补助、先建后补、以奖代补、资产折股量化、贷款贴息等支持方式。资金采用因素法和定额测算分配，分配时综合考虑3方面因素，一是水生生物保护区面积、秸秆利用资源量等基础因素，二是重大规划任务、新设试点任务、重点工作安排，以及党中央、国务院明确要求的涉及国计民生的事项等共同财政事权事项等任务因素，三是脱贫县粮食播种面积及所在省脱贫人口等脱贫地区因素

2021年，财政部、自然资源部、生态环境部、应急管理部、国家林草局五部门联合印发《中央生态环保转移支付资金项目储备制度管理暂行办法》，将中央生态环保支出统一纳入中央生态环保转移支付资金管理，涉及大气污染防治、水污染防治、土壤污染防治、农村环境整治、海洋生态环境保护修复、重点生态保护修复治理、林业草原生态保护恢复、自然灾害防治体系建设等方面。其中，水污染防治资金是生态环境部水环境保护与治理方面资金的主要来源，目前主要支持集中式饮用水水源地保护、流域水污染治理、流域水生态保护修复、地下水生态环境保护、水污染防治监管能力建设5个方面。

2. 生态环境部门中央水污染防治资金情况

2004年首次设立中央环境保护专项资金，资金来源为全国排污费资金的10%，用于重点污染源防治、区域性污染防治、污染防治新技术新工艺开发、示范及应用等项目拨款补助或贷款贴息。2007年设立主要污染物减排专项资金、城镇污水处理设施配套管网建设以奖代补专项资金、“三河三湖”及松花江流域水污染防治专项资金，2011年设立湖泊生态环境保护专项资金。2014年整合“三河三湖及松花江流域水污染防治专项资金”与“湖泊生态环境保护资金”，设立“江河湖泊治理与保护专项资金”。2015年，为推动“水十条”实施整合“江河湖泊治理与保护专项资金”成立“水污染防治专项资金”[17]。

根据财政部网站公布数据，2016—2023 年，中央财政下达水污染防治资金 1 499 亿元，资金规模逐年上升，2023 年，水污染防治资金规模达到 257 亿元，较上年增长 8.4%，较 2016 年增长 97.7%，支持省（区、市）由 2016 年的 29 个（不包括山西、上海）拓展到 31 个，2023 年新疆生产建设兵团也纳入水污染资金支持名单，单列资金支持。

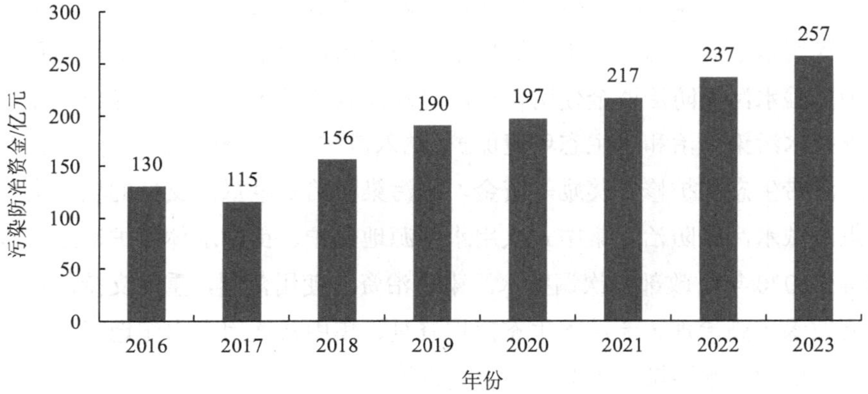

图 9-1　2016—2023 年中央水污染防治资金情况

自水污染防治专项资金设立以来，资金分配由良好湖泊保护，重点流域、区域水污染防治，逐步增加流域生态补偿奖励资金，资金支持范围也有较大调整。根据财政部公开的专项转移支付水污染防治资金数据，2016 年，中央水污染防治资金主要支持全国 26 个省（区、市）的 47 个良好湖泊保护，以及京津冀及周边、长三角中下游、珠三角 3 个重点地区 9 个省（市）和南水北调上游区及汉江流域、三峡库区及长江上游流域、黄河上游流域、中华水塔三江源地区等 4 个重点流域 9 个省（市）的水污染防治相关工作[18]。2017 年中央财政不再直接安排新开水质良好湖泊保护项目预算，将这一工作纳入水污染防治专项切块下达资金中统筹安排[19]，并在水污染防治资金安排切块资金用于长江经济带保护与治理，支持构建长江经济带生态补偿。2018 年，水污染防治资金整合跨省流域横向生态补偿试点资金，奖励河北、广西两省用于引滦入津和东江流域保护和治理工作。2020 年，中央水污染防治资金增加黄河流域水生态保护和污染治理补助资金。

水污染防治资金支持的项目类型也随生态环境部制定的全国水生态环境保护

治理重点不断变化发展。2015 年 7 月，财政部、环境保护部出台《水污染防治专项资金管理办法》（财建〔2015〕226 号），规定水污染防治专项资金专款专用、专项管理，重点支持范围包括重点流域水污染防治、水质较好江河湖泊生态环境保护、饮用水水源地环境保护、地下水环境保护及污染修复、城市黑臭水体整治、跨界、跨省河流水环境保护与治理、国土江河综合整治试点及其他需要支持的有关事项。按照这一管理办法，2016 年水污染防治资金主要用于良好湖泊保护及城市集中式饮用水水源地保护、重点流域水污染防治、地下水污染防治等项目。2019 年，为加强水污染防治资金使用管理，财政部制定《水污染防治资金管理办法》，用于支持水污染防治和水生态环境保护，纳入流域上下游横向生态补偿机制奖励、长江经济带生态保护修复奖励等资金。水污染防治资金重点支持的项目类型调整为重点流域水污染防治、集中式饮用水水源地保护、良好水体保护、地下水污染防治等。2020 年财政部再次调整水污染防治资金使用范围，重点支持的项目类型变为流域水污染治理、流域水生态保护修复、集中式饮用水水源地保护、地下水生态环境保护、水污染防治监管能力建设等。

2021 年，由于水污染防治资金支持范围的调整，水污染防治资金已不再支持环境基础设施建设、运维，也未涉及农业农村污染治理，流域水污染治理项目类型增加了区域再生水循环利用、入河排污口规范化建设、重要生态空间污染治理等方面。从实际申报项目结果来看，各地申报的项目向水生态保护修复方面倾斜，尤其是河湖生态缓冲带保护修复、河湖水域水生植被恢复等类型的项目增量明显。

3. 以系统治理为导向的“山水工程”资金

党的十八大以来，习近平总书记多次提出“山水林田湖草沙是一个生命共同体”，为落实这一理念，2016 年，财政部、国土资源部、环境保护部联合印发了《关于推进山水林田湖生态保护修复工作的通知》（财建〔2016〕725 号），开始实施山水林田湖草沙一体化保护和修复工程（以下简称山水工程）。山水工程是“山水林田湖草沙是一个生命共同体”理论的具体实践，摒弃了生态保护修复针对单一目标或单一生态要素的传统治理方案，从整体性、系统性的角度，实施生态系统整体保护、系统修复和综合治理。

山水工程充分集成整合资金政策，对山上山下、地上地下、陆地海洋以及流域上下游进行整体保护、系统修复、综合治理，真正改变治山、治水、护田各自为战的工作格局。重点实施矿山环境治理恢复、土地整治与污染修复、生物多样性保护、流域水环境保护治理、全方位系统综合治理修复等项目。在资金筹措方面，中央财政对典型重要山水林田湖生态保护修复工程给予奖补，同时鼓励各地积极拓宽资金渠道，要求地方提出本地整合资金的具体措施和办法，统筹环境污染治理、农村环境保护、矿山地质环境治理、土地复垦、水污染防治、生态修复等各类资金。

2020 年，国家发展改革委、自然资源部印发《全国重要生态系统保护和修复重大工程总体规划（2021—2035 年）》（发改农经〔2020〕837 号），以“两屏三带”及大江大河重要水系为骨架的国家生态安全战略格局为基础，突出对国家重大战略的生态支撑，统筹考虑生态系统的完整性、地理单元的连续性和经济社会发展的可持续性，将全国重要生态系统保护和修复重大工程规划布局在青藏高原生态屏障区、黄河重点生态区（含黄土高原生态屏障）、长江重点生态区（含川滇生态屏障）、东北森林带、北方防沙带、南方丘陵山地带、海岸带等重点区域。这一总体规划是全国重要生态系统保护和修复重大工程的指导性规划，是编制和实施山水工程等有关重大工程建设规划的主要依据。

在资金保障方面，中央财政在山水工程上年均投入约 100 亿元，每个项目中央财政给予基础奖补资金不超过 20 亿元。2021 年，国务院办公厅印发《关于鼓励和支持社会资本参与生态保护修复的意见》（国办发〔2021〕40 号），进一步促进社会资本参与生态保护修复。自 2016 年以来，我国围绕“三区四带”统筹布局，实施 52 个山水林田湖草沙一体化保护和修复工程，统筹各类生态要素，以流域为主要单元，实施系统治理、综合治理、源头治理，累计完成治理面积 8 000 万亩，累计完成投资 2 600 多亿元。2023 年 10 月，山水工程首批 15 个优秀典型案例公布，项目包括矿区生态修复、红砂岭治理、流域及湿地生态系统修复、国家公园建设实践、沙漠综合治理、国家自然保护区保护修复等类型，总投资额约为 122.7 亿元，其中中央资金约为 21.3 亿元，占比 22.2%。支持项目包括福建福州市闽江河口湿地生态保护及入侵物种综合治理项目、福建将乐县常上湖生态保护修复示范项目、浙江千岛湖流域水环境系统生态修复项目、湖南常德市西洞庭湖国家级自然保护区生态保护修复项目、宁夏贺兰山东麓矿山生态修复项目等。有关优秀典型案例具体情况见表 9-3。

表 9-3　山水工程首批优秀典型案例具体情况

序号	项目名称	所属工程	项目总投资/亿元	中央资金/亿元	治理面积	项目内容	成效
1	广东南雄市红砂岭综合治理项目	粤北南岭山区山水林田湖草生态保护修复试点工程[20]	8.74	0.94	4.6 万亩	粤北南岭山区是国家重点生态功能区、北江源头重要水源涵养区，工程坚持节约优先、保护优先、因地制宜、自然恢复为主的方针，创新多类型土壤改良技术、“中草药立体种植”生态治理技术，在全国范围内率先开展红砂岭生态监测与评价。根据土地坡度、土层厚度和土壤质量等条件，呈现“山顶林木戴帽、山间果树缠绕、山下水田遍地”的景象，形成了乔灌草立体布局的生态体系和水田、沟渠、水池、道路相结合的工程体系	通过项目实施，治理区生态稳定性提高，植被覆盖率显著提升，水土流失得到有效控制，生物多样性显著提高，生态系统步入良性循环。同时，项目采用“生态保护修复+产业导入”模式，新增水田 6 000 多亩，既助力严守耕地红线，保障粮食安全，又增加了农民收入，促进了乡村振兴，实现了经济效益、社会效益和生态效益的共赢
2	福建福州市闽江河口湿地生态保护及入侵物种综合治理项目	福建闽江流域山水林田湖草生态保护修复工程[21]			159 km^2	闽江流域是兼备陆地与海洋生态保护修复的试点流域，闽江河口湿地与上游陈塘港流域、二刘溪流域共 159 km^2，工程秉承“山水林田湖草是生命共同体”理念，精确识别闽江河口湿地保护区存在的生态问题，以流域协同保护和入侵物种治理为主线，聚焦生态系统受损严重且保护修复治理迫切的区域精准施策，构建生态保护、生态治理、水系修复、人居环境整治等末端综合治理体系，累计完成除治互花米草 1 810 亩，种植乡土植被 875 亩，自然恢复乡土植被 425 亩，保留 510 亩光滩供水禽栖息，累计投入 3 760 万元对保护区内的养殖塘开展全面“退养还湿”，年清理海漂垃圾 450 余 t，开展各类生态保护行动累计 4 万多人次，成为福建省重要生态名片	片区内国控、省控环境质量监测站点（断面）Ⅲ类以上水质比例达到 100%，项目解决闽江河口湿地存在的互花米草入侵、水鸟栖息地减少和海漂垃圾等问题，保护珍稀濒危水鸟栖息地安全和生物多样性稳定，形成“陆海统筹、建研一体、共建共享”的滨海湿地生态系统保护修复实践模板，项目为沿海地区山水林田湖草一体化保护修复提供了科学借鉴

序号	项目名称	所属工程	项目总投资/亿元	中央资金/亿元	治理面积	项目内容	成效
3	福建将乐县常上湖生态保护修复示范项目	福建闽江流域山水林田湖生态保护修复试点工程[22]	0.7		16 km^2	按照“保护优先、自然修复、工程辅助”的原则，引智借智，与多所高校合作，确定了“一核、两带、六片区、多节点”治理目标，坚持治山、治土、治水、治穷同步推进，和乡村振兴有机结合，从山水林田湖草的整体性和系统性出发，统筹山、水、林、田、湖、村六大要素，实施废弃砂场治理、林分提升、五水共治、恢复生物多样性等工程，以河湖流域水环境修复、湿地修复及水源地保护、生态景观建设、边坡护岸修复等为核心内容，对一河两岸约 4.1 km 河段实施治理，涉及常口村及其周边约 16 km^2。项目完成常上湖清淤面积 4.43 hm^2，生态保护修复绿化约 2.6 hm^2，构建生态植被缓冲带 1.7 hm^2，土地整治与改良 42 个田块，共 521 亩，完成水土流失整治 141 hm^2，林分改良 10 hm^2，农田生态功能提升 35 hm^2	常口村森林覆盖率达 92%，溪水常年可达 I 类水质，良好的生态环境吸引各方投资，推动农村产权制度改革的率先落地，助力乡村产业振兴，80%的村民实现家门口就业，2021 年村集体经济收入 145 万元，村民人均纯收入 2.9 万元，较 2018 年分别增长 1.37 倍和 1.41 倍。项目打造“山水相依、城水相融、人水相亲”的山水林田湖草综合体，构建“百姓富、生态美”的新常口，探索“山水林田湖+生态提升+产业振兴”发展路径，将绿水青山转化为金山银山，“生态+”效益在常口村得到充分体现

序号	项目名称	所属工程	项目总投资/亿元	中央资金/亿元	治理面积	项目内容	成效
4	重庆广阳岛生态修复项目	长江上游生态屏障（重庆段）山水林田湖草生态保护修复工程[23]	13.5		10 km^2	广阳岛是长江上游面积最大的江心绿岛，是保障长江生态廊道功能完整性的关键节点。广阳岛生态修复项目主要按照“山水林田湖草是生命共同体”的理念，运用生态的方法、系统的思维，创新实践“护山、理水、营林、疏田、清湖、丰草”六大策略，通过边坡修复、地表径流调节、森林抚育、湖底清淤、驳岸修复等技术措施，修复受损区域，增强生态系统循环能力，提升岛屿生物多样性。主要建设内容包含“护山、理水、营林、疏田、清湖、丰草、消落带修复”七大工程，实现护山 19 hm^2，理水 18 hm^2，营林 238 hm^2，疏田 58 hm^2，清湖 19 hm^2，丰草 306 hm^2，消落带治理面积 414 hm^2	生态效益逐步凸显，生物多样性不断丰富，生态生境不断优化，坡岸消落带不断稳固，广阳岛植被覆盖率恢复达 90%以上，有动物约 500 种、植物近 600 种，保护修复了林地草地及农田耕种条件，恢复溪流生境。生态大课堂逐步发挥作用，打造“生态+数字、农业、教育、文旅、康体、外事”等 6 个“生态+”两山转化产业模块。绿色发展示范效应扩大，具有广阳岛特色的生态修复理论技术体系、产品材料工法体系和组织实施管理体系得到推广
5	浙江千岛湖流域水环境系统生态修复项目	浙江省钱塘江源头区域山水林田湖草一体化保护和修复工程[24]	43.71	3.74		浙江钱塘江源头区域山水林田湖草生态保护修复工程以淳安特别生态功能区建设为统揽，启动千岛湖流域水环境系统生态修复项目。该项目紧扣水源涵养—水土保持单元功能，以现存问题为导向，立足于山水林田湖草系统性治理，以千岛湖全流域为对象进行生态保护修复，构建了可复制、可推广的内陆湖泊“一核五翼”流域生态保护模式。一核，即以保护千岛湖一湖秀水安全饮用为核心；五翼，即实现规划先导风貌优化、全过程系统治理、全流域联保共护、数字技术保驾护航、多元参与机制构建五方面措施的有机统一	项目使千岛湖流域水质得以进一步改善，生物多样性逐步提高，生态环境稳步向好，流域水质水华预测预警能力显著提升，智慧治水水平处于全国领先地位。2021 年，“千岛湖水基金——千岛湖流域生态可持续发展探索”成功入选“生物多样性 100+全球典型案例”

序号	项目名称	所属工程	项目总投资/亿元	中央资金/亿元	治理面积	项目内容	成效
6	湖北枝江市金湖湿地生态修复项目	湖北省长江三峡地区山水林田湖草生态保护修复工程[25]	4.4	0.5	733.35 hm^2	项目以湖泊湿地生态系统功能恢复和绿色发展为导向，以水环境保护、水生态修复为重点内容，坚持水域陆域统筹、水量水质并重、保护修复共进，系统开展源头截污、河湖连通、水质提升与水生态修复、湖滨生态缓冲带修复、智慧监管及科普宣教等系列工程建设，强化“城市之肾”保护，筑牢沿江生态屏障，助力长江经济带绿色发展。完成水土流失防治面积 1.4 km^2，新增湖泊湿地面积 778 亩	流域水环境质量持续好转，水体透明度、化学需氧量、氨氮等指标显著改善，金湖水质从 2018 年劣Ⅴ类稳步提升至Ⅳ类，部分指标达到或优于Ⅲ类水质标准，湖泊水体透明度由 30 cm 上升为 90 cm。生物多样性和种群资源明显提高，维管束植物由过去的 168 属 198 种增加到 173 属 204 种，鸟类由 141 种上升到 182 种。促进了当地旅游业、服务业等第三产业发展，带动周边群众从事特色种（养）殖、农产品加工、采摘、农家乐等，每户年增收 1.8 万元以上。金湖湿地先后被国家林草局、水利部和湖北省评为“国家湿地公园”、长江经济带“美丽湖泊”“幸福河湖示范”

序号	项目名称	所属工程	项目总投资/亿元	中央资金/亿元	治理面积	项目内容	成效
7	江西赣县区崩岗生态修复项目	江西赣州市山水林田湖生态保护修复试点工程[26]	1.05	0.561 104	380 hm^2	赣县区依托“赣州山水工程”和“水土保持工程建设以奖代补试点”项目，积极开展崩岗生态修复项目建设，形成“一路五区”和“三型四结合”治理模式，共治理崩岗 865 座，建立了比较完善的水土保持综合防护体系	项目每年可保水 2 320 万 m^3，每年可保土 16.33 万 t，种植脐橙、杨梅等果园 2 500 亩，每年产生的直接经济效益可达 3 600 万元。昔日的“烂山地貌、生态溃疡”成功蜕变为“绿水青山、金山银山”，实现了“人养山、山养人，山青民富”的良性循环，崩岗区已变成集崩岗治理、科普宣传、休闲旅游于一体的国家级水土保持科技示范园、南方崩岗治理示范样板
8	湖南常德市西洞庭湖国家级自然保护区生态保护修复项目	湖南湘江流域和洞庭湖生态保护修复工程[27]	2.3	0.373 7		实施生态补水保水：对湖区淤洲、东洼等水鸟重点栖息区域进行冬季生态补水、形成有层次的水面及滩地，修建生态保水设施约 8 km。洲滩和水环境整治：对湖内 92 处洲滩进行沟渠整治，“退养还湿” 1 328 亩精养鱼塘，综合整治 1 297 亩养殖水域。实施生态岸线、植物恢复和动物栖息地修复：修复退化湿地 12 万亩，岸线复绿 2 km，洲滩上形成乔木—芦苇—薹草—泥滩—沉水植物的带状分布格局，恢复湿地植被 2 万亩，打造西洞庭湖半边湖、凉爽洲等水鸟栖息地	西洞庭湖断面水质保持在Ⅲ类或优于Ⅲ类，沉水、浮水、挺水植物种数增加，越冬候鸟达 40 余万只

与水污染防治专项资金相比，山水工程通过顶层设计，明确了全国生态保护修复的重点，支持的项目种类多，涉及流域治理、检测评价、生态修复、人居环境整治、生态景观建设、产业支持等各个方面，使得资金在使用时更有整体性和系统性。山水工程项目复杂，资金规模大，对单个项目支持资金支持额度较大，各个项目在中央资金支持的基础上积极寻找生态补偿、企业社会资本支持，整合林业项目、涉农资本、国家生态功能区转移支付资金等，部分项目设立生态基金，更好地撬动了多方面资金参与流域、区域保护与治理。

9.5.1.2　流域水环境治理资金存在的问题

1. 生态环保支出和相关财政保障资金总量不足

2019 年年底，十三届全国人大常委会第十五次会议印发了全国人大常委会预算工委、全国人大财经委、全国人大环资委关于财政生态环境保护资金分配和使用情况调研报告，从调研情况来看，各级政府及其相关部门普遍反映生态环境形势严峻、历史欠账较多、治理任务较重，可用财力有限与生态环保投入需求较大之间的矛盾突出。

近年来，我国的生态环保支出总体稳定在 9 000 亿元左右，与欧美发达国家和地区相比，我国环保支出占比较低。根据中国统计年鉴相关数据，2022 年，一般公共预算中节能环保支出为 5 412.8 亿元，占国家财政支出的 2.08%。根据中国环境统计年鉴的环境污染治理投资情况数据，2021 年，我国环境污染治理投资占 GDP 的比值为 0.83%，2011 年以来这一比值呈下降趋势。2021 年，欧盟国家环保支出达到 2 730 亿欧元，连续 15 年环保支出占 GDP 的比值保持在 1.8%～2%[28]。根据发达国家经验，环保投入占 GDP 比重在 1%～1.5%，才能遏制环境污染的趋势；占比达 2%～3%，才有可能改善环境质量。由此可见，我国环境污染治理投入潜在空间仍然较大[29]。

财政资金作为环保支出的主要来源，节能环保支出占一般公共预算财政支出的比例虽呈上升趋势，但受经济下行与疫情影响，地方财政税收减少，全国大部分省份生态环境保护增加了对中央生态环保资金的依赖，生态环保资金需求和财政保障能力之间的矛盾也日益凸显。例如，中央财政 2019 年自然资源领域生态保护修复两个专项安排 142 亿元，与相关部门测算的每年 589 亿元的资金需求存在较大差距[30]；部分西部省份财政投入“力不从心”，甘肃省 2018 年一般公共预算收入871.1亿元，但全省2020—2022年山水林田湖草项目资金需求就达960亿元。

2. 缺乏像“山水工程”对污染治理的系统考虑、统筹谋划

国家层面虽然在重点流域生态环境保护规划中明确了大江大河的保护重点，但到地方落实层面，缺乏针对流域具体问题的深入分析和系统梳理，缺少对水源涵养、水资源节约、水环境治理、水生态保护修复等任务和治理措施的高质量、系统性谋划。主要原因有3个方面：一是生态环境相关部门沟通亟待加强。各部门对其管理的环保资金政策之间系统性、整体性、协同性较差[31]，水利部门、生态环境部门、住建部门等往往各自为政，各类保护项目在立项前缺乏相关部门的信息互通，各项水利设施、水生态环境治理项目中对不同水域、不同物种的保护政策考虑不足。

二是地方水生态环境系统治理能力仍需提高。受经济下行压力影响，地方在相关水生态环境保护规划编制过程中，以申请国家资金为重点谋划项目，缺少流域水生态环境问题的系统谋划与治理。近年来，大部分地市、县区围绕水污染防治资金支持的水生态修复、饮用水水源地规范化建设、污水处理厂尾水湿地等方向设计项目，对污染防治资金不支持、资金需求量大的城乡污水垃圾收集治理等环境基础设施建设类项目以住建部门的规划为准，生态环境部门缺乏对水生态环境质量改善见效快、短板明显的管网等建设性项目的谋划。

三是水污染防治资金绩效管理水平有待提高。水污染防治资金绩效管理制度虽然在不断完善，但绩效管理的目标设置科学性有待提高、评价结果还需进一步扎实、评价结果的应用有待加强，水污染防治资金使用与监管面临项目储备、资金分配、下达、使用、监督等过程重“合规性”、轻“有效性”的问题，如何推动水污染防治资金使用管理兼顾“正确地做事”和“做正确的事”，提高资金项目储备质量和资金使用成效成为亟待解决的问题[32]。

3. 水污染防治资金尚未形成因地制宜、“三水统筹”的资金支持范围

“十四五”是流域水生态环境保护由污染防治为主向“三水统筹”转变的关键期，2023年3月底，生态环境部等五部门联合印发的《重点流域水生态环境保护规划》，规划名称由“水污染防治”拓展为“水生态环境保护”，为“十四五”时期开展水生态环境保护提供了基本依据。在目标设置上，“十三五”规划仅对重点流域水质达到或优于Ⅲ类断面比例、劣Ⅴ类断面比例提出了考核目标，而“十四五”规划分别设置了水环境、水资源、水生态目标指标，其中水环境指标增加了县级以上集中式饮用水水源地达标情况、城市建成区黑臭水体控制比例，水资源指标包括达到生态流量要求的河湖数量、恢复“有水”的河湖数量，水生态指标包括水生生物完整性指数、河湖生态缓冲带修复长度、人工湿地水质净化工程建设面积、以重现土著鱼类、水生植物为目标的水体数量等。在重要水体保护要点设置上，“十三五”规划以工业、农业及城镇生活污染治理、饮用水水源地保护、黑臭水体整治为重点，“十四五”规划在污染防治基础上增加了生态监测调查、生态治理与保护修复、生态水量保障等类型的项目[33, 34]，以目标、任务的变化引导中央水污染防治专项资金的支持范围变化。

中央财政资金支持范围是引导地方流域水环境保护与治理措施的风向标。“十四五”时期以来，中央水污染防治资金支持范围缩小，2021 年水污染防治资金不再支持环境基础设施建设、运维以及农业农村污染治理，转为重点支持流域水生态保护修复，引导地方在项目库建设内容上的变化。但是，在全国层面，不同流域、不同地区、不同发展阶段水生态环境重点问题不同，单一的水污染防治资金支持范围不能为全国各地、各流域水生态环境治理与保护量体裁衣。一方面，要引导流域水环境治理成效基础较好的地区在控源截污的基础上探索生态扩容类项目，进一步提升水环境质量；另一方面，部分水环境治理仍然比较落后的地区，在前期控源截污工作基础薄弱、水资源紧缺的情况下，要按照标本兼治、实事求是的原则，因地制宜地统筹水资源、水环境、水生态的要求设计入库项目。

9.5.1.3　建立“三水统筹”、因地制宜的水污染防治资金支持政策

1. 以河湖为对象，强化与其他资金渠道统筹谋划项目

在流域保护与治理项目谋划过程中坚持系统性、整体性、协同性，统筹考虑区域、流域、海域生态系统特点、生态环境现状与问题，坚持山水林田湖草沙一体化保护和系统治理，统筹地表地下、陆上水里、流域海域及流域上下游、左右岸、干支流，统筹不同部门、不同主体、不同行政区域和行业的污染治理和生态保护修复，避免片面治理、局部治理。

财政部、生态环境部研究以美丽河湖建设为抓手，指导地方统筹国家发展改革委、农业农村、生态环境、水利等部门资金，统筹推进城乡污水治理、秸秆回收利用、水资源循环利用、生态流量保障等项目，系统治理流域水生态环境。

省级生态环境部门加强对本省项目储备布局的统筹，变“自下而上”地堆积项目为“自上而下”地谋划布局项目。参考“山水工程”模式，明确本省（区、市）近年来水生态环境治理难点、重点和治理进度，以河湖为统领，指导地方围绕某一重要水体或某一重点地区布局谋划项目，鼓励将涉及同一绩效目标的多个项目进行整合，整体立项，一体化推进项目实施，发挥项目合力，提升资金使用效益。同时，项目谋划要坚持“三水统筹”，加强水资源、水生态相关项目储备，推动实现“有河有水、有鱼有草、人水和谐”的美丽景象实现。

各地市应按照系统修复、综合治理的要求，统筹考虑流域水资源保障、水环境治理、水生态修复，积极梳理、统筹各部门相关资金，统筹使用流域土地整治、环境污染治理、农村环境保护、新农村建设、矿山地质环境治理、生态修复等各类资金，综合考虑资金支持范围，通过制订流域规划、实施方案等方式，统筹各部门项目计划，有针对性地治理流域水生态环境突出问题。

此外，由于水污染防治资金的支持范围及方向较窄，资金规模有限，地方在项目谋划时还应统筹考虑地方财政资金、地方政府债券、金融机构资金、社会资本等其他资金来源，最大限度地利用好有关资金政策，使水污染防治资金和其他资金形成合力，提高资金效率。还可以参考“山水工程”中对产业与发展的谋划，探索生态环境导向的开发（EOD）模式，为流域、区域变绿水青山为金山银山开拓新路径。

2. 以问题为导向，因地制宜实施财政资金的差异化支持

国家层面拓宽水污染防治资金的支持范围，支持地方因地制宜地开展流域水环境保护与治理。鼓励有条件的地区结合地方实际情况，围绕“十四五”时期要重点突破的若干难点和关键环节组织开展项目谋划储备，先试先行，为后期项目谋划储备奠定基础。例如，对城镇生活污水收集治理不到位的中部、西南地区，适当支持污水管网、城镇生活污水处理设施的建设；对流域农业农村污染较重的流域，支持面源污染、畜禽养殖污染、农村生活污水治理，开展规模化种植业、养殖业污染防治试点，探索建立符合种植业、养殖业特点的环境管理体系；开展汛期污染强度分析和污染治理，厘清各行政辖区城乡面源污染的责任，推动突破城乡面源污染防治“瓶颈”等[35]。鼓励各地区编制流域水生态环境提升规划或实施方案，以美丽河湖建设为契机，聚焦流域重点水生态环境问题，统筹支撑流域保护与治理项目。

3. 以结果为目标，加强资金项目绩效目标管理与应用

财政部、生态环境部推动建立上下协同、相互支撑的绩效目标体系，强化整体、区域、项目 3 个层次目标之间的有机联系。围绕“十四五”重点流域水生态环境保护规划中水资源保障、水环境治理、水生态保护等重点任务，从效益角度构建整体绩效目标，如重点流域优良水体达标率；从项目产出数量、产出质量、产出时效等项目直接产出角度建立项目绩效目标，如河道整治长度、河湖生态缓冲带修复面积、新增污水处理能力等产出数量指标，标准要求、工程质量要求、相关利益方满意度等产出质量指标，开工及完工时间要求等产出时效指标；从产出和效益两方面建立区域绩效目标，反映资金重点支持区域所有支持项目的综合产出绩效，如区域内河道整治总长度，项目完工率、流域水质达标率等。

优化绩效评价指标体系，参考亚洲开发银行贷款项目绩效管理经验，以相关性、效果、效率、可持续性为准则构建绩效评价指标体系，提高绩效评价的科学性[36]。其中，“相关性”从资金分配和资金使用两方面评价项目是否符合流域水生态环境改善需求；“效果”从流域水生态环境改善、项目内容完成情况及公众满意度等方面评价项目目标的实现程度，是项目绩效评价的重点；“效率”从项目实施、资金使用等时间效率和预期效率等经济效率两方面评价资源、投入转化为结果的经济性。“可持续性”是结合资金使用情况，从资金使用成效的结果、成效保障情况等方面具体评价项目建成后持续运行和发挥成效的可能性，如评价农村生活污水处理设施能否按计划收集并处理污水，能否稳定运行、是否有稳定维护资金等，持续开展项目后评估。

明确绩效管理责任约束与强化绩效管理激励约束是资金绩效管理的关键[37]，水污染防治资金绩效管理也应严格落实有关要求。国家层面，将现有的水污染防治资金绩效评价结果与后续资金分配挂钩机制，并不断加大绩效评价结果与资金分配的挂钩力度，同时增强信息公开力度，逐步将绩效评价报告对人大、社会公开，通过人大监督、公众监督约束倒逼地方重视绩效。各级政府应构建财政核心业务一体化绩效动态监管体系[38]，完善资金绩效管理的责任约束机制，切实做到“花钱必问效、无效必问责”。

9.5.2 完善生态保护补偿政策

近年来，流域生态保护补偿制度不断完善，财政部、生态环境部等先后印发《支持长江全流域建立横向生态保护补偿机制的实施方案》《支持引导黄河全流域建立横向生态补偿机制试点实施方案》，对长江、黄河两大流域提出了建立全流域横向生态补偿机制的要求。中共中央办公厅、国务院办公厅印发《关于深化生态保护补偿制度改革的意见》，提出了加快健全有效市场和有为政府更好地结合、分类补偿与综合补偿统筹兼顾、纵向补偿与横向补偿协调推进、强化激励与硬化约束协同发力的生态保护补偿制度的要求。

流域生态保护补偿实践已经在我国各省份相继开展，建成并实施了包括皖浙新安江、粤桂九洲江、闽粤汀江—韩江、赣粤东江、冀津引滦入津、冀京潮白河、云贵川赤水河、渝湘酉水、皖苏滁河、赣湘渌水、川渝长江流域、豫鲁黄河干流、川甘黄河干流、京冀官厅水库上游等在内的 14 个跨省流域横向生态保护补偿机制。补偿机制建立了以水质为主、可落地可操作的补偿责任考核体系，明确了污染治理的责任主体、规定了资金使用方向，确定了水质监测及数据认定要求，京冀密云水库上游潮白河流域还对入境水量提出了具体要求。在资金保障上，以政府专项资金为主的资金渠道来源稳定，补偿资金分配与治理成效挂钩，资金总体向流域上游地区、向欠发达地区倾斜，充分发挥了财政资金的引导作用，进一步调动相关省（市、县）污染治理的积极性和主观能动性。在机制建设上，跨省相关市（县）建立了以“水”为核心的联席会议等流域协调机制以及联合监测、联合执法、应急联动等横向联动工作机制，新安江流域还提出了新安江—千岛湖流域生态补偿试验区等共建共享的内容，逐步由流域共同保护向流域高质量发展转变。

在“三水统筹”的水环境治理政策要求下，流域生态保护补偿政策的发展和实践也遇到了新的“瓶颈”。一是大江大河补偿机制尚未建立。我国现有的流域生态保护补偿实践零散分布于各大流域跨省交界处，但各流域尚未建立全流域的生态保护补偿机制，对大江大河的源头保护仍以中央财政支持为主，上游省份普遍水环境质量较好、水资源贡献大，但经济社会发展相对落后，尚未建立省与省之间的横向流域生态保护补偿机制。各流域下游省份建立补偿机制的积极性不高，其中，长江流域涉及省份多，受支流汇入、入河污染物治理、河流自净等因素影响，上游省份水环境质量并不直接影响中下游水生态环境质量，下游水资源消耗量较大、水污染排放量大的省份对上游省份的补偿积极性不高；珠江流域主要支流西江涉及云南、贵州、广西、广东 4 个省区以及澳门用水，虽然上游省份多年来积极推动补偿机制建立，但由于涉及省份较多，水环境治理目标各自为政，水生态环境保护的受益者和保护者的责任义务不清，生态补偿机制建立沟通协调难度大。

二是流域补偿中的“三水补偿”实践仍处在探索起步阶段，尚未有突破性、能够切实约束流域水资源节约、水生态保护与修复的补偿实践。一方面，国家层面还没有为流域生态补偿适应“三水统筹”提供良好的政策基础。国家层面流域生态补偿政策虽作了部分方向性的调整，但在支撑流域补偿适应“三水统筹”管理需求方面，生态环境、水利、农业农村、自然资源等相关部门之间尚未就流域水生态环境保护与“三水统筹”政策达成一致，尚未统一相关水生态监测与考核方法，尚未建立水环境、水生态与生态流量数据共享机制等。另一方面，补偿指标设置不能满足“三水统筹”管理需求。现有跨省流域横向生态保护补偿仍是以水质为核心设立补偿指标，多是对高锰酸盐指数、氨氮、总磷等主要水质指标进行考核，水资源、水生态指标纳入流域生态补偿的实践较少。黄河、长江等中央纵向流域生态补偿奖励资金分配时，虽已设置了水资源节约利用、水质改善、水源涵养等方面的指标（黄河流域生态补偿中水资源指标主要为补偿资金分配因素，向上游省份倾斜，水生态指标以森林草地面积为主，衡量整个流域生态环境情况），但从实施情况来看，水生态、水资源指标未能督促各省份作出节约水资源、保护水生态方面的政策决策。各地补偿实践中，部分流域探索设立水量补偿指标，例如，京冀为保障密云水库供水，设立了以“水量核心、水质底线”的流域横向生态保护补偿标准，按年度总水量实施阶梯补偿；广东为作为珠江流域下游省份，加强上游入境水量考核，在汀江—韩江、东江、九洲江等横向生态补偿试点流域增加了跨界断面生态流量考核目标，但跨省横向流域生态保护补偿及各省份省内流域生态保护补偿对流域水资源节约保障和水源涵养的激励实践仍然较少。此外，水生态指标难以纳入补偿指标体系。生态环境部门尚未形成统一的水生态监测标准，除长江、黄河以外，绝大部分流域、区域尚未开展水生态监测，水生态考核标准尚未形成，难以确定补偿中的水生态指标、考核标准等；农业农村部、国家林业局等监测数据尚未在各部门之间共享沟通，林地、草地、湿地面积相关数据每 5 年一监测，时间间隔长于现有补偿协议期间，难以在补偿考核中使用；水生态保护与补偿缺乏对重点鱼类保护区、鱼类洄游保护通道、湿地、自然岸线完整性等水生态指标的补偿及考核，不能适应“十四五”流域“三水统筹”系统治理的新要求。

三是跨省流域共保共治、共同发展仍需加强。在流域治理方面，部分跨省流域横向生态补偿目标设置比较宽松，虽然《关于加快建立流域上下游横向生态保护补偿机制的指导意见》（财建〔2016〕928 号）明确提出“将流域跨界断面的水质水量作为补偿基准。流域跨界断面水质只能更好，不能更差，国家已确定断面水质目标的，补偿基准应高于国家要求”。但是一些流域在建立补偿机制的过程中，并没有对跨界断面的水质提出更高要求，有的只考虑水质不考虑水量，使本应是上游完成的“责任”变成了“义务”，地方在“应该治”和“提标治”的两端左右徘徊。有的流域仅为了响应国家号召，把签订协议视为建立机制，工作上却各自为政，上下游协同治理的机制尚不健全，流域共同治理的标准、目标尚不明确，缺少统筹规划与协调布局，保护和治理项目储备不足，资金执行率低，环境效益、经济效益与社会效益不明显。在流域发展方面，部分流域补偿机制涉及的上游省份经济发展较弱，与下游省份经济社会发展差距大，流域生态保护补偿虽然在水生态环境治理方面对上游省份提供了资金支持，但是更严格的水质目标，使上游省份提出并执行更加严格的环境准入标准，淘汰原有污染较重的企业和行业，汀江、九洲江等上游的福建、广西等省（区）为了改善水质更是清退了大量生猪养殖的散养户，对流域内经济发展、政府税收、居民收入都产生了一定影响，但产业转型升级尚未完成，虽然保护了生态环境，但并没有同步享受生态红利。

9.5.2.1 深化推广流域横向生态保护补偿实践

现有跨省流域横向生态保护补偿在补偿协议确定、联防联治等方面有比较丰富的实践经验，总结和推广新安江、京津冀水源涵养区、九洲江、汀江—韩江、东江等跨省流域横向生态保护补偿实践经验，深化新安江—千岛湖生态保护补偿试验区绿色发展实践，能够助力流域生态补偿在全国重要流域、重要水体开花结果。协议省份还可以依托国控、省控断面，以跨省流域横向生态补偿及上下游联防联控为重点，上下游省份联合申报和建设国家级美丽河湖，推广流域协同治理经验。国家支持相关省份在黄河、长江全流域建立横向生态保护补偿机制，尤其是干流及主要支流建立跨省横向生态补偿机制。此外，相关部门牵头指导建立西江跨省流域横向生态保护补偿，能够进一步推动西江流域水环境保护与治理，保障广东、澳门饮水安全，丰富跨省流域横向生态保护补偿在多省份流域的实践，为流域内多省协同治理、协调发展提供新平台（表 9-4）。

表 9-4　部分跨省流域横向生态补偿实践情况

序号	上游	下游	涉及流域	进度	基本原则	补偿指标	特点
1	安徽	浙江	新安江流域	第三期协议，补偿试验区	“横向补偿、纵向支持，政府主导、多方参与，制度创新、先行先试，协同推进、互利共赢”的基本原则	水质补偿指数为出资依据，产业和人才补偿指数为补偿资金分配依据	共建新安江—千岛湖生态保护补偿样板区
2	广西	广东	九洲江流域	第三期协议 2021—2023年	成本共担、效益共享、合作共治、双向补偿	水质、水量考核	考核主要污染物年均浓度类别及达标率
3	福建	广东	汀江—韩江流域	第三期协议 2022—2024年	成本共担、效益共享、合作共治	水质、水量考核	考核主要污染物年均浓度类别及达标率
4	江西	广东	东江流域	第三期协议 2022—2024年	成本共担、效益共享、合作共治	水质、下泄水量、下泄流量考核	考核主要污染物年均浓度类别及达标率
5	河北	天津	引滦入津流域	第三期协议 2022—2025年	成本共担、效益共享、合作共治	水质考核	考核主要污染物年均浓度类别及达标率
6	河北	北京	潮白河流域	第二期协议 2022—2025年	生态优先、绿色发展、区际公平、权责清晰；成本共担、效益共享、合作共治；水量核心、水质底线	年度总水量实施阶梯补偿、水质基本指标按年均类别分类补偿、建立总氮控制考核机制的方式开展	建立了全国首个以水量、水质、行为管控为主导的生态补偿机制
7	云南	贵州、四川	赤水河流域	第二期协议 2022—2025年	责任共担、效益共享	水质补偿	共同出台赤水河流域保护条例，建立“协议+决定+条例+规划”的补偿机制

9.5.2.2 拓展完善流域横向生态保护补偿机制

探索建立更大范围、更多保护对象的流域横向生态保护补偿实践。“十三五”“水十条”将水生态环境保护涉及的生态保护补偿限定在“实施跨界水环境补偿”，在实践中更侧重于对重要水源地的补偿。“十四五”《重点流域水生态环境保护规划》坚持山水林田湖草沙一体化保护和系统治理，统筹水资源、水生态、水环境等流域要素，生态保护补偿也从以单一的水环境质量改善为核心向“三水统筹”的水生态环境质量改善拓展。补偿范围扩大到江河源头、重要水源地、水土流失重点防治区、蓄滞洪区、受损河湖等重点区域。同时，为保护湿地生态系统，维护湿地生态功能及生物多样性，增加了开展国际重要湿地、国家重要湿地补偿试点；为完善河湖生态流量管理，提高生态用水效率，将保障流域生态流量作为探索建立市场化、多元化生态保护补偿机制的重要内容。

深化补偿标准、标的、合作发展等研究与实践。结合水生态环境保护修复成本、水污染责任划分、水质改善收益、水资源使用量、资源性收益、受益地区支付能力等因素，综合确定补偿标准，更好地体现激励与约束。除常规水质指标外，结合流域治理重点，将总氮、特征污染物等纳入补偿指标，在北方缺水地区推广生态流量、水资源使用效率相关的考核指标纳入跨省流域横向生态保护补偿协议中，鼓励建立可考核、可比较的水生态指标，因地制宜将水生生物、鱼类洄游保护、湿地、自然岸线完整性等生态指标纳入补偿考核范围。完善流域补偿绩效评估对水资源保障、水环境改善、水生态保护修复等方面绩效评估方法，从“三水统筹”的角度系统评估流域生态补偿带来的生态环境效益。

专栏 9-2 国家引导建立“三水统筹”的黄河全流域横向生态补偿机制

截至 2020 年，全国流域补偿在淮河流域、珠江流域、海河流域及长江流域均已建立试点机制，国家更是出台政策支持长江流域建立横向生态补偿，但黄河流域作为我国第二大河流，除 2012 年甘肃、陕西短暂开展了为期 1 年的跨省流域横向生态补偿机制以外，一直没有建立长期、有效的跨省流域横向生态补偿机制，黄河流域 9 省（区）在流域联防联控、水资源保护与奖励方面亟待加强。

2019 年 9 月 18 日，习近平总书记在黄河流域生态保护与高质量发展座谈会上的讲话中强调，“加强生态环境保护。黄河生态系统是一个有机整体，要充分考虑上中下游的差异。上游要以三江源、祁连山、甘南黄河上游水源涵养区等为重点，推进实施一批重大生态保护修复和建设工程，提升水源涵养能力。中游要突出抓好水土保持和污染治理。水土保持不是简单挖几个坑种几棵树，黄土高原降水量少，能不能种树，种什么树合适，要搞清楚再干。有条件的地方要大力建设旱作梯田、淤地坝等，有的地方则要以自然恢复为主，减少人为干扰，逐步改善局部小气候。对汾河等污染严重的支流，则要下大气力推进治理。下游的黄河三角洲是我国暖温带最完整的湿地生态系统，要做好保护工作，促进河流生态系统健康，提高生物多样性”，明确了黄河流域上中下游的生态环境保护重点，即上游提升水源涵养能力，中游突出抓好水土保持和污染治理，下游保护好黄河三角洲。2020 年 1 月 3 日中央财经委员会第六次会议强调坚持统筹谋划、协同推进，立足于全流域和生态系统的整体性，共同抓好大保护、协同推进大治理，要实施水源涵养提升、水土流失治理、黄河三角洲湿地生态系统修复等工程，推进黄河流域生态保护修复。

2020 年 4 月，财政部、生态环境部、水利部、国家林草局印发《支持引导黄河全流域建立横向生态补偿机制试点实施方案》（以下简称《实施方案》）的通知，探索建立黄河全流域生态补偿机制，加快构建上中下游齐治、干支流共治、左右岸同治的格局。实施方案坚持结果导向，讲求实效，坚持以水生态环境和资源质量只能更好不能更差、用水总量不超限为目标导向，对流域生态环境治理、保护和修复进行考核，全面客观地反映沿黄各省（区）相关工作成效，并根据考核结果分配资金，突出对水资源贡献、水质改善、节约用水等成效突出地区资金倾斜。在中央引导资金分配方面设置水源涵养、水资源贡献、水质改善、用水效率 4 类主要因素，占比分别达到 30%、25%、25%、20%。其中水源涵养指标为各省区流域内年度湿地、森林、草地面积及水土保持指数，主要反映了流域河湖、湿地生态功能恢复能力，水土保护、水源涵养能力等水生态方面的情况；水资源贡献量为流域年度水资源量减去年度耗水量，用水效率指标为各省区万元国内生产总值用水量、万元工业增加值用水量及农田灌溉水有效利用系数，两类指标主要反映了流域水资源保护和节约集约利用情况；水质指标为国控断面水质改善、优良水体及污染物减排指标等，反映了黄河流域水质改善情况。这一指标设置体现了国家政策方面对黄河流域横向补偿中水资源的重视，将黄河流域中央生态补偿引导资金向流域上游倾斜，青海省贡献了黄河流域将近一半的水资源量，中央分配青海省引导资金约占全流域的20%。

《实施方案》激励了黄河流域各省（区）签订补偿协议、建立补偿机制的积极性，2021年流域内部分省份签订跨省流域横向生态补偿协议，3月四川、甘肃两省签订了为期2年的黄河干流横向生态保护补偿协，4月河南、山东两省签订为期2年的黄河流域（豫鲁段）横向生态保护补偿协议。但在省级层面，黄河流域跨省流域横向生态补偿仍然以流域水质改善为核心，未考虑水资源、水生态方面的因素。

专栏9-3　冀京逐步建立密云水库上游潮白河流域水源涵养区“水量核心、水质底线”流域横向生态保护补偿机制

密云水库是华北地区第一大水库，也是首都北京最重要的地表饮用水水源地。在北京市东北部、密云区中部，距密云区12 km。该水库坐落在潮、白河中游偏下，系拦蓄白河、潮河之水而成，库区跨越两河。水库最高水位水面面积达到188 km^2，水面137 000亩，水深40～60 m，分白河、潮河、内湖3个库区，最大库容量为43.75亿 m^3，相当于67个十三陵水库或150个昆明湖。水库上游白河，起源于河北省沽源县，经赤城县，延庆区，怀柔区，流入密云水库；潮河起源于河北省丰宁县，经滦平县，自古北口入密云水库。

为保护密云水库上游潮白河流域水源涵养区生态环境，大力推进京津冀协同发展战略，加强区域生态环境保护实现绿色发展。2018年，河北省、北京市签订密云水库上游潮白河流域水源涵养区横向生态保护补偿协议，按照“成本共担、效益共享、合作共治”的原则，建立协作机制，共同推进，协调一致，促进流域水资源与水生态环境整体改善，补偿期限为2018—2020年。第一轮补偿期间，除水质考核目标外，京冀两省（市）在协议中还规定了入境水量的补助资金，当年入境水量不足2亿 m^3 时，补助资金基数为5 000万元，当入境水量超过2亿 m^3 不到3亿 m^3 时，每超1 000万 m^3 增加1 000万元；超过3亿 m^3 不到4亿 m^3 时，每超1 000万 m^3 增加750万元；当入境水量超过4亿 m^3 不到6亿 m^3 时，每超1 000万 m^3 增加500万元。

2022年，两省（市）在第一轮补偿协议基础上，签订了第二轮补偿协议，为期5年。第二轮协议加严了水质考核目标，建立了总氮控制考核机制，在水量考核方面更是作出了创新尝试。协议设置了 5 个水文监测补偿断面，2 个水文监测参考断面，明确要求平水年水量一般不低于 2 亿 m^3，丰水年水量一般不低于 3 亿 m^3，并按照年度总水量实施阶梯补偿，总水量 2 亿 m^3 以内补偿标准为 1.5 亿元，2 亿～6 亿 m^3 水量按照每 1 000 万 m^3 阶梯补偿，超过 6 亿 m^3 部分视为过境洪水，不参与补偿。同时明确补偿资金主要用于密云水库上游潮白河流域水源涵养区水环境治理、水土保持、河湖水生态修复、水资源节约保护以及绩效评估等。真正建立了“水量核心、水质底线”为基本原则的流域横向生态保护补偿。

9.5.2.3 建立健全生态保护补偿政策保障体系

一是强化流域生态补偿在水量、水生态方面的支持力度。在中央财政纵向补偿中，加强水资源、水生态相关指标的考核力度，提高资金分配因素的政策导向性。相关部门就流域水生态、水资源相关指标设定、考核标准等提供技术指导，支持跨省流域在流域补偿协议中设置相关指标、考核要求，或作为资金筹措、分配依据，引导地方加强水资源节约、推动水生态保护修复。

二是完善“三水统筹”的水生态环境监测。相关部门建立水环境质量、水资源、水生态数据部门共享机制，各部门及时共享水环境、水资源、水生态的相关数据，共同研究具有政策指导性的“三水统筹”监测、考核指标体系。林业部门加强对森林草原面积等水源涵养指标的监测频率，生态环境部门制定好监测、易考核、有代表性的水生态监测指标，拓展流域水生态监测范围，鼓励除长江、黄河以外的流域开展水生态监测，因地制宜地制定适合各流域的水生态监测指标体系。生态环境部门应尽快制定水生态考核标准，在征求地方意见的基础上，明确水生态考核要求。

三是健全流域保护法律制度保障。一方面，落实《生态保护补偿条例》要求，明确各部门职责，调动地方建立补偿机制的积极性，为生态保护补偿提供法律依据；另一方面，推广赤水河流域三省联合立法的模式，以法律形式明确上下游、左右岸的保护与治理责任和生态环境底线。统一流域生态保护与协同发展规划，推广新安江—千岛湖编制共同保护规划经验，建立流域协调统一的流域保护与治理目标和标准，明确流域保护重点项目，建立上下游共保共治政策保障与机制。

四是完善补偿资金和项目管理。国家应拓展中央水污染防治资金在流域生态保护补偿方面的支持范围，协议省份应结合本流域的治理需求，配套出台项目资金管理方案，完善项目管理制度，优化中央及省级资金支持范围和方向，系统化推进生态保护和修复，进一步发挥生态补偿资金使用效益。协议省份应健全项目谋划储备，坚持问题导向，污染减排和生态扩容两手抓，谋划实施符合政策导向的重点区域流域生态修复与综合治理项目，积极争取中央水污染防治资金。

五是拓展流域保护与治理资金来源。上游省份应强化部门联动协作，从“大生态”角度出发，统筹生态环境、农业、水利、林业、住建等领域资金，支持流域生态系统修复类项目。上下游省份共同谋划系统治理保护、生态修复、能力建设等方面的项目，结合各部委资金支持内容，向省级及国家发展改革委、财政部、生态环境部等申请资金、政策支持。有关部门和省份设立长江、黄河流域生态保护补偿基金，鼓励各流域补偿省份设立专门基金，拓展补偿资金来源，提高资金使用灵活性。拓展市场化资金来源，例如，参考赤水河茅台集团参与流域治理经验，与流域内重点企业合作治理生态环境，吸引公众参与和社会捐赠、寻求国家开发银行资助、创新绿色发展基金、探索发行流域绿色债券、建立流域生态银行、深入推进环境污染第三方治理等。相关部门应支持鼓励各补偿流域结合本流域特点、保护与污染治理进程，因地制宜地制定统筹水资源节约、水环境改善、水生态修复、以水生态环境保护与修复为核心的流域补偿资金使用范围，生态环境部门拓宽中央水污染防治资金中流域补偿资金的使用范围，并加强对各补偿流域资金项目的支持力度。

六是完善流域补偿绩效评价。补偿协议省份建立补偿资金、项目上下游联合审查机制，提高资金使用效率，保障项目环境和经济社会效益。科学设置补偿成效评价指标体系，对于已经建立补偿机制的流域，定期开展绩效评估，客观评估生态保护补偿责任落实情况、生态保护工作成效等，促进各级政府以评估结果为基础制定当地水生态环境保护政策和措施，强化评估结果的导向作用，力求发挥政策措施和财政资金的最大环境效益。

专栏9-4 区域协同立法助力流域水生态环境共同治理

在流域保护与治理中，经常面临流域上下游、左右岸生态保护与治理政策不一致、行业准入、污水处理与排放标准不一样、流域考核目标不衔接的情况，造成上下游、左右岸省份间的政策洼地，污染企业在小范围内转移，保护与开发的矛盾冲突越发激烈。为解决这一问题，流域补偿协议签订省份率先在全国探索了流域上下游、左右岸省份共同立法的实践，以补偿为契机，促进流域联防共治。

云南、贵州、四川3省在长江流域率先建立第一个跨省生态补偿机制，赤水河流域生态保护和环境治理取得积极成效。但是，由于各省行政区域内的流域功能定位、产业布局、保护方式和执法标准等存在差异，“分河而治”带来的流域管理难题还较为突出，需要以系统观念和法治思维推进共同保护。

2021年5月底，云南、贵州、四川3省人大常委会分别审议并全票通过了关于加强赤水河流域共同保护的决定，同时审议通过了各自的赤水河流域保护条例，并于7月1日同步实施，开启了3省共同保护赤水河流域工作的新局面。

作为全国首次跨行政区域的流域生态保护省级地方立法，调整对象不再仅仅是某一省的生态环境保护，而是赤水河整个流域的3省共同保护治理。3省在立法工作中以赤水河全流域保护“一盘棋”的战略思维，从流域综合治理、系统治理、依法治理的角度，聚焦上下游、左右岸、干支流之间产业布局、发展需求、环境准入、污水排放标准、环境监管执法等不一致带来的难点、焦点问题，着力跨行政区域的协调配合、联防联控，以系统性思维和法治观念完善3省协同保护机制，形成上下游联动、干支流统筹、左右岸合力，推动省际跨区域生态环境保护共同治理，构建赤水河流域共抓大保护新格局[39]。

此外，2023年11月30日，江西省人大常委会、湖南省人大常委会同步审议通过《萍水河—渌水流域协同保护条例》，成为全国首部跨省设区市法规文本相同的地方性法规。标志着赣湘两省首个协同立法项目圆满完成，开启跨省生态保护的新探索[40]。这次协同立法的主要实践成果、最大亮点是突出区域协作。该条例就跨区域协作探索建立联席会议、信息共享、航道协同、联动执法、应急联动、联合巡河、生态保护补偿等机制，解决了协同保护“谁来做、做什么、怎么做”等关键问题，构建起流域共抓大保护的新格局，为加强萍水河（渌水）流域生态环境保护、推动流域高质量发展提供了法治保障，同时为两地开展区域协同立法积累了经验，提供了可复制的立法模式。

目前，区域协同立法已成为解决跨区域治理难题、推动区域高质量一体化发展的有力手段，地缘相近的两个以上平行立法主体共同确定立法项目、协同立法程序，着力构建相对统一的制度规范、相对统一的法治环境。这是深入实施区域协调发展战略背景下应运而生的一种新的立法形式，是近年来地方立法工作的一大亮点。2023 年 3 月，十四届全国人大一次会议审议通过关于修改立法的决定，明确赋予“区域协同立法”的法律地位和效力[41]。

9.5.2.4 同步推进流域绿色高质量发展

一是推动流域共享发展红利。流域水生态环境保护与治理应系统治理、协同推进，社会经济发展也应红利共享，协同发展。目前各跨省流域横向补偿机制中，新安江流域正在探索建设新安江—千岛湖生态保护补偿试验区，在流域共同保护的基础上，推进流域上下游共同融入长三角一体化发展，积极探索产业、交通、人才、旅游等方面的合作。建议各跨省流域生态补偿协议省份，完善顶层设计，设立流域生态保护专门机构，专职负责流域共同保护与高质量发展相关工作；紧抓长三角一体化、京津冀协同发展、“一带一路”、粤港澳大湾区建设、新时代革命老区振兴发展等机遇，共同研究制定流域共同发展规划，在新安江—千岛湖生态保护补偿试验区经验的基础上，结合区位优势，找准上下游区域产业优势互补的结合点，协同推进流域绿色高质量发展，将流域上游优质的生态资源禀赋转化为产业优势、发展优势。

二是健全生态产品价值实现机制。加快推进流域生态环境导向开发（EOD）模式，探索建立流域用水权、排污权交易制度和机制，探索流域水生态产品实现价值路径，开展流域 GEP 核算评估，推动核算结果在生态保护补偿、生态环境损害赔偿、经营开发融资、生态资源权益交易等领域的应用，制订流域生态产品第四产业发展方案。变“输血型”补偿为“造血型”补偿，走出一条良性、可持续的高质量发展新路子。

9.6　促进全民行动

9.6.1　强化信息公开

在政府层面，加大水资源、水环境、水生态系统治理理念宣传力度，定期公布水资源保障、水环境治理、水生态保护等相关工作进展及水生态环境质量状况。不断拓宽环境信息公开渠道，一方面，继续发挥传统媒体和媒介平台信息传播的效能，通过广播、电视、杂志、报纸、社区宣传标语和宣传栏等进行水环境信息公开；另一方面，重视发挥新媒体的作用，利用各级政府门户网站、微信微博公众号、短视频、快递信封广告、手机短信、数字电视、数字报纸等多种渠道，公开社会公众广泛关注、感兴趣或利益相关的水生态环境信息，为公众创造更为方便快捷的信息获取途径[42]。

在企业层面，企业作为污染排放的主体，也是环境保护的主体，依法开展环境信息披露是保护环境的国际通行做法，也是企业应尽的社会责任。重点排污单位、实施强制性清洁生产审核的企业、符合规定情形的上市公司、发债企业等主体应当依法披露环境信息[43]。同时，企业也可通过创新信息公开的方式，让公众更容易了解环境方面的信息。例如，山东省于 2010 年 6 月印发《关于在排污口设置生物指示池的通知》，要求涉水企业统一在排污口设置生物指示池。生物指示池作为实施水生态监管的重要手段之一，让公众更容易理解、更有效参与监督。

9.6.2　加大宣传力度

通过多种模式加大水生态环境保护典型宣传力度。一是挖掘展示中华优秀传统文化中蕴含的水生态环境保护理念和智慧，加大对生态文明建设题材文学、影视、词曲创作等的支持力度，制作生态环境宣传有声作品，邀请生态环境大使拍摄微视频或微电影等；充分利用报纸、宣传册、电视、网络、新闻媒体等多种方式和载体向社会宣传“三水统筹”工作的好经验、好做法，提高全社会生态文明意识。二是着力开展美丽河湖优秀案例征集活动。美丽河湖是美丽中国建设在水生态环境领域的集中体现和重要载体，生态环境部从 2021 年起每年开展美丽河湖优秀案例征集活动，在各省（区、市）推荐的基础上，共组织筛选出三批（94 个）美丽河湖优秀案例，聚焦具有示范价值的好经验、好做法，各具特色，各有侧重，是水生态环境保护的典型。建议持续开展优秀案例征集，注重挖掘并宣传推广各地在美丽河湖保护与建设工作中涌现出来的好经验、好做法，丰富河湖水生态环境保护的工具箱、技术包，让各地“学有榜样、做有标尺、行有示范、赶有目标”。三是充分利用“六·五”世界环境日、全国低碳日、国际生物多样性日、保护母亲河日等主题宣传活动，以小切口做大文章，宣传推广水生态环境保护的优秀典型案例；发掘和报道记忆中的河湖，宣传展出曾经的美丽岸线、小鱼小虾以及人文活动，唤醒人们的回忆，调动公众对于河湖保护的热情。

9.6.3 引导公众参与

在全面推进美丽中国建设过程中，需要构建起全民行动的现代环境治理体系，把建设美丽中国转化为全体人民自觉行动。自 2018 年起，生态环境部会同中央文明办、教育部、共青团中央、全国妇联在全国范围部署开展了“美丽中国，我是行动者”主题实践活动。2021 年，生态环境部等六部门联合印发《“美丽中国，我是行动者”提升公民生态文明意识行动计划（2021—2025 年）》，坚持把建设美丽河湖转化为全体人民自觉行动，宣传动员全国人民积极参与美丽中国建设。

在水生态环境保护实践中，一是进一步完善公众参与水生态环境治理保护机制。目前，我国的听证制度仍主要由政府主导，在进行公共事务管理和决策过程中，政府仅会对部分行政活动进行公开听证，造成了一些公众意见很难体现在政策中[44]。因此，需完善现有的听证制度，对听证程序等进行规范，杜绝听证走过场，使公众真正参与到水环境治理保护的决策中来，做到真正地为人民执政，靠人民执政。二是组织开展形式多样的生态环境保护体验和实践活动。依托各类公共服务平台和设施开展水生态环境保护志愿服务，不断探索“记忆中的美丽河湖”征文、“我身边的河流”征文、“民间河长”、“生态绿币”、河湖治理良策大家谈、生态夏（冬）令营、志愿者绿色营等新的实践形式，引导群众全面全过程、全方位参与河湖治理、管护、监督等环节。三是建立公众参与机制，明确赋予公众参与水管理的权利，明确公众参与的详细程序和机制；公众参与程序的设计和实施保持一定的灵活性；畅通“12345”公众参与渠道，切实解决群众最关心的河湖问题，让老百姓切身感受到河湖治理前后生产生活环境变化，既促进国家各项任务落地生根，也能有效促进社会治理水平提升。四是加大对环保社会组织的引导、支持和培育力度，完善环保社会组织的行为规范和评估标准，鼓励环保社会组织作为积极的利益相关者参与河湖保护，充分发挥环保组织环境监督与环境宣传桥梁等作用。

近年来，在各类政策的引导和驱动下，全民参与生态环保的意愿和行为显著提升，公众对环境质量满意度、获得感和幸福感不断增强[45]。在我国生态环境保护结构性、根源性、趋势性压力尚未根本缓解，国家经济社会发展已进入加快绿色化、低碳化的高质量发展阶段，生态文明建设仍处于压力叠加、负重前行的关键期，引导全民参与水生态环境治理是提升生态环境治理主体多元化发展、保障生态文明建设最终取得实效的关键所在。

参考文献

[1] 吴舜泽，王东，秦昌波，等. 水治理体制机制改革研究[M]. 北京：中国环境出版社，2017.

[2] 国务院发展研究中心，世界银行“中国水治理研究”项目组. 中国水治理研究[M]. 北京：中国发展出版社，2018.

[3] 周婷. 流域生态环境协同治理的困境与对策[J]. 环境与发展，2020，32（9）：194-195.

[4] 徐忠麟，龙淑琴. 我国流域生态环境协同治理机制探索[J]. 治理现代化研究，2023，39（2）：81-87.

[5] 魏鹏. 流域生态环境协同治理的困境与对策分析[J]. 工程建设与设计，2020（20）：114-115.

[6] 生态环境部. 生态环境部水生态环境司有关负责人就“山东、江苏、安徽、河南四省发布南四湖流域水污染物综合排放标准”答记者问[EB/OL]. https://www.mee.gov.cn/ywdt/zbft/202310/t20231028_1044220.shtml.

[7] 王新欢. 流域综合治理下政府协作研究[D]. 兰州：甘肃政法大学，2022.

[8] 彭本利，李爱年. 流域生态环境协同治理的困境与对策[J]. 中州学刊，2019（9）：93-97.

[9] 刘冰，宋柳洋，赵雅雯，等. 空天地一体化环境监测体系研究和应用进展[J]. 三峡生态环境监测，2023，8（2）：17-25.

[10] 袁哲，许秋瑾，宋永会，等．辽宁省辽河流域水生态完整性恢复的实践与启示[J]．环境工程技术学报，2021，11（1）：48-55.

[11] 生态环境部. 关于印发《减污降碳协同增效实施方案》的通知[EB/OL]. https://www.mee.gov.cn/xxgk2018/xxgk/xxgk03/202206/t20220617_985879.html.

[12] 国家发展改革委．国家发展改革委 住房和城乡建设部 生态环境部关于推进污水处理减污降碳协同增效的实施意见[EB/OL]. https://www.ndrc.gov.cn/xxgk/zcfb/tz/202312/t20231229_1363004.html.

[13] 朱广伟，秦伯强，张运林，等．近 70 年来太湖水体磷浓度变化特征及未来控制策略[J]．湖泊科学，2021，33（4）：957-973.

[14] 张万顺，王浩，周奉．长江流域三水协同调控关键技术应用展望[J]．人民长江，2023，54（1）：8-13，23.

[15] 孙福红，郭一丁，王雨春，等．我国水生态系统完整性研究的重大意义、现状、挑战与主要任务[J]．环境科学研究，2022，35（12）：2748-2757.

[16] 生态环境部. 关于印发《"十四五" 生态环境监测规划》的通知[EB/OL]. http://www.mee.gov.cn/xxgk2018/xxgk/xxgk03/202201/t20220121_967927.html.

[17] 程亮，陈鹏，刘双柳，等．中国环境保护投资进展与展望[J]．中国环境管理，2021，13（5）：119-126.

[18] 财政部关于下达 2016 年水污染防治专项资金（第二批）用于重点流域 重点区域水污染防治工作的通知[EB/OL].（2016-11-18）. http://jjs.mof.gov.cn/zxzyzf/swrfzzj/201611/t20161118_2461273.htm.

[19] 财政部关于下达 2017 年水污染防治资金（第二批）预算的通知[EB/OL].（2018-01-04）. http://jjs.mof.gov.cn/zxzyzf/swrfzzj/201801/t20180104_2792682.htm.

[20] 国土空间生态修复典型案例丨广东粤北南岭山区山水林田湖草生态保护修复工程——南雄市红砂岭综合治理项目[EB/OL]. i 自然全媒体（2023-12-21）. https://baijiahao.baidu.com/s?id=1785885131685871461.

[21] 国土空间生态修复典型案例丨福建闽江流域山水林田湖草生态保护修复工程——福州市闽江河口湿地生态保护及入侵物种综合治理项目[EB/OL]. i 自然全媒体（2023-12-22）. https://baijiahao.baidu.com/s?id=1785972163607804159.

[22] 国土空间生态修复典型案例丨福建省将乐县常上湖生态保护修复示范项目[EB/OL]. i 自然全媒体（2023-12-25）. https://baijiahao.baidu.com/s?id=1786258851919311973.

[23] 国土空间生态修复典型案例丨重庆广阳岛生态修复项目[EB/OL]. i 自然全媒体（2023-12-28）. https://baijiahao.baidu.com/s?id=1786508192949512782.

[24] 国土空间生态修复典型案例丨浙江钱塘江千岛湖流域水环境系统生态修复项目[EB/OL]. i 自然全媒体（2021-01-02）. https://baijiahao.baidu.com/s?id=1786976061788528928.

[25] 国土空间生态修复典型案例丨湖北省长江三峡地区山水林田湖草生态保护修复工程——枝江市金湖湿地生态修复项目[EB/OL]. i 自然全媒体（2021-01-08）. https://baijiahao.baidu.com/s?id=1787524934997837536.

[26] 国土空间生态修复典型案例丨江西省赣州市山水林田湖草生态保护修复工程——赣县区崩岗生态修复项目[EB/OL]. i 自然全媒体（2021-01-10）. https://baijiahao.baidu.com/s?id=1787644221914844527.

[27] 国土空间生态修复典型案例丨湖南湘江流域和洞庭湖山水林田湖草生态保护修复工程——常德市西洞庭湖国家级自然保护区生态保护修复项目[EB/OL]. i 自然全媒体（2021-01-10）. https://baijiahao.baidu.com/s?id=1787689534347961150.

[28] 欧盟国家环保支出持续增长[EB/OL].（2017-07-07）. http://it.mofcom.gov.cn/article/jmxw/202107/20210703175162.shtml.

[29] “万亿俱乐部”城市能否成为高水平环境治理引领者？[N]. 中国环境报（2019-01-23）https://www.cenews.com.cn/news.html?aid=45196.

[30] 财政生态环保资金调研报告：普遍反映资金缺口大[EB/OL]. 新京报（2019-12-25）. https://baijiahao.baidu.com/s?id=1653890478571948710&wfr=spider&for=pc.

[31] 董骁，李伊扬，李月寒. 环保财政资金投入优化策略：国际经验对上海的启示[J]. 科学发展，2023（10）：83-90.

[32] 宋玲玲，王佳宁，孙钰如. 强化水污染防治资金绩效管理的思考[J]. 环境保护，2022，50（21）：13-17.

[33] 关于印发《重点流域水污染防治规划（2016—2020 年）》的通知[EB/OL].（2017-10-19）. https://www.mee.gov.cn/gkml/hbb/bwj/201710/t20171027_424176.htm.

[34] 重点流域水生态环境保护规划 • 解读④|三水统筹 系统治理 协同推进长江流域水生态环境持续改善[EB/OL].（2023-05-18）. https://www.mee.gov.cn/zcwj/zcjd/202305/t20230518_1030425.shtml.

[35] 张岚，姜霞，董姣. 论“十四五”水污染防治资金项目储备的总体思路[J]. 环境保护，2022，50（21）：9-12.

[36] 宋玲玲，程亮，孙宁. 亚洲开发银行贷款项目绩效管理经验与启示[J]. 中国工程咨询，2014（10）：54-56.

[37] 中共中央 国务院关于全面实施预算绩效管理的意见[EB/OL].（2018-09-25）. https://www.gov.cn/zhengce/2018-09/25/content_5325315.htm.

[38] 王泽彩，刘薇．“十四五”时期预算绩效管理制度改革研究[J]．财政监督，2022（4）：54-58.

[39] 全国首个地方流域共同立法！三省共同立法保护赤水河流域[EB/OL]．人民网（2021-06-19）．http://legal.people.com.cn/n1/2021/0619/c42510-32134794.html.

[40] 赣湘携手出台全国首部跨省设区市法规[EB/OL]．中国环境网．（2023-12-02）．http://res.cenews.com.cn/hjw/news.html?aid=1099405.

[41] 区域协同立法 共护赤水河流域！（坚持和完善人民代表大会制度）[EB/OL]．人民日报（2023-07-06）．https://paper.people.com.cn/rmrb/html/2023-07/06/nw.D110000renmrb_20230706_1-18.htm.

[42] 刘娇，柴雪丽，张晓杰．从制度非均衡到制度均衡：环境信息公开制度的历史嬗递与创新进路[J]．治理现代化研究，2023，39（2）：88-96.

[43] 陈婉．从自愿公开到强制披露[J]．环境经济，2022（6）：14-21.

[44] 孙硕．我国流域水环境保护现状及对策分析[J]．资源节约与环保，2023（2）：24-27.

[45] 郭红燕，王璇．加快推进环境治理全民行动共同努力建设美丽中国[J]．中华环境，2023（8）：22-25.